中 国 国 家 标 准 汇 编

571

GB 29435～29600

（2012 年制定）

中国标准出版社　编

中国标准出版社

北　京

图书在版编目(CIP)数据

中国国家标准汇编:2012年制定.571:
GB 29435～29600/中国标准出版社编.—北京:
中国标准出版社,2013.11
ISBN 978-7-5066-7301-3

Ⅰ.①中… Ⅱ.①中… Ⅲ.①国家标准-
汇编-中国-2012 Ⅳ.①T-652.1

中国版本图书馆CIP数据核字(2013)第183697号

中国标准出版社出版发行
北京市朝阳区和平里西街甲2号(100013)
北京市西城区三里河北街16号(100045)

网址 www.spc.net.cn
总编室:(010)64275323 发行中心:(010)51780235
读者服务部:(010)68523946

中国标准出版社秦皇岛印刷厂印刷
各地新华书店经销

*

开本 880×1230 1/16 印张 33.75 字数 1 070 千字
2013年11月第一版 2013年11月第一次印刷

*

定价 220.00 元

出 版 说 明

1.《中国国家标准汇编》是一部大型综合性国家标准全集。自1983年起，按国家标准顺序号以精装本、平装本两种装帧形式陆续分册汇编出版。它在一定程度上反映了我国建国以来标准化事业发展的基本情况和主要成就，是各级标准化管理机构，工矿企事业单位，农林牧副渔系统，科研、设计、教学等部门必不可少的工具书。

2.《中国国家标准汇编》收入我国每年正式发布的全部国家标准，分为"制定"卷和"修订"卷两种编辑版本。

"制定"卷收入上一年度我国发布的、新制定的国家标准，顺延前年度标准编号分成若干分册，封面和书脊上注明"20××年制定"字样及分册号，分册号一直连续。各分册中的标准是按照标准编号顺序连续排列的，如有标准顺序号缺号的，除特殊情况注明外，暂为空号。

"修订"卷收入上一年度我国发布的、被修订的国家标准，视篇幅分设若干分册，但与"制定"卷分册号无关联，仅在封面和书脊上注明"20××年修订-1，-2，-3，……"字样。"修订"卷各分册中的标准，仍按标准编号顺序排列(但不连续)；如有遗漏的，均在当年最后一分册中补齐。需提请读者注意的是，个别非顺延前年度标准编号的新制定的国家标准没有收入在"制定"卷中，而是收入在"修订"卷中。

读者配套购买《中国国家标准汇编》"制定"卷和"修订"卷则可收齐由我社出版的上一年度我国制定和修订的全部国家标准。

3. 由于读者需求的变化，自1996年起，《中国国家标准汇编》仅出版精装本。

4. 2012年我国制修订国家标准共2 101项。本分册为"2012年制定"卷第571分册，收入国家标准GB 29435～29600的最新版本。

中国标准出版社

2013年8月

目　　录

ICS 27.010
F 01

中华人民共和国国家标准

GB 29435—2012

稀土冶炼加工企业单位产品能源消耗限额

The norm of energy consumption per unit product of rare earth metallurgical enterprise

2012-12-31 发布　　　　2013-10-01 实施

中华人民共和国国家质量监督检验检疫总局
中国国家标准化管理委员会　发布

前　言

本标准的4.1、4.2为强制性的，其余为推荐性的。

本标准按照GB/T 1.1—2009给出的规则起草。

本标准由国家发展和改革委员会、工业和信息化部提出。

本标准由全国能源基础与管理标准化技术委员会(SAC/TC 20)和全国稀土标准化技术委员会(SAC/TC 229)归口。

本标准起草单位：江阴加华新材料资源有限公司、内蒙古包钢稀土(集团)高科技股份有限公司、中国有色金属工业标准计量质量研究所、瑞科稀土冶金及功能材料国家工程研究中心有限公司、厦门通士达新材料有限公司、包头天骄清美稀土抛光粉有限公司、北京中和泽能环境工程技术有限公司。

本标准主要起草人：史卫东、肖睿、王静、谢建伟、朱玉华、高兰、王向红、陈国华、魏岚、许义勤、金燕华、俞志春、谢汉民、姚南红、黄小卫、史文范、王清香、潘建忠、唐寅轩、黄瑞甜、廖亮、唐定骧、朱建平、郭霖。

稀土冶炼加工企业单位产品能源消耗限额

1 范围

本标准规定了稀土冶炼加工产品(化合物、金属及合金、荧光粉、抛光粉)生产能源消耗(以下简称能耗)限额的技术要求、统计范围、计算方法、计算范围、节能管理与措施。

本标准适用于稀土冶炼加工产品(化合物、金属及合金、荧光粉、抛光粉)生产能耗的计算与考核。

本标准不适用于稀土废料的综合回收工艺的产品。

2 规范性引用标准

下列文件对于本文件的应用是必不可少的。凡是注日期的引用文件,仅注日期的版本适用于本文件。凡是不注日期的引用文件,其最新版本(包括所有的修改单)适用于本文件。

GB/T 2589 综合能耗计算通则

GB/T 3101 有关量、单位和符号的一般原则

GB 17167 用能单位能源计量器具配备和管理通则

3 术语和定义

GB/T 2589 界定的以及下列术语和定义适用于本文件。

3.1

工序能源单耗 unit energy consumption in working procedure

工序生产过程中生产单位合格产品消耗的能源量。

3.2

工序实物单耗 unit object energy consumption in working procedure

工序生产过程中生产单位合格产品消耗的某种能源实物量。

3.3

工艺能源单耗 unit energy consumption of technology

工艺生产过程中生产单位合格产品消耗的能源量。

3.4

辅助能耗 energy consumption of auxiliary production systems

辅助生产系统用于产品生产的能源消耗。

3.5

标准煤 standard coal equivalent

用能单位实际消耗的燃料能源应以其低(位)发热量为计算基础折算为标准煤量。低(位)发热量等于 29 307 千焦(kJ)的燃料,称为 1 千克标准煤(1 kgce)。

4 技术要求

4.1 现有稀土冶炼加工企业单位产品能耗限定值

现有稀土冶炼加工企业单位产品能耗限定值应符合表 1 的要求。

表 1

序号	产品名称		综合能耗限定值/(tce/t)	序号	产品名称	综合能耗限定值/(tce/t)
1	氧化镧		≤2.54	15	氧化镥	≤2.52
2	氧化铈		≤2.86	16	氧化钇	≤2.39
3	氧化镨		≤2.88	17	荧光级氧化钇铕	≤2.26
4	氧化钕		≤2.84	18	镨钕氧化物	≤2.71
5	氧化钐		≤2.61	19	金属镧	≤1.53
6	氧化铕		≤2.99	20	金属铈	≤1.28
7	氧化钆		≤2.25	21	金属镨	≤1.42
8	氧化铽		≤2.50	22	金属钕	≤1.33
9	氧化镝		≤2.50	23	金属钐	≤3.65
10	氧化钬		≤2.29	24	金属镝	≤2.60
11	氧化铒		≤2.27	25	镨钕合金	≤1.42
12	氧化铥		≤2.35	26	钆铁合金	≤1.52
13	氧化镱		≤2.41	27	镝铁合金	≤1.58
14	灯用稀土三基色荧光粉	红	≤0.94	28	混合稀土金属	≤1.87
		绿	≤3.09	29	稀土抛光粉	≤1.80
		蓝	≤4.48	—	—	—

4.2 新建稀土冶炼加工企业单位产品能耗准入值

新建稀土冶炼加工企业单位产品能耗准入值应符合表 2 的要求。

表 2

序号	产品名称		综合能耗准入值/(tce/t)	序号	产品名称	综合能耗准入值/(tce/t)
1	氧化镧		≤2.31	15	氧化镥	≤2.29
2	氧化铈		≤2.60	16	氧化钇	≤2.17
3	氧化镨		≤2.62	17	荧光级氧化钇铕	≤2.06
4	氧化钕		≤2.58	18	镨钕氧化物	≤2.47
5	氧化钐		≤2.37	19	金属镧	≤1.39
6	氧化铕		≤2.72	20	金属铈	≤1.16
7	氧化钆		≤2.04	21	金属镨	≤1.29
8	氧化铽		≤2.27	22	金属钕	≤1.21
9	氧化镝		≤2.27	23	金属钐	≤3.32
10	氧化钬		≤2.08	24	金属镝	≤2.36
11	氧化铒		≤2.07	25	镨钕合金	≤1.29
12	氧化铥		≤2.13	26	钆铁合金	≤1.38
13	氧化镱		≤2.20	27	镝铁合金	≤1.44
14	灯用稀土三基色荧光粉	红	≤0.85	28	混合稀土金属	≤1.70
		绿	≤2.81	29	稀土抛光粉	≤1.64
		蓝	≤4.07	—	—	—

4.3 稀土冶炼加工企业单位产品能耗先进值

稀土冶炼加工企业单位产品能耗先进值应符合表 3 的要求。

表 3

序号	产品名称		综合能耗先进值/(tce/t)	序号	产品名称	综合能耗先进值/(tce/t)
1	氧化镧		≤2.19	15	氧化镥	≤2.18
2	氧化铈		≤2.47	16	氧化钇	≤2.06
3	氧化镨		≤2.49	17	荧光级氧化钇铕	≤1.96
4	氧化钕		≤2.45	18	镨钕氧化物	≤2.35
5	氧化钐		≤2.25	19	金属镧	≤1.32
6	氧化铕		≤2.58	20	金属铈	≤1.10
7	氧化钆		≤1.94	21	金属镨	≤1.23
8	氧化铽		≤2.16	22	金属钕	≤1.15
9	氧化镝		≤2.16	23	金属钐	≤3.15
10	氧化钬		≤1.98	24	金属镝	≤2.24
11	氧化铒		≤1.97	25	镨钕合金	≤1.23
12	氧化铥		≤2.02	26	钆铁合金	≤1.31
13	氧化镱		≤2.09	27	镝铁合金	≤1.37
14	灯用稀土三基色荧光粉	红	≤0.81	28	混合稀土金属	≤1.62
		绿	≤2.67	29	稀土抛光粉	≤1.56
		蓝	≤3.87	—	—	—

5 统计范围、计算方法及计算范围

5.1 统计范围

5.1.1 企业实际(生产)消耗的各种能源

企业实际消耗的各种能源，系指用于生产活动的各种能源。它包括一次能源(原煤、原油、天然气等)、二次能源(如电力、热力、石油制品、焦炭、煤气等)和生产使用的耗能工质(水、氧气、压缩空气等)所消耗的能源。不包括直接处置“三废”所消耗的能源。

5.1.2 企业计划报告期内的能源消耗量

企业计划报告期内的能源消耗量计算应符合式(1)：

$$E_H = E_1 + E_2 - E_3 - E_4 - E_5 \qquad \cdots\cdots(1)$$

式中：

E_H——企业生产能耗；

E_1——企业购入能量；

E_2——库存能源减增量；

E_3 ——外销能源量；

E_4 ——生活用能量；

E_5 ——工程建设耗能量。

5.1.3 能源实物量的计量

能源实物量的计量应符合《中华人民共和国计量法》、GB/T 3101 和 GB 17167 的规定。

5.1.4 计算单位

企业生产能耗量、产品工艺能耗量(或称产品直接综合能耗)、产品综合能耗量的单位：千克标准煤(kgce)、吨标准煤(tce)；

煤、焦炭、重油的单位：千克(kg)、吨(t)；

电的单位：千瓦时(kW·h)；

蒸汽的单位：千克(kg)、吨(t)或千焦(kJ)、百万千焦(GJ)；

煤气、压缩空气、氧气的单位：立方米(m^3)；

水的单位：吨(t)。

5.1.5 各种能源(包括生产耗能工质消耗的能源)折算标准煤量方法

外购燃料能源可取实测的低(位)发热量或供货单位提供的实测值为计算基础，或用国家统计部门的折算系数折算，参见附录A。二次能源及耗能工质均按相应能源等价值折算：企业能源转换自产时，按实际投入的能源实物量折算标准煤量；由集中生产单位外销供应时，其能源等价值须经主管部门规定；外购外销时，其能源等价值必须相同；当未提供能源等价值时，可按国家统计部门的折算系数折算，参见附录B。企业回收的余热按热力的折算系数，余热发电统一按电力的折算系数。

5.1.6 余热利用能耗的计算原则

企业回收的余热，属于节约能源循环利用，不属于外购能源，在计算能耗时，应避免和外购能源重复计算。余热利用装置用能计入能耗。回收能源自用部分，计入自用工序；转供其他工序时，在所用工序以正常消耗计入；回收的能源折标准煤后应在回收余热的工序、工艺中扣除。如是未扣除回收余热的能耗指标，应标明“未扣余热发电”(或“含余热发电”)、“未扣回收余热”等字样。

5.1.7 其他计算原则

5.1.7.1 由同一生产线生产的稀土产品，当能耗不能分别计量时，各产品的耗能量以投入原料的稀土金属含量比例分摊。

5.1.7.2 企业自产的二次能源及耗能工质，如蒸汽、新水、纯水、循环水、压缩空气等计入产品工艺能耗时，按企业转换每单位产出量实际消耗的能源品种实物量折算标准煤。

5.1.7.3 计入单位产品工艺能耗的水、蒸汽、电量(包括自发电)按国家统计部门规定的折算系数折算标准煤。企业自发电的实际单位能耗与国家规定的单位能耗之间的差值，摊入企业产品的综合能耗。

5.1.7.4 计入单位产品工艺能耗的煤炭、焦炭、重油、煤气、天然气等，以实际的低位发热值折算为标准煤，无实测条件时，以供应单位提供的发热值或国家统计部门规定的折算系数折算为标准煤。

5.1.7.5 所消耗的各种能源不得重计或漏计。存在供需关系时，输入、输出双方在计算中量值上应保持一致。

5.1.7.6 设备停炉大修的能源消耗也应计算在内，且按检修后设备的运行周期逐月平均分摊。企业综合能耗的计算按 GB/T 2589 的规定进行。

5.1.7.7 间接的辅助、附属生产系统的能源消耗量和能源及耗能工质在企业内部贮存、转换与分配供应及外销中的损耗，即间接综合能耗，应根据各产品工艺能耗占企业生产工艺能耗量的比例，分摊给各个产品。

5.1.7.8 计算工序单位产品能耗，应采用同一计划统计期内产出的合格产品产量。所有产品产量，均以企业计划统计部门正式上报的数据为准。

5.2 计算方法

5.2.1 工序（工艺）实物单耗的计算

工序（工艺）实物单耗按式(2)计算：

$$E_s = \frac{M_s}{P_z} \qquad \cdots\cdots(2)$$

式中：

E_s ——某工序（工艺）的实物单耗，单位为千克每吨（kg/t）、千瓦时每吨（kW·h/t）、立方米每吨（m^3/t）；

M_s——某工序（工艺）直接消耗的某种能源实物总量，单位为千克（kg）、千瓦时（kW·h）、立方米（m^3）；

P_z ——某工序（工艺）产出的合格产品总量，单位为吨（t）。

5.2.2 工序（工艺）能源单耗的计算

工序（工艺）能源单耗按式(3)计算：

$$E_I = \frac{E_H}{P_z} \qquad \cdots\cdots(3)$$

式中：

E_I ——某工序（工艺）能源单耗，单位为吨标准煤每吨（tce/t）；

E_H——某工序（工艺）直接消耗的各种能源实物量折标准煤之和，单位为吨标准煤（tce）；

P_z ——某工序（工艺）产出的合格产品总量，单位为吨（t）。

注：该工序直接消耗的各种能源实物量折标准煤量之和为代数和。

5.2.3 工序（工艺）综合能源单耗的计算

工序（工艺）综合能源单耗按式(4)计算：

$$E_Z = E_I + E_F \qquad \cdots\cdots(4)$$

式中：

E_Z——某产品综合能源单耗，单位为吨标准煤每吨（tce/t）；

E_I——某产品工艺（工序）能源单耗，单位为吨标准煤每吨（tce/t）；

E_F——某产品间接辅助能耗及损耗分摊量，单位为吨标准煤每吨（tce/t）。

5.3 计算范围

5.3.1 单一稀土氧化物

单一稀土氧化物的单位产品工艺能耗系指从稀土原料投入至产出符合产品标准的单一稀土氧化物所消耗的能源量与其合格产品产量之比。该计算方法适用于以萃取法提取单一稀土氧化物的企业。单一稀土氧化物合格产品应符合相对应的最新版本所列质量标准。

5.3.2 镨钕氧化物

镨钕氧化物的单位产品工艺能耗系指从稀土原料投入至产出符合产品标准的镨钕氧化物所消耗的能源量与其合格产品产量之比。该计算方法适用于以萃取法提取的镨钕氧化物的企业。镨钕氧化物合格产品应符合相对应的最新版本所列质量标准。

5.3.3 荧光级氧化钇铕

荧光级氧化钇铕的单位产品工艺能耗系指从稀土原料入至产出符合产品标准的荧光级氧化钇铕所消耗的能源量与其合格产品产量之比。该计算方法适用于以萃取法提取的荧光级氧化钇铕物的企业。荧光级氧化钇铕合格产品应符合相对应的最新版本所列质量标准。

5.3.4 灯用稀土三基色荧光粉

灯用稀土三基色荧光粉的单位产品工艺能耗系指从稀土化合物投入至产出符合产品标准的灯用稀土三基色荧光粉所消耗的能源量与其合格产品产量之比。该计算方法适用于以焙烧法生产灯用稀土三基色荧光粉的企业。灯用稀土三基色荧光粉合格产品应符合相对应的最新版本所列质量标准。

5.3.5 稀土抛光粉

稀土抛光粉的单位产品工艺能耗系指从稀土化合物投入至产出符合产品标准的稀土抛光粉所消耗的能源与其合格产品产量之比。该计算方法适用于以沉淀法生产稀土抛光粉的企业。稀土抛光粉合格产品为以铈基稀土盐类为原料,经化学法加工制得的,总稀土含量 REO≥88%的玻璃级产品,该产品应符合相对应的最新版本所列质量标准。

5.3.6 单一稀土金属

单一稀土金属的单位产品工艺能耗系指从单一稀土化合物投入至产出符合产品标准的单一稀土金属所消耗的能源量与其合格产品产量之比。该计算方法适用于以电解法制取单一稀土金属的企业。单一稀土金属合格产品应符合相对应的最新版本所列质量标准。

5.3.7 合金(钆铁、镨钕、镝铁)

合金(钆铁、镨钕、镝铁)的单位产品工艺能耗系指从单一稀土氧化物投入至产出符合产品标准的合金(钆铁、镨钕、镝铁)所消耗的能源量与其合格产品产量之比。该计算方法适用于以经熔盐电解制取稀土金属的企业。合金(钆铁、镨钕、镝铁)合格产品应符合相对应的最新版本所列质量标准。

5.3.8 混合稀土金属

混合稀土金属的单位产品工艺能耗系指从混合稀土化合物投入至产出符合产品标准的混合稀土金属所消耗的能源量与其合格产品产量之比。该计算方法适用于经熔盐电解制取的混合稀土金属的企业。混合稀土金属合格产品应符合相对应的最新版本所列质量标准。

6 节能管理与措施

6.1 节能基础管理

6.1.1 企业应建立节能考核制度,定期对稀土冶炼加工企业的各个生产工序能耗情况进行考核,并把考核指标分解落实到各个基层单位。

6.1.2　企业应按要求建立能耗统计体系，建立能耗计算和统计结果的文件档案，并对文件进行控制管理。

6.1.3　企业应根据GB 17167的要求配备相应的能源计量器具并建立能源计量管理制度。

6.2　技能技术管理

稀土冶炼加工企业应配备余热回收等节能设备，最大限度地回收工序产生的能源。

附　录　A
（资料性附录）
常用能源品种现行参考折标准煤系数

常用能源品种现行参考折标准煤系数见表 A.1。

表 A.1

能源		折标准煤系数及单位	
品种	单位	系数	单位
原煤	t	0.714 3	tce/t
洗精煤	t	0.900	tce/t
重油	t	1.428 6	tce/t
柴油	t	1.457 1	tce/t
汽油	t	1.471 4	tce/t
焦炭	t	0.971 4	tce/t
液化石油气	t	1.714 3	tce/t
电力	10^4 kW·h	1.229	tce/(10^4 kW·h)
煤气(热值为 1 250×4.186 8 kJ/m^3)	10^4 m^3	1.786	tce/(10^4 m^3)
蒸汽(98.1 kPa 饱和蒸汽)	t	0.091 3	tce/t

注 1：蒸汽折标准煤系数按热值计。

注 2：部分品种仍采用“万”为计量单位。

注 3：本附录中折标准煤系数如遇国家统计部门规定发生变化，能耗等级指标则应另行设定。

附 录 B
（资料性附录）
耗能工质能源等价参考值表

耗能工质能源等价参考值见表 B.1。

表 B.1

序号	名称		单位	能源等价值		备注
				热值/MJ	折标准煤/kgce	
1	液体	新鲜水	t	7.535 0	0.257 1	指尚未使用过的自来水，按平均耗电计算
2		软化水	t	14.234 7	0.485 7	
3	气体	压缩空气	m^3	1.172 3	0.040 0	
4		二氧化碳	m^3	6.280 6	0.214 3	
5		氧气	m^3	11.723 0	0.400 0	
6		氮气	m^3	11.723 0	0.400 0	当副产品时
			m^3	19.677 1	0.671 4	当主产品时
7		乙炔	m^3	243.672 2	8.314 3	按耗电石计算
8	固体	电石	kg	60.918 8	2.078 6	按平均耗焦炭、电等计算
注：附录中的能源等价值如有变动，以国家统计部门最新公布的数据为准。						

ICS 27.010
F 01

中华人民共和国国家标准

GB 29436.1—2012

甲醇单位产品能源消耗限额 第1部分:煤制甲醇

The norm of energy consumption per unit product of methanol—Part 1:Coal to methanol

2012-12-31 发布　　2013-10-01 实施

中华人民共和国国家质量监督检验检疫总局
中国国家标准化管理委员会　发布

前　言

本部分的 4.1 和 4.2 为强制性的,其余为推荐性的。

本部分按照 GB/T 1.1—2009 给出的规则起草。

GB 29436《甲醇单位产品能源消耗限额》分为如下几部分:

——第 1 部分:煤制甲醇;

——第 2 部分:天然气制甲醇;

——第 3 部分:合成氨联产甲醇;

——第 4 部分:焦炉煤气制甲醇。

本部分为 GB 29436 的第 1 部分。

本部分由国家发展和改革委员会资源节约与环境保护司提出。

本部分由全国能源基础与管理标准化技术委员会(SAC/TC 20)和全国煤炭标准化技术委员会(SAC/TC 42)归口。

本部分起草单位:煤炭科学研究总院北京煤化工研究分院、煤炭工业节能技术服务中心、开滦能源化工股份有限公司、航天长征化学工程股份有限公司、山西潞安矿业(集团)有限责任公司、中国氮肥工业协会。

本部分主要起草人:盛明、张国光、裴华、姜从斌、肖亚宁、罗陨飞、姜英、房承宣、朱玉营、李文德、蒋翠蓉、王亚涛、张荣、殷德强。

甲醇单位产品能源消耗限额
第1部分:煤制甲醇

1 范围

GB 29436的本部分规定了以煤为原料的甲醇单位产品能源消耗(以下简称能耗)限额的要求、统计范围和计算方法、节能管理与措施。

本部分适用以煤为原料生产甲醇的企业单位产品能耗的计算、考核,以及对新建项目的能耗控制。

2 规范性引用文件

下列文件对于本文件的应用是必不可少的。凡是注日期的引用文件,仅注日期的版本适用于本文件。凡是不注日期的引用文件,其最新版本(包括所有的修改单)适用于本文件。

GB/T 2589 综合能耗计算通则

GB/T 3484 企业能量平衡通则

GB/T 5751 中国煤炭分类

GB/T 12497 三相异步电动机经济运行

GB/T 13462 电力变压器经济运行

GB/T 13466 交流电气传动风机(泵类、压缩机)系统经济运行通则

GB 17167 用能单位能源计量器具配备和管理通则

3 术语和定义

下列术语和定义适用于本文件。

3.1

甲醇综合能耗 total energy consumption of methanol production

在报告期内,生产甲醇所消耗的各种能量总量。其值等于报告期内甲醇生产过程中所输入的各种能量之和减去向外输出的各种能量之和。

3.2

甲醇单位产品综合能耗 total energy consumption per unit product of methanol

用单位产量表示的甲醇产品综合能耗。

4 技术要求

4.1 现有煤制甲醇生产企业单位产品能耗限定值

现有煤制甲醇生产企业单位产品能耗限定值应符合表1要求。

表 1 现有煤制甲醇生产企业单位产品能耗限定值

原料类型[a]	单位产品综合能耗/(kgce/t)
褐煤	≤2 400
烟煤	≤2 200
无烟煤	≤1 800
[a] 原料煤分类参照 GB/T 5751。	

4.2 新建煤制甲醇生产企业单位产品能耗准入值

新建煤制甲醇生产企业单位产品能耗准入值应符合表 2 要求。

表 2 新建煤制甲醇生产企业单位产品能耗准入值

原料类型[a]	单位产品综合能耗/(kgce/t)
褐煤	≤2 000
烟煤	≤1 800
无烟煤	≤1 600
[a] 原料煤分类参照 GB/T 5751。	

4.3 煤制甲醇生产企业单位产品能耗先进值

煤制甲醇生产企业单位产品能耗先进值应符合表 3 要求。

表 3 煤制甲醇生产企业单位产品能耗先进值

原料类型[a]	单位产品综合能耗/(kgce/t)
褐煤	≤1 900
烟煤	≤1 700
无烟煤	≤1 500
[a] 原料煤分类参照 GB/T 5751。	

5 统计的范围和计算方法

5.1 统计范围

5.1.1 甲醇生产输入能量包括生产系统、辅助生产系统、附属生产系统所消耗的各种一次能源量(原煤、石油、天然气等)、二次能源量(电力、热力、石油制品、焦炭、煤气等)和生产使用的耗能工质(水、氧气、压缩空气等)所消耗的能源,不包括建设和改造过程用能和生活用能(指企业系统内宿舍、学校、文化娱乐、医疗保健、商业服务和托儿幼教等方面用能)。生产系统主要包括原料煤准备、气化、变换、净化、甲醇合成、甲醇精馏等,辅助生产系统主要包括气化剂(氧气、富氧空气、空气和蒸汽)制备、水处理及循环冷却水系统、供热系统、仪表控制等,附属生产系统主要包括三废治理、机修、电修等。

5.1.2 甲醇输出能量是指甲醇系统向外输出的能量。甲醇生产系统产生的废气、废液和废渣中未回收使用的、无计量的、没有实测热值以及不作为能源利用的(如直接用于修路和盖房等),均不得计入输出能量。

5.1.3 外供粗甲醇(含外销和未经精馏直接供下游产品生产的粗甲醇)所消耗的能量、外购粗甲醇加工精甲醇所消耗的能量应从输入能量中扣除,所产生的输出能量也应从甲醇输出能源总量中扣除。

5.1.4 甲醇生产回收利用的能量,用于本系统时不得作为输入能量计入。向外系统输出时,应计入甲醇向外输出能量。如炉渣、合成放空气、甲醇贮罐驰放气、硫磺、煤焦油、副产蒸汽等向外系统输出时,不得折为标准煤从输入能量中扣除,而应计入甲醇输出能量中。

5.1.5 甲醇生产所必须的安全、环保措施消耗的能量(如硫磺回收、油回收、污水处理等的能耗),应计入甲醇能耗。

5.1.6 多用户共享的原料、公用工程(蒸汽、耗能工质等)能耗,应按有关规定合理分摊。

5.1.7 大修、库损等消耗的能量,应按月分摊。

5.2 计算方法

5.2.1 甲醇综合能耗按式(1)计算:

$$E=\sum_{i=1}^{n}(E_i \times k_i)-\sum_{j=1}^{m}(E_j \times k_j) \qquad \cdots\cdots(1)$$

式中:

E ——甲醇综合能耗,单位为千克标准煤(kgce);

n ——输入的能源种类数量;

E_i ——甲醇生产过程中输入的第 i 种能源实物量,单位为吨(t)或千瓦时(kW·h)或立方米(m^3);

k_i ——输入的第 i 种能源的折标系数,单位为千克标准煤每吨(kgce/t)或千克标准煤每千瓦时[kgce/(kW·h)]或千克标准煤每立方米(kgce/m^3);

m ——输出的能源种类数量;

E_j ——甲醇生产过程中输出的第 j 种能源实物量,单位为吨(t)或千瓦时(kW·h)或立方米(m^3);

k_j ——输出的第 j 种能源的折标系数,单位为千克标准煤每吨(kgce/t)或千克标准煤每千瓦时[kgce/(kW·h)]或千克标准煤每立方米(kgce/m^3)。

注:甲醇的各种输入、输出能量的计算方法见附录 A。

5.2.2 甲醇产量的计算方法见附录 B。

5.2.3 甲醇单位产品综合能耗按式(2)计算:

$$e=\frac{E}{P} \qquad \cdots\cdots(2)$$

式中:

e ——甲醇单位产品综合能耗,单位为千克标准煤每吨(kgce/t);

E ——报告期内甲醇综合能耗,单位为千克标准煤(kgce);

P ——报告期内甲醇产量,单位为吨(t)。

5.2.4 各种能源折标准煤系数以企业在报告期内实测的热值计算为准,各种能源应对实测值按 GB/T 2589 折算为标准煤。

6 节能管理与措施

6.1 节能基础管理

6.1.1 建立健全能源管理组织机构,对节能工作进行组织、管理、监督、考核和评价。

6.1.2 制定行之有效的节能制度和措施，强化责任制，建立健全节能责任考核体系。

6.1.3 企业应按照 GB 17167 的要求合理配备和用好能源计量器具和仪器仪表，使计量设备处于良好状态；对基础数据进行有效的检测、度量和计算，确保能源基础数据的准确性和完整性。

6.1.4 企业应按照 GB/T 3484 科学、有效地组织能源统计工作，确保能源统计数据的准确性与及时性，做好能源消费和利用状况的统计分析，并做好能耗统计资料的管理与归档工作。

6.1.5 建立能耗测试、能耗统计、能源平衡和能耗考核结果的文件档案，并对文件进行受控管理。

6.2 节能技术管理

6.2.1 经济运行

6.2.1.1 企业应使生产通用设备达到经济运行的状态，对电动机的经济运行管理应符合 GB/T 12497 的规定；对风机、泵类和空气压缩机的经济运行管理应符合 GB/T 13466 的规定；对电力变压器的经济运行管理应符合 GB/T 13462 的规定。

6.2.1.2 企业应加强设备的检修、维护工作，提高设备的负荷率，使其可长周期运行；应使生产转动设备合理匹配，经济运行；应使静止设备处于高效率低能耗运行状态；应按照合理用能的原则，对各种热能科学使用，梯级利用；对余热和余压，加强回收和利用；对各种带热(冷)设备和管网应加强维护管理，防止跑、冒、滴、漏的现象发生。

6.2.2 节能技术

6.2.2.1 开发利用高效节能的新技术、新工艺、新设备。

6.2.2.2 推进清洁生产，提高资源利用效率，减少污染物排放量。

6.2.2.3 推广“三废”综合利用技术。

6.2.2.4 推广高效率的气化、净化、合成技术。

6.2.2.5 淘汰高能耗、高污染的工艺和设备。

附　录　A
（规范性附录）
甲醇生产输入、输出能量的计算方法

A.1　甲醇生产各种输入能量

A.1.1　甲醇生产耗煤量

A.1.1.1　甲醇耗煤总量，包括用于原料和燃料的煤。单位为吨标准煤(tce)。

A.1.1.2　甲醇耗原料煤是指实际投入气化装置的原料煤，不包括返炭、返焦等。

A.1.1.3　甲醇耗燃料煤系指实际投入锅炉的燃料煤，不包括掺烧该锅炉的炉渣等。

A.1.1.4　锅炉生产的(或外购的)蒸汽为多产品使用时，应按各用户消耗的蒸汽热量分摊燃料煤或外(购蒸汽)的消耗量。甲醇消耗的蒸汽量，包括甲醇生产系统和辅助、附属生产系统所用的蒸汽总量。输出蒸汽热量应计入输出能量。

A.1.1.5　蒸汽来自企业自备电厂时，应合理分摊自备电厂的燃料煤消耗。

A.1.1.6　外购蒸汽按购入蒸汽的焓值折标准煤。

A.1.1.7　外供粗甲醇、外购粗甲醇加工的精甲醇所分摊的煤耗均应从甲醇耗煤总量中扣除。外购粗甲醇加工的精甲醇的产量从甲醇产量中扣除。

A.1.2　甲醇生产耗电量

A.1.2.1　甲醇生产耗电量包括甲醇生产系统和辅助、附属生产系统消耗和损失的电量，也包括生产系统中的事故检修、计划中小修和年度大修耗电，不包括建设和改造过程用能和生活用能(指企业系统内的宿舍、学校、文化娱乐、医疗保健、商业服务和托儿幼教等方面用能)。以电表计量为准。

A.1.2.2　甲醇热电联产用甲醇余热、余压发电时，热电系统独立核算，甲醇的耗电量不应扣减自发电量。

A.1.2.3　外供的粗甲醇、外购粗甲醇加工的精甲醇所分摊的电耗均应从甲醇耗电总量中扣除。外购粗甲醇加工的精甲醇的产量从甲醇产量中扣除。

A.1.3　甲醇生产使用耗能工质所消耗的能量

A.1.3.1　甲醇生产使用耗能工质(新水、软化水、氧气和压缩空气等)所消耗的能量应计入甲醇生产输入能源，但不包括自产的耗能工质。其能源折标系数可参照国家统计局公布的数据。

A.1.3.2　外供粗甲醇、外购粗甲醇加工的精甲醇所分摊的耗能工质所消耗的能量均应从甲醇耗能工质消耗能量的总量中扣除。外购粗甲醇加工的精甲醇的产量从甲醇产量中扣除。

A.2　甲醇生产各种输出能量

A.2.1　甲醇吹出气、驰放气、解析气作为能源(原料、燃料)供其他产品或装置使用的(包括作为民用燃料气使用的)按实测低位发热值计入输出能量。

A.2.2　甲醇系统输出的物料(锅炉排出的炉渣等)作为能源供其他产品或装置使用的(如制蜂窝煤、煤球、烧制砖瓦和用作热电厂燃料等)按实测低位发热值计入输出能量。

A.2.3　甲醇热电联产用甲醇余热、余压发电时，甲醇余热、余压的热量按实际利用的能量，计入甲醇输出能量。

A.2.4 利用甲醇生产中的余热来预热物料(或生产用水),供其他产品或装置使用的(按回收热能量)。回收热能量计算见式(A.1):

$$Q=D\times c\times(T_1-T_2) \qquad \text{(A.1)}$$

式中:

D ——被预热的物料量,单位为千克(kg);

c ——被预热物料的比热容,单位为兆焦每千克摄氏度[MJ/(kg·℃)];

T_1——被预热物料离开甲醇系统的温度,单位为摄氏度(℃);

T_2——被预热物料进入甲醇系统的温度,单位为摄氏度(℃)。

A.2.5 甲醇系统外送冷凝液(热水)供其他产品或用户使用的(包括用于生活目的),可作为输出能量从综合能耗中扣除(向外输送冷凝液或热水所耗用的电力也应扣除)。计算见式(A.2):

$$Q=W\times c\times(T_1-T_2) \qquad \text{(A.2)}$$

式中:

W ——甲醇系统外送冷凝液(或热水)量,单位为千克(kg);

c ——外送冷凝液(或热水)量的比热容,单位为兆焦每千克摄氏度[MJ/(kg·℃)];

T_1——外送冷凝液(热水)温度,单位为摄氏度(℃);

T_2——报告期平均环境温度,单位为摄氏度(℃)。

A.2.6 外供粗甲醇、外购粗甲醇加工的精甲醇所分摊的输出能量均应从甲醇输出能源总量中扣除。外购粗甲醇加工的精甲醇的产量从甲醇产量中扣除。

附 录 B
（规范性附录）
甲醇产量计算方法

B.1 甲醇产量计算的原则和范围

B.1.1 甲醇产量是企业在报告期内生产的符合国家产品质量标准或合同要求的实物量折符合国家产品质量标准的合格品量。

B.1.2 甲醇生产企业应配备必要的计量设备，对产量进行实际计量。当企业既有甲醇产量总表，又有各用户的使用量分表时，总表必须与分表平衡，不得超过甲醇流量表允许误差值。

B.1.3 产品必须符合国家质量标准的规定或订货合同规定的技术条件，才可统计产量。

B.1.4 凡在报告期内生产的合格产品都应该计算在报告期产量内。

B.1.5 企业甲醇产量，包括销售的商品量和本企业的自用量。在生产工业产品的同时，产生的废料不应统计为产品产量；企业从外购进的未经本企业任何加工的工业品，不得作为企业的产品产量统计。

B.1.6 粗甲醇属于半成品，不作为产品统计，应统计为半成品产量便于消耗的分摊计算。

B.2 甲醇产量计算方法

B.2.1 粗甲醇产量(实物量)计算方法

流量计在粗醇罐后：

粗甲醇产量(吨)=(期末粗甲醇存量－期初粗甲醇存量)＋粗醇罐后各流量计计量之和

流量计在粗醇罐前：

粗甲醇产量(吨)=粗醇罐前各流量计计量之和

没有流量计：

粗甲醇产量(吨)=各粗醇罐液面计计量值之和

B.2.2 精甲醇产量(实物量)计算方法

流量计在精醇罐后：

精甲醇产量(吨)=(期末精甲醇存量－期初精甲醇存量)＋精醇罐后各流量计计量之和

流量计在精醇罐前：

精甲醇产量(吨)=精醇罐前各流量计计量之和

没有流量计：

精甲醇产量(吨)=各精醇罐液面计计量值之和

ICS 27.010
F 01

中华人民共和国国家标准

GB 29437—2012

工业冰醋酸单位产品能源消耗限额

The norm of energy consumption per unit product of glacial acetic acid for industry use

2012-12-31 发布　　　　2013-10-01 实施

中华人民共和国国家质量监督检验检疫总局
中国国家标准化管理委员会　发布

前　言

本标准4.1、4.2为强制性的，其余为推荐性的。

本标准按照GB/T 1.1—2009给出的规则起草。

本标准由国家发展和改革委员会资源节约与环境保护司、工业和信息化部节能与综合利用司提出。

本标准由全国能源基础与管理标准化技术委员会(SAC/TC 20)和中国石油和化学工业联合会归口。

本标准起草单位：江苏索普(集团)有限公司、中国石油吉林石化分公司、石家庄新宇三阳实业有限公司、中国石油和化学工业协会、全国醋酸醋酐行业协作组、上海吴泾化工有限公司、兖矿国泰化工有限公司、大庆油田化工有限公司、山东华鲁恒升化工股份有限公司、河南顺达化工科技有限公司、南通醋酸化工股份有限公司、扬子江乙酰化工有限公司、南宁化工集团有限公司、金沂蒙集团有限公司、中海先锋化工(泰兴)有限公司、河南天冠企业集团有限公司天冠醋酸厂、南京扬子石化碧辟乙酰有限公司。

本标准主要起草人：宋勤华、邵守言、凌晨、曹宏兵、陈大胜、刘艳、张志伟、鲁宜武、袁代红、管琦、刘华安、何玲、王志恒、宿志刚、潘科、王学文、常怀春、杨国杰、金光日、殷雪松、李银江、扈士海、丁彩峰、朱爱华、何捷、卢平安、翟光校、杜建新、吴虎林、张小志、花永康。

工业冰醋酸单位产品能源消耗限额

1 范围

本标准规定了羰基合成法、酒精氧化法、乙烯法生产工业冰醋酸单位产品能源消耗（以下简称“能耗”）限额的技术要求、统计范围和计算方法、节能管理与措施。

本标准适用于羰基合成法、酒精氧化法、乙烯法生产工业冰醋酸产品的企业能耗的计算、考核，以及对新建装置的能耗控制。

2 规范性引用文件

下列文件对于本文件的应用是必不可少的。凡是注日期的引用文件，仅注日期的版本适用于本文件。凡是不注日期的引用文件，其最新版本（包括所有的修改单）适用于本文件。

GB/T 1628 工业用冰乙酸

GB/T 2589 综合能耗计算通则

GB/T 13466 交流电气传动风机（泵类、空气压缩机）系统经济运行通则

GB 17167 用能单位能源计量器具配备和管理通则

3 术语和定义

GB/T 1628 界定的以及下列术语和定义适用于本文件。

3.1

工业冰醋酸产品综合能耗 the comprehensive energy consumption of product glacial acetic acid for industry use

报告期内，醋酸产品全部生产过程中实际消耗的各种能源，进行综合计算所得的能源消耗量。系指用于生产的各种能源，包括主要生产系统、辅助生产系统、附属生产系统消耗的能源，不包括用于生活目的所消耗的能源，不包括基建、技改等项目建设消耗的、生产界区内回收利用的和向外输出的能源量。

3.2

工业冰醋酸产品单位综合能耗 the comprehensive energy consumption per unit product of glacial acetic acid for industry use

本标准醋酸产品单位综合能耗是以折 100％醋酸单位产量所表示的综合能耗量，即企业同一计划统计期内醋酸装置总综合能耗量与合格产品总产量之比值。

3.3

工业冰醋酸生产界区 the battery limit of production of glacial acetic acid for industry use

从原料（一氧化碳、甲醇、酒精、氧气、乙烯等）及能源（电力、蒸汽等）经计量进入开始，到醋酸成品计量入库的全部生产过程。由生产系统工艺装置、辅助生产系统和附属生产系统设施三部分组成。

3.4

工业冰醋酸生产系统 the production system of glacial acetic acid for industry use

从原料（一氧化碳、甲醇、酒精、乙烯、氧气等）进入醋酸生产界区开始到醋酸成品包装入库为止的有关工序组成的完整工艺过程和设备。

3.5

工业冰醋酸辅助生产系统 the auxiliary production system of glacial acetic acid for industry use

为生产系统工艺装置配置的工艺过程、设施和设备。包括供电、供水、供气、采暖、制冷、仪表和厂内原料场地以及安全、环保等装置。

3.6

工业冰醋酸附属生产系统 the accessory production system of glacial acetic acid for industry use

为生产系统专门配置的生产指挥系统和厂区内为生产服务的部门和单位。包括办公室、操作室、休息室、更衣室、中控分析、成品检验、产品计量等设施。

4 技术要求

4.1 现有工业冰醋酸装置单位产品能耗限定值

现有醋酸装置单位产品能耗限定值应符合表1的要求。

表1 工业冰醋酸装置单位产品能耗限定值

工艺		单位产品综合能耗/(kgce/t)
羰基法 (年产20万t醋酸)		≤176
酒精法	空气氧化乙醛	≤500
	氧气氧化乙醛	≤505
乙烯法		≤429

4.2 新建工业冰醋酸装置单位产品能耗准入值

新建年产20万t及以上羰基法醋酸装置、酒精法和乙烯法装置能耗准入值应符合表2的要求。年产20万t以下羰基法醋酸装置应禁止建设。

表2 新建工业冰醋酸装置单位产品能耗准入值

工艺		单位产品综合能耗/(kgce/t)
羰基法 (年产20万t醋酸)		≤124
酒精法	空气氧化乙醛	≤418
	氧气氧化乙醛	≤429
乙烯法		≤300

4.3 工业冰醋酸装置单位产品能耗先进值

企业应通过节能技术改造和加强节能管理，达到表3能耗先进值的要求。

表 3 工业冰醋酸装置单位产品能耗先进值

工艺		单位产品综合能耗/(kgce/t)
羰基法 (年产 20 万 t 醋酸)		≤106
酒精法	空气氧化乙醛	≤418
	氧气氧化乙醛	≤429
乙烯法		≤300

5 统计范围和计算方法

5.1 统计范围

5.1.1 报告期内工业冰醋酸生产界区实际消耗的一次能源(燃料油、燃料气)、二次能源(电力、蒸汽等)和耗能工质(水、氮气、压缩空气等),包括装置生产、输变电损失、热力管网损失、装置照明、采暖等生活设施以及检维修所发生的能量消耗;不包括自产的二次能源(电和蒸汽)。

5.1.2 回收利用工业冰醋酸生产界区内产生的余热、余能及化学反应热,供界区外装置回收利用的,应按其实际回收的能量从本界区内能耗中扣除。

5.1.3 各种能耗的热值应按 GB/T 2589 折为统一的标准煤。各种能源的热值以企业在报告期内实测的热值为准。没有实测条件的,可采用附录 A、附录 B 中给定的各种能源折标准煤参考系数。

能源消耗量的统计、核算应包括各个生产环节和系统,即不能重复,又不能漏计。

5.1.4 工业冰醋酸产品所消耗的原材料,如羰基法中的一氧化碳和甲醇、酒精法中的乙醇、氧气或空气、乙烯法中的乙烯和氧气,不作为能耗进行统计。

5.2 计算方法

工业冰醋酸产品单位综合能耗按式(1)计算:

$$E_{ZH}=[\sum_{i=1}^{n}(e_i\times k_i)-\sum_{j=1}^{m}(e_j\times k_j)]\div P_{cp} \quad \cdots\cdots(1)$$

式中:

E_{ZH}——工业冰醋酸产品单位综合能耗,单位为千克标准煤每吨(kgce/t);

n ——消耗的能源品种数;

m ——输出的能源品种数;

e_i ——生产和服务活动中消耗的第 i 种能源实物量,单位为吨(t)或千瓦时(kW·h);

e_j ——醋酸生产中输出的第 j 种能源实物量,单位为吨(t)或千瓦时(kW·h);

k_i ——生产和服务活动中消耗的第 i 种能源的折算系数,按能量的当量值或能源等价值折算;

k_j ——醋酸生产中输出的第 j 种能源的折算系数,按能量的当量值或能源等价值折算;

P_{cp} ——报告期内某种规格醋酸产品的成品产量,单位为吨(t)。

6 节能管理与措施

6.1 节能基础管理与措施

企业应定期对工业冰醋酸产品单位能耗进行考核,并把考核指标分解落实到各基层部门,建立用能责任制度。

企业应按要求建立能源统计体系，建立能耗测试数据、能耗计算和考核结果的文件档案，并对文件进行受控管理。

工业冰醋酸生产企业综合能耗的统计、核算应执行相关国家标准，核算规程由企业归口（专业）部门完成。

企业应根据 GB 17167 配备能源计量器具并建立能源计量管理制度。

6.2 节能技术管理与措施

6.2.1 经济运行

企业应调整装置生产负荷在设计负荷的 90%～110%之间，同时保证产品质量达到国家相关标准。

企业应使通用设备达到经济运行的状态，对风机、泵类和压缩机的经济运行管理应符合 GB/T 13466 的规定。

对各种管网应加强维护管理，防止跑、冒、滴、漏的现象发生。

6.2.2 工艺管理

企业应该加强工艺管理，鼓励将余热回收利用，鼓励对三废进行综合利用。

6.2.3 耗能设备

6.2.3.1 企业应该加强设备日常维护管理，用高效节能设备更新淘汰高耗能设备；同时加强对换热器类设备的日常维护管理，保证换热效率，节约能源使用。

6.2.3.2 企业应该加强设备、管线保温、保冷，提高能源利用效率，降低能源使用量。

6.2.3.3 企业应该加强疏水器类设备使用管理，提高蒸汽使用效率，减少蒸汽热值损失；根据物料性质和实际情况组织采暖、伴热的输送，防止出现能源浪费。

6.2.3.4 企业应该提高照明系用的能效，电光源及镇流器应选用能效值达到相关能效标准节能评价值的产品。

附 录 A
（资料性附录）
各种能源折标准煤参考系数

A.1 各种能源折标准煤参考系数

各种能源折标准煤参考系数见表 A.1。

表 A.1 各种能源折标准煤参考系数

能源名称		平均低位发热量	折标准煤系数
原煤		20 908 kJ/kg(5 000 kcal/kg)	0.714 3 kgce/kg
洗精煤		26 344 kJ/kg(6 300 kcal/kg)	0.900 0 kgce/kg
其他洗煤	洗中煤	8 363 kJ/kg(2 000 kcal/kg)	0.285 7 kgce/kg
	煤泥	8 363 kJ/kg～12 545 kJ/kg (2 000 kcal/kg～3 000 kcal/kg)	0.285 7 kgce/kg～0.428 6 kgce/kg
焦炭		28 435 kJ/kg(6 800 kcal/kg)	0.971 4 kgce/kg
原油		41 816 kJ/kg(10 000 kcal/kg)	1.428 6 kgce/kg
燃料油		41 816 kJ/kg(10 000 kcal/kg)	1.428 6 kgce/kg
汽油		43 070 kJ/kg(10 300 kcal/kg)	1.471 4 kgce/kg
煤油		43 070 kJ/kg(10 300 kcal/kg)	1.471 4 kgce/kg
柴油		42 652 kJ/kg(10 200 kcal/kg)	1.457 1 kgce/kg
煤焦油		33 453 kJ/kg(8 000 kcal/kg)	1.142 9 kgce/kg
渣油		41 816 kJ/kg(10 000 kcal/kg)	1.428 6 kgce/kg
液化石油气		50 179 kJ/kg(12 000 kcal/kg)	1.714 3 kgce/kg
炼厂干气		46 055 kJ/kg(11 000 kcal/kg)	1.571 4 kgce/kg
油田天然气		38 931 kJ/m^3(9 310 kcal/m^3)	1.330 0 kgce/m^3
气田天然气		35 544 kJ/m^3(8 500 kcal/m^3)	1.214 3 kgce/m^3
煤矿瓦斯气		14 636 kJ/m^3～16 726 kJ/m^3 (3 500 kcal/m^3～4 000 kcal/m^3)	0.500 0 kgce/m^3～0.571 4 kgce/m^3
焦炉煤气		16 726 kJ/m^3～17 981 kJ/m^3 (4 000 kcal/m^3～4 300 kcal/m^3)	0.571 4 kgce/m^3～0.614 3 kgce/m^3
高炉煤气		3 763 kJ/m^3	0.128 6 kgce/kg
其他煤气	a) 发生炉煤气	5 227 kJ/m^3(1 250 kcal/m^3)	0.178 6 kgce/m^3
	b) 重油催化裂解煤气	19 235 kJ/m^3(4 600 kcal/m^3)	0.657 1 kgce/m^3
	c) 重油热裂解煤气	35 544 kJ/m^3(8 500 kcal/m^3)	1.214 3 kgce/m^3
	d) 焦炭制气	16 308 kJ/m^3(3 900 kcal/m^3)	0.557 1 kgce/m^3
	e) 压力气化煤气	15 054 kJ/m^3(3 600 kcal/m^3)	0.514 3 kgce/m^3
	f) 水煤气	10 454 kJ/m^3(2 500 kcal/m^3)	0.357 1 kgce/m^3

表 A.1(续)

能源名称	平均低位发热量	折标准煤系数
粗苯	41 816 kJ/kg(10 000 kcal/kg)	1.428 6 kgce/m^3
热力(当量值)		0.034 12 kgce/MJ
电力(当量值)	3 600 kJ/(kW・h)[(860 kcal/(kW・h)]	0.122 9 kgce/(kW・h)
蒸汽(低压)	3 763 MJ/t(900 Mcal/t)	0.128 6 kgce/kg
5.0 MPa 级蒸汽(4.5 MPa≤p≤7.0 MPa)		0.128 6 kgce/kg
3.5 MPa 级蒸汽(3.0 MPa≤p≤4.5 MPa)		0.125 7 kgce/kg
2.5 MPa 级蒸汽(2.0 MPa≤p≤3.0 MPa)		0.121 4 kgce/kg
1.5 MPa 级蒸汽(1.2 MPa≤p≤2.0 MPa)		0.114 3 kgce/kg

附 录 B
（资料性附录）
耗能工质能源等价值

B.1 耗能工质能源等价值

耗能工质能源等价值见表 B.1。

表 B.1 耗能工质能源等价值

品种	单位耗能工质能耗量	折标准煤系数
新水	2.51 MJ/t(600 kcal/t)	0.085 7 kgce/t
软水	14.23 MJ/t(3 400 kcal/t)	0.485 7 kgce/t
循环水	4.18 MJ/t(1 000 kcal/t)	0.142 8 kgce/t
除氧水	28.45 MJ/t(6 800 kcal/t)	0.971 4 kgce/t
压缩空气	1.17 MJ/m^3(280 kcal/m^3)	0.040 0 kgce/m^3
鼓风	0.88 MJ/m^3(210 kcal/m^3)	0.030 0 kgce/m^3
氧气	11.72 MJ/m^3(2 800 kcal/m^3)	0.400 0 kgce/m^3
氮气	19.66 MJ/m^3(2 800 kcal/m^3)	0.671 4 kgce/m^3
氮气(做副产品时)	11.72 MJ/m^3(2 800 kcal/m^3)	0.400 0 kgce/m^3
氮气(做主产品时)	19.66 MJ/m^3(4 700 kcal/m^3)	0.671 4 kgce/m^3
二氧化碳气	6.28 MJ/m^3(1 500 kcal/m^3)	0.214 3 kgce/m^3
乙炔	243.67 MJ/m^3	8.314 3 kgce/m^3
电石	60.92 MJ/kg	2.078 6 kgce/kg

ICS 27.010
F 01

中华人民共和国国家标准

GB 29438—2012

聚甲醛单位产品能源消耗限额

The norm of energy consumption per unit product of polyoxymethylene

2012-12-31 发布　　2013-10-01 实施

中华人民共和国国家质量监督检验检疫总局
中国国家标准化管理委员会　发布

前　言

本标准4.1、4.2为强制性的，其余为推荐性的。

本标准按照GB/T 1.1—2009给出的规则起草。

本标准由国家发展和改革委员会资源节约与环境保护司、工业和信息化部节能与综合利用司提出。

本标准由全国能源基础与管理标准化技术委员会(SAC/TC 20)和中国石油和化学工业联合会归口。

本标准起草单位：中国蓝星(集团)股份有限公司、上海蓝星聚甲醛有限公司、国家合成树脂质量监督检验中心。

本标准主要起草人：张奕、王建东、史勋平、隗志安、刘洁、蔡亮珍、周建军。

聚甲醛单位产品能源消耗限额

1 范围

本标准规定了聚甲醛单位产品能源消耗(简称“能耗”)限额的技术要求、统计范围及计算方法,以及节能管理措施。

本标准适用于以甲醇和乙二醇为主要原料的聚甲醛生产企业能耗的计算、考核,以及对新建项目的能耗控制。

2 规范性引用文件

下列文件对于本文件的应用是必不可少的。凡是注日期的引用文件,仅注日期的版本适用于本文件。凡是不注日期的引用文件,其最新版本(包括所有的修改单)适用于本文件。

GB/T 12497 三相异步电动机经济运行

GB/T 13462 电力变压器经济运行

GB/T 13466 交流电气传动风机(泵类、空气压缩机)系统经济运行通则

GB/T 14549 电能质量 公用电网谐波

GB 17167 用能单位能源计量器具配备和管理通则

GB 18613 中小型三相异步电动机能效限定值及能效等级

GB 19153 容积式空气压缩机能效限定值及能效等级

GB 19761 通风机能效限定值及能效等级

GB 19762 清水离心泵能效限定值及节能评价值

GB 20052 三相配电变压器能效限定值及节能评价值

3 术语和定义

下列术语和定义适用于本文件。

3.1

聚甲醛产品综合能耗 comprehensive energy consumption of polyoxymethylene product

报告期内,聚甲醛产品整个生产过程中的能源消耗总量。

3.2

聚甲醛单位产品能耗 comprehensive energy consumption per unit product of polyoxymethylene

以单位聚甲醛产量表示的能耗量。

4 技术要求

4.1 聚甲醛单位产品能耗限定值

现有聚甲醛生产企业聚甲醛单位产品能耗限定值应不大于 2 800 kgce/t。

4.2 聚甲醛单位产品能耗准入值

新建或改扩建聚甲醛生产装置聚甲醛单位产品能耗准入值应不大于 2 100 kgce/t。

4.3 聚甲醛单位产品能耗先进值

鼓励聚甲醛生产企业通过节能技术改造、技术进步、节能管理措施达到聚甲醛单位产品能耗先进值要求。聚甲醛单位产品能耗先进值应不大于 2 000 kgce/t。

5 统计范围及计算方法

5.1 统计范围

5.1.1 聚甲醛产品综合能耗统计范围为从工业甲醇、乙二醇等原材料以及蒸汽、工业水等辅料和电力经计量进入聚甲醛装置开始，到袋装成品入库为止所实际消耗的一次能源量、二次能源量，以及耗能工质量(如水、氧气、氮气、压缩空气等)。

5.1.2 聚甲醛装置内回收利用的余热、余能及化学反应热等，不应计入能耗量中。如果该余热、余能及化学反应热等供其他装置利用的，应按其实际利用的能量从本系统的能耗中扣除。

5.1.3 各种能源的热值应折合为统一的计量单位千克标准煤(kgce)或吨标准煤(tce)。各种能源的热值以企业在报告期内实测的热值为准。没有实测条件的，可参照附录 A 和附录 B 中给定的各种能源折标准煤参考系数、各类耗能工质能源折标准煤参考系数。

5.1.4 能源消耗量的统计、核算应包括各个生产环节和系统。

5.2 计算方法

5.2.1 聚甲醛综合能耗计算公式

聚甲醛综合能耗等于聚甲醛生产过程中所输入的各种能量减去向外输出的各种能量，按式(1)计算：

$$E=\sum_{i=1}^{n}(E_i \times k_i)-\sum_{j=1}^{m}(E_j \times k_j) \qquad \cdots\cdots(1)$$

式中：

E ——聚甲醛能耗，单位为千克标准煤(kgce)；

E_i ——聚甲醛生产过程中输入的第 i 种能源实物量，单位为吨(t)或千克(kg)、千瓦时(kW·h)、立方米(m^3)；

k_i ——输入的第 i 种能源的折标准煤系数，单位为千克标准煤每吨(kgce/t)或千克标准煤每千克(kgce/kg)、千克标准煤每千瓦时[kgce/(kW·h)]、千克标准煤每立方米(kgce/m^3)；

n ——输入的能源种类数量；

m ——输出的能源种类数量；

E_j ——聚甲醛生产过程中输出的第 j 种能源实物量，单位为吨(t)或千克(kg)、千瓦时(kW·h)、立方米(m^3)；

k_j ——输出的第 j 种能源的折标准煤系数，单位为千克标准煤每吨(kgce/t)或千克标准煤每千克(kgce/kg)、千克标准煤每千瓦时[kgce/(kW·h)]、千克标准煤每立方米(kgce/m^3)。

5.2.2 聚甲醛单位产品能耗计算公式

单位产品能耗等于报告期内聚甲醛能耗除以报告期内聚甲醛产量，按式(2)计算：

$$e=\frac{E}{P} \qquad \cdots\cdots(2)$$

式中：

e ——聚甲醛单位产品能耗，单位为千克标准煤每吨(kgce/t)；

E——报告期内聚甲醛能耗，单位为千克标准煤(kgce)；

P——报告期内聚甲醛产量，单位为吨(t)。

6 节能管理与措施

6.1 节能基础管理与措施

企业应定期对产品能耗、单位产品能耗等进行考核，并把考核指标分解落实到各基层部门和单位，建立用能责任制度。

企业应根据 GB 17167 配备能源计量器具并建立能源计量管理制度。

6.2 节能技术管理与措施

6.2.1 经济运行

企业应使生产通用设备达到经济运行的状态，对电动机的经济运行管理应符合 GB/T 12497 的规定；对风机、泵类和空气压缩机的经济运行管理应符合 GB/T 13466 的规定；对电力变压器的经济运行管理应符合 GB/T 13462 的规定。

对各种管网应加强维护管理，防止跑、冒、滴、漏的现象发生。

6.2.2 变电、整流工序

6.2.2.1 提高整流器整流相数的脉波数，抑制谐波，6(10)kV 供电母线的脉波数不应低于 12，35(66)kV 供电母线的脉波数不应低于 18，110 kV 供电母线的脉波数不应低于 24，与电网连接点应执行 GB/T 14549 的有关规定。

6.2.2.2 提高整流自然功率因数，减少高次谐波的危害。

6.2.3 耗汽工序

6.2.3.1 应采用新技术，提高工序效率，降低蒸汽消耗。

6.2.3.2 加强蒸汽冷凝水及其余热的回收利用。

6.2.3.3 加强设备、管道保温，减少热损，降低能耗。

6.2.4 耗能设备

6.2.4.1 企业应提高电机系统通用设备的能效，用高效节能设备更新淘汰高耗能设备。年运行时间大于 3 000 h 的设备，电动机的能效应达到 GB 18613 节能评价值的水平；清水离心泵的能效应达到 GB 19762 节能评价值的水平；通风机的能效应达到 GB 19761 节能评价值的水平；容积式空气压缩机的能效应达到 GB 19153 节能评价值的水平。应使电动机运行在额定负载的 75%～80%。

6.2.4.2 企业应提高变电和配电设备的能效，配电变压器的能效应达到 GB 20052 节能评价值的水平。变电和配电应采用低压集中补偿的方法，采用补偿电容，提高功率因数。

6.2.4.3 企业应提高照明系统的能效，电光源及镇流器应选用能效值达到相关能效标准节能评价值的产品。

附　录　A
（资料性附录）
各类能源折算标准煤的参考系数

A.1　各类能源折算标准煤的参考系数见表A.1。

表A.1　各类能源折算标准煤的参考系数

<table>
<tr><th colspan="2">能源名称</th><th>平均低位发热量</th><th>标准煤系数</th></tr>
<tr><td colspan="2">原煤</td><td>20 908 kJ/kg(5 000 kcal/kg)</td><td>0.714 3 kgce/kg</td></tr>
<tr><td colspan="2">洗精煤</td><td>26 344 kJ/kg(6 300 kcal/kg)</td><td>0.900 0 kgce/kg</td></tr>
<tr><td rowspan="2">其他洗煤</td><td>洗中煤</td><td>8 363 kJ/kg(2 000 kcal/kg)</td><td>0.285 7 kgce/kg</td></tr>
<tr><td>煤泥</td><td>8 363 kJ/kg～12 545 kJ/kg
(2 000 kcal/kg～3 000 kcal/kg)</td><td>0.285 7 kgce/kg～0.428 6 kgce/kg</td></tr>
<tr><td colspan="2">焦炭</td><td>28 435 kJ/kg(6 800 kcal/kg</td><td>0.971 4 kgce/kg</td></tr>
<tr><td colspan="2">原油</td><td>41 816 kJ/kg(10 000 kcal/kg)</td><td>1.428 6 kgce/kg</td></tr>
<tr><td colspan="2">燃料油</td><td>41 816 kJ/kg(10 000 kcal/kg)</td><td>1.428 6 kgce/kg</td></tr>
<tr><td colspan="2">汽油</td><td>43 070 kJ/kg(10 300 kcal/kg)</td><td>1.471 4 kgce/kg</td></tr>
<tr><td colspan="2">煤油</td><td>43 070 kJ/kg(10 300 kcal/kg)</td><td>1.471 4 kgce/kg</td></tr>
<tr><td colspan="2">柴油</td><td>42 652 kJ/kg(10 200 kcal/kg)</td><td>1.457 1 kgce/kg</td></tr>
<tr><td colspan="2">煤焦油</td><td>33 453 kJ/kg(8 000 kcal/kg)</td><td>1.142 9 kgce/kg</td></tr>
<tr><td colspan="2">渣油</td><td>41 816 kJ/kg(10 000 kcal/kg)</td><td>1.428 6 kgce/kg</td></tr>
<tr><td colspan="2">液化石油气</td><td>50 179 kJ/kg(12 000 kcal/kg)</td><td>1.714 3 kgce/kg</td></tr>
<tr><td colspan="2">炼厂干气</td><td>46 055 kJ/kg(11 000 kcal/kg)</td><td>1.571 4 kgce/kg</td></tr>
<tr><td colspan="2">油田天然气</td><td>38 931 kJ/m^3(9 310 kcal/m^3)</td><td>1.330 0 kgce/m^3</td></tr>
<tr><td colspan="2">气田天然气</td><td>35 544 kJ/m^3(8 500 kcal/m^3)</td><td>1.214 3 kgce/m^3</td></tr>
<tr><td colspan="2">煤矿瓦斯气</td><td>14 636 kJ/m^3～16 726 kJ/m^3
(3 500 kcal/m^3～ 4 000 kcal/kg)</td><td>0.500 0 kgce/m^3～0.571 4 kgce/m^3</td></tr>
<tr><td colspan="2">焦炉煤气</td><td>16 726 kJ/m^3～17 981 kJ/m^3
(4 000 kcal/m^3～4 300 kcal/m^3)</td><td>0.571 4 kgce/m^3～0.614 3 kgce/m^3</td></tr>
<tr><td colspan="2">高炉煤气</td><td>3 763 kJ/m^3</td><td>0.128 6 kgce/kg</td></tr>
<tr><td rowspan="6">其他煤气</td><td>a) 发生炉煤气</td><td>5 227 kJ/m^3(1 250 kcal/m^3)</td><td>0.178 6 kgce/m^3</td></tr>
<tr><td>b) 重油催化裂解煤气</td><td>19 235 kJ/m^3(4 600 kcal/m^3)</td><td>0.657 1 kgce/m^3</td></tr>
<tr><td>c) 重油热裂解煤气</td><td>35 544 kJ/m^3(8 500 kcal/m^3)</td><td>1.214 3 kgce/m^3</td></tr>
<tr><td>d) 焦炭制气</td><td>16 308 kJ/m^3(3 900 kcal/m^3)</td><td>0.557 1 kgce/m^3</td></tr>
<tr><td>e) 压力气化煤气</td><td>15 054 kJ/m^3(3 600 kcal/m^3)</td><td>0.514 3 kgce/m^3</td></tr>
<tr><td>f) 水煤气</td><td>10 454 kJ/m^3(2 500 kcal/m^3)</td><td>0.357 1 kgce/m^3</td></tr>
<tr><td colspan="2">粗苯</td><td>41 816 kJ/kg(10 000 kcal/kg)</td><td>1.428 6 kgce/m^3</td></tr>
<tr><td colspan="2">热力(当量值)</td><td>—</td><td>0.034 12 kgce/MJ</td></tr>
<tr><td colspan="2">电力(当量值)</td><td>3 600 kJ/(kW·h)[860 kcal/(kW·h)]</td><td>0.122 9 kgce/(kW·h)</td></tr>
<tr><td colspan="2">蒸汽(低压)</td><td>3 763 MJ/t(900 Mcal/t)</td><td>0.128 6 kgce/kg</td></tr>
</table>

附 录 B
（资料性附录）
耗能工质能源等价值

B.1 耗能工质能源等价值见表 B.1。

表 B.1 耗能工质能源等价值

品种	单位耗能工质耗能量	折标准煤系数
新水	2.51 MJ/t(600 kcal/t)	0.085 7 kgce/t
软水	14.23 MJ/t(3 400 kcal/t)	0.485 7 kgce/t
除氧水	28.45 MJ/t(6 800 kcal/t)	0.971 4 kgce/t
压缩空气	1.17 MJ/m^3(280 $kcal/m^3$)	0.040 0 $kgce/m^3$
鼓风	0.88 MJ/m^3(210 $kcal/m^3$)	0.030 0 $kgce/m^3$
氧气	11.72 MJ/m^3(2 800 $kcal/m^3$)	0.400 0 $kgce/m^3$
氮气(做副产品时)	11.72 MJ/m^3(2 800 $kcal/m^3$)	0.400 0 $kgce/m^3$
氮气(做主产品时)	19.66 MJ/m^3(4 700 $kcal/m^3$)	0.671 4 $kgce/m^3$
二氧化碳气	6.28 MJ/m^3(1 500 $kcal/m^3$)	0.214 3 $kgce/m^3$
乙炔	243.67 MJ/m^3	8.314 3 $kgce/m^3$
电石	60.92 MJ/kg	2.078 6 kgce/kg

ICS 27.010
F 01

GB

中华人民共和国国家标准

GB 29439—2012

硫酸钾单位产品能源消耗限额

The norm of energy consumption per unit product of potassium sulfate

2012-12-31 发布　　2013-10-01 实施

中华人民共和国国家质量监督检验检疫总局
中国国家标准化管理委员会　发布

前　言

本标准4.1、4.2为强制性的，其余为推荐性的。

本标准按照GB/T 1.1—2009给出的规则起草。

本标准由国家发展和改革委员会资源节约与环境保护司、工业和信息化部节能与综合利用司提出。

本标准由全国能源基础与管理标准化技术委员会（SAC/TC 20）和中国石油和化学工业联合会归口。

本标准起草单位：中国无机盐工业协会、国投新疆罗布泊钾盐有限责任公司。

本标准主要起草人：王佩琳、尹新斌、问立宁、张晓钟、何勇锋、马国良、王庭义、朱小军。

硫酸钾单位产品能源消耗限额

1 范围

本标准规定了硫酸钾单位产品能源消耗(以下简称能耗)限额的技术要求、统计范围和计算方法、节能管理与措施。

本标准适用于利用水盐体系法(盐湖含钾卤水和海水、卤水、芒硝法)和非水盐体系法(曼海姆法)制取硫酸钾的生产企业进行能耗的计算、考核,以及对新建项目的能耗控制。

本标准不适用于以下生产企业:

a) 利用水盐体系法制取硫酸钾镁肥;

b) 采用硫酸铵转化法、石膏转化法、缔置法、混合盐法等生产硫酸钾。

2 规范性引用文件

下列文件对于本文件的应用是必不可少的,凡是注日期的引用文件,仅注日期的版本适用于本文件。凡是不注日期的引用文件,其最新版本(包括所有的修改单)适用于本文件。

GB/T 2589 综合能耗计算通则

GB/T 12497 三相异步电动机经济运行

GB/T 13462 电力变压器经济运行

GB/T 13466 交流电气传动风机(泵类、空气压缩机)系统经济运行通则

GB 17167 用能单位能源计量器具配备和管理通则

GB 18613 中小型三相异步电动机能效限定值及能效等级

GB 19153 容积式空气压缩机能效限定值及能效等级

GB 19761 通风机能效限定值及能效等级

GB 19762 清水离心泵能效限定值及节能评价值

GB 20052 三相配电变压器能效限定值及节能评价值

3 术语和定义

下列术语和定义适用于本文件。

3.1

硫酸钾产品综合能耗 the comprehensive energy consumption of potassium sulfate

在报告期内硫酸钾产品生产全部过程中的能源消耗总量。

3.2

硫酸钾单位产品能耗 the comprehensive energy consumption per unit product of potassium sulfate

用硫酸钾单位产品产量表示的能耗。

3.3

水盐体系法硫酸钾 france potassium sulfate brine system

以水为介质的硫酸钾生产工艺方法,包括含钾卤水和海水、卤水为原料以及以芒硝、氯化钾为原料(芒硝法)生产的硫酸钾的工艺方法。

3.4

曼海姆法硫酸钾 Mannheim potassium sulfate

以氯化钾和硫酸为原料经曼海姆炉反应生产硫酸钾的方法。

4 技术要求

4.1 硫酸钾单位产品能耗限定值

现有硫酸钾装置单位产品能耗限定值应符合表1要求。

表1 现有硫酸钾单位产品能耗限定值

分类		单位产品能耗/(kgce/t)
水盐体系法	含钾卤水	≤365
	海水、卤水	≤522
	芒硝法	≤500
非水盐体系法	曼海姆法	≤126

4.2 硫酸钾单位产品能耗准入值

新建硫酸钾装置单位产品能耗准入值应符合表2要求。

表2 新建硫酸钾装置单位产品能耗准入值

分类	单位产品能耗/(kgce/t)	
水盐体系法	含钾卤水	≤350
	海水、卤水	≤510
	芒硝法	≤480
非水盐体系法	曼海姆法	≤124

4.3 硫酸钾单位产品能耗先进值

硫酸钾产品生产企业应通过节能技术改造和提高节能管理来达到能耗先进值要求。硫酸钾单位产品能耗先进值见表3。

表3 硫酸钾单位产品能耗先进值

分类	单位产品能耗/(kgce/t)	
水盐体系法	含钾卤水	≤350
	海水、卤水	≤510
	芒硝法	≤450
非水盐体系法	曼海姆法	≤120

5 统计范围和计算方法

5.1 硫酸钾生产界区

从原材料和能源经计量进入开始，到成品计量入库和经污染物治理装置处理送出为止，整个硫酸钾产品的生产过程。生产界区由生产系统工艺装置、辅助生产系统和附属生产系统设施三部分组成。

5.2 生产系统

从原材料和能源经计量进入界区、供电、供水经计量进入生产区开始，到成品计量包装入库整个生产过程，包括厂区内外包工作工序。有关工序组成完整的工艺过程、设施及设备。

5.3 辅助生产系统

为生产系统工艺装置配套的设施和设备，其中包括机修、燃料、原材料、成品贮存、安全消防设施及装置。

5.4 附属生产系统

为生产系统配置生产管理系统及为生产服务的部门和单位，其中包括办公室、生产管理部、调度室、休息室、更衣室、浴室、中控分析、成品检验、厂区监控等的生产界区内设施和设备。

5.5 统计范围

5.5.1 在报告期内生产硫酸钾产品实际消耗的各种能源量，经综合计算后得到的能源消耗量；即在报告期内硫酸钾生产界区实际消耗的一次能源量(如煤炭、石油、天然气等)、二次能源量(电力、煤气、蒸汽等)和耗能工质(如水、氧气、氮气、压缩空气等)；不包括自产的耗能工质，但包括其所消耗的能源。

5.5.2 硫酸钾生产界区外企业的辅助生产系统、附属生产系统能源消耗量和损失量应按消耗比例分摊到产品总能耗中。

5.5.3 硫酸钾生产回收本界区内产生的余热、余能及化学反应热，不计入能源消耗量中。供界区外装置回收利用的能源，应按其实际回收的能量从本界区能耗中扣除。

5.6 计算方法

5.6.1 数据折算

各种能源的热值应折合为统一的计量单位千克标准煤。在报告期内实测的企业消耗的一次能源量，均按低(位)发热量换算为标准煤量。没有实测条件的，采用附录A中各种能源折标准煤参考系数。

能耗的计算应符合GB/T 2589综合能耗计算通则中的规定。

5.6.2 硫酸钾产品综合能耗的计算

硫酸钾产品综合能耗应按式(1)计算：

$$E_{kz}=E_{ks}+E_{kf} \qquad \cdots\cdots(1)$$

式中：

E_{kz}——报告期内硫酸钾产品综合能耗，单位为千克标准煤(kgce)；

E_{ks}——报告期内硫酸钾生产系统能耗量，单位为千克标准煤(kgce)；

E_{kf}——报告期内硫酸钾辅助生产系统、附属生产系统的能耗摊入量和损失量，单位为千克标准煤(kgce)。

5.6.3 硫酸钾单位产品能耗的计算

硫酸钾单位产品能耗应按式(2)计算：

$$E_{kzd}=\frac{E_{kz}}{P_k} \quad \cdots\cdots(2)$$

式中：

E_{kzd}——硫酸钾单位产品能耗，单位为 千克标准煤每吨(kgce/t)；

E_{kz} ——报告期内硫酸钾产品能耗，单位为千克标准煤(kgce)；

P_k ——报告期内硫酸钾产量，单位为吨(t)。

6 节能管理与措施

6.1 节能基础管理

企业应定期对硫酸钾产品能耗、硫酸钾单位产品能耗进行考核，并把考核指标分解落实到各基层部门，建立用能责任制度。

企业应根据 GB 17167 配备能源计量器具并建立能源计量管理制度。

6.2 节能技术管理

6.2.1 能源管理

企业应建立能耗测试数据、能耗计算和能耗考核结果的文件档案，并对文件进行受控管理。

6.2.2 经济运行

通用设备应在经济状态运行，对电动机、交流电气传动风机(泵类、空气压缩机)系统、电力变压器等的经济运行管理应分别符合 GB/T 12497、GB/T 13466 和 GB/T 13462 的规定。

对各种管网应加强维护管理，防止跑、冒、滴、漏的现象发生。

6.2.3 水盐体系法生产硫酸钾

对采用含钾卤水和海水、卤水一次性资源生产硫酸钾的盐水体系法：

a) 优化工艺操作，充分利用地域条件，结合气候条件，采用先进的盐田工艺技术，提高钾收率。

b) 大力开展综合利用，提高副产物附加值。

对以芒硝、氯化钾等二次性产品为原料生产硫酸钾的水盐体系法：

a) 加强原料管理，稳定操作，创新工艺，提高钾的收得率。

b) 加强副产氯化钠应用研究，提高副产物附加值，降低生产成本。

c) 改进工艺技术，提高设备效率。

6.2.4 非水盐体系法(曼海姆法)生产硫酸钾

对采用氯化钾和硫酸二次性产品为原料生产硫酸钾的非水盐体系法(曼海姆法)：

a) 加强原料管理，稳定操作，提高迈海姆炉的热效率。

b) 提高炉气冷却效率，开拓副产盐酸销路。

c) 改进设备材质，减少设备腐蚀，加强隔热保温，降低热损失。

6.2.5 耗能设备

对电机、变配电等耗能设备：

a) 提高电机系统通用设备的能效，用高效节能设备更新淘汰低效设备。电动机、清水离心泵、通风机、容积式空气压缩机等设备能效应分别达到 GB 18613、GB 19762、GB 19761 和GB 19153 节能评价值的水平。

b) 企业应提高变电和配电设备的能效，配电变压器的能效应达到 GB 20052 节能评价值的水平。

附　录　A
（资料性附录）
各种能源折标准煤参考系数

A.1　各种能源折标准煤参考系数

各种能源折标准煤参考系数见表 A.1。

表 A.1　各种能源折标准煤参考系数

能源名称		平均低位发热量	折标准煤系数
原煤		20 908(5 000 kcal) kJ/kg	0.714 3 kgce/kg
洗精煤		26 344(6 300 kcal) kJ/kg	0.900 0 kgce/kg
其他洗煤	a)　洗中煤	8 363(2 000 kcal)kJ/kg	0.285 7 kgce/kg
	b)　煤泥	8 363～12 545(2 000 kcal～3 000 kcal)kJ/kg	0.285 7 kgce/kg～0.428 6 kgce/kg
焦炭		28 435(6 800 kcal)kJ/kg	0.971 4 kgce/kg
电极糊		25 090(6 000 kcal)kJ/kg	0.857 1 kgce/kg
石墨电极		33 913(8 100 kcal)kJ/kg	1.157 1 kgce/kg
原油、燃料油		41 816(10 000 kcal)kJ/kg	1.428 6 kgce/kg
汽油		43 070(10 300 kcal)kJ/kg	1.471 4 kgce/kg
煤油		43 070 (10 300 kcal)kJ/kg	1.471 4 kgce/kg
柴油		42 652(10 200 kcal) kJ/kg	1.457 1 kgce/kg
液化石油气		50 179(12 000 kcal)kJ/kg	1.714 3 kgce/kg
炼厂干气		46 055(11000 kcal) kJ/kg	1.571 4 kgce/kg
油田天然气		38 931(9 310 kcal) kJ/m^3	1.330 0 kgce/m^3
气田天然气		35 544(8 500 kcal) kJ/m^3	1.214 3 kgce/m^3
煤矿瓦斯气		14 636～16 726(3 500 kcal～4000 kcal)kJ/m^3	0.500 0 kgce/m^3～0.571 4 kgce/m^3
焦炉煤气		16 726～17 081(4 000 kcal～4 300 kcal)kJ/m^3	0.571 4 kgce/m^3～0.614 3 kgce/m^3
黄磷尾气		10 048～11 723(2 400 kcal～2 800 kcal)kJ/m^3	0.342 9 kgce/m^3～0.400 0 kgce/m^3
其他煤气	a)　发生炉煤气	5 227(1 250 kcal)kJ/m^3	0.178 6 kgce/m^3
	b)　焦碳制气	16 308(3 900 kcal)kJ/m^3	0.557 1 kgce/m^3
	c)　压力气化煤气	15 054(3 600 kcal)kJ/m^3	0.514 3 kgce/m^3
	d)　水煤气	10 454(2 500 kcal)kJ/m^3	0.357 1 kgce/m^3
热力(当量)		—	0.034 12 kgce/MJ (0.142 86 kgce/10^3 kcal)
电力(当量)		3 601(860 kcal)kJ/(kW·h)	0.122 9 kgce/(kW·h)
蒸汽(低压)		3 763.44(9×10^5 kcal)MJ /t	0.128 6 tce/t

A.2 各种耗能工质折标准煤参考系数

各种耗能工质折标准煤参考系数见表 A.2。

表 A.2 各种耗能工质折标准煤参考系数

品 种	平均折算热量	折标准煤系数
外购水	2.51(600 kcal)MJ/t	0.086 kgce/t
软水	14.23(3 400 kcal) MJ/t	0.486 kgce/t
除氧水	28.45(6 800 kcal)MJ/t	0.971 kgce/t
压缩空气	1.17(280 kcal)MJ/m^3	0.040 kgce/m^3
鼓风	0.88(210 kcal)MJ/m^3	0.030 kgce/m^3
氧气	11.72(2 800 kcal)MJ/m^3	0.400 kgce/m^3
氮气	19.66(4 700 kcal)MJ/m^3	0.671 kgce/m^3
二氧化碳气	6.28(1 500 kcal)MJ/m^3	0.214 kgce/m^3

ICS 27.010
F 01

中华人民共和国国家标准

GB 29440—2012

炭黑单位产品能源消耗限额

The norm of energy consumption per unit product for carbon black

2012-12-31 发布　　2013-10-01 实施

中华人民共和国国家质量监督检验检疫总局
中国国家标准化管理委员会　发布

前 言

本标准4.1、4.2为强制性的，其余为推荐性的。

本标准按照GB/T 1.1—2009给出的规则起草。

本标准由国家发展和改革委员会资源节约与环境保护司、工业和信息化部节能与综合利用司提出。

本标准由全国能源基础与管理标准化技术委员会（SAC/TC 20）和中国石油和化学工业联合会归口。

本标准起草单位：中橡集团炭黑工业研究设计院、中国橡胶工业协会、河北龙星化工股份有限公司、宁波德泰化学有限公司、广东海印永业（集团）股份有限公司、石家庄市新星化碳公司、河北沙河大光明炭黑有限公司、杭州富春江化工有限公司、江西黑猫炭黑有限公司、苏州宝化炭黑有限公司、青州市博奥炭黑有限责任公司、山东贝斯特化工有限公司、山西永东化工有限公司、山西宏特炭黑有限公司、无锡双诚炭黑厂、天津海豚炭黑有限公司、大石桥辽滨炭黑厂、山西远征化工有限公司。

本标准主要起草人：刘敏、王定友、李炳炎、马宝亮、朱社教、邵建聪、胡永军、樊谈京、应昌良、陈吴强、陈新中、朱永宁、李学波。

炭黑单位产品能源消耗限额

1 范围

本标准规定了橡胶加工用炭黑(以下简称炭黑)生产的单位产品综合能源消耗(简称能耗)限额的技术要求、统计范围和计算方法、节能管理与措施。

本标准适用于采用"油-油"炉法、"油-气"炉法和气炉法生产炭黑的企业能耗的计算、考核,以及对新建项目的能耗控制。

2 规范性引用文件

下列文件对于本文件的应用是必不可少的。凡是注日期的引用文件,仅注日期的版本适用于本文件。凡是不注日期的引用文件,其最新版本(包括所有的修改单)适用于本文件。

GB/T 384 石油产品热值测定法

GB/T 2589—2008 综合能耗计算通则

GB/T 3484 企业能量平衡通则

GB 3778 橡胶用炭黑

GB/T 12497 三相异步电动机经济运行

GB/T 13462 电力变压器经济运行

GB/T 13466 交流电气传动风机(泵类、空气压缩机)系统经济运行通则

GB 17167 用能单位能源计量器具配备和管理通则

3 术语和定义

GB 3778 界定的以及下列术语和定义适用于本文件。

3.1

炭黑综合能耗 comprehensive energy consumption of carbon black

在报告期内,生产炭黑所消耗的各种能量总和。其值等于报告期内生产炭黑过程中输入的各种能量之总和减去向外输出的各种能量之总和。输入和输出的所有能量应按规定的方法计算并折算成为标准煤量。

注:输入能量不包括基建、技改等项目建设所消耗的能量。

3.2

炭黑单位产品综合能耗 comprehensive energy consumption per unit product of carbon black

用单位产量表示的炭黑综合能耗。

4 技术要求

4.1 炭黑单位产品能耗限定值

已建成炭黑生产企业炭黑单位产品能耗限定值应不大于 2 400 kgce/t。

4.2 炭黑单位产品能耗准入值

新建炭黑生产企业或已建成炭黑生产企业的改扩建项目炭黑单位产品能耗准入值应不大于2 250 kgce/t。

4.3 炭黑单位产品能耗先进值

鼓励炭黑生产企业通过节能技术改造、技术进步、节能管理措施达到炭黑单位产品能耗先进值要求。炭黑单位产品能耗先进值应不大于1 990 kgce/t。

5 统计范围和计算方法

5.1 统计范围

5.1.1 “油-油”炉法炭黑生产系统的能源消耗量，应包括生产界区实际消耗的一次能源量和二次能源量(含原料)。

5.1.2 “油-气”炉法和气炉法炭黑生产系统的能源消耗量，应计算燃料气的消耗量。

5.1.3 炭黑企业生产界区外的辅助生产系统、附属生产系统所消耗的能量和损失的能量应按消耗比例法分摊。

5.1.4 炭黑生产界区内回收利用的余热、余能，供界区内使用的，不应计入能耗量中；供界区外装置使用的，应按其实际外供量，作为输出能量从界区能耗中扣除。

5.1.5 经生产装置制造的所有合格炭黑产品均应统计产量。不合格产品不计算产量。

5.2 计算方法

5.2.1 标准煤的换算系数为29 307 MJ/tce，即29 307 MJ热值相当于消耗1 tce。

5.2.2 在统计报告期内，按GB/T 384规定的方法实测各种能源及耗能工质的热值，再换算成标准煤量。

5.2.3 没有实测条件的，应采用附录A和附录B中给出的系数，将所耗能源和耗能工质的数量折算成标准煤量。

注：附录A和附录B数据摘自GB/T 2589—2008《综合能耗计算通则》。

5.2.4 能源消耗的核算、统计应由企业的归口(专业)部门按相关的国家标准、核算规程完成，应包括各个生产环节和系统，既不重复，又不遗漏。

5.2.5 计算周期内各炭黑品种产量应统一换算成N330炭黑产量，换算系数(相当产量)见表1。然后按N330计算炭黑总产量。

表1 产品产量换算成N330产量的系数

炭黑品种	N330炭黑相当产量
N100	1.438
N300	1.125
N326	1.084
N330	1.000
N339	1.027
N375	1.031

表 1（续）

炭黑品种	N330 炭黑相当产量
N200	1.250
N220	1.129
N234	1.231
N500	0.958
N539	0.947
N550	0.964
N600	0.925
N660	0.933
N700	0.958
天然气半补强炭黑	3.250

5.3 计算方法

5.3.1 炭黑综合能耗(3.1)按式(1)计算：

$$E=\sum_{i=1}^{n}(e_i \cdot p_i) \quad \cdots\cdots (1)$$

式中：

E ——炭黑综合能耗，单位为吨标准煤(tce)；

n ——消耗的能源品种数；

e_i ——炭黑生产过程中消耗的第 i 种能源实物量，单位为千克(kg)、吨(t)、立方米(m^3)或千瓦时(kW·h)；

p_i ——第 i 种能源的折算系数，按能量的当量值或能源等价值折算，单位为吨标准煤每千克能源实物(tce/kg)、吨标准煤每吨能源实物(tce/t)、吨标准煤每立方米(tce/m^3)或吨标准煤每千瓦时[tce/(kW·h)]。

5.3.2 炭黑单位产品综合能耗(3.2)按式(2)计算：

$$e=E/P \quad \cdots\cdots (2)$$

式中：

e ——单位产品综合能耗，单位为吨标准煤每吨(tce/t)；

E ——企业综合能耗，单位为吨标准煤(tce)；

P ——按 N330 折算后统计的炭黑产量，单位为吨(t)。

6 节能管理与措施

6.1 企业的基础工作

6.1.1 应建立健全能耗管理组织机构，对节能工作进行有效组织、管理、监督、考核和评价。

6.1.2 应制定行之有效的节能制度和措施，强化责任制，建立健全节能责任考核体系。

6.1.3 应执行 GB 17167 的规定，合理配备和使用能源计量器具和仪器仪表。随时保证计量器具处于正常状态，对能源基础数据进行有效地检测、度量和计算，确保数据的准确性和完整性。

6.1.4 应执行GB/T 3484的规定，对能耗量及使用效率进行准确、及时的统计和分析，定期发布统计分析报告，同时做好有关资料的管理与归档工作。

6.2 节能技术管理

6.2.1 装置的经济运行

6.2.1.1 应使生产转动设备合理匹配，经济运行。

6.2.1.2 应使静止设备处于高效率、低能耗运行状态。

6.2.1.3 企业应使生产过程中的通用设备达到经济运行的状态：

a) 对电动机的经济运行管理应符合GB/T 12497的规定；

b) 对风机、泵类和空气压缩机的运行管理应符合GB/T 13466的规定；

c) 对电力变压器的经济运行管理应符合GB/T 13462的规定。

6.2.1.4 企业应加强风机和泵类的检修维护工作，提高设备的运转率，使其长周期连续运行。

6.2.1.5 对设备和管网应加强维护管理，防止跑、冒、滴、漏。

6.2.2 节能技术

6.2.2.1 开发利用高效节能的新技术、新工艺、新设备。

6.2.2.2 推广应用高温空气预热器、在线余热锅炉等设备，充分利用炭黑烟气余热。

6.2.2.3 推广应用尾气热电联产技术，提高炭黑尾气热电机组的利用率，充分回收利用尾气潜热并减少尾气直接排放量。

6.2.2.4 开发推广炭黑污水处理回收利用、炭黑尾气脱硫等三废处理技术，充分利用水资源并减少污染物的排放。

6.2.2.5 淘汰高能耗、高污染的工艺和设备。

附 录 A
（资料性附录）
各种能源产品折标准煤参考系数

A.1 液态、固态能源折标准煤系数见表A.1。

表 A.1 液态、固态能源折标准煤系数

能源名称，1 t		平均低位发热量/MJ	折标准煤系数/tce
原煤		20 908	0.714 3
洗精煤		26 344	0.900 0
其他洗煤	洗中煤	8 363	0.285 7
	煤泥	8 363～12 545	0.285 7～0.428 6
焦炭		28 435	0.971 4
原油		41 816	1.428 6
燃料油		41 816	1.428 6
汽油		43 070	1.471 4
煤油		43 070	1.471 4
柴油		42 652	1.457 1
煤焦油		33 453	1.142 9
配制油[a]		36 006	1.228 6
蒽油		36 844	1.257 1
乙烯焦油		37 681	1.285 7
渣油		41 816	1.428 6
液化石油气		50 179	1.714 3
炼厂干气		46 055	1.571 4
粗苯		41 816	1.428 6
蒸汽（低压）		3 763	0.128 6

[a] 配制油一般是指蒽油与软沥青等碳氢化合物按一定比例调配而成的、可用于生产炭黑的一种油品。

A.2 气态能源折标准煤系数见表A.2。

表 A.2 气态能源折标准煤系数

能源名称，1 m^3	平均低位发热量/kJ	折标准煤系数/kgce
油田天然气	38 931	1.330 0
气田天然气	35 544	1.214 3
煤矿瓦斯气	14 636～16 726	0.500 0～0.571 4
焦炉煤气	16 726～17 981	0.571 4～0.614 3
高炉煤气	3 763	0.128 6

表 A.2（续）

能源名称,1 m^3		平均低位发热量/kJ	折标准煤系数/kgce
其他煤气	a） 发生炉煤气	5 227	0.178 6
	b） 重油催化裂解煤气	19 235	0.657 1
	c） 重油热裂解煤气	35 544	1.214 3
	d） 焦炭制气	16 308	0.557 1
	e） 压力气化煤气	15 054	0.514 3
	f） 水煤气	10 454	0.357 1

A.3 热力与电力能源折标准煤系数见表 A.3。

表 A.3 热力与电力能源折标准煤系数

能源名称	当量值/kJ	折标准煤系数/kgce
热力	1	0.034 12
电力,1 kW·h	3 600	0.122 9

附 录 B
（资料性附录）
耗能工质折标准煤参考系数

B.1 液态、固态工质折标准煤参考系数见表 B.1。

表 B.1 液态、固态工质折标准煤参考系数

工质，1 t	耗能量/MJ	折标准煤系数/kgce
新水	2.51	0.085 7
软水	14.23	0.485 7
除氧水	28.45	0.971 4
电石	60 920	2 078.6

B.2 气态工质折标准煤参考系数见表 B.2。

表 B.2 气态工质折标准煤参考系数

工质，1 m^3	耗能量/MJ	折标准煤系数/kgce
压缩空气	1.17	0.040 0
鼓风	0.88	0.030 0
氧气	11.72	0.400 0
氮气（做副产品时）	11.72	0.400 0
氮气（做主产品时）	19.66	0.671 4
二氧化碳气	6.28	0.214 3
乙炔	243.67	8.314 3

ICS 27.010
F 01

中华人民共和国国家标准

GB 29441—2012

稀硝酸单位产品能源消耗限额

The norm of energy consumption per unit product of dilute nitric acid

2012-12-31 发布　　2013-10-01 实施

中华人民共和国国家质量监督检验检疫总局
中国国家标准化管理委员会　发布

前　　言

本标准4.1、4.2为强制性的，其余为推荐性的。

本标准按照GB/T 1.1—2009给出的规则起草。

本标准由国家发展和改革委员会资源节约与环境保护司、工业和信息化部节能与综合利用司提出。

本标准由全国能源基础与管理标准化技术委员会(SAC/TC 20)和中国石油和化学工业联合会归口。

本标准起草单位：中国氮肥工业协会、中国石油和化学工业联合会。

本标准主要起草人：王彦益、张荣、王立庆、李永亮。

稀硝酸单位产品能源消耗限额

1 范围

本标准规定了以合成氨为原料，采用不同工艺技术生产的稀硝酸单位产品能源消耗（以下简称能耗）限额的技术要求、统计范围和计算方法、节能管理与措施。

本标准适用于以合成氨为原料，采用不同工艺技术的生产企业稀硝酸能耗的计算、考核，以及对新建项目的能耗控制。

2 规范性引用文件

下列文件对于本文件的应用是必不可少的。凡是注日期的引用文件，仅注日期的版本适用于本文件。凡是不注日期的引用文件，其最新版本（包括所有修改单）适用于本文件。

GB/T 213 煤的发热量测定方法

GB/T 2589—2008 综合能耗计算通则

GB/T 3484 企业能量平衡通则

GB/T 11062 天然气发热量、密度、相对密度和沃泊指数的计算方法

GB/T 12497 三相异步电动机经济运行

GB/T 13462 电力变压器经济运行

GB/T 13466 交流电气传动风机（泵类、空气压缩机）系统经济运行通则

GB 17167 用能单位能源计量器具配备和管理通则

3 术语和定义

下列术语和定义适用于本文件。

3.1

稀硝酸产量 the output of dilute nitric acid

在统计报告期内，氨经氧化产生的氧化氮气体经吸收生产出的全部硝酸的量，折 HNO_3 100%计。

3.2

稀硝酸综合能耗 the comprehensive energy consumption of dilute nitric acid

在统计报告期内，企业以合成氨为原料，生产稀硝酸所消耗的各种能源量。

3.3

稀硝酸单位产品综合能耗 the comprehensive energy consumption of dilute nitric acid per unit product

用单位产品产量（折 HNO_3 100%计）表示的稀硝酸综合能耗。

4 技术要求

4.1 稀硝酸单位产品能耗限定值

已建成稀硝酸生产企业稀硝酸单位产品能耗限定值应不大于 160 kgce/t。

4.2 稀硝酸单位产品能耗准入值

新建稀硝酸生产企业或已建成稀硝酸生产企业的改扩建项目稀硝酸单位产品能耗准入值应不大于20 kgce/t。

4.3 稀硝酸单位产品能耗先进值

鼓励稀硝酸生产企业通过节能技术改造、技术进步、节能管理措施达到稀硝酸单位产品能耗先进值要求。稀硝酸单位产品能耗先进值应不大于0。

5 统计范围和计算方法

5.1 统计范围

5.1.1 稀硝酸综合能耗包括生产系统、辅助生产系统所消耗的各种能源量。生产系统包括稀硝酸生产装置以及安全环保设施;辅助生产系统包括水、电、汽等公用工程、维修、原料及产品储存等。不包括生产稀硝酸所用氨的能耗;不包括生产硝酸钠、亚硝酸钠的能耗。

5.1.2 稀硝酸生产回收利用的能源量,用于本系统时不得作为输入能源量再计入,向外系统输出供其他产品或装置使用时,应计入稀硝酸输出能源量。

5.1.3 稀硝酸生产与多用户共享的原料、公用工程能耗,应合理分摊;大修、库损等消耗的能源量应按月分摊。

5.2 计算方法

5.2.1 稀硝酸综合能耗计算公式

稀硝酸综合能耗等于稀硝酸生产过程中所输入的各种能量减去向外输出的各种能量,按式(1)计算:

$$E=\sum_{i=1}^{n}(E_i \cdot k_i)-\sum_{j=1}^{m}(E_j \cdot k_j) \quad \cdots\cdots(1)$$

式中:

E ——稀硝酸综合能耗,单位为吨标准煤(tce);

E_i——稀硝酸生产过程中输入的第 i 种能源实物量,单位为吨(t)或千瓦时(kW·h)或立方米(m^3);

k_i——输入的第 i 种能源的折标准煤系数,单位为吨标准煤每吨(tce/t)或吨标准煤每千瓦时[tce/(kW·h)]或吨标准煤每立方米(tce/m^3);

n ——输入的能源种类数量;

m ——输出的能源种类数量;

E_j——稀硝酸生产过程中输出的第 j 种能源实物量,单位为吨(t)或千瓦时(kW·h)或立方米(m^3);

k_j——稀硝酸生产输出的第 j 种能源的折标准煤系数,单位为吨标准煤每吨(tce/t)或吨标准煤每千瓦时[tce/(kW·h)]或吨标准煤每立方米(tce/m^3)。

5.2.2 稀硝酸单位产品综合能耗计算公式

稀硝酸单位产品综合能耗等于报告期内稀硝酸综合能耗除以报告期内稀硝酸产量,按式(2)计算:

$$e=\frac{E}{M}\times 1\,000 \quad \cdots\cdots(2)$$

式中:

e ——稀硝酸单位产品综合能耗,单位为千克标准煤每吨(kgce/t);

E ——报告期内稀硝酸综合能耗,单位为吨标准煤(tce);

M ——报告期内稀硝酸产量,单位为吨(t)。

5.2.3 各种能源(天然气、煤、电)的热值应按 GB/T 2589 综合能耗计算通则折算为统一的计量单位——标准煤,各种能源折标准煤系数以企业在报告期内实测的热值计算为准。煤和天然气等发热量测定方法按 GB/T 213 和 GB/T 11062 执行。

5.2.4 稀硝酸生产过程中的自产蒸汽若输出,其输出的能量按输出蒸汽的焓值计算;稀硝酸生产过程中输入蒸汽,其蒸汽若是本企业自产,其输入蒸汽的能量按生产该输入蒸汽所消耗的能量计算;稀硝酸生产过程中的输入蒸汽,若是外企业供给的,其输入蒸汽的能量按蒸汽的焓值计算。

5.2.5 稀硝酸生产所消耗的耗能工质,其能耗应计入稀硝酸的综合耗能;当无法获得耗能工质能耗时,耗能工质折标准煤系数按 GB/T 2589—2008 附录 B 计算。

6 节能管理与措施

6.1 节能基础管理

6.1.1 建立健全能源管理组织机构,对节能工作进行组织、管理、监督、考核和评价。

6.1.2 制定行之有效的节能制度和措施,强化责任制,建立健全节能责任考核体系。

6.1.3 按照 GB 17167 标准配备能源计量器具和仪器仪表。

6.1.4 按照 GB/T 3484 标准组织能源统计工作。

6.2 节能技术管理

6.2.1 经济运行

6.2.1.1 按 GB/T 12497 标准加强电动机的运行管理;按 GB/T 13466 标准加强风机泵类和空气压缩机的运行管理;按 GB/T 13462 标准加强电力变压器的运行管理。

6.2.1.2 企业应加强设备的检修、维护工作,提高设备的负荷率,使其长周期运行;应使生产转动设备合理匹配,经济运行;应使静止设备处于高效率低能耗运行状态;应按照合理用能的原则,对各种热能科学使用,梯级利用;对余热和余压,加强回收和利用;对各种带热(冷)设备和管网应加强维护管理,防止跑、冒、滴、漏的现象发生。

6.2.1.3 加强空气、氨的净化,并采用先进的铂催化技术,降低稀硝酸的耗氨量。

6.2.2 节能技术

6.2.2.1 采用双加压工艺技术;

6.2.2.2 采用热电联产,汽轮机、尾气透平机驱动,提高能源利用率。

6.3 监督与考核

建立能耗测试、能耗统计、能源平衡和能耗考核结果的文件档案,并对文件进行受控管理。

附 录 A
（资料性附录）
各种能源产品折标准煤参考系数

A.1 液态、固态能源折标准煤系数

液态、固态能源折标准煤系数见表A.1。

表A.1 液态、固态能源折标准煤系数

能源，1 t		平均低位发热量/MJ	折标准煤系数/tce
原煤		20 908	0.714 3
洗精煤		26 344	0.900 0
其他洗煤	洗中煤	8 363	0.285 7
	煤泥	8 363～12 545	0.285 7～0.428 6
焦炭		28 435	0.971 4
原油		41 816	1.428 6
燃料油		41 816	1.428 6
汽油		43 070	1.471 4
煤油		43 070	1.471 4
柴油		42 652	1.457 1
煤焦油		33 453	1.142 9
配制油[a]		36 006	1.228 6
蒽油		36 844	1.257 1
乙烯焦油		37 681	1.285 7
渣油		41 816	1.428 6
液化石油气		50 179	1.714 3
炼厂干气		46 055	1.571 4
粗苯		41 816	1.428 6
蒸汽(低压)		3 763	0.128 6
[a] 配制油一般是指蒽油与软沥青等碳氢化合物按一定比例调配而成的、可用于生产炭黑的一种油品。			

A.2 气态能源折标准煤系数

气态能源折标准煤系数见表A.2。

表 A.2 气态能源折标准煤系数

能源名称，1 m^3		平均低位发热量/kJ	折标准煤系数/kgce
油田天然气		38 931	1.330 0
气田天然气		35 544	1.214 3
煤矿瓦斯气		14 636～16 726	0.500 0 ～0.571 4
焦炉煤气		16 726～17 981	0.571 4～0.614 3
高炉煤气		3 763	0.128 6
其他煤气	a） 发生炉煤气	5 227	0.178 6
	b） 重油催化裂解煤气	19 235	0.657 1
	c） 重油热裂解煤气	35 544	1.214 3
	d） 焦炭制气	16 308	0.557 1
	e） 压力气化煤气	15 054	0.514 3
	f） 水煤气	10 454	0.357 1

A.3 热力与电力能源折标准煤系数

热力与电力能源折标准煤系数见表 A.3。

表 A.3 热力与电力能源折标准煤系数

能源名称	当量值/kJ	折标准煤系数/kgce
热力	1	0.034 12
电力，1 kW·h	3 600	0.122 9

附 录 B
（资料性附录）
耗能工质折标准煤参考系数

B.1 液态、固态工质折标准煤参考系数

液态、固态工质折标准煤参考系数见表B.1。

表B.1 液态、固态工质折标准煤参考系数

工质，1 t	耗能量/MJ	折标准煤系数/kgce
新水	2.51	0.085 7
软水	14.23	0.485 7
除氧水	28.45	0.971 4
电石	60 920	2 078.6

B.2 气态工质折标准煤参考系数

气态工质折标准煤参考系数见表B.2。

表B.2 气态工质折标准煤参考系数

工质，1 m^3	耗能量/MJ	折标准煤系数/kgce
压缩空气	1.17	0.040 0
鼓风	0.88	0.030 0
氧气	11.72	0.400 0
氮气（做副产品时）	11.72	0.400 0
氮气（做主产品时）	19.66	0.671 4
二氧化碳气	6.28	0.214 3
乙炔	243.67	8.314 3

ICS 27.010
F 01

中华人民共和国国家标准

GB 29442—2012

铜及铜合金板、带、箔材单位产品能源消耗限额

The norm of energy consumption per unit products of copper and copper-alloy sheet, strip, foil

2012-12-31 发布　　2013-10-01 实施

中华人民共和国国家质量监督检验检疫总局
中国国家标准化管理委员会　发布

前　言

本标准的4.1、4.2是强制性条款，其余为推荐性条款。

本标准按照GB/T 1.1—2009给出的规则起草。

本标准由国家发展和改革委员会资源节约与环境保护司、工业和信息化部节能与综合利用司提出。

本标准由全国能源基础管理标准化技术委员会(SAC/TC 20)和全国有色金属标准化技术委员会(SAC/TC 243)归口。

本标准起草单位：中铝洛阳铜业有限公司、富威科技(吴江)有限公司、绍兴市力博电气有限公司、安徽精诚铜业股份有限公司、中色奥博特铜铝业有限公司、中铝上海铜业有限公司、浙江佳鑫铜业有限公司。

本标准主要起草人：孟惠娟、赵万花、高双玲、李英、胡兆奇、徐高磊、梅聚慧、张海军、陈华、于立新、梁琦明、肖大光、汤昌东、殷明亮、李琳娜。

铜及铜合金板、带、箔材单位产品能源消耗限额

1 范围

本标准规定了铜及铜合金板、带、箔材(以下简称产品)能源消耗(以下简称能耗)限额的技术要求、计算原则、统计范围和计算方法、节能管理与措施。

本标准适用于铜及铜合金加工企业板、带、箔材生产能耗的计算、考核以及对新建项目的能耗控制和用能评估。

2 规范性引用文件

下列文件对于本文件的应用是必不可少的。凡是注日期的引用文件,仅注日期的版本适用于本文件。凡是不注日期的引用文件,其最新版本(包括所有的修改单)适用于本文件。

GB/T 2589 综合能耗计算通则

GB/T 3484 企业能量平衡通则

GB/T 12723 单位产品能源消耗限额编制通则

GB 17167 用能单位能源计量器具配备和管理通则

3 术语、定义和符号

3.1 术语和定义

下列术语和定义适用于本文件。

3.1.1

工序能源实物单耗 unit object consumption in working procedure

e_s

单一工序生产过程中生产该工序单位合格产品直接消耗的某种能源实物量。

3.1.2

工序能源单耗 unit energy consumption in working procedure

e_j

单一工序生产过程中生产该工序单位合格产品直接消耗的全部能源量。

3.1.3

直接能耗 direct energy consumption

E_H

产品生产过程中直接消耗的全部能源量。

3.1.4

辅助能耗 assistant energy consumption

E_F

辅助生产系统用于产品生产的能源消耗。例如:车间照明、内部运输等能源消耗。

3.1.5

间接能耗　indirect energy consumption

E_J

不是直接或辅助生产，但是间接为生产或辅助系统提供必要条件所消耗的能源。包括厂区照明、办公、理化检测、工模具制造等能源消耗。

3.1.6

综合能源单耗　unit consumption of integrate energy

e_z

即单位产品综合能耗，是指生产单位合格产品所消耗的全部能源量(包括直接能耗、辅助能耗和间接能耗)。

3.1.7

可比能源单耗　comparable energy consumption

e_{KB}

对于加工工序非完整型产品生产企业，加工工序单耗按照一定的折算方式，与加工工序完整型产品生产企业形成的可以比较的单耗。

3.2　符号

本标准使用的符号及其含义见表1。

表1　符号及其含义

符号	含　义	单　位
E'	产品的能源实物消耗量	kg、kW·h、m^3等
E_1'	企业购入能源实物量	kg、kW·h、m^3等
E_2'	期初库存能源实物量	kg、kW·h、m^3等
E_3'	外销能源实物量	kg、kW·h、m^3等
E_4'	生活和批准的基建项目耗用能源实物量	kg、kW·h、m^3等
E_5'	期末库存能源实物量	kg、kW·h、m^3等
E	产品能源消耗量	kgce、tce、10^4 tce、GJ
E_1	企业购入能源量	kgce、tce、10^4 tce、GJ
E_2	期初库存能源量	kgce、tce、10^4 tce、GJ
E_3	外销能源量	kgce、tce、10^4 tce、GJ
E_4	生活和批准的基建项目耗用能源量	kgce、tce、10^4 tce、GJ
E_5	期末库存能源量	kgce、tce、10^4 tce、GJ
E_{Zn}	某种类产品综合能耗量	kgce
E_{Hn}	某种类产品直接能耗量	kgce
E_{Fn}	某种类产品辅助能耗量	kgce
E_{Jn}	某种类产品间接能耗量	kgce
E_Z	全部板、带、箔材综合能耗量	kgce
E_H	全部板、带、箔材直接能耗量	kgce

表 1（续）

符号	含　　义	单　位
E_F	全部板、带、箔材辅助能耗量	kgce
E_J	全部板、带、箔材间接能耗量	kgce
e_{Sj}	某工序能源实物单耗	kg/t、kW·h/t、m^3/t 等
E_{Sj}	某工序消耗的某种能源实物量	kg、kW·h、m^3 等
p_j	某工序合格产品产量	t
e_j	某工序能源单耗	kgce/t
E_{hj}	某工序消耗的直接能耗量	kgce
e_{KB}	可比能源单耗	kgce/t
e_2	加工工序能源单耗	kgce/t
C_k	实际生产各加工工序能耗分摊系数	
E_{ZJ}	间接能耗总量	kgce
A_n	板、带、箔材产品能耗分摊系数	—
P_{Zi}	各品种铜加工材总产量	t
A_i	不同品种铜加工材能耗分摊系数	—
P_n	某种类产品最终合格产量	t
B_n	不同种类的板、带、箔材能耗分摊系数	—
e_{Zn}	某种类产品综合能源单耗	kgce/t
e_Z	全部板、带、箔材综合能源单耗	kgce/t
P_{Zn}	全部板、带、箔材最终合格产量	t

4　技术要求

4.1　现有企业单耗限定值

4.1.1　以“配料（含中间合金）-熔铸铸锭-热轧-冷轧-热处理”为主要工艺路线（以下简称工艺路线 1）的现有铜及铜合金板、带、箔材加工企业，单耗限定值应符合表 2 的规定。

表 2　现有板、带材加工企业单耗限定值（工艺路线 1）

能耗种类	产品种类				
	紫铜类	简单黄铜类	复杂黄铜类	青铜类	白铜类
	能耗限额限定值/(kgce/t)，≤				
熔铸工序单耗	70	65	95	155	155
加工工序单耗[a]	150	250	330	315	305
各种类产品综合单耗[a]	275	380	540	620	580
全部产品综合单耗[a]	450				

[a] 厚度小于 0.06 mm 的箔材，单耗限定值为表中对应值的 1.5 倍；厚度为 0.06 mm～0.15 mm 的箔材，单耗限定值为表中对应值的 1.2 倍。

4.1.2 以“配料(含中间合金)-水平连铸-冷轧-热处理”为主要工艺路线(以下简称工艺路线 2)的现有铜及铜合金板、带、箔材加工企业,单耗限定值应符合表 3 的规定。

表 3 现有板、带材加工企业单耗限定值(工艺路线 2)

能耗种类	产品种类			
	紫铜	简单黄铜类	青铜类	白铜类
	能耗限定值/(kgce/t),≤			
熔铸工序单耗	70	65	125	160
加工工序单耗[a]	120	130	260	280
各种类产品综合单耗[a]	220	220	500	560
全部产品综合单耗[a]	470			
[a] 厚度小于 0.06 mm 的箔材,单耗限定值为表中对应值的 1.5 倍;厚度为 0.06 mm～0.15 mm 的箔材,单耗限定值为表中对应值的 1.2 倍。				

4.1.3 以“配料(含中间合金)-上引铸造铜杆-连续挤压-冷轧-热处理”为主要工艺路线(以下简称工艺路线 3)的现有纯铜板、带材加工企业,单耗限定值应符合表 4 的规定。

表 4 现有板、带材加工企业单耗限定值(工艺路线 3)

能耗种类	紫铜能耗限定值/(kgce/t),≤
熔铸工序单耗	46
加工工序单耗	130
全部产品综合单耗	190

4.2 新建企业单耗准入值

4.2.1 以“工艺路线 1”为主要工艺路线的新建铜及铜合金板、带、箔材加工企业,单耗准入值应符合表 5 的规定。

表 5 新建板、带材加工企业单耗准入值(工艺路线 1)

能耗种类	产品种类				
	紫铜类	简单黄铜类	复杂黄铜类	青铜类	白铜类
	能耗准入值/(kgce/t),≤				
熔铸工序单耗	60	55	80	140	140
加工工序单耗[a]	115	215	290	280	275
各种类产品综合单耗[a]	210	335	490	580	530
全部产品综合单耗[a]	390				
[a] 厚度小于 0.06 mm 的箔材,单耗准入值为表中对应值的 1.5 倍;厚度为 0.06 mm～0.15 mm 的箔材,单耗准入值为表中对应值的 1.2 倍。					

4.2.2 以“工艺路线 2”为主要工艺路线的新建铜及铜合金板、带、箔材加工企业,单耗准入值应符合

表 6 的规定。

表 6　新建板、带材加工企业单耗准入值(工艺路线 2)

能耗种类	产品种类			
	紫铜	简单黄铜类	青铜类	白铜类
	能耗准入值/(kgce/t),≤			
熔铸工序单耗	58	53	105	120
加工工序单耗[a]	100	110	230	235
各种类产品综合单耗[a]	190	190	430	460
全部产品综合单耗[a]	400			

[a] 厚度小于 0.06 mm 的箔材,单耗准入值为表中对应值的 1.5 倍;厚度为 0.06 mm～0.15 mm 的箔材,单耗准入值为表中对应值的 1.2 倍。

4.2.3　以“工艺路线 3”为主要工艺路线的新建纯铜板、带材加工企业,单耗准入值应符合表 7 的规定。

表 7　新建板、带材加工企业单耗准入值(工艺路线 3)

能耗种类	紫铜能耗准入值/(kgce/t),≤
熔铸工序单耗	43
加工工序单耗	120
全部产品综合单耗	175

4.3　单耗先进值

4.3.1　以“工艺路线 1”为主要工艺路线的铜及铜合金板、带、箔材加工企业,单耗先进值应符合表 8 的规定。

表 8　板、带材加工企业单耗先进值(工艺路线 1)

能耗种类	产品种类				
	紫铜类	简单黄铜类	复杂黄铜类	青铜类	白铜类
	能耗先进值/(kgce/t),≤				
熔铸工序单耗	57	52	76	133	133
加工工序单耗[a]	109	204	275	266	261
各种类产品综合单耗[a]	199	318	465	550	503
全部产品综合单耗[a]	370				

[a] 厚度小于 0.06 mm 的箔材,单耗先进值为表中对应值的 1.5 倍;厚度为 0.06 mm～0.15 mm 的箔材,单耗先进值为表中对应值的 1.2 倍。

4.3.2　以“工艺路线 2”为主要工艺路线的铜及铜合金板、带、箔材加工企业,单耗先进值应符合表 9 的规定。

表 9　板、带材加工企业单耗先进值(工艺路线 2)

能耗种类	产品种类			
	紫铜	简单黄铜类	青铜类	白铜类
	能耗先进值/(kgce/t),≤			
熔铸工序单耗	55	50	99	114
加工工序单耗[a]	95	104	218	223
各种类产品综合单耗[a]	180	180	408	437
全部产品综合单耗[a]	380			
[a] 厚度小于 0.06 mm 的箔材,单耗先进值为表中对应值的 1.5 倍;厚度为 0.06 mm~0.15 mm 的箔材,单耗先进值为表中对应值的 1.2 倍。				

4.3.3　以"工艺路线 3"为主要工艺路线的纯铜板、带材加工企业,单耗先进值应符合表 10 的规定。

表 10　板、带材加工企业单耗先进值(工艺路线 3)

能耗种类	紫铜能耗先进值/(kgce/t),≤
熔铸工序单耗	40
加工工序单耗	110
全部产品综合单耗	165

4.4　产品能耗考评原则

4.4.1　按产品种类划分

两种及两种以上产品种类的生产企业,以全部产品综合能源单耗为考核评定依据;单一种类产品或某一种类产品的产量超过全部产品产量的 90%时,以该种类产品综合能源单耗为考核评定依据。

4.4.2　按工序划分

仅有熔铸工序或加工工序的生产企业,以熔铸工序能源单耗或加工工序能源单耗为考核评定依据(加工工序非完整型的生产企业,加工工序单耗应折算成可比能源单耗);既有熔铸工序又有加工工序的生产企业,以各种类产品综合能源单耗或全部产品综合能源单耗为考核评定依据。

5　计算原则、统计范围和计算方法

5.1　计算原则

5.1.1　实际(生产)消耗的各种能源

产品实际消耗的各种能源,系指用于产品生产活动的各种能源。包括:一次能源(原煤、原油、天然气等)、二次能源(如电力、热力、石油制品、焦炭、煤气等)和生产使用的耗能工质(水、氧气、压缩空气等)所消耗的能源。其主要用于生产系统、辅助生产系统和附属生产系统,不包括生活用能和批准的基建(包括技改)项目用能。作为辅助材料的能源产品不计入产品能耗,如用作熔液覆盖剂的木炭、润滑油、洗油等。生活用能指企业系统内的宿舍、学校、商业服务和托儿幼教等方面用能。

5.1.2 报告期内的能耗量

5.1.2.1 产品报告期内的某种能源实物消耗量的计算，应符合式(1)：

$$E' = E_1' + E_2' - E_3' - E_4' - E_5' \quad \cdots\cdots(1)$$

式中：

E' ——产品的能源实物消耗量，单位见5.1.4；

E_1'——企业购入能源实物量，单位见5.1.4；

E_2'——期初库存能源实物量，单位见5.1.4；

E_3'——外销能源实物量，单位见5.1.4；

E_4'——生活和批准的基建项目耗用能源实物量，单位见5.1.4；

E_5'——期末库存能源实物量，单位见5.1.4。

5.1.2.2 产品报告期内的能耗量的计算，应符合式(2)：

$$E = E_1 + E_2 - E_3 - E_4 - E_5 \quad \cdots\cdots(2)$$

式中：

E ——产品能源消耗量，单位见5.1.4；

E_1——企业购入能源量，单位见5.1.4；

E_2——期初库存能源量，单位见5.1.4；

E_3——外销能源量，单位见5.1.4；

E_4——生活和批准的基建项目耗用能源量，单位见5.1.4；

E_5——期末库存能源量，单位见5.1.4。

5.1.2.3 板、带、箔材报告期内的能耗量的计算，应符合式(3)和式(4)：

$$E_{Zn} = E_{Hn} + E_{Fn} + E_{Jn} \quad \cdots\cdots(3)$$

$$E_Z = E_H + E_F + E_J \quad \cdots\cdots(4)$$

式中：

E_{Zn}——某种类产品综合能耗量，单位见5.1.4；

E_{Hn}——某种类产品直接能耗量，单位见5.1.4；

E_{Fn}——某种类产品辅助能耗量，单位见5.1.4；

E_{Jn}——某种类产品间接能耗量，单位见5.1.4；

E_Z——全部板、带、箔材综合能耗量，单位见5.1.4；

E_H——全部板、带、箔材直接能耗量，单位见5.1.4；

E_F——全部板、带、箔材辅助能耗量，单位见5.1.4；

E_J——全部板、带、箔材间接能耗量，单位见5.1.4。

5.1.2.4 所消耗的各种能源不得重计和漏计。存在供需关系时，输入、输出双方在计算中量值应保持一致。设备停产大修的能耗也应计算在内。

5.1.2.5 企业回收的余热，属于节约能源循环利用，不属于外购能源，在计算能耗时，应避免和外购能源重复计算。余热利用装置用能计入能耗。回收能源自用部分，计入自用工序；转供其他工序时，在所用工序以正常消耗计入，回收的能源折标煤后应在回收余热的工序、工艺中等量扣除。如属未扣除回收余热的能耗指标，应标明"'未扣回收余热'(或'含回收余热')"的字样。

5.1.3 能源实物量的计量

能源实物量的计量应符合《中华人民共和国计量法》和GB/T 17167的要求。

5.1.4 各种能源的计量单位

5.1.4.1 板、带、箔材能耗的单位：千克标煤(kgce)、吨标煤(tce)、万吨标煤(10^4 tce)或百万千焦(GJ)。

5.1.4.2 煤、焦炭、石油制品的能源实物量单位：千克(kg)、吨(t)、万吨(10^4 t)。
5.1.4.3 电的能源实物量单位：千瓦小时(kW·h)、万千瓦小时(10^4 kW·h)。
5.1.4.4 蒸汽的能源实物量单位：千克(kg)、吨(t)或千焦(kJ)、兆焦(MJ)、百万千焦(GJ)。
5.1.4.5 煤气、水煤气、压缩空气、氧气、氮气、天然气的能源实物量单位：立方米(m^3)、千立方米(10^3 m^3)、万立方米(10^4 m^3)。

5.1.5 各种能源(包括生产耗能工质消耗的能源)折算标煤量方法

5.1.5.1 发热量等于29.307 6 MJ(兆焦)的燃料，称为1千克标煤(kgce)。
5.1.5.2 外购燃料能源可取实测的低(位)发热量或供货单位提供的实测值为计算基础，或按国家统计部门的折算系数折算，参见附录A。
5.1.5.3 二次能源及耗能工质均按相应能源等价值(电用当量值)折算：企业能源转换自产时，按实际投入的能源实物量折算标煤量；由集中生产单位外销供应时，其能源等价值须经主线部门规定；外购外销时，其能源等价值应相同；当未提供能源等价值时，可按国家统计部门的折算系数折算，参见附录B。
5.1.5.4 企业回收的余热按热力的折算系数计算。

5.1.6 单位产品能耗的产品产量的计算原则

5.1.6.1 计算种类板、带、箔材综合单耗，应采用同一统计期内产出的合格该类产品产量，产品退货应冲减当期产品产量。
5.1.6.2 所有产品产量，均以企业统计部门统计的数据为准。

5.1.7 能耗的计算原则

5.1.7.1 企业及工序能耗应符合GB/T 2589及GB/T 3484的规定。
5.1.7.2 直接能耗：由各生产环节直接统计计量。
5.1.7.3 间接能耗：同时生产板、带、箔、线、棒、线等两种以上的综合性铜加工企业，先按一定的分摊比例，分摊至各品种能耗总量，再按种类分摊至各类板、带、箔材。单一产品加工企业的间接能耗全部计入板、带、箔材能耗之中。
5.1.7.4 辅助能耗：按种类分摊至各类板、带、箔材。

5.2 统计范围

5.2.1 熔铸工序

指从原料开始到产出合格的铸锭为止的用能量：包括配料、熔炼、铸造、锯锭及其配套系统(物料运输，加热燃料，粉、烟尘吸收，余热回收)等消耗的各种能源量。

注：统计计算熔铸工序能耗时，不包括间接能耗和辅助能耗。

5.2.2 加工工序

指从铸锭加热开始到产出合格产品并进入成品库为止的用能量。包括铸锭加热、热轧、剪(锯)切、冷轧、板型控制(定尺)、退火、包装及其配套系统等消耗的各种能源量。

注：统计计算加工工序能耗时，不包括间接能耗和辅助能耗。

5.3 计算方法

5.3.1 工序能源单耗计算方法

5.3.1.1 工序能源实物单耗计算方法

工序能源实物单耗按照式(5)计算：

$$e_{Sj}=\frac{E_{Sj}}{p_j} \quad \cdots\cdots(5)$$

式中：

e_{Sj}——某工序能源实物单耗，j 取 1、2，分别代表熔铸、加工工序，单位为千克每吨(kg/t)、千瓦小时每吨(kW·h/t)、立方米每吨(m^3/t)；

E_{Sj}——某工序消耗的某种能源实物量，j 取 1、2，分别代表熔铸、加工工序，单位为千克(kg)、千瓦小时(kW·h)、立方米(m^3)；

p_j——某工序合格产品产量，j 取 1、2，分别代表熔铸、加工工序，单位为吨(t)。

5.3.1.2 工序能源单耗计算方法

工序(全部)能源单耗按照式(6)计算：

$$e_j=\frac{E_{hj}}{p_j} \quad \cdots\cdots(6)$$

式中：

e_j——某工序能源单耗，j 取 1、2，分别代表熔铸、加工工序，单位为千克标煤每吨(kgce/t)；

E_{hj}——某工序消耗的直接能耗量，j 取 1、2，分别代表熔铸、加工工序，单位为千克标煤(kgce)；

p_j——某工序合格产品产量，j 取 1、2，分别代表熔铸、加工工序，单位为吨(t)。

5.3.1.3 可比能源单耗计算方法

加工工序中不具备从热轧到精整的板、带、箔材生产条件的加工工序非完整型企业，加工工序能源单耗应折算成可比能源单耗。可比能源单耗按照式(7)计算：

$$e_{KB}=e_2\sum_{1}^{4}C_k \quad \cdots\cdots(7)$$

式中：

e_{KB}——可比能源单耗，单位为千克标煤每吨(kgce/t)；

e_2——加工工序能源单耗，单位为千克标煤每吨(kgce/t)；

C_k——实际生产各加工工序能耗分摊系数，见表 11、表 12、表 13。表 11 中的 k 取 1、2、3、4，分别代表热轧、冷轧、退火、精整各生产工序；表 12 中的 k 取 1、2、3，分别代表冷轧、退火、精整各生产工序；表 13 中的 k 取 1、2、3、4，分别代表连续挤压、冷轧、退火、精整各生产工序。

表 11 加工工序非完整型企业加工工序单耗分摊系数(工艺路线 1)

生产工序	热轧(C_1)	冷轧(C_2)	退火(C_3)	精整(C_4)
能耗分摊系数 C_k	0.5	0.22	0.22	0.06

表 12 加工工序非完整型企业加工工序单耗分摊系数(工艺路线 2)

生产工序	冷轧(C_1)	退火(C_2)	精整(C_3)
能耗分摊系数 C_k	0.45	0.45	0.10

表 13 加工工序非完整型企业加工工序单耗分摊系数(工艺路线 3)

生产工序	连续挤压(C_1)	冷轧(C_2)	退火(C_3)	精整(C_4)
能耗分摊系数 C_k	0.30	0.27	0.27	0.16

5.3.2 间接能耗计算方法

5.3.2.1 间接能耗分摊量计算方法

综合型铜加工企业板、带、箔材间接能耗分摊量按式(8)计算：

$$E_J = E_{ZJ} \frac{P_{Zn} \cdot A_n}{\sum_{i=1}^{6}(P_{Zi} \cdot A_i)} \qquad \cdots\cdots(8)$$

式中：

E_J ——全部板、带、箔材间接能耗量，单位为千克标煤(kgce)；

E_{ZJ} ——间接能耗总量，单位为千克标煤(kgce)；

P_{Zn} ——全部板、带、箔材合格产品产量，单位为吨(t)。n 取 1、2、6，分别代表板、带、箔材；

A_n ——板、带、箔材产品能耗折算系数，见表 14。n 取 1、2、6，分别代表板、带、箔材；

P_{Zi} ——各品种铜加工材总产量，单位为吨(t)。i 取 1、2、3、4、5、6，分别代表板、带、管、棒、线、箔各品种铜加工材；

A_i ——不同品种铜加工材间接能耗折算系数，见表 14。i 取 1、2、3、4、5、6，分别代表板、带、管、棒、线、箔各品种铜加工材。

表 14 综合型铜加工企业品种间接能耗折算系数

品种	板(A_1)	带(A_2)	管(A_3)	棒(A_4)	线(A_5)	箔(A_6)
间接能耗折算系数 A_i	0.9	1.0	1.0	0.8	0.7	1.1
注：空心型材按管计算，实心型材按棒计算。						

5.3.2.2 间接能耗计算方法

某种类板、带、箔材间接能耗量按照式(9)计算：

$$E_{Jn} = E_J \frac{P_n \cdot B_n}{\sum_{1}^{5}(P_n \cdot B_n)} \qquad \cdots\cdots(9)$$

式中：

E_{Jn}——某种类产品间接能耗量，单位为千克标准煤(kgce)。n 取 1、2、3、4、5，分别代表紫铜、简单黄铜、复杂黄铜、青铜、白铜各种类板、带、箔材；

E_J ——全部板、带、箔材间接能耗量，单位为千克标准煤(kgce)；

P_n ——某种类产品最终合格产量，单位为吨(t)。n 取 1、2、3、4、5，分别代表紫铜、简单黄铜、复杂黄铜、青铜、白铜各种类板、带、箔材；

B_n ——不同种类的板、带、箔材间接能耗折算系数，见表 15。n 取 1、2、3、4、5，分别代表紫铜、简单黄铜、复杂黄铜、青铜、白铜各种类板、带、箔材。

表 15 不同种类的产品间接(或辅助)能耗折算系数

种类	紫铜类 (B_1)	简单黄铜类 (B_2)	复杂黄铜类 (B_3)	青铜类 (B_4)	白铜类 (B_5)
间接(或辅助)能耗 折算系数 B_n	1.0	1.0	1.25	1.75	1.75

5.3.3 辅助能耗计算方法

某种类板、带、箔材辅助能耗按照式(10)计算：

$$E_{Fn}=E_F\frac{P_n\cdot B_n}{\sum_{1}^{5}(P_n\cdot B_n)} \quad\cdots\cdots(10)$$

式中：

E_{Fn}——某种类产品辅助能耗量，单位为千克标煤(kgce)。n 取 1,2,3,4,5，分别代表紫铜、简单黄铜、复杂黄铜、青铜、白铜各种类板、带、箔材；

E_F——全部板、带、箔材辅助能耗总量，单位为千克标煤(kgce)；

P_n——某种类产品最终合格产量，单位为吨(t)。n 取 1,2,3,4,5，分别代表紫铜、简单黄铜、复杂黄铜、青铜、白铜各种类板、带、箔材；

B_n——不同种类的板、带、箔材辅助能耗折算系数，见表 15。n 取 1,2,3,4,5，分别代表紫铜、简单黄铜、复杂黄铜、青铜、白铜各种类板、带、箔材。

5.3.4 综合能耗计算方法

5.3.4.1 各种类产品综合能源单耗

某种类产品综合能源单耗按照式(11)计算：

$$e_{Zn}=\frac{E_{Hn}+E_{Fn}+E_{Jn}}{P_n} \quad\cdots\cdots(11)$$

式中：

e_{Zn}——某种类产品综合能源单耗，单位为千克标准煤每吨(kgce/t)。n 取 1、2、3、4、5，分别代表紫铜、简单黄铜、复杂黄铜、青铜、白铜各种类板、带、箔材；

E_{Hn}——某种类产品直接能耗量，单位为千克标准煤(kgce)。n 取 1、2、3、4、5，分别代表紫铜、简单黄铜、复杂黄铜、青铜、白铜各种类板、带、箔材；

E_{Fn}——某种类产品辅助能耗量，单位为千克标准煤(kgce)。n 取 1、2、3、4、5，分别代表紫铜、简单黄铜、复杂黄铜、青铜、白铜各种类板、带、箔材；

E_{Jn}——某种类产品间接能耗量，单位为千克标准煤(kgce)；

P_n——某种类产品最终合格产量，单位为吨(t)。n 取 1,2,3,4,5，分别代表紫铜、简单黄铜、复杂黄铜、青铜、白铜各种类板、带、箔材。

5.3.4.2 全部产品综合能耗

全部板、带、箔材综合能源单耗按照式(12)计算：

$$e_Z=\frac{E_H+E_F+E_J}{P_{Zn}} \quad\cdots\cdots(12)$$

式中：

e_Z——全部板、带、箔材综合能源单耗，单位为千克标煤每吨(kgce/t)；

E_H——全部板、带、箔材直接能耗量，单位为千克标煤(kgce)；

E_F——全部板、带、箔材辅助能耗量，单位为千克标煤(kgce)；

E_J——全部板、带、箔材间接能耗量，单位为千克标煤(kgce)；

P_{Zn}——全部板、带、箔材合格产品产量，单位为吨(t)。n 取 1、2、6，分别代表板、带、箔材。

6 节能管理及措施

6.1 节能基础管理

6.1.1 企业应定期对铜板、带、箔生产的几个主要工序能耗情况进行考核，并把考核指标分解落实到各基层单位，建立用能责任制度。

6.1.2 企业应按要求建立能耗统计体系，建立能耗计算和考核结果的文件档案，并对文件进行受控管理。

6.1.3 企业应根据 GB 17167 的要求配备能源计量器具并建立能源计量管理制度。

6.2 节能技术管理

6.2.1 板、带、箔材生产企业工序应配备先进的节能设备，最大限度地提高能源利用率，尽可能地回收能源。

附 录 A
（资料性附录）
常用能源品种现行参考折标煤系数

常用能源品种现行参考折标煤系数见表 A.1。

表 A.1 常用能源品种现行折标煤系数

能源名称	平均低位发热量	折标准煤系数
原煤	20 908 kJ/kg(5 000 kcal/kg)	0.714 3 kgce/kg
洗精煤	26 344 kJ/kg(6 300 kcal/kg)	0.900 0 kgce/kg
原油	41 816 kJ/kg(10 000 kcal/kg)	1.428 6 kgce/kg
柴油	42 652 kJ/kg(10 200 kcal/kg)	1.457 1 kgce/kg
汽油	43 070 kJ/kg(10 300 kcal/kg)	1.471 4 kgce/kg
焦炭	28 435 kJ/kg(6 800 kcal/kg)	0.971 4 kgce/kg
液化石油气	50 179 kJ/kg(12 000 kcal/kg)	1.714 3 kgce/kg
电力(当量值)	3 600 kJ/(kW·h)[860 kcal/(kW·h)]	0.122 9 kgce/(kW·h)
热力(当量值)	—	0.034 12 kgce/MJ
发生炉煤气	5 227 kJ/m^3(1 250 kcal/m^3)	0.178 6 kgce/m^3
油田天然气	38 931 kJ/m^3(9 310 kcal/m^3)	1.330 0 kgce/m^3
本附录中折标煤系数如遇国家统计部门规定发生变化，能耗等级指标则应另行设定。 注 1：蒸汽折标煤系数按热值计。 注 2：部分品种仍采用“万”为计量单位。		

附　录　B
（资料性附录）
常用耗能工质能源等价参考值

常用耗能工质能源等价参考值见表 B.1。

表 B.1　常用耗能工质能源等价值

品种	单位耗能工质耗能量	折标准煤系数
新水	2.51 MJ/t(600 kcal/t)	0.085 7 kgce/t
软水	14.23 MJ/t(600 kcal/t)	0.485 7 kgce/t
压缩空气	1.17 MJ/m^3(280 $kcal/m^3$)	0.040 0 $kgce/m^3$
二氧化碳气	6.28 MJ/m^3(1 500 $kcal/m^3$)	0.214 3 $kgce/m^3$
氧气	11.72 MJ/m^3(2 800 $kcal/m^3$)	0.400 0 $kgce/m^3$
氮气(做副产品时)	11.72 MJ/m^3(2 800 $kcal/m^3$)	0.400 0 $kgce/m^3$
氮气(做主产品时)	19.66 MJ/m^3(4 700 $kcal/m^3$)	0.671 4 $kgce/m^3$
乙炔	243.67 MJ/m^3	8.314 3 $kgce/m^3$
电石	60.92 MJ/kg	2.078 6 kgce/kg
本附录中的能源等价值，以国家统计部门最新公布的数据为准。		

ICS 27.010
F 01

中华人民共和国国家标准

GB 29443—2012

铜及铜合金棒材单位产品能源消耗限额

The norm of energy consumption per unit product of copper and copper-alloy rod and bar

2012-12-31 发布 2013-10-01 实施

中华人民共和国国家质量监督检验检疫总局
中国国家标准化管理委员会 发布

前　言

本标准的4.1、4.2是强制性的，其余条款为推荐性的。

本标准是按照GB/T 1.1—2009给出的规则起草的。

本标准由国家发展和改革委员会资源节约与环境保护司、工业和信息化部节能与综合利用司提出。

本标准由全国能源基础管理标准化技术委员会(SAC/TC 20)和全国有色金属标准化技术委员会(SAC/TC 243)归口。

本标准起草单位：中铝沈阳有色金属加工有限公司、宁波博威合金材料股份有限公司、宁波长振铜业有限公司、绍兴市力博电气有限公司、浙江海亮股份有限公司、宁波金田铜业(集团)股份有限公司、浙江佳鑫铜业有限公司。

本标准主要起草人：王振有、张桂敏、雷红、王丽、董艳霞、蔡洎华、徐友飞、沈守稳、徐高磊、冯焕锋、王燮平、王金美、王焱焱、彭刚、于振涛。

铜及铜合金棒材单位产品能源消耗限额

1 范围

本标准规定了铜及铜合金棒材(以下简称棒材)单位产品能源消耗(以下简称能耗)限额的技术要求、计算原则、统计范围和计算方法、节能管理与措施。

本标准适用于铜及铜合金加工企业棒材生产能耗的计算、考核,以及对新建项目的能耗控制和用能评估。

2 规范性引用文件

下列文件对于本文件的应用是必不可少的。凡是注日期的引用文件,仅注日期的版本适用于本文件。凡是不注日期的引用文件,其最新版本(包括所有的修改单)适用于本文件。

GB/T 2589 综合能耗计算通则

GB/T 3484 企业能量平衡通则

GB/T 12723 单位产品能源消耗限额编制通则

GB 17167 用能单位能源计量器具配备和管理通则

3 术语和定义、符号

3.1 术语和定义

下列术语和定义、符号适用于本文件。

3.1.1

工序能源实物单耗(e_s) unit object consumption in working procedure

单一工序生产过程中生产该工序单位合格产品直接消耗的某种能源实物量。

3.1.2

工序能源单耗(e_j) unit energy consumption in working procedure

单一工序生产过程中生产该工序单位合格产品直接消耗的全部能源量。

3.1.3

直接能耗(E_H) drect energy consumption

棒材生产过程中直接消耗的全部能源量。

3.1.4

辅助能耗(E_F) assistant energy consumption

辅助生产系统用于棒材生产的能源消耗。例如:车间照明、内部运输等能源消耗。

3.1.5

间接能耗(E_J) indrect energy consumption

不是直接或辅助生产,但是间接为生产或辅助系统提供必要条件所消耗的能源。包括厂区照明、办公、理化检测、工模具制造等能源消耗。

3.1.6

综合能源单耗(e_z) unit consumption of integrate energy

即单位产品综合能耗,是指生产单位合格产品所消耗的全部能源量(包括直接能耗、辅助能耗和间接能耗)。

3.1.7

可比能源单耗(e_{KB}) comparable energy consumption

对于加工工序非完整型棒材生产企业,加工工序能源单耗按照一定的折算方式,与加工工序完整型棒材生产企业形成的可以比较的能源单耗。

3.2 符号

本标准使用的符号和相应的说明见表1。

表1 符号和说明

符号	单位	说明
E	kgce、tce、10^4 tce、GJ	产品能源消耗量
E_1	kgce、tce、10^4 tce、GJ	企业购入能源量
E_2	kgce、tce、10^4 tce、GJ	期初库存能源量
E_3	kgce、tce、10^4 tce、GJ	外销能源量
E_4	kgce、tce、10^4 tce、GJ	生活和批准的基建项目耗用能源量
E_5	kgce、tce、10^4 tce、GJ	期末库存能源量
E_{ZJ}	kgce	间接能耗总量
E_Z	kgce	全部棒材综合能耗量
E_H	kgce	全部棒材直接能耗量
E_F	kgce	全部棒材辅助能耗量
E_J	kgce	全部棒材间接能耗量
E_{Zn}	kgce	某种类棒材综合能耗量
E_{Hn}	kgce	某种类棒材直接能耗量
E_{Fn}	kgce	某种类棒材辅助能耗量
E_{Jn}	kgce	某种类棒材间接能耗量
E_{hj}	kgce	某工序消耗的直接能耗量
E_{Sj}	kg、kW·h、m^3 等	某工序消耗的某种能源实物量
E'	kg、kW·h、m^3 等	产品的能源实物消耗量
E_1'	kg、kW·h、m^3 等	企业购入能源实物量
E_2'	kg、kW·h、m^3 等	期初库存能源实物量
E_3'	kg、kW·h、m^3 等	外销能源实物量
E_4'	kg、kW·h、m^3 等	生活和批准的基建项目耗用能源实物量
E_5'	kg、kW·h、m^3 等	期末库存能源实物量
e_Z	kgce/t	全部棒材综合能源单耗
e_{Zn}	kgce/t	某种类棒材综合能源单耗
e_{Sj}	kg/t、kW·h/t、m^3/t 等	某工序能源实物单耗
e_j	kgce/t	某工序能源单耗
e_2	kgce/t	加工工序能源单耗

表 1（续）

符号	单位	说明
e_{KB}	kgce/t	可比能源单耗
P_{Zi}	t	不同品种铜加工材总产量
P_{Z4}	t	全部棒材最终合格产量
P_n	t	某种类棒材最终合格产量
P_j	t	某工序合格产品产量
A_i	—	不同品种铜加工材能耗折算系数
A_5	—	棒材能耗折算系数
B_n	—	不同种类棒材能耗折算系数
C_k	—	实际生产各加工工序能耗分摊系数

4 技术要求

4.1 现有铜及铜合金棒材加工企业单位产品能耗限定值

现有铜及铜合金棒材加工企业单位产品能耗限定值应符合表 2、表 3 的规定。其中工艺路线为“配料（含中间合金）—熔铸铸锭（含锯切）—挤压—拉伸（或轧制）—热处理”（以下称之为工艺路线 1）的企业单位产品能耗应符合表 2 的要求；而工艺路线为“配料（含中间合金）—水平连铸（含上引连铸）—拉伸（或轧制）—热处理”（以下称之为工艺路线 2）的企业应符合表 3 的要求。

表 2 现有铜及铜合金棒材加工企业单位产品能耗限定值（工艺路线 1）

能源单耗种类	产 品 种 类				
	紫铜棒	简单黄铜棒	复杂黄铜棒	青铜棒	白铜棒
	单位产品能耗限定值/(kgce/t)/≤				
熔铸工序能源单耗	85	72	83	140	138
加工工序能源单耗	137	192	188	266	243
各种类棒材综合能源单耗	275	304	315	458	428
全部棒材综合能源单耗	356				

表 3 现有铜及铜合金棒材加工企业单位产品能耗限定值（工艺路线 2）

能源单耗种类	产 品 种 类				
	紫铜棒	简单黄铜棒	复杂黄铜棒	青铜棒	白铜棒
	单位产品能耗限定值/(kgce/t)/≤				
熔铸工序能源单耗	46	50	55	65	65
加工工序能源单耗	42	70	70	115	100
各种类棒材综合能源单耗	100	135	140	195	180
全部棒材综合能源单耗	150				

4.2 新建铜及铜合金棒材加工企业单位产品能耗准入值

新建铜及铜合金棒材加工企业单位产品能耗准入值应符合表4、表5的规定。其中生产工艺采用工艺路线1的企业单位产品能耗应符合表4的要求;而采用工艺路线2的企业应符合表5的要求。

表4 新建铜及铜合金棒材加工企业单位产品能耗准入值(工艺路线1)

能源单耗种类	产品种类				
	紫铜棒	简单黄铜棒	复杂黄铜棒	青铜棒	白铜棒
	单位产品能耗准入值/(kgce/t)/≤				
熔铸工序能源单耗	68	58	66	112	110
加工工序能源单耗	110	154	150	213	194
各种类棒材综合能源单耗	220	243	252	366	342
全部棒材综合能源单耗	285				

表5 新建铜及铜合金棒材加工企业单位产品能耗准入值(工艺路线2)

能源单耗种类	产品种类				
	紫铜棒	简单黄铜棒	复杂黄铜棒	青铜棒	白铜棒
	单位产品能耗准入值/(kgce/t)/≤				
熔铸工序能源单耗	43	47	52	61	61
加工工序能源单耗	40	66	66	109	95
各种类棒材综合能源单耗	95	128	133	185	171
全部棒材综合能源单耗	147				

4.3 铜及铜合金棒材加工企业单位产品能耗先进值

铜及铜合金棒材加工企业单位产品能耗先进值应符合表6、表7的规定。其中生产采用工艺路线1的企业单位产品能耗应符合表6的要求,而采用工艺路线2的企业应符合表7的要求。

表6 铜及铜合金棒材加工企业单位产品能耗先进值(工艺路线1)

能源单耗种类	产品种类				
	紫铜棒	简单黄铜棒	复杂黄铜棒	青铜棒	白铜棒
	单位产品能耗先进值/(kgce/t)/≤				
熔铸工序能源单耗	63	54	61	104	102
加工工序能源单耗	102	143	140	198	180
各种类棒材综合能源单耗	204	226	234	340	318
全部棒材综合能源单耗	265				

表 7　铜及铜合金棒材加工企业单位产品能耗先进值(工艺路线 2)

能源单耗种类	产品种类				
	紫铜棒	简单黄铜棒	复杂黄铜棒	青铜棒	白铜棒
	单位产品能耗先进值/(kgce/t)/≤				
熔铸工序能源单耗	40	44	48	57	57
加工工序能源单耗	37	61	61	101	88
各种类棒材综合能源单耗	88	119	123	172	159
全部棒材综合能源单耗	136				

4.4　产品能源单耗考评原则

4.4.1　按产品种类划分

两种及两种以上种类棒材的生产企业只以全部棒材综合能源单耗为考核评定依据,单一种类棒材或某一种类棒材的产量超过全部棒材产量的 90%时,只以单一种类棒材综合能源单耗为考核评定依据。

4.4.2　按工序划分

仅有熔铸工序或加工工序的生产企业,只以熔铸工序能源单耗或加工工序能源单耗为考核评定依据;既有熔铸工序又有加工工序的生产企业,只以单一品种按各种类产品综合能源单耗计算或多品种全部棒材产品综合能源单耗为考核评定依据。

5　计算原则、统计范围和计算方法

5.1　计算原则

5.1.1　棒材实际(生产)消耗的各种能源

5.1.1.1　棒材实际消耗的各种能源,系指用于棒材生产活动的各种能源。它包括主要生产系统、辅助生产系统和附属生产系统用能,不包括生活用能和批准的基建(包括技改)项目用能。

5.1.1.2　实际消耗的各种能源是指一次能源(原煤、原油、天然气等)、二次能源(如电力、热力、石油制品、焦炭、煤气等)和生产使用的耗能工质(水、氧气、压缩空气等)所消耗的能源。

5.1.1.3　作为辅助生产的能源产品不计入产品能耗,如用作熔液覆盖剂的木炭、润滑油、洗油等。

5.1.1.4　生活用能指企业系统内的宿舍、学校、文化、娱乐、医疗保健、食堂、浴室、商业服务和托儿幼教等方面用能。

5.1.2　棒材报告期内的能耗量

5.1.2.1　产品报告期内的某种能源实物消耗量的计算,应符合式(1):

$$E' = E_1' + E_2' - E_3' - E_4' - E_5' \qquad \cdots\cdots (1)$$

式中:

E' ——产品的能源实物消耗量,单位见 5.1.4;

E_1'——企业购入能源实物量,单位见 5.1.4;

E_2'——期初库存能源实物量,单位见 5.1.4;

E_3'——外销能源实物量，单位见 5.1.4；

E_4'——生活和批准的基建项目耗用能源实物量，单位见 5.1.4；

E_5'——期末库存能源实物量，单位见 5.1.4。

5.1.2.2 产品报告期内的能耗量的计算，应符合式(2)：

$$E = E_1 + E_2 - E_3 - E_4 - E_5 \quad \cdots\cdots (2)$$

式中：

E ——产品能源消耗量，单位见 5.1.4；

E_1——企业购入能源量，单位见 5.1.4；

E_2——期初库存能源量，单位见 5.1.4；

E_3——外销能源量，单位见 5.1.4；

E_4——生活和批准的基建项目耗用能源量，单位见 5.1.4；

E_5——期末库存能源量，单位见 5.1.4。

5.1.2.3 棒材报告期内的能耗量的计算，应符合式(3)和(4)：

$$E_{Zn} = E_{Hn} + E_{Fn} + E_{Jn} \quad \cdots\cdots (3)$$

$$E_Z = E_H + E_F + E_J \quad \cdots\cdots (4)$$

式中：

E_{Zn}——某种类棒材综合能耗量，单位见 5.1.4；

E_{Hn}——某种类棒材直接能耗量，单位见 5.1.4；

E_{Fn}——某种类棒材辅助能耗量，单位见 5.1.4；

E_{Jn}——某种类棒材间接能耗量，单位见 5.1.4；

E_Z ——全部棒材综合能耗量，单位见 5.1.4；

E_H ——全部棒材直接能耗量，单位见 5.1.4；

E_F ——全部棒材辅助能耗量，单位见 5.1.4；

E_J ——全部棒材间接能耗量，单位见 5.1.4。

5.1.2.4 所消耗的各种能源不得重计或漏计。存在供需关系时，输入、输出双方在计算中量值应保持一致。设备停产大修的能耗也计算在内，且按大修后设备的运行周期逐月平均分摊。

5.1.2.5 企业回收的余热，属于节约能源循环自用，不属于外购能源，在计算能耗时，应避免和外购能源重复计算。余热自用装置用能计入能耗。回收能源自用部分，计入自用工序；转供其他工序时，在所用工序以正常消耗计入。回收的能源折标准煤后应在回收余热的工序、工艺中等量扣除。如属未扣除回收余热的能耗指标，应标明"'未扣回收余热'(或'含回收余热')的字样。

5.1.3 能源实物量的计量

能源实物量的计量应符合《中华人民共和国计量法》和 GB 17167 的要求。

5.1.4 各种能源的计量单位

5.1.4.1 棒材能耗单位：千克标准煤(kgce)、吨标准煤(tce)、万吨标准煤(10^4 tce)或百万千焦(GJ)。

5.1.4.2 煤、焦炭、石油制品的能源实物量单位：千克(kg)、吨(t)、万吨(10^4 t)。

5.1.4.3 电的能源实物量单位：千瓦时(kW·h)、万千瓦时(10^4 kW·h)。

5.1.4.4 蒸汽能源实物量单位：千克(kg)、吨(t)或千焦(kJ)、兆焦(MJ)、百万千焦(GJ)。

5.1.4.5 煤气、水煤气、压缩空气、氧气、氮气、天然气的能源实物量单位：立方米(m^3)、万立方米(10^4 m^3)。

5.1.5 各种能源(包括生产耗能工质消耗的能源)折算标准煤量方法

5.1.5.1 发热量等于 29.307 6 MJ 的燃料，称为 1 千克标准煤(kgce)。

5.1.5.2 外购燃料能源可取实测的低(位)发热量或供货单位提供的实测值为计算基础，或按国家统计部门的折算系数折算，参见附录A。

5.1.5.3 二次能源及耗能工质均按相应能源等价值(电用当量值)折算：企业能源转换自产时，按实际投入的能源实物量折算标准煤量；由集中生产单位外销供应时，其能源等价值须经主管部门规定；外购外销时，其能源等价值应相同；当未提供能源等价值时，可按国家统计部门的折算系数折算，参见附录B。

5.1.5.4 企业回收的余热按热力的折算系数计算。

5.1.6 单位棒材能耗的棒材产量的计算原则

5.1.6.1 计算某种类铜棒综合单耗，应采用同一统计期内产出的合格该类铜棒产量，棒材退货应冲减当期棒材产量。

5.1.6.2 所有棒材产量，均以企业统计部门统计的数据为准。

5.1.7 能耗的计算原则

5.1.7.1 企业及工序能耗应符合GB/T 2589及GB/T 3484的规定。

5.1.7.2 直接能耗：由各生产环节直接统计计量。

5.1.7.3 间接能耗：同时生产板、带、箔、管、棒、线等两种以上的综合型铜加工企业计算间接能耗时，先按一定的比例分摊，再按棒材种类折算各类间接能耗。单一棒材加工企业的间接能耗全部计入棒材能耗之中。

5.1.7.4 辅助能耗：按种类分摊。

5.2 统计范围

5.2.1 熔铸工序

指从原料开始到产出合格的铸锭(铸坯)为止的用能量：包括配料(含中间合金)、熔炼、铸造、烟尘收集、锯切等直接消耗的各种能源量。

注：统计计算熔铸工序能耗时不包括间接能耗和辅助能耗。

5.2.2 加工工序

指从铸锭加热开始到加工产出合格产品并进入成品库为止的用能量。包括铸锭加热、挤压、锯切、轧制、制头、拉制、成型、精整、校直定尺、退火、包装等直接消耗的各种能源量。

注：统计计算加工工序能耗时不包括间接能耗和辅助能耗。

5.3 计算方法

5.3.1 工序单耗计算方法

5.3.1.1 工序能源实物单耗计算方法

工序能源实物单耗计算方法按照式(5)计算：

$$e_{Sj}=\frac{E_{Sj}}{P_j} \qquad \cdots\cdots (5)$$

式中：

e_{Sj} ——某工序能源实物单耗，j取1、2，分别代表熔铸、加工工序，单位为千克每吨(kg/t)、千瓦时每吨(kW·h/t)、立方米每吨(m^3/t)；

E_{Sj} ——某工序消耗的某种能源实物量，j取1、2，分别代表熔铸、加工工序，单位为千克(kg)、千瓦时(kW·h)、立方米(m^3)；

P_j ——某工序合格产品产量，j 取 1、2，分别代表熔铸、加工工序，单位为吨(t)。

5.3.1.2 工序能源单耗计算方法

工序全部能源单耗按照式(6)计算：

$$e_j = \frac{E_{hj}}{P_j} \qquad \cdots\cdots (6)$$

式中：

e_j ——某工序能源单耗，j 取 1、2，分别代表熔铸、加工工序，单位为千克标煤每吨(kgce/t)；

E_{hj}——某工序消耗的直接能耗量，j 取 1、2，分别代表熔铸、加工工序，单位为千克标煤(kgce)；

P_j ——某工序合格产品产量，j 取 1、2，分别代表熔铸、加工工序，单位为吨(t)。

5.3.1.3 可比能源单耗计算方法

加工工序中对于非完整型加工工序棒材生产条件的非完整型铜棒材加工企业的棒材能耗应折算成可比能源单耗。可比能源单耗按式(7)计算：

$$e_{KB} = e_2 \sum_{1}^{5} C_k \qquad \cdots\cdots (7)$$

式中：

e_{KB}——可比能源单耗，单位为千克标煤每吨(kgce/t)；

e_2 ——加工工序能源单耗，单位为千克标煤每吨(kgce/t)；

C_k ——实际生产各加工工序能耗分摊系数，见表 8。k 取 1、2、3、4、5，分别代表挤压、轧制、拉伸、退火、精整成型各加工工序。

表 8 非完整型加工工序铜棒生产企业加工工序能耗分摊系数

加工工序		挤压(或连续挤压)C_1	轧制 C_2	拉伸 C_3	退火 C_4	精整、成型 C_5
		能源单耗分摊系数 C_k				
工艺路线	工艺路线 1	0.400	0.100	0.150	0.300	0.050
	工艺路线 2	—	0.167	0.250	0.500	0.083
		0.370	—	0.200	0.370	0.060

5.3.2 间接能耗计算方法

5.3.2.1 间接能耗分摊量计算方法

综合型铜加工企业棒材间接能耗分摊量计算方法按照式(8)计算：

$$E_J = E_{ZJ} \frac{P_{Z4} \cdot A_4}{\sum_{1}^{6} (P_{Zi} \cdot A_i)} \qquad \cdots\cdots (8)$$

式中：

E_J ——全部棒材间接能耗量，单位为千克标煤(kgce)；

E_{ZJ}——间接能耗总量，单位为千克标煤(kgce)；

P_{Z4}——全部棒材最终合格产量，单位为吨(t)；

A_4 ——棒材能耗折算系数，见表 9；

P_{Zi} ——各品种铜加工材总产量，单位为吨(t)。i 取 1、2、3、4、5、6，分别代表板、带、管、棒、线、箔各种铜加工材。

A_i ——不同品种铜加工材间接能耗折算系数，见表 9。i 取 1、2、3、4、5、6，分别代表板、带、管、棒、线、箔各品种铜加工材。

表 9　综合型铜加工企业不同品种间接能耗折算系数

品　种	板(A_1)	带(A_2)	管(A_3)	棒(A_4)	线(A_5)	箔(A_6)
间接能耗折算系数 A_i	0.9	1.0	1.0	0.8	0.7	1.1
空心型材按管计算，实心型材按棒计算。						

5.3.2.2　间接能耗计算方法

某种类棒材间接能耗计算方法按照式(9)计算：

$$E_{Jn}=E_J\frac{P_n\cdot B_n}{\sum_1^5(P_n\cdot B_n)} \quad\cdots\cdots(9)$$

式中：

E_{Jn}——某种类棒材间接能耗量，单位为千克标煤(kgce)。n 取 1、2、3、4、5，分别代表紫铜棒、简单黄铜棒、复杂黄铜棒、青铜棒、白铜棒各种类铜棒；

E_J ——全部棒材间接能耗量，单位为千克标煤(kgce)；

P_n ——某种类棒材最终合格产量，单位为吨(t)。n 取 1、2、3、4、5，分别代表紫铜棒、简单黄铜棒、复杂黄铜棒、青铜棒、白铜棒各种类铜棒；

B_n ——不同种类棒材间接能耗折算系数，见表 10。n 取 1、2、3、4、5，分别代表紫铜棒、简单黄铜棒、复杂黄铜棒、青铜棒、白铜棒各种类铜棒。

表 10　不同种类铜棒材间接(或辅助)能耗折算系数

种　类	紫铜棒 (B_1)	简单黄铜棒 (B_2)	复杂黄铜棒 (B_3)	青铜棒 (B_4)	白铜棒 (B_5)
间接(或辅助)能耗折算系数 B_n	1.00	1.05	1.10	1.15	1.25

5.3.3　辅助能耗计算方法

某种类棒材辅助能耗计算方法按照式(10)计算：

$$E_{Fn}=E_F\frac{P_n\cdot B_n}{\sum_1^5(P_n\cdot B_n)} \quad\cdots\cdots(10)$$

式中：

E_{Fn}——某种类棒材辅助能耗量，单位为千克标煤(kgce)。n 取 1、2、3、4、5，分别代表紫铜棒、简单黄铜棒、复杂黄铜棒、青铜棒、白铜棒各种类铜棒；

E_F ——全部棒材辅助能耗量，单位为千克标煤(kgce)；

P_n ——某种类铜棒最终合格产量，单位为吨(t)。n 取 1、2、3、4、5，分别代表紫铜棒、简单黄铜棒、复杂黄铜棒、青铜棒、白铜棒各种类铜棒；

B_n ——不同种类棒材辅助能耗折算系数，见表10。n 取1、2、3、4、5，分别代表紫铜棒、简单黄铜棒、复杂黄铜棒、青铜棒、白铜棒各种类铜棒。

5.3.4 综合能耗计算方法

5.3.4.1 各种类棒材综合能耗

某种类棒材综合能源单耗按照式(11)计算：

$$e_{Zn}=\frac{E_{Hn}+E_{Fn}+E_{Jn}}{P_n} \quad \cdots\cdots (11)$$

式中：

e_{Zn} ——某种类棒材综合能源单耗，单位为千克标煤每吨(kgce/t)。n 取1、2、3、4、5，分别代表紫铜棒、简单黄铜棒、复杂黄铜棒、青铜棒、白铜棒各种类铜棒；

E_{Hn}——某种类棒材直接能耗量，单位为千克标煤(kgce)；n 取1、2、3、4、5，分别代表紫铜棒、简单黄铜棒、复杂黄铜棒、青铜棒、白铜棒各种类铜棒；

E_{Fn}——某种类棒材辅助能耗量，单位为千克标煤(kgce)；n 取1、2、3、4、5，分别代表紫铜棒、简单黄铜棒、复杂黄铜棒、青铜棒、白铜棒各种类铜棒；

E_{Jn}——某种类棒材间接能耗量，单位为千克标煤(kgce)；n 取1、2、3、4、5，分别代表紫铜棒、简单黄铜棒、复杂黄铜棒、青铜棒、白铜棒各种类铜棒；

P_n ——某种类棒材最终合格产量，单位为吨(t)。n 取1、2、3、4、5，分别代表紫铜棒、简单黄铜棒、复杂黄铜棒、青铜棒、白铜棒各种类铜棒。

5.3.4.2 全部棒材综合能耗

全部棒材综合能源单耗按式(12)计算：

$$e_Z=\frac{E_H+E_F+E_J}{P_{Z4}} \quad \cdots\cdots (12)$$

式中：

e_Z ——全部棒材综合能源单耗，单位为千克标煤每吨(kgce/t)；

E_H——企业生产全部棒材消耗的各种直接能耗，单位为千克标煤(kgce)；

E_J ——棒材间接能耗总量，单位为千克标煤(kgce)；

E_F ——辅助能耗总量，单位为千克标煤(kgce)；

P_{Z4}——全部棒材最终合格产量，单位为吨(t)。

6 节能基础管理

6.1 节能基础管理

6.1.1 企业应建立健全用能责任制度，定期对铜棒生产的几个主要工序能耗情况进行考核，并把考核指标分解落实到各基层单位。

6.1.2 企业应按要求建立健全能耗信息系统，建立能耗统计、计算和考核结果的文件档案，并对该文件进行受控管理。

6.1.3 企业应根据GB 17167的要求配备能源计量器具并建立能源计量管理制度。

6.2 节能技术管理

6.2.1 棒材生产企业各工序应配备先进的设备，最大限度地提高能源利用率，尽可能地回收能源。

6.2.2 企业应进行技术改造，采用先进工艺，提高生产效率和能源利用率。

附 录 A
（资料性附录）
常用能源品种现行参考折标煤系数

常用能源品种现行参考折标煤系数见表A。

表A 常用能源品种现行折标煤系数

能源名称	平均低位发热量	折标准煤系数
原煤	20 908 kJ/kg(5 000 kcal/kg)	0.714 3 kgce/kg
洗精煤	26 344 kJ/kg(6 300 kcal/kg)	0.900 0 kgce/kg
原油	41 816 kJ/kg(10 000 kcal/kg)	1.428 6 kgce/kg
柴油	42 652 kJ/kg(10 200 kcal/kg)	1.457 1 kgce/kg
汽油	43 070 kJ/kg(10 300 kcal/kg)	1.471 4 kgce/kg
焦炭	28 435 kJ/kg(6 800 kcal/kg)	0.971 4 kgce/kg
液化石油气	50 179 kJ/kg(12 000 kcal/kg)	1.714 3 kgce/kg
电力(当量值)	3 600 kJ/(kW·h)[860 kcal/(kW·h)]	0.122 9 kgce/(kW·h)
热力(当量值)	—	0.034 12 kgce/MJ
发生炉煤气	5 227 kJ/m^3(1 250 kcal/m^3)	0.178 6 kgce/m^3
油田天然气	38 931 kJ/m^3(9 310 kcal/m^3)	1.330 0 kgce/m^3

注1：蒸汽折标煤系数按热值计。

注2：部分品种仍采用“万”为计量单位。

本附录中折标煤系数如遇国家统计部门规定发生变化，能耗等级指标则应另行设定。

附 录 B
（资料性附录）
常用耗能工质能源等价参考值

常用能耗工质能源等价参考值见表 B。

表 B 常用耗能工质能源等价值

品种	单位耗能工质耗能量	折标准煤系数
新水	2.51 MJ/t(600 kal/t)	0.085 7 kgce/t
软水	14.23 MJ/t(600 kal/t)	0.485 7 kgce/t
压缩空气	1.17 MJ/m^3(280 kal/m^3)	0.040 0 $kgce/m^3$
二氧化碳气	6.28 MJ/m^3(1 500 kal/m^3)	0.214 3 $kgce/m^3$
氧气	11.72 MJ/m^3(280 0 kal/m^3)	0.400 0 $kgce/m^3$
氮气(做副产品时)	11.72 MJ/m^3(2 800 kal/m^3)	0.400 0 $kgce/m^3$
氮气(做主产品时)	19.66 MJ/m^3(4 700 kal/m^3)	0.671 4 $kgce/m^3$
乙炔	243.67 MJ/m^3	8.314 3 $kgce/m^3$
电石	60.92 MJ/kg	2.078 6 kgce/kg
本附录中的能源等价值，以国家统计部门最新公布的数据为准。		

ICS 27.010
F 10

中华人民共和国国家标准

GB 29444—2012

煤炭井工开采单位产品能源消耗限额

The norm of the energy consumption per unit product of coal underground mining

2012-12-31 发布 2013-10-01 实施

中华人民共和国国家质量监督检验检疫总局
中国国家标准化管理委员会 发布

前　言

本标准的4.1和4.2为强制性的，其余为推荐性的。

本标准按照GB/T 1.1—2009规则起草。

本标准由国家发展和改革委员会提出。

本标准由全国能源基础与管理标准化技术委员会(SAC/TC 20)和全国煤炭标准化技术委员会(SAC/TC 42)归口。

本标准起草单位：煤炭工业节能技术服务中心，煤炭科学研究总院北京煤化工研究分院，太原煤炭气化(集团)有限责任公司，中国煤炭工业协会生产力促进中心。

本标准主要起草人：张国光、姜英、李金元、刘峰、蒋翠蓉、杨养龙、盛明。

煤炭井工开采单位产品能源消耗限额

1 范围

本标准规定了煤炭井工开采单位产品能源消耗(以下简称能耗)限额的技术要求、统计范围和计算方法、节能管理与措施。

本标准适用于煤炭井工开采企业单位产品能耗的计算、考核以及新建企业的能耗控制。

2 规范性引用文件

下列文件对于本文件的应用是必不可少的,凡是注日期的引用文件,仅注日期的版本适用于本文件。凡是不注日期的引用文件,其最新版本(包括所有的修改单)适用于本文件。

GB 17167 用能单位能源计量器具配备和管理通则

GB/T 28398—2012 煤炭企业能源消费统计规范

MT/T 1000 煤矿在用工业锅炉节能监测方法和判定规则

MT/T 1001 煤矿在用提升机节能监测方法和判定规则

MT/T 1002 煤矿在用主排水系统节能监测方法和判定规则

MT/T 1070 煤矿在用主提升带式输送机节能监测方法和判定规则

MT/T 1071 煤矿在用主通风机装置节能监测方法和判定规则

3 术语和定义

下列术语和定义适用于本文件。

3.1

煤炭井工开采单位产品能耗 the norm of the energy consumption per unit product of coal

煤炭井工开采吨原煤生产综合能耗 underground mining

统计期内煤炭生产能源消费量与矿井原煤产量的比值。

注:本标准在计算单位产品能耗时使用能源消费量的折算值。

3.2

矿井原煤产量 the output of raw coal in mine

统计期内回采产量、掘进产量和矿井其他产量的总和。

3.3

回采产量 the winning output of raw coal in mine

统计期内生产矿井中全部回采工作面所采出的煤量。

3.4

掘进产量 the tunneling output of raw coal in mine

统计期内生产矿井中由生产费用负担的生产掘进巷道所出的煤量。不包括由更改资金进行的掘进工作出煤和井巷维修工作出煤。

3.5

矿井其他产量 the other output of raw coal in mine

统计期内生产矿井回采和掘进产量以外的其他产量,主要包括井巷维修出煤,已报废矿井或已采完采区复采后所出的煤，不合格质量经处理后合格的回收煤，科研试采出煤，出井无牌煤，水砂充填或水采矿井扫沉淀的煤泥，盘点发生的涨（亏）吨煤，以及由生产费用开支不计能力的矿井产量。

3.6

煤炭生产能源消费量　energy consumption of coal production

统计期内主要生产能源消费量和辅助生产能源消费量折标准煤之和。

注：见 GB/T 28398—2012 中 3.6。

3.7

主要生产能源消费量　main production energy consumption

统计期内直接用于煤炭开采的各种能源消费折标准煤之和。

注：见 GB/T 28398—2012 中 3.7。

3.8

辅助生产能源消费量　auxiliary production energy consumption

统计期内为主要生产配套的辅助生产系统所消费的各种能源折标准煤之和。

注：见 GB/T 28398—2012 中 3.8。

4 技术要求

4.1 现有煤炭井工开采企业单位产品能耗限定值

电力折标准煤系数采用当量值时，现有煤炭井工开采企业单位产品能耗限定值应不大于11.8 kgce/t。

4.2 新建煤炭井工开采企业单位产品能耗准入值

电力折标准煤系数采用当量值时，新建煤炭井工开采企业单位产品能耗准入值应不大于7.0 kgce/t。

4.3 煤炭井工开采企业单位产品能耗先进值

电力折标准煤系数采用当量值时，煤炭井工开采企业应通过节能技术改造和加强节能管理，单位产品能耗先进值为不大于 3.0 kgce/t。

5 能耗统计范围和计算方法

5.1 能耗统计范围及能源折标准煤系数取值原则

5.1.1 统计范围

主要生产系统、辅助生产系统所消耗的各种一次能源量、二次能源量和损失量。见 GB/T 28398—2012第 4 章“能源消费量的分类”。

5.1.2 能源折标准煤系数取值原则

各种能源的热值以标准煤计。各种能源当量热值以企业在统计期内实测的热值为准。没有实测条件的，采用附录 A 中各种能源折标准煤参考系数。

5.2 计算方法

5.2.1 单矿井煤炭井工开采企业单位产品能耗计算公式

单矿井煤炭井工开采企业单位产品能耗应按式(1)计算：

$$e_{jg}=\frac{E_{jg}\times(k_1+k_2+k_3+k_4+k_5)}{M} \qquad \cdots\cdots(1)$$

式中：

e_{jg} ——指煤炭井工开采单位产品能耗，单位为千克标准煤每吨原煤(kgce/t)；

E_{jg} ——指煤炭生产能源消费量，单位为千克标准煤(kgce)；

M ——指矿井原煤产量，单位为吨(t)；

k_1 ——采煤条件及工艺折算系数，见附录B；

k_2 ——运输距离折算系数，见附录C；

k_3 ——矿井瓦斯等级折算系数，见附录D；

k_4 ——矿井涌水量折算系数，见附录E；

k_5 ——单井生产能力折算系数，见附录F。

5.2.2 多矿井煤炭井工开采企业单位产品能耗计算公式

多矿井煤炭井工开采企业单位产品能耗应按式(2)计算：

$$e_{jg}=\frac{\sum_{i=1}^{n}(e_{i,jg}\times M_i)}{\sum_{i=1}^{n}M_i} \qquad \cdots\cdots(2)$$

式中：

$e_{i,jg}$ ——指多矿井煤炭井工开采企业第 i 个矿井的单位产品能耗，单位为千克标准煤每吨原煤(kgce/t)；

M_i ——指多矿井煤炭井工开采企业第 i 个矿井的原煤产量，单位为吨(t)；

n ——多矿井煤炭井工开采企业矿井个数。

6 节能管理与措施

6.1 节能基础管理

6.1.1 企业应定期对煤炭生产的能耗情况进行考核，并把考核指标分解落实到各基层部门，建立用能责任制度。

6.1.2 企业应按要求建立能耗统计体系，建立能耗计算和考核结果的文件档案，并对文件进行受控管理。

6.1.3 企业应根据GB 17167的要求配备能源计量器具并建立能源计量管理制度。

6.2 节能技术管理

6.2.1 经济运行

6.2.1.1 企业应选用达到经济运行状态的煤矿专用大型固定设备和通用设备。

6.2.1.2 企业应加强设备的维护、检修工作，提高设备的负荷率；应使生产运行设备合理匹配，经济运行；应使设备处于高效率低能耗运行状态；应加强各种管网的维护管理，防止跑、冒、滴、漏的现象发生。

6.2.2 企业应对主要耗能设备进行定期监测，监测方法和判定规则执行MT/T 1000、MT/T 1001、

MT/T 1002、MT/T 1070 和 MT/T 1071。

6.2.3 企业应积极推广、应用以下节能技术：

——开发利用高效节能的新技术、新工艺、新设备、新材料。

——推进清洁生产，提高资源利用效率，减少污染物排放量。

——淘汰高能耗、高污染、低效率的工艺和设备。

——推广“三废”综合利用技术。

6.3 监督与考核

企业应建立能耗测试、能耗统计、能量平衡和能耗考核结果的文件档案，并对文件进行受控管理。

附 录 A
(资料性附录)
各种能源折算标准煤系数

各种能源折算标准煤系数见表 A.1。

表 A.1 各种能源折算标准煤系数

能源名称		平均低位发热量	折标准煤系数
原煤		20 908 kJ/kg(5 000 kcal/kg)	0.714 3
洗精煤		26 344 kJ/kg(6 300 kcal/kg)	0.900 0
其他洗煤	(1) 洗中煤	8 363 kJ/kg(2 000 kcal/kg)	0.285 7
	(2) 煤泥	8 363 kJ/kg~12 545 kJ/kg(2 000 kcal/kg~3 000 kcal/kg)	0.285 7~0.428 6
焦炭		2 8435 kJ/kg(6 800 kcal/kg)	0.971 4
原油		41 816 kJ/kg(10 000 kcal/kg)	1.428 6
重油		41 816 kJ/kg(10 000 kcal/kg)	1.428 6
煤油		43 070 kJ/kg(10 300 kcal/kg)	1.471 4
汽油		43 070 kJ/kg(10 300 kcal/kg)	1.471 4
柴油		42 652 kJ/kg(10 200 kcal/kg)	1.457 1
煤焦油		33 453 kJ/kg(8 000 kcal/kg)	1.142 9
渣油		41 816 kJ/kg(10 000 kcal/kg)	1.428 6
液化石油气		50 179 kJ/kg(12 000 kcal/kg)	1.714 3
炼厂干气		46 055 kJ/kg(11 000 kcal/kg)	1.571 4
油田天然气		38 931 kJ/m^3(9 310 kcal/m^3)	1.330 0
气田天然气		35 544 kJ/m^3(8 500 kcal/m^3)	1.214 3
煤矿瓦斯气		14 636 kJ/m^3~16 726 kJ/m^3(3 500 kcal/m^3~4 000 kcal/m^3)	0.500 0~0.571 4
焦炉煤气		16 726 kJ/m^3~17 981 kJ/m^3(4 000 kcal/m^3~4 300 kcal/m^3)	0.571 4~0.614 3
高炉煤气		3 763 kJ/m^3	0.128 6
其他煤气	(1) 发生炉煤气	5 227 kJ/m^3(1 250 kcal/m^3)	0.178 6
	(2) 重油催化裂解煤气	19 235 kJ/m^3(4 600 kcal/m^3)	0.651 7
	(3) 重油热裂解煤气	35 544 kJ/m^3(8 500 kcal/m^3)	1.214 3
	(4) 焦炭制气	16 308 kJ/m^3(3 900 kcal/m^3)	0.557 1
	(5) 压力气化煤气	15 054 kJ/m^3(3 600 kcal/m^3)	0.514 3
	(6) 水煤气	10 454 kJ/m^3(2 500 kcal/m^3)	0.357 1
粗苯		41 816 kJ/kg(10 000kcal/kg)	1.428 6
热力			0.034 12
电力(当量)		3 600 kJ/kW·h[860 kcal/(kW·h)]	0.122 9
蒸汽(低压)		3 673 MJ/t(900 Mcal/t)	0.128 6

附　录　B
（规范性附录）
采煤条件及工艺折算系数

采煤条件及工艺折算系数见表B.1。

表B.1　采煤条件及工艺折算系数

采煤条件及工艺 （以可采用机械化采煤方式采出的产量比例(%)来表示）	折算系数取值
≥90	0.16
60(含)～90	0.15
30(含)～60	0.13
0(含)～30	0.12

附 录 C
（规范性附录）
运输距离折算系数

运输距离折算系数见表 C.1。

表 C.1 运输距离折算系数

运输距离/km	折算系数取值
≤10	0.04
>10	0.02

附　录　D
（规范性附录）
矿井瓦斯等级折算系数

矿井瓦斯等级折算系数见表 D.1。

表 D.1　矿井瓦斯等级折算系数

矿井瓦斯等级		折算系数取值
低瓦斯矿井	无瓦斯抽放系统	0.12
	有瓦斯抽放系统	0.09
高瓦斯矿井		0.07
煤（岩）与瓦斯（二氧化碳）突出矿井		0.05
注：矿井瓦斯等级划分参照《煤矿安全规程》。		

附 录 E
(规范性附录)
矿井涌水量折算系数

矿井涌水量折算系数见表 E.1。

表 E.1 矿井涌水量折算系数

矿井涌水量/(m^3/h)	折算系数取值
≤180	0.19
180～600(含)	0.17
600～2 100(含)	0.15
>2 100	0.13

附　录　F
（资料性附录）
单井生产能力折算系数

单井生产能力折算系数见表 F.1。

表 F.1　单井生产能力折算系数

单井生产能力/(Mt/a)	折算系数取值
≥0.9	0.49
<0.9	0.37

ICS 27.010
F 10

中华人民共和国国家标准

GB 29445—2012

煤炭露天开采单位产品能源消耗限额

The norm of the energy consumption per unit product of coal surface mining

2012-12-31 发布　　　　2013-10-01 实施

中华人民共和国国家质量监督检验检疫总局
中国国家标准化管理委员会　发布

前　言

本标准的4.1和4.2为强制性的，其余为推荐性的。

本标准按照GB/T 1.1—2009给出的规则起草。

本标准由国家发展和改革委员会提出。

本标准由全国能源基础与管理标准化技术委员会(SAC/TC 20)和全国煤炭标准化技术委员会(SAC/TC 42)归口。

本标准起草单位：煤炭工业节能技术服务中心、煤炭科学研究总院北京煤化工研究分院、中煤平朔煤业有限责任公司、中国煤炭工业协会生产力促进中心。

本标准主要起草人：张国光、贺振伟、刘峰、蒋翠蓉、张亚兰、盛明。

煤炭露天开采单位产品能源消耗限额

1 范围

本标准规定了煤炭露天开采单位产品能源消耗(以下简称能耗)限额的技术要求、统计范围和计算方法、节能管理与措施。

本标准适用于煤炭露天开采企业单位产品能耗的计算、考核以及新建企业的能耗控制。

2 规范性引用文件

下列文件对于本文件的应用是必不可少的,凡是注日期的引用文件,仅注日期的版本适用于本文件。凡是不注日期的引用文件,其最新版本(包括所有的修改单)适用于本文件。

GB 17167 用能单位能源计量器具配备和管理通则

GB/T 28398—2012 煤炭企业能源消费统计规范

3 术语和定义

下列术语和定义适用于本文件。

3.1

煤炭露天开采单位产品能耗 the norm of the energy consumption per unit product of coal surface mining

煤炭露天开采吨原煤生产综合能耗

统计期内煤炭生产能源消费量与露天原煤产量的比值。

注:本标准在计算单位产品能耗时使用能源消费量的折算值。

3.2

露天原煤产量 the output of raw coal in surface mine

统计期内采煤阶段产量和露天其他产量的总和。

3.3

露天其他产量 the other output of raw coal in surface mine

统计期内采煤阶段产量以外的其他产量。主要包括由生产费用开支的露天产量,由排土场回收的拣煤量,露天坑内的残煤回收量。

3.4

煤炭生产能源消费量 energy consumption of coal production

统计期内主要生产能源消费和辅助生产能源消费折标准煤之和。

注:见 GB/T 28398—2012 中 3.6。

3.5

主要生产能源消费量 main production energy consumption

统计期内直接用于煤炭开采的各种能源消费折标准煤之和。

注:见 GB/T 28398—2012 中 3.7。

3.6

辅助生产能源消费量　auxiliary production energy consumption

统计期内为主要生产配套的辅助生产系统所消费的各种能源折标准煤之和。

注：见 GB/T 28398—2012 中 3.8。

4　技术要求

4.1　现有煤炭露天开采企业单位产品能耗限定值

电力折标准煤系数采用当量值时，现有煤炭露天开采企业单位产品能耗限定值应不大于 8.2 kgce/t。

4.2　新建煤炭露天开采企业单位产品能耗准入值

电力折标准煤系数采用当量值时，新建煤炭露天开采企业单位产品能耗准入值应不大于 6.5 kgce/t。

4.3　煤炭露天开采企业单位产品能耗先进值

电力折标准煤系数采用当量值时，煤炭露天开采企业应通过节能技术改造和加强节能管理，单位产品能耗先进值不大于 5.0 kgce/t。

5　能耗统计范围和计算方法

5.1　能耗统计范围及能源折标准煤系数取值原则

5.1.1　统计范围

主要生产系统、辅助生产系统所消耗的各种一次能源量、二次能源量和损失量。见 GB/T 28398—2012 中第 4 章。

5.1.2　能源折标准煤系数取值原则

各种能源的热值以标准煤计。各种能源当量热值以企业在统计期内实测的热值为准。没有实测条件的，采用附录 A 中各种能源折标准煤参考系数。

5.2　计算方法

5.2.1　单矿(坑)煤炭露天开采企业单位产品能耗计算公式

单矿(坑)煤炭露天开采企业单位产品能耗应按式(1)计算：

$$e_{lt}=\frac{E_{lt}\times(k_1+k_2+k_3+k_4+k_5)}{M} \quad \cdots\cdots(1)$$

式中：

e_{lt} ——煤炭露天开采单位产品能耗，单位为千克标准煤每吨(kgce/t)；

E_{lt}——煤炭生产能源消费量，单位为千克标准煤(kgce)；

M ——露天原煤产量，单位为吨(t)；

k_1 ——采煤条件及工艺折算系数，见附录 B；

k_2 ——剥采比折算系数，见附录 C；

k_3 ——平均高差折算系数，见附录 D；

k_4 ——平均运距折算系数，见附录 E；

k_5 ——单矿(坑)生产能力折算系数,见附录 F。

5.2.2 多矿(坑)煤炭露天开采企业单位产品能耗计算公式

多矿(坑)煤炭露天开采企业单位产品能耗应按式(2)计算:

$$e_{\mathrm{lt}} = \frac{\sum_{i=1}^{n} (e_{i,\mathrm{lt}} \times M_i)}{\sum_{i=1}^{n} M_i} \qquad \cdots\cdots\cdots\cdots(2)$$

式中:

$e_{i,\mathrm{lt}}$——指多矿(坑)煤炭露天开采企业第 i 个矿(坑)的单位产品能耗,单位为千克标准煤每吨(kgce/t);

M_i ——指多矿(坑)煤炭露天开采企业第 i 个矿(坑)的原煤产量,单位为吨(t);

n ——多矿(坑)煤炭露天开采企业矿(坑)的个数。

6 节能管理与措施

6.1 节能基础管理

6.1.1 企业应定期对煤炭生产的能耗情况进行考核,并把考核指标分解落实到各基层部门,建立用能责任制度。

6.1.2 企业应按要求建立能耗统计体系,建立能耗计算和考核结果的文件档案,并对文件进行受控管理。

6.1.3 企业应根据 GB 17167 的要求配备能源计量器具并建立能源计量管理制度。

6.2 节能技术管理

6.2.1 经济运行

6.2.1.1 企业应选用达到经济运行状态的煤矿专用大型设备和通用设备。

6.2.1.2 企业应加强设备的维护、检修工作,提高设备的负荷率;应使生产运行设备合理匹配,经济运行;应使设备处于高效率低能耗运行状态;应加强各种管网的维护管理,防止跑、冒、滴、漏的现象发生。

6.2.2 企业应对主要耗能设备进行定期监测。

6.2.3 企业应积极推广、应用以下节能技术:

——开发利用高效节能的新技术、新工艺、新设备、新材料;

——推进清洁生产,提高资源利用效率,减少污染物排放量;

——淘汰高能耗、高污染、低效率的工艺和设备;

——推广“三废”综合利用技术。

6.3 监督与考核

企业应建立能耗测试、能耗统计、能量平衡和能耗考核结果的文件档案,并对文件进行受控管理。

附 录 A
（资料性附录）
各种能源折算标准煤系数

能源名称	平均低位发热量	折标准煤系数
原煤	20 908 kJ/kg (5 000 kcal/kg)	0.714 3
洗精煤	26 344 kJ/kg (6 300 kcal/kg)	0.900 0
其他洗煤		
(1) 洗中煤	8 363 kJ/kg (2 000 kcal/kg)	0.285 7
(2) 煤泥	8 363 kJ/kg～12 545 kJ/kg (2 000 kcal/kg～3 000 kcal/kg)	0.285 7～0.428 6
焦炭	28 435 kJ/kg (6 800 kcal/kg)	0.971 4
原油	41 816 kJ/kg (10 000 kcal/kg)	1.428 6
重油	41 816 kJ/kg (10 000 kcal/kg)	1.428 6
煤油	43 070 kJ/kg (10 300 kcal/kg)	1.471 4
汽油	43 070 kJ/kg (10 300 kcal/kg)	1.471 4
柴油	42 652 kJ/kg (10 200 kcal/kg)	1.457 1
煤焦油	33 453 kJ/kg (8 000 kcal/kg)	1.142 9
渣油	41 816 kJ/kg (10 000 kcal/kg)	1.428 6
液化石油气	50 179 kJ/kg (12 000 kcal/kg)	1.714 3
炼厂干气	46 055 kJ/kg (11 000 kcal/kg)	1.571 4
油田天然气	38 931 kJ/m^3 (9 310 $kcal/m^3$)	1.330 0
气田天然气	35 544 kJ/m^3 (8 500 $kcal/m^3$)	1.214 3
煤矿瓦斯气	14 636 kJ/m^3～16 726 kJ/m^3 (3 500 $kcal/m^3$～4 000 $kcal/m^3$)	0.500 0～0.571 4
焦炉煤气	16 726 kJ/m^3～17 981 kJ/m^3 (4 000 $kcal/m^3$～4 300 $kcal/m^3$)	0.571 4～0.614 3
高炉煤气	3 763 kJ/m^3	0.128 6
其他煤气		
(1) 发生炉煤气	5 227 kJ/m^3 (1 250 $kcal/m^3$)	0.178 6
(2) 重油催化裂解煤气	19 235 kJ/m^3 (4 600 $kcal/m^3$)	0.651 7
(3) 重油热裂解煤气	35 544 kJ/m^3 (8 500 $kcal/m^3$)	1.214 3
(4) 焦炭制气	16 308 kJ/m^3 (3 900 $kcal/m^3$)	0.557 1
(5) 压力气化煤气	15 054 kJ/m^3 (3 600 $kcal/m^3$)	0.514 3
(6) 水煤气	10 454 kJ/m^3 (2 500 $kcal/m^3$)	0.357 1
粗苯	41 816 kJ/kg (10 000 kcal/kg)	1.428 6
热力		0.034 12
电力(当量)	3 600 kJ/(kW·h)[860 kcal/(kW·h)]	0.122 9
蒸汽(低压)	3 673 MJ/t(900 Mcal/t)	0.128 6

附 录 B
（规范性附录）
采煤条件及工艺折算系数

采煤条件及工艺 （以采煤方式来表示）	折算系数取值
连续开采工艺系统	0.24
半连续开采工艺系统	0.18
间断开采工艺系统	0.13

附 录 C
（规范性附录）
剥采比折算系数

剥采比/(m/t)	折算系数取值
≤6.0	0.24
6.0～10.0(含)	0.19
＞10.0	0.13

附　录　D
（规范性附录）
平均高差折算系数

平均高差/m	折算系数取值
≤40	0.19
40～80(含)	0.15
＞80	0.10

附　录　E
（规范性附录）
平均运距折算系数

平均运距/m	折算系数取值
≤2 000	0.16
2 000～4 000(含)	0.13
＞4 000	0.10

附 录 F
（规范性附录）
单矿（坑）生产能力折算系数

单矿（坑）生产能力/（Mt/a）	折算系数取值
≥10.0	0.17
4.0（含）～10.0	0.13
＜4.0	0.10

ICS 27.010
F 10

中华人民共和国国家标准

GB 29446—2012

选煤电力消耗限额

The norm of the power consumption per unit product of coal washing

2012-12-31 发布　　2013-10-01 实施

中华人民共和国国家质量监督检验检疫总局
中国国家标准化管理委员会　发布

前　言

本标准的4.1.1、4.1.2、4.2.1和4.2.2为强制性的，其余为推荐性的。

本标准按照GB/T 1.1—2009给出的规则起草。

本标准由国家发展和改革委员会提出。

本标准由全国能源基础与管理标准化技术委员会(SAC/TC 20)和全国煤炭标准化技术委员会(SAC/TC 42)归口。

本标准起草单位：煤炭工业节能技术服务中心，煤炭科学研究总院北京煤化工研究分院，太原煤炭气化(集团)有限责任公司，中国煤炭工业协会生产力促进中心。

本标准主要起草人：张国光、罗陨飞、王兆文、刘富、梁茂彬、郑厚发、盛明。

选煤电力消耗限额

1 范围

本标准规定了选煤电力消耗限额的技术要求、统计范围和计算方法、节能管理与措施。

本标准适用于选煤企业电力消耗的计算、考核以及新建企业的电力消耗控制。

2 规范性引用文件

下列文件对于本文件的应用是必不可少的，凡是注日期的引用文件，仅注日期的版本适用于本文件。凡是不注日期的引用文件，其最新版本(包括所有的修改单)适用于本文件。

GB/T 12497 三相异步电动机经济运行

GB/T 13462 电力变压器经济运行

GB/T 13466 交流电气传动风机(泵类、空气压缩机)系统经济运行通则

GB 17167 用能单位能源计量器具配备和管理通则

3 术语和定义

下列术语和定义适用于本文件。

3.1

选煤电力消耗 the norm of the power consumption per unit product of coal washing

统计期内选煤所消费的电量与入选原煤量的比值。

注：本标准在计算选煤电力消耗时使用电能消费量的折算值。

3.2

入选原煤量 the output of feed coal

统计期内经过手选出不计入入选原煤量的大块(一般指 50 mm 以上)矸石后进入选煤加工过程，进行加工处理的原煤量。

4 技术要求

4.1 炼焦煤选煤企业选煤电力消耗限额

4.1.1 限定值

现有的炼焦煤选煤企业选煤电力消耗限定值应不大于 9.5(kW·h)/t。

4.1.2 准入值

新建的炼焦煤选煤企业选煤电力消耗准入值应不大于 7.5(kW·h)/t。

4.1.3 先进值

炼焦煤选煤企业通过节能技术改造和加强节能管理，选煤电力消耗先进值为不大于 5.7(kW·h)/t。

4.2 动力煤选煤企业选煤电力消耗限额

4.2.1 限定值

现有的动力煤选煤企业选煤电力消耗限定值应不大于 6.3(kW·h)/t。

4.2.2 准入值

新建的动力煤选煤企业选煤电力消耗准入值应不大于 4.6(kW·h)/t。

4.2.3 先进值

动力煤选煤企业通过节能技术改造和加强节能管理,选煤电力消耗先进值为不大于 3.2(kW·h)/t。

5 选煤电力消耗统计范围和计算方法

5.1 选煤电力消耗统计范围

直接生产系统、间接生产系统所消耗的电能,包括入洗、各级产品回收、机修、照明、化验室等用电量,以及与上述有关的线路和变压器的电损失。

5.2 选煤电力消耗计算方法

选煤企业选煤电力消耗应按式(1)计算:

$$e_d = \frac{E_d \times k}{M} \quad \cdots\cdots (1)$$

式中:

e_d ——选煤电力消耗,单位为千瓦时每吨(kW·h/t);

E_d ——统计期内选煤电能消费量,单位为千瓦时(kW·h);

M ——统计期内入选原煤量,单位为吨(t);

k ——选煤工艺类型折算系数,见附录 A。

6 节能管理与措施

6.1 节能基础管理

6.1.1 企业应定期对煤炭生产的电耗情况进行考核,并把考核指标分解落实到各基层部门,建立用能责任制度。

6.1.2 企业应按要求建立电耗统计体系,建立电耗计算和考核结果的文件档案,并对文件进行受控管理。

6.1.3 企业应根据 GB 17167 的要求配备电能计量器具并建立电能计量管理制度。

6.2 节能技术管理

6.2.1 经济运行

6.2.1.1 企业应使用达到经济运行状态的通用设备,对电动机的经济运行管理应符合 GB/T 12497 的规定;对风机、泵类和空气压缩机的经济运行管理应符合 GB/T 13466 的规定;对电力变压器的经济运行管理应符合 GB/T 13462 的规定。

6.2.1.2 企业应加强设备的检修、维护工作,提高设备的负荷率,使其长期保持周期运行;应使生产运行设备合理匹配，经济运行；应使设备处于高效率低能耗运行状态。

6.2.2 企业应积极推广、应用以下节能技术：

——开发利用高效节能的新技术、新工艺、新设备；

——推进清洁生产，提高资源利用效率，减少污染物排放量；

——淘汰高能耗、高污染、低效率的工艺和设备；

——推广“三废”综合利用技术。

6.3 监督与考核

企业应建立能耗测试、能耗统计、能源平衡和能耗考核结果的文件档案，并对文件进行受控管理。

附 录 A
（规范性附录）
选煤工艺类型折算系数

选煤企业类型	选煤工艺类型	折算系数
炼焦煤	跳汰	1.26
	跳汰、浮选联合	1.00
	重介	1.12
	重介、浮选联合	0.83
	重介、跳汰、浮选联合	0.78
动力煤	风选	2.50
	跳汰	0.94
	跳汰、浮选联合	0.80
	跳汰、重介联合	0.85
	重介	0.89
	重介、浮选联合	0.76
	重介、跳汰、浮选联合	0.72

ICS 27.010
F 01

中华人民共和国国家标准

GB 29447—2012

多晶硅企业单位产品能源消耗限额

The norm of energy consumption per unit products of polysilicon enterprise

2012-12-31 发布　　2013-10-01 实施

中华人民共和国国家质量监督检验检疫总局
中国国家标准化管理委员会　发布

前　言

本标准 4.1、4.2 为强制性的，其余为推荐性的。

本标准由国家发展和改革委员会资源节约与环境保护司、工业与信息化部节能与综合利用司提出。

本标准由全国能源基础与管理标准化技术委员会(SAC/TC 20)和全国有色金属标准化技术委员会(SAC/TC 243)归口。

本标准起草单位：洛阳中硅高科技有限公司、多晶硅材料制备技术国家工程实验室、中国恩菲工程技术有限公司、中国有色金属工业标准计量质量研究所、江苏中能硅业科技发展有限公司、四川新光硅业科技有限责任公司、东方电气集团峨嵋半导体材料有限公司、乐山乐电天威硅业科技有限责任公司、江西赛维 LDK 光伏硅科技有限公司、陕西天宏硅材料有限责任公司、亚洲硅业(青海)有限公司、特变电工新疆硅业有限公司、宜昌南玻硅材料有限公司、内蒙古神舟硅业有限责任公司。

本标准主要起草人：严大洲、汤传斌、肖荣晖、贺东江、万烨、杜俊平、袁金满、谢秦、银波。

多晶硅企业单位产品能源消耗限额

1 范围

本标准规定了多晶硅企业单位产品能源消耗(以下简称能耗)限额的技术要求、统计范围、计算方法、计算范围、节能管理与措施。

本标准适用于所有以工业硅、氯气、氢气为原料生产三氯氢硅,以及副产物四氯化硅经氢化生产三氯氢硅,三氯氢硅经精馏提纯后,用高纯氢气还原生产多晶硅的企业单位产品能耗的计算、考核,以及对新建项目的能耗控制。

2 规范性引用文件

下列文件对于本文件的应用是必不可少的。凡是注日期的引用文件,仅注日期的版本适用于本文件。凡是不注日期的引用文件,其最新版本(包括所有的修改单)适用于本文件。

GB/T 2589 综合能耗计算通则

GB/T 12963 硅多晶

GB/T 17167 用能单位能源计量器具配备和管理通则

GB/T 25074 太阳能级多晶硅

3 术语和定义

下列术语和定义适用于本文件。

3.1

工序能源单耗 unit energy consumption in working procedure

工序生产过程中生产单位合格产品消耗的能源量。

3.2

工序实物单耗 unit object consumption in working procedure

工序生产过程中生产单位合格产品消耗的某种能源实物量。

3.3

工艺能源单耗 unit energy consumption of technology

工艺生产过程中生产单位合格产品消耗的能源量。

3.4

工艺电耗 unit electricity consumption of technology

工艺生产过程中生产单位合格产品消耗的电量。

3.5

蒸汽消耗 steam consumption

生产单位合格产品所消耗的蒸汽。

3.6

综合电能源单耗 unit consumption of integrate electricity

即单位产品综合电能消耗，是指工艺电能源单耗与工艺产品辅助电能消耗及损耗分摊量之和。

3.7

综合能源单耗 unit consumption of integrate energy

即单位产品综合能源消耗，是指工艺能源单耗与工艺产品辅助能耗及损耗分摊量之和。

4 技术要求

4.1 现有多晶硅企业单位产品能耗限定值

现有多晶硅企业单位产品能耗限定值应符合表1的要求。

表1 多晶硅企业单位产品能耗限定值

序号	工艺、工序	每公斤多晶硅综合能耗限定值			
		工艺电耗 kW·h/kg	蒸汽消耗 kg/kg	综合电耗 kW·h/kg	综合能耗 kgce/kg
1	三氯氢硅合成工序	≤3.0	≤20	≤3.6	≤3.23
2	三氯氢硅精馏提纯工序	≤2.0	≤60	≤2.6	≤8.45
3	四氯化硅高温氢化工序	≤65	≤35	≤67	≤13.16
4	四氯化硅低温氢化工序	≤35	≤35	≤37	≤9.59
5	还原工序	≤75	≤5	≤80	≤10.62
6	还原尾气干法回收工序	≤18	≤15	≤18	≤4.53
7	多晶硅产品处理、包装工序	≤0.5	0	≤0.5	≤0.07
8	硅芯制备工序	≤2.0	0	≤2.0	≤0.25
9	公用工程包括：纯水系统、循环水、脱盐水、制氮、压缩空气、锅炉、空调、水源、中控及其他	≤13.3	≤10	≤13.3	≤3.01
10	制氢系统	≤11	0	≤11	≤1.37
11	“三废”处理工序	≤1.0	0	≤1.0	≤0.18
12	其他	≤1	10	≤1	≤1.42
13	多晶硅工艺能耗(高温氢化)	≤191.8	≤155	≤200	≤46.28
14	多晶硅工艺能耗(低温氢化)	≤161.2	≤155	≤170	≤42.71

4.2 新建多晶硅企业单位产品能耗准入值

新建多晶硅企业单位产品能耗准入值应符合表2的要求。

表 2 新建多晶硅企业单位产品能耗准入值

序号	工艺、工序	每公斤多晶硅综合能耗准入值			
		工艺电耗 kW·h/kg	蒸汽消耗 kg/kg	综合电耗 kW·h/kg	综合能耗 kgce/kg
1	三氯氢硅合成工序	≤2.6	≤17	≤3.1	≤2.75
2	三氯氢硅精馏提纯工序	≤1.7	≤51	≤2.2	≤7.2
3	四氯化硅高温氢化工序	≤55.3	≤29.8	≤57	≤11.2
4	四氯化硅低温氢化工序	≤30	≤29.8	≤31.5	≤8.15
5	还原工序	≤60	≤4.3	≤64.2	≤8.53
6	还原尾气干法回收工序	≤15.3	≤12.75	≤15.3	≤3.85
7	多晶硅产品处理、包装工序	≤0.43	0	≤0.43	≤0.06
8	硅芯制备工序	≤1.7	0	≤1.7	≤0.21
9	公用工程包括：纯水系统、循环水、纯水、脱盐水、制氮、压缩空气、锅炉、空调、水源、中控及其他	≤11.3	≤8.5	≤11.3	≤2.56
10	制氢系统	≤9.4	0	≤9.4	≤1.16
11	“三废”处理工序	≤0.9	0	≤0.85	≤0.15
12	其他	≤0.9	≤8.5	≤0.85	≤1.2
13	多晶硅工艺能耗(高温氢化)	≤159.2	≤131.8	≤166.2	≤38.87
14	多晶硅工艺能耗(低温氢化)	≤133.2	≤131.8	≤141.2	≤35.83

4.3 多晶硅企业单位产品能耗先进值

多晶硅企业单位产品能耗先进值应符合表 3 的要求。

表 3 多晶硅企业单位产品能耗先进值

序号	工艺、工序	每公斤多晶硅综合能耗先进值			
		工艺电耗 kW·h/kg	蒸汽消耗 kg/kg	综合电耗 kW·h/kg	综合能耗 kgce/kg
1	三氯氢硅合成工序	≤2.17	≤14.5	≤2.6	≤2.33
2	三氯氢硅精馏提纯工序	≤1.45	≤43.4	≤1.9	≤6.1
3	四氯化硅高温氢化工序	≤47	≤25.3	≤48.4	≤9.5
4	四氯化硅低温氢化工序	≤25.3	≤25.3	≤26.7	≤6.93
5	还原工序	≤54.2	≤3.6	≤57.8	≤7.67
6	还原尾气干法回收工序	≤13	≤10.8	≤13	≤3.27
7	多晶硅产品处理、包装工序	≤0.36	0	≤0.36	≤0.05
8	硅芯制备工序	≤1.45	0	≤1.45	≤0.18

表 3（续）

序号	工艺、工序	每公斤多晶硅综合能耗先进值			
		工艺电耗 kW·h/kg	蒸汽消耗 kg/kg	综合电耗 kW·h/kg	综合能耗 kgce/kg
9	公用工程包括：纯水系统、循环水、纯水、脱盐水、制氮、压缩空气、锅炉、空调、水源、中控及其他	≤9.6	≤7.2	≤9.6	≤2.17
10	制氢系统	≤7.95	0	≤7.95	≤0.99
11	“三废”处理工序	≤0.72	0	≤0.72	≤0.13
12	其他	≤0.72	≤7.2	≤0.72	≤1.03
13	多晶硅工艺能耗（高温氢化）	≤138.6	≤112	≤145	≤33.5
14	多晶硅工艺能耗（低温氢化）	≤116.5	≤112	≤123	≤30.9

4.4 其他

半导体级直拉用多晶硅还原电耗≤100 kW·h/kg，区熔用多晶硅还原电耗≤120 kW·h/kg，半导体级产品，其他工序能耗限额参照执行。多晶硅产品质量应满足 GB/T 25074 和 GB/T 12963 的要求。

5 统计范围、计算方法及计算范围

5.1 统计范围

5.1.1 企业实际（生产）消耗的各种能源

企业实际消耗的各种能源包括：一次能源（原煤、石油、天然气等），二次能源（电力、热力、石油制品、焦炭、煤气等）和生产使用的耗能工质（水、氧气、压缩空气等）所消耗的能源。

企业实际消耗的各种能源是指用于生产活动的各种能源。其包括主要生产系统、辅助生产系统和附属生产系统用能，不包括生活用能和批准的基建项目用能。在企业实际消耗的能源中，用作原料的能源也必须包括在内。

生活用能是指企业系统内的宿舍、学校、文化娱乐、医疗保健、商业服务等直接用于生活方面的能耗。

5.1.2 企业计划报告期内的能源实物消耗量和能源消耗量

企业计划报告期内的某种能源实物消耗量的计算，应符合式（1）：

$$e_h = e_1 + e_2 - e_3 - e_4 - e_5 - e_6 \qquad \cdots\cdots(1)$$

式中：

e_h ——企业的能源实物消耗量；

e_1 ——企业购入能源实物量；

e_2 ——期初库存能源实物量；

e_3 ——期末库存能源实物量；

e_4 ——外销能源实物量；

e_5 ——生活用能源实物量；

e_6 ——企业工程建设用能源量。

企业计划报告期内的能源消耗量的计算，应符合公式(2)：

$$E = E_1 + E_2 - E_3 - E_4 - E_5 \qquad (2)$$

$$或\ E = E_{ZG} + E_{ZF}$$

$$= E_{ZZ}$$

式中：

E ——企业报告期内的能源消耗量；

E_1 ——购入能源量；

E_2 ——库存能源增减量；

E_3 ——外销能源量；

E_4 ——生活用能源量；

E_5 ——企业工程建设用能源量；

E_{ZG}——诸产品工艺能源消耗量；

E_{ZF}——间接辅助生产部门用能源量及损耗；

E_{ZZ}——诸产品综合能源消耗量。

所消耗的各种能源不得重计或漏计。存在供需关系时，输入、输出双方在计算中量值上应保持一致。设备大修的能源消耗也应计算在内，且按检修后设备的运行周期逐月平均分摊。企业综合能耗的计算按照 GB/T 2589 的规定进行。

5.1.3 各种能源的计量单位

企业生产能耗量、产品工艺能耗量、产品综合能耗量的单位：千克标准煤每千克(kgce/kg)、吨标准煤每千克(tce/kg)。

煤炭、焦炭、重油、汽油、柴油的单位：千克(kg)、吨(t)。

电力的单位：千瓦时(kW·h)、万千瓦时(10^4 kW·h)；

蒸汽的单位：千焦(kJ)、兆焦(MJ)、百万千焦(GJ)；

煤气、压缩空气、氧气、天然气的单位：立方米(m^3)、万立方米(10^4 m^3)；

水的单位：吨(t)、万吨(10^4 t)。

多晶硅综合能耗量的单位：kgce/kg(千克标准煤每千克)。

5.1.4 各种能源(包括生产耗能工质消耗的能源)折算标准煤量方法

应用基于发热量等于 29.307 6 MJ 的燃料，即 1 kgce。

各种能源及耗能工质消耗量在折算标准煤量时，外购的燃料能源可取实测的低(位)发热量或供货单位提供的实测值为计算基础，或用国家统计部门的折算系数折算，参见附录 A；二次能源及耗能工质均按相应的能源等价值折算(电用当量值)；企业能源转换自产时，按实际投入的能源实物量折算标准煤量；由集中生产单位外销供应时，其能源等价值按主管部门规定；外购外销时，其能源等价值应相同；当未提供能源等价值时，可按国家统计部门的折算系数折算，参见附录 B；企业回收的余热按热力的折算系数，余热发电统一按电力的折算系数折算。

5.1.5 多晶硅产品能耗的计算原则

多晶硅各工序能耗的计算，采用同一计划报告期内产出的合格产品实物产量计算单位产品能耗。

所有产品产量均以千克(kg)为计量单位，以企业计划统计部门正式上报的数据为准。

5.1.6 企业余热利用能源的计算原则

企业回收的余热，属于节约能源循环利用，不属于外购能源，在计算时，应避免和外购能源重复计算。余热利用装置用能计入能耗。回收能源自用部分，计入自用工序；转供其他工序时，在所用工序以正常消耗计入；回收的能源折标准煤后应在回收余热的工序、工艺中扣除。

5.1.7 其他

企业的辅助、附属生产系统的能源消耗及耗能工质在企业内部贮存、转换与分配供应及外销中的损耗，应根据各产品工艺能耗占企业生产工艺能耗量的比例，分摊给各个产品。

5.2 计算方法

5.2.1 工序(工艺)实物单耗的计算

工序(工艺)实物单耗按式(3)计算：

$$E_S = \frac{M_S}{P_Z} \qquad (3)$$

式中：

E_S ——某工序(工艺)的实物单耗，单位为千克每千克(kg/kg)、千瓦时每千克(kW·h/kg)、立方米每千克(m^3/kg)；

M_S ——某工序(工艺)直接消耗的某种能源实物总量，单位为千克(kg)、千瓦时(kW·h)、立方米(m^3)；

P_Z ——某工序(工艺)产出的合格产品总实物量，折合成多晶硅计算，单位为千克(kg)。

5.2.2 工序(工艺)能源单耗的计算

工序(工艺)能源单耗按式(4)计算：

$$E_1 = \frac{E_H}{P_Z} \qquad (4)$$

式中：

E_1 ——某工序(工艺)能源单耗，单位为千克标准煤每千克，(kgce/kg)；

E_H ——某工序(工艺)直接消耗的各种能源实物量折标准煤为代数和，单位为千克标准煤(kgce)；

P_Z ——某工序(工艺)产出的合格产品总实物量，折合成多晶硅计算，单位为千克(kg)。

5.2.3 企业综合能耗的计算

综合能耗的计算应符合公式(5)：

$$E_Z = E_1 + E_F \qquad (5)$$

式中：

E_Z ——综合能耗，单位为千克标准煤每千克(kgce/kg)；

E_1 ——工艺能耗，单位为千克标准煤每千克(kgce/kg)；

E_F ——辅助能耗和损耗分摊量，单位为千克标准煤每千克(kgce/kg)。

5.3 计算范围

5.3.1 三氯氢硅合成工序

从合成用氢气制备、氢气纯化、液氯气化、氯化氢合成、氯化氢脱水、氯化氢预热，硅粉干燥预热、三氯氢硅合成、合成产物分离、尾气回收，到分离得到含三氯氢硅99%为止。包括从备料、配料、进料、合成、分离提纯、排渣、供排风、物料输送、收尘、供排水、辅助设备及照明等所有能源消耗量。按一吨三氯氢硅产品计算能源消耗，折多晶硅能源消耗时，按每吨多晶硅消耗的三氯氢硅数量确定。

5.3.2 三氯氢硅精馏提纯工序

从粗三氯氢硅开始到产出精三氯氢硅为止。包括从备料、进料、蒸发、冷凝、废液排放、排渣、制冷、供排风、物料输送、供排水、辅助设备及照明等所有能源消耗量。

5.3.3 四氯化硅氢化工序

从四氯化硅开始到氢化产出98%三氯氢硅为止。包括从备料、配料、进料、活化、氢化、氢气循环、尾气回收、氢化料分离、废液处理、排渣、制冷、供排风、物料输送、供排水、辅助设备及照明等所有能源消耗量。

5.3.4 还原工序

从精馏后合格的三氯氢硅开始到产出多晶硅棒为止。包括从石墨件煅烧等备件处理、备料、进料、预热、还原、停炉取棒、供排风、物料输送、供排水、辅助设备及照明等所有能源消耗量。

5.3.5 多晶硅还原尾气干法回收工序

从还原炉排出尾气开始到回收、分离得到合格氢气、氯化氢和氯硅烷为止。包括从尾气缓冲、进料、淋洗、混合气体压缩、氯硅烷分离、氯化氢吸收分离、制冷、氢气回收纯化、储存、供排风、物料输送、供排水、辅助设备及照明等所有能源消耗量。

5.3.6 多晶硅产品处理、包装工序

从棒状多晶硅开始到产出免清洗、洁净包装的多晶硅为止。包括从多晶硅破碎、酸腐蚀、纯水清洗、烘干、包装、废液中和排放、废气处理、制冷、供排风、物料输送、供排水、辅助设备及照明等所有能源消耗量。

5.3.7 公用工程

包括纯水系统、循环水、脱盐水、制氮、压缩空气、锅炉、空调、水源、中控及其他等工序所有能源消耗量。

5.3.8 硅芯制备工序

从棒状多晶硅开始到产出洁净包装的硅芯为止。包括从棒状多晶硅加工、酸腐蚀、纯水清洗、烘干、棒状多晶硅包装、硅芯拉制(或切割)、硅芯磨削加工、酸腐蚀、纯水清洗、烘干、包装等过程中的物料输送、加工、供排风、供排水、辅助设备及照明等所有能源消耗量。

5.3.9 氢气制备工序

包括电解液制备、电解、氢气纯化等制备工艺，或其他氢气方法制备氢气的工艺过程中的物料输送、工艺、供排风、辅助设备及照明等所有能源消耗量。

5.3.10 “三废”处理工序

包括多晶硅生产过程中尾气收集、尾气淋洗(或燃烧、水解)、污水收集、污水处理、固渣处理等系统物料输送、供排风、供排水、辅助设备及照明等所有能源消耗量。

5.4 表1、表2、表3取值说明

5.4.1 缺省工序，综合能耗应增加该工序能耗。例如：缺省“三氯氢硅合成工序”，应增加相应的能源消耗。

5.4.2 采用高温氢化的按高温氢化能耗指标考核，采用低温氢化的按低温氢化能耗指标考核，两项都有的按产能比列核算。

5.4.3 蒸汽计算基准条件：压力 0.9 MPa(表)，温度 197 ℃，其他质量蒸汽按热值折算。

5.4.4 每千克多晶硅消耗新三氯氢硅按 3 kg 计算；增加或减少用量按比例折算。

5.4.5 每千克多晶硅需要氢化的四氯化硅按 19 kg 计算；增加或减少用量按比例折算。

5.4.6 每千克多晶硅氢气消耗按 2 Nm^3 计算，增加或减少用量按比例折算。

5.4.7 每千克多晶硅消耗高纯三氯氢硅总量按 50 kg 计算，增加或减少用量按比例折算。

5.4.8 各工艺、工序能耗为考核参考值。建议综合利用热能，考核以综合能耗为准。

6 节能管理与措施

6.1 节能基础管理

6.1.1 企业应建立节能考核制度，定期对多晶硅各生产工序能耗情况进行考核，并把考核指标分解落实到各基层单位。

6.1.2 企业应按要求建立能耗统计体系，建立能耗计算和统计结果的文件档案，并对文件进行受控管理。

6.1.3 企业应根据 GB 17167 的要求配备相应的能源计量器具并建立能源计量管理制度。

6.2 节能技术管理

多晶硅企业应配备余热回收等节能设备，最大限度地回收各工序产生的能源。

附 录 A
（资料性附录）
常用能源品种现行参考折标准煤系数

A.1 常用能源品种现行折标准煤系数见表A.1。

表 A.1 常用能源品种现行折标准煤系数

能　源		折标准煤系数及单位	
品种	平均低位发热量	系数	单位
原煤	20 908 kJ/kg(5 000 kcal/kg)	0.714 3	kgce/kg
洗精煤	26 344 kJ/kg(6 300 kcal/kg)	0.900	kgce/kg
重油	41 816 kJ/kg(10 000 kcal/kg)	1.428 6	kgce/kg
柴油	42 652 kJ/kg(10 200 kcal/kg)	1.457 1	kgce/kg
汽油	43 070 kJ/kg(10 300 kcal/kg)	1.471 4	kgce/kg
焦炭	28 435 kJ/kg(6 800 kcal/kg)(灰分13.5%)	0.971 4	kgce/kg
液化石油气	50 179 kJ/kg(12 000kcal/kg)	1.714 3	kgce/kg
电力(当量值)	3 600 kJ/(kW·h)[860 kcal/(kW·h)]	0.122 9	kgce/(kW·h)
热力	—	0.034 12	kgce/MJ
煤气	1 250×4.186 8 kJ/m^3	1.786	tce/10^4 m^3
天然气	38 931 kJ/m^3(9 310 kcal/m^3)	1.330 0	tce/10^3 m^3
蒸汽	压力 0.9 MPa(表),温度 197 ℃	0.129	tce/t

注1：蒸汽折标准煤系数按热值计。

注2：部分品种仍采用“万”为计量单位。

注3：折标准煤系数如遇国家统计部门规定发生变化,能耗等级指标则应另行规定。

附 录 B
（资料性附录）
耗能工质能源等价参考值

B.1 常用耗能工质能源等价值见表B.1。

表B.1 常用耗能工质能源等价值

序号	名称		单位	能源等价值		备注
				热值/MJ	折标准煤/kgce	
1	液体	新鲜水	t	7.535 0	0.257 1	指尚未使用过的自来水，按平均耗电计算
2		软化水	t	14.234 7	0.485 7	
3	气体	压缩空气	m^3	1.172 3	0.040 0	
4		二氧化碳气	m^3	6.280 6	0.214 3	
5		氧气	m^3	11.723 0	0.400 0	
6		氮气	m^3	11.723 0	0.400 0	当副产品时
7				19.677 1	0.671 4	当主产品时
8	固体	乙炔	m^3	243.672 2	8.314 3	按耗电石计算
		电石	kg	60.918 8	2.078 6	按平均耗焦炭、电等计算
注：能源等价值如有变动，以国家统计部门最新公布的数据为准。						

ICS 27.010
F 01

中华人民共和国国家标准

GB 29448—2012

钛及钛合金铸锭单位产品能源消耗限额

The norm of energy consumption per unit production of titanium and titanium alloy ingots

2012-12-31 发布　　2013-10-01 实施

中华人民共和国国家质量监督检验检疫总局
中国国家标准化管理委员会　发布

前言

本标准的4.1和4.2为强制性的，其余为推荐性的。

本标准按照GB/T 1.1—2009给出的规则起草。

本标准由国家发展和改革委员会资源节约与环境保护司、工业和信息化部节能与综合利用司提出。

本标准由全国能源基础和管理标准化技术委员会(SAC/TC 20)、全国有色金属标准化技术委员会(SAC/TC 243)归口。

本标准起草单位：宝钛集团有限公司、湖南金天钛业科技有限公司、宝鸡钛业股份有限公司、中国有色金属工业标准计量质量研究所。

本标准主要起草人：冯军宁、张俊峰、何育兴、高选庆、陈峰、彭晖、李卫、李献军、乔璐。

钛及钛合金铸锭单位产品能源消耗限额

1 范围

本标准规定了钛及钛合金铸锭(以下简称钛锭)单位产品能源消耗(以下简称能耗)限额的技术要求、计算原则及计算方法、节能管理和措施。

本标准仅适用于真空自耗电弧炉生产钛及钛合金铸锭的能源消耗的计算、考核及对新建项目的能耗控制。

2 规范性引用文件

下列文件对于本文件的应用是必不可少的。凡是注日期的引用文件,仅注日期的版本适用于本文件。凡是不注日期的引用文件,其最新版本(包括所有的修改单)适用于本文件。

GB/T 2589 综合能耗计算通则

GB 17167 用能单位能源计量器具配备和管理通则

3 术语、定义和符号

GB/T 2589 界定的以及下列术语和定义适用于本文件。

3.1

工序能源单耗 unit energy consumption in working procedure

工序生产过程中生产每吨合格产品消耗的能源量。

3.2

辅助能耗 assistant energy consumption

辅助生产系统用于产品生产的能源消耗量。

3.3

综合能源单耗 unit consumption of integrate energy

即单位产品综合能耗,指直接综合能源单耗与间接综合能源单耗之和,即工艺能源单耗、工艺产品辅助能耗及损耗分摊量之和。

4 技术要求

4.1 钛锭单位产品能耗限定值

现有钛锭生产企业单位产品能耗限定值应符合表1的要求。

表1 钛锭单位产品能耗限定值

成品熔次	综合能源单耗 tce/t
两次熔炼	≤1.15
三次熔炼	≤1.55

4.2 钛锭单位产品能耗准入值

新建钛锭生产企业单位产品能耗准入值应符合表2的要求。

表2 钛锭单位产品能耗准入值

成品熔次	综合能源单耗 tce/t
两次熔炼	≤1.10
三次熔炼	≤1.45

4.3 钛锭单位产品能耗先进值

钛锭生产企业单位产品能耗先进值应符合表3的要求。

表3 钛锭单位产品能耗先进值

成品熔次	综合能源单耗 tce/t
两次熔炼	≤1.00
三次熔炼	≤1.30

5 计算原则

5.1 企业生产实际消耗的各种能源

实际消耗的能源包括:一次能源、二次能源和生产使用的能耗工质所消耗的能源。

企业实际消耗的各种能源,系指用于生产活动的各种能源。其包括主要生产系统、辅助生产系统和附属生产系统用能,不包括生活用能和基建项目用能。

生活用能是指企业系统内的宿舍、学校、文化娱乐、医院保健、商业服务等直接用于生活方面能耗。

5.2 企业计划统计期内的能源消耗量

企业计划统计期内的能源消耗量是指本计划统计期内直接用于生产的能源消耗量。

企业回收余热所消耗的能源量,在计算工艺能耗时应从产品工艺能耗中扣除,如回收的余热返回本系统自用时不能扣除。

5.3 各种能源的计算单位

各种能源、耗能工质、能源单耗计算单位:

各种能源及耗能工质消耗量计算单位应折算为标准煤量,折算系数见附录A、附录B。

能源单耗计算单位:千克标准煤每吨(kgce/t)或吨标准煤每吨(tce/t)。

能源及耗能工质实物消耗量计算单位:

企业生产能耗、产品工艺能耗、产品综合能耗计算单位:千克标准煤(kgce)、吨标准煤(tce)。

煤炭、焦油、重油消耗量计算单位:千克(kg)、吨(t)。

电消耗量计算单位:千瓦时(kW·h)、万千瓦时(10^4 kW·h)。

蒸汽消耗量计算单位：千克(kg)、吨(t)。

煤气、压缩空气、氧气、氮气消耗量计算单位：立方米(m^3)。

水消耗量计算单位：吨(t)。

5.4 钛锭生产工序划分

钛锭生产全流程划分为：

配料 → 制备电极 → 真空自耗熔炼 ↔ 铸锭处理

注 1：真空自耗熔炼：成品为两次熔炼时包括一次自耗电极熔炼(一次铸锭熔炼)、二次成品铸锭熔炼；成品为三次熔炼时包括一次自耗电极熔炼(一次铸锭熔炼)、小二次铸锭熔炼和三次成品铸锭熔炼。

注 2：铸锭处理：成品为两次熔炼时包括一次铸锭处理、二次成品铸锭处理；成品为三次熔炼时包括一次铸锭处理、小二次铸锭处理和三次成品铸锭处理。

5.5 工序能耗的计算

5.5.1 工序能源单耗的计算

5.5.1.1 由海绵钛到配料工序的能耗全部计入配料工序能耗。

5.5.1.2 电极制备工序的产品为一次自耗电极，工序能耗包括电极块制备能耗和一次自耗电极焊接能耗，电极制备工序全部计入一次自耗电极能耗。

5.5.1.3 真空自耗熔炼工序的产品能源单耗分为两类：

a) 成品铸锭熔次为两次时：真空自耗熔炼能耗包括一次自耗电极熔炼能耗、二次成品铸锭熔炼能耗，真空自耗熔炼工序的能耗全部计入二次成品铸锭熔炼能耗；

b) 成品铸锭熔次为三次时：真空自耗熔炼能耗包括一次自耗电极熔炼能耗、小二次铸锭熔炼能耗和三次成品铸锭熔炼能耗，真空自耗熔炼工序的能耗全部计入三次成品铸锭熔炼能耗。

5.5.1.4 铸锭处理工序能源单耗分为两类：

a) 成品铸锭熔次为两次时：铸锭处理能耗包括一次铸锭处理能耗、二次成品铸锭处理能耗，铸锭处理工序的能耗全部计入二次成品铸锭处理能耗；

b) 成品铸锭熔次为三次时：铸锭处理能耗包括一次铸锭处理能耗、小二次成品铸锭处理能耗和三次成品铸锭处理能耗，铸锭处理工序的能耗全部计入三次成品铸锭处理能耗。

5.5.2 辅助、附属生产系统的能耗，应根据各产品工序能耗量占企业生产工序总能耗的比例分摊至各个产品。

6 产品能耗的计算

6.1 工序能耗的计算方法

工序能源单耗的计算方法按式(1)进行：

$$工序能源单耗=\frac{该工序消耗的各种能源实物量折算标准煤之和}{该工序的合格产品总产量} \qquad (1)$$

6.2 计算公式

6.2.1 工序能源单耗按式(2)进行：

$$X_i=\frac{E_i}{P_i} \qquad (2)$$

式中：

i ——工序代号(1、2、3、……)；

X_i——第 i 道工序的工序能源单耗；

E_i——第 i 道工序的工序消耗的能源量；

P_i——第 i 道工序产出的合格产品量。

6.2.2 产品综合能耗按式(3)进行：

$$E=\sum X_i \tag{3}$$

式中：

E——产品的综合能耗。

7 节能管理与措施

7.1 节能基础管理

7.1.1 企业应根据 GB 17167 的要求配备和使用相应的能源计量器具并建立能源计量管理制度。

7.1.2 加强能源基础计量工作，确保能源计量的准确性。

7.1.3 制定考核标准，实施能耗考核。

7.2 节能技术措施

7.2.1 开展科学节能管理，共享节能技术。

7.2.2 推进设备大型化，促进节能新工艺、新技术、新设备的应用。

7.2.3 加强能源的循环利用和回收利用。

附　录　A
（资料性附录）
常用能源品种现行折标准煤系数

A.1　常用能源品种现行折标准煤系数

常用能源品种现行折标准煤系数见表A.1。

表A.1　常用能源品种现行折标准煤系数

能源		折标准煤系数及单位	
品种	单位	系数	单位
原煤	t	0.714 3	tce/t
无烟煤	t	0.900	tce/t
洗精煤	t	0.900	tce/t
重油	t	1.428 6	tce/t
柴油	t	1.457 1	tce/t
液化石油气	t	1.714 3	tce/t
电力（当量值）	10^4 kW・h	1.229	tce/(10^4 kW・h)
蒸汽（98.1 kPa饱和蒸汽）	kg	2 674.5	kJ/kg

注1：蒸汽折标准煤系数按热值计。
注2：部分品种仍采用“万”为计量单位。
注3：以国家统计部门发布的折标系数为准。

附 录 B
（资料性附录）
耗能工质能耗等价值

B.1 耗能工质能耗等价值

耗能工质能耗等价值见表B.1。

表B.1 耗能工质能耗等价值

耗能工质		能源等价值	
名称	单位	热值/MJ	折标准煤/kg
新鲜水	t	7.535 0	0.257 1
软化水	t	14.234 7	0.485 7
压缩空气	m^3	1.172 3	0.040 0
氮气	m^3	11.723 0	0.400 0
		19.677 1	0.671 4

注1：新鲜水指尚未使用过的自来水。

注2：氮气作为副产品时，折标准煤系数取0.400 0。作为主产品时，折标准煤系数取0.671 4。

ICS 27.010
F 01

中华人民共和国国家标准

GB 29449—2012

轮胎单位产品能源消耗限额

The norm of energy consumption for per unit product of tyre

2012-12-31 发布　　2013-10-01 实施

中华人民共和国国家质量监督检验检疫总局
中国国家标准化管理委员会　发布

前　言

本标准4.1和4.2为强制性的，其余为推荐性的。

本标准按照GB/T 1.1—2009给出的规则起草。

本标准由国家发展和改革委员会资源节约与环境保护司、工业和信息化部节能与综合利用司提出。

本标准由全国能源基础与管理标准化技术委员会(SAC/TC 20)和中国石油和化学工业联合会归口。

本标准起草单位：杭州中策橡胶有限公司、贵州轮胎股份有限公司、风神轮胎股份有限公司、双钱集团股份有限公司、三角集团有限公司、山东玲珑轮胎股份有限公司、天津国际联合轮胎橡胶有限公司、中国橡胶工业协会。

本标准主要起草人：沈金荣、唐国平、张利民、黄秀华、孙勇、章顺久、姜秀波、刘丙刚、奚翔、林忠明、赵文权。

轮胎单位产品能源消耗限额

1 范围

本标准规定了轮胎单位产品能源消耗(简称能耗)限额的技术要求、统计范围和计算方法、节能管理与措施。

本标准适用于全钢子午线轮胎、半钢子午线轮胎、斜交轮胎、工程机械轮胎生产过程单位能耗的计算、考核和新建项目的能耗控制。

2 规范性引用文件

下列文件对于本文件的应用是必不可少的。凡是注日期的引用文件,仅注日期的版本适用于本文件。凡是不注日期的引用文件,其最新版本(包括所有的修改单)适用于本文件。

GB/T 384 石油产品热值测定法

GB/T 3484 企业能量平衡通则

GB/T 12497 三相异步电动机经济运行

GB/T 13462 电力变压器经济运行

GB/T 13466 交流电气传动风机(泵类、空气压缩机)系统经济运行通则

GB/T 15587 工业企业能源管理导则

GB 17167 用能单位能源计量器具配备和管理通则

GB/T 21367 化工企业能源计量器具配备和管理要求

GB/T 23331 能源管理体系 要求

3 术语和定义

下列术语和定义适用于本文件。

3.1

子午线轮胎 radial tyre

胎体帘布层帘线与胎面中心线呈 90°角或接近 90°角排列并以基本不能伸张的带束层箍紧胎体的充气轮胎。

[GB/T 6326—2005,定义 4.2.4]

3.2

全钢子午线轮胎 all-steel radial tyre

胎体帘布和带束层都为钢丝的子午线轮胎,或称子午线载重汽车轮胎。

3.3

半钢子午线轮胎 semi-steel radial tyre

带束层为钢丝、胎体帘布为尼龙材料的子午线轮胎,或称子午线轿车轮胎。

3.4

斜交轮胎 diagonal/bias-ply tyre

胎体帘布层和缓冲层各相邻层帘线交叉,且与胎面中心线呈小于 90°角排列的充气轮胎。

[GB/T 6326—2005,定义 4.2.2]

3.5

工程机械轮胎　earth-mover tyre

设计用于轮式工程车辆与工程机械的轮胎。

[GB/T 6326—2005,定义 4.3.4]

3.6

轮胎综合能耗　energy consumption of tyre

在报告期内,轮胎生产所消耗的能量总和。其值等于报告期内生产轮胎过程中输入的各种能量之和减去向外输出的各种能量之和。

3.7

轮胎单位产品能耗　energy consumption for per unit product of tyre

在报告期内,轮胎生产能耗与合格成品轮胎总重量的比值。

4　技术要求

4.1　轮胎单位产品能耗限定值

已建成轮胎生产企业应达到轮胎单位产品能耗限定值要求。轮胎单位产品能耗限定值见表 1。

表 1　轮胎单位产品能耗限定值　　单位为千克标准煤每吨

轮胎品种	全钢子午线轮胎	半钢子午线轮胎	斜交轮胎	工程机械轮胎
轮胎单位产品能耗	≤495	≤530	≤645	≤900

4.2　轮胎单位产品能耗准入值

新建轮胎生产企业或已建成轮胎生产企业的改扩建项目应达到轮胎单位产品能耗准入值要求。轮胎单位产品能耗准入值见表 2。

表 2　轮胎单位产品能耗准入值　　单位为千克标准煤每吨

轮胎品种	全钢子午线轮胎	半钢子午线轮胎	斜交轮胎	工程机械轮胎
轮胎单位产品能耗	≤390	≤420	—	≤655

4.3　轮胎单位产品能耗先进值

鼓励轮胎生产企业通过节能技术改造、技术进步、节能管理措施达到轮胎单位产品能耗先进值要求。轮胎单位产品能耗先进值见表 3。

表 3　轮胎单位产品能耗先进值　　单位为千克标准煤每吨

轮胎品种	全钢子午线轮胎	半钢子午线轮胎	斜交轮胎	工程机械轮胎
轮胎单位产品能耗	≤285	≤380	—	≤415

5 统计范围和计算方法

5.1 统计范围

5.1.1 轮胎生产综合能耗包括一次能源和二次能源量。

5.1.2 轮胎生产综合能耗包括从原料、半制品、成品、检验到包装入库等主要生产系统在整个生产过程中所需能耗和供热、供电、供水、供气、制冷、机修、仪表及仓库、安全、环保装置等辅助生产系统的能耗总量,但不包括基建、技改等项目建设所消耗的能量。

5.1.3 轮胎生产企业向外输出的能量应在轮胎生产能耗总量中扣除。

5.1.4 回收利用的余热、余能供内部使用的,不再计入消耗量中,向外输出的,应按实际外供量从能耗总量中扣除。

5.1.5 轮胎产量统计报告期内最终合格外胎产品,不合格产品不计算产量。各种规格的轮胎按实测重量以吨为单位计算轮胎产量。

5.1.6 轮胎生产企业在统计报告期内,石油产品可按 GB/T 384 规定的方法实测热值,再换算成标准煤量。没有实测条件的,采用附录 A 中给出的系数折算成标准煤量。

5.1.7 原煤按实测热值折算成标准煤量(29 270 MJ 热值相当于消耗 1 tce)。

5.1.8 电、天然气、蒸汽按附录 A 和附录 B 中给出的系数折算成标准煤量,电按当量值折标。

5.2 计算方法

5.2.1 轮胎综合能耗按式(1)计算:

$$E=\sum_{i=1}^{n}(E_i\times P_i)-\sum_{j=1}^{m}(E_j\times P_j) \qquad \cdots\cdots(1)$$

式中:

E ——轮胎综合能耗,单位为吨标准煤(tce);

n ——消耗的能源品种数;

m ——向外输出的能源品种数;

E_i——轮胎生产过程中消耗的第 i 种能源实物量,单位为千克(kg)、吨(t)、立方米(m^3)或千瓦小时(kW·h);

P_i——第 i 种能源的折算系数,单位为吨标准煤每千克能源实物(tce/kg)、吨标准煤每吨能源实物(tce/t)、吨标准煤每立方米(tce/m^3)或吨标准煤每千瓦小时[tce/(kW·h)];

E_j——轮胎生产企业向外输出的第 j 种能源实物量,单位为千克(kg)、吨(t),立方米(m^3)或千瓦小时(kW·h);

P_j——第 j 种能源的折算系数,单位为吨标准煤每千克能源实物(tce/kg)、吨标准煤每吨能源实物(tce/t)、吨标准煤每立方米(tce/m^3)或吨标准煤每千瓦小时[tce/(kW·h)]。

5.2.2 轮胎单位产品能耗按式(2)计算:

$$e=E/Q \qquad \cdots\cdots(2)$$

式中:

e ——单位产品能耗,单位为吨标准煤每吨轮胎(tce/t);

E ——轮胎综合能耗,单位为吨标准煤(tce);

Q ——轮胎产量,单位为吨(t)。

6 节能管理与措施

6.1 企业的基础工作

6.1.1 轮胎企业应建立能源管理组织机构，对节能工作实施有效组织、管理、监督、考核和评价。

6.1.2 轮胎企业应按 GB/T 15587 的要求实施能源管理，制定节能管理制度、节能技术措施，建立节能责任考核体系。

6.1.3 轮胎企业应执行 GB 17167 和 GB/T 21367 的规定，配备满足预期使用要求的能源计量器具和仪器仪表。并确保能源计量器具正常运行，对能源基础数据进行有效的检测、统计和分析，确保数据的准确性和完整性。

6.1.4 轮胎企业应执行 GB/T 3484 的规定，对能耗量及使用效率进行准确、及时的统计和分析，定期发布统计分析报告，并保存这些资料。

6.1.5 轮胎企业应按 GB/T 23331 的要求建立企业的能源管理体系，保障节能措施持续有效地发挥作用。

6.1.6 轮胎企业应建立能耗台账和能源计量器台账，绘制能源计量网络图。

6.2 节能管理与措施

6.2.1 轮胎生产企业应通过管理使高效节能的新技术、新工艺、新设备持续发挥节能降耗的作用，提高企业的经济效益：

6.2.1.1 使转动设备合理匹配，经济运行；

6.2.1.2 使静止设备处于高效率、低能耗运行状态；

6.2.1.3 使生产过程中的通用设备达到经济运行的状态：

a) 电动机的经济运行管理应符合 GB/T 12497 的规定；

b) 风机、泵类和空气压缩机的运行管理应符合 GB/T 13466 的规定；

c) 电力变压器的经济运行管理应符合 GB/T 13462 的规定。

6.2.1.4 定期维护设备和管网，防止跑、冒、滴、漏；

6.2.1.5 建立全员节能长效管理机制。

6.2.2 节能技术的应用

6.2.2.1 应用低温连续混炼技术，提高生产效率，降低能耗。

6.2.2.2 应用冷却水循环利用技术，降低水资源消耗。

6.2.2.3 应用电动机变频技术，使风机、泵类等转动设备处于经济运行状态。

6.2.2.4 应用热电联产及余热发电技术，提高能源利用率。

6.2.2.5 应用自动化成型技术，提高生产效率，降低能耗。

6.2.2.6 应用子午线轮胎高温充氮硫化技术，提高生产效率，降低能耗。

附　录　A
（资料性附录）
各种能源折标准煤参考系数

各种能源折标准煤参考系数见表 A.1。

表 A.1　各种能源折标准煤参考系数

<table>
<tr><th colspan="2">能源名称</th><th>平均低位发热量</th><th>折标准煤系数</th></tr>
<tr><td colspan="2">原煤</td><td>20 908 kJ/kg(5 000 kcal/kg)</td><td>0.714 3 kgce/kg</td></tr>
<tr><td colspan="2">洗精煤</td><td>26 344 kJ/kg(6 300 kcal/kg)</td><td>0.900 0 kgce/kg</td></tr>
<tr><td rowspan="2">其他洗煤</td><td>洗中煤</td><td>8 363 kJ/kg(2 000 kcal/kg)</td><td>0.285 7 kgce/kg</td></tr>
<tr><td>煤泥</td><td>8 363 kJ/kg～12 545 kJ/kg
(2 000 kcal/kg～3 000 kcal/kg)</td><td>0.285 7 kgce/kg～
0.428 6 kgce/kg</td></tr>
<tr><td colspan="2">焦煤</td><td>28 435 kJ/kg(6 800 kcal/kg)</td><td>0.971 4 kgce/kg</td></tr>
<tr><td colspan="2">原油</td><td>41 816 kJ/kg(10 000 kcal/kg)</td><td>1.428 6 kgce/kg</td></tr>
<tr><td colspan="2">燃料油</td><td>41 816 kJ/kg(10 000 kcal/kg)</td><td>1.428 6 kgce/kg</td></tr>
<tr><td colspan="2">汽油</td><td>43 070 kJ/kg(10 300 kcal/kg)</td><td>1.471 4 kgce/kg</td></tr>
<tr><td colspan="2">煤油</td><td>43 070 kJ/kg(10 300 kcal/kg)</td><td>1.471 4 kgce/kg</td></tr>
<tr><td colspan="2">柴油</td><td>42 652 kJ/kg(10 200 kcal/kg)</td><td>1.457 1 kgce/kg</td></tr>
<tr><td colspan="2">煤焦油</td><td>33 453 kJ/kg(8 000 kcal/kg)</td><td>1.142 9 kgce/kg</td></tr>
<tr><td colspan="2">渣油</td><td>41 816 kJ/kg(10 000 kcal/kg)</td><td>1.428 6 kgce/kg</td></tr>
<tr><td colspan="2">液化石油气</td><td>50 179 kJ/kg(12 000 kcal/kg)</td><td>1.714 3 kgce/kg</td></tr>
<tr><td colspan="2">炼厂干气</td><td>46 055 kJ/kg(11 000 kcal/kg)</td><td>1.571 4 kgce/kg</td></tr>
<tr><td colspan="2">油田天然气</td><td>38 931 kJ/m^3(9 310 kcal/m^3)</td><td>1.330 0 kgce/m^3</td></tr>
<tr><td colspan="2">气田天然气</td><td>35 544 kJ/m^3(8 500 kcal/m^3)</td><td>1.214 3 kgce/m^3</td></tr>
<tr><td colspan="2">煤矿瓦斯气</td><td>14 636 kJ/m^3～16 726 kJ/m^3
(3 500 kcal/m^3～4 000 kcal/m^3)</td><td>0.500 0 kgce/m^3～
0.571 4 kgce/m^3</td></tr>
<tr><td colspan="2">焦炉煤气</td><td>16 726 kJ/m^3～17 981 kJ/m^3
(4 000 kcal/m^3～4 300 kcal/m^3)</td><td>0.571 4 kgce/m^3～
0.614 3 kgce/m^3</td></tr>
<tr><td colspan="2">高炉煤气</td><td>3 763 kJ/m^3</td><td>0.128 6 kgce/m^3</td></tr>
<tr><td rowspan="6">其他煤气</td><td>a)　发生炉煤气</td><td>5 227 kJ/kg(1 250 kcal/m^3)</td><td>0.178 6 kgce/m^3</td></tr>
<tr><td>b)　重油催化裂解煤气</td><td>19 235 kJ/kg(4 600 kcal/m^3)</td><td>0.657 1 kgce/m^3</td></tr>
<tr><td>c)　重油热裂解煤气</td><td>35 544 kJ/kg(8 500 kcal/m^3)</td><td>1.214 3 kgce/m^3</td></tr>
<tr><td>d)　焦炭制气</td><td>16 308 kJ/kg(3 900 kcal/m^3)</td><td>0.557 1 kgce/m^3</td></tr>
<tr><td>e)　压力气化煤气</td><td>15 054 kJ/kg(3 600 kcal/m^3)</td><td>0.514 3 kgce/m^3</td></tr>
<tr><td>f)　水煤气</td><td>10 454 kJ/kg(2 500 kcal/m^3)</td><td>0.357 1 kgce/m^3</td></tr>
<tr><td colspan="2">粗苯</td><td>41 816 kJ/kg(10 000 kcal/kg)</td><td>1.428 6 kgce/kg</td></tr>
<tr><td colspan="2">热力(当量值)</td><td>—</td><td>0.034 12 kgce/MJ</td></tr>
<tr><td colspan="2">电力(当量值)</td><td>3 600 kJ/(kW・h)[860 kcal/(kW・h)]</td><td>0.122 9 kgce/(kW・h)</td></tr>
<tr><td colspan="2">蒸汽(低压)</td><td>3 763 MJ/t(900 Mcal/t)</td><td>0.128 6 kgce/kg</td></tr>
</table>

附 录 B
（资料性附录）
耗能工质能源等价值

耗能工质能源等价值见表B.1。

表B.1 耗能工质能源等价值

品种	单位耗能工质耗能量	折标准煤系数
新水	2.51 MJ/t(600 kcal/t)	0.085 7 kgce/t
软水	14.23 MJ/t(3 400 kcal/t)	0.485 7 kgce/t
除氧水	28.45 MJ/t(6 800 kcal/t)	0.971 4 kgce/t
压缩空气	1.17 MJ/m^3(280 $kcal/m^3$)	0.040 0 $kgce/m^3$
鼓风	0.88 MJ/m^3(210 $kcal/m^3$)	0.030 0 $kgce/m^3$
氧气	11.72 MJ/m^3(2 800 $kcal/m^3$)	0.400 0 $kgce/m^3$
氮气(做副产品时)	11.72 MJ/m^3(2 800 $kcal/m^3$)	0.400 0 $kgce/m^3$
氮气(做主产品时)	19.66 MJ/m^3(4 700 $kcal/m^3$)	0.671 4 $kgce/m^3$
二氧化碳气	6.28 MJ/m^3(1 500 kcal/t)	0.214 3 $kgce/m^3$
乙炔	243.67 MJ/m^3	8.314 3 $kgce/m^3$

参 考 文 献

［1］ GB/T 2589—2008 综合能耗计算通则

［2］ GB/T 6326—2005 轮胎术语及其定义

［3］ GB/T 12723—2008 单位产品能源消耗限额编制通则

ICS 27.010
F 01

中华人民共和国国家标准

GB 29450—2012

玻璃纤维单位产品能源消耗限额

The norm of energy consumption per unit product of glass fibers

2012-12-31 发布　　2013-10-01 实施

中华人民共和国国家质量监督检验检疫总局
中国国家标准化管理委员会　发布

前 言

本标准4.1和4.2为强制性的，其余为推荐性的。

本标准按照GB/T 1.1—2009给出的规则起草。

本标准由国家发展和改革委员会资源节约与环境保护司、工业和信息化部节能与综合利用司提出。

本标准由全国能源基础与管理标准化技术委员会(SAC/TC 20)、中国建筑材料联合会归口。

本标准起草单位：南京玻璃纤维研究设计院有限公司、国家玻璃纤维产品质量监督检验中心。

本标准主要起草人：王玉梅、姜肇中、陈尚、陈建明。

玻璃纤维单位产品能源消耗限额

1 范围

本标准规定了生产玻璃纤维纱和玻璃球单位产品能源消耗(简称能耗)限额的技术要求、统计范围和计算方法、节能管理与措施。

本标准适用于中碱或无碱玻璃球生产企业和以池窑法或坩埚法生产E玻璃、ECR玻璃和中碱玻璃纤维生产企业的能耗计算、考核,以及对新建项目的能耗控制。

本标准不适用于高强玻璃纤维、高硅氧玻璃纤维、耐碱玻璃纤维等特种玻璃纤维的生产企业。

2 规范性引用文件

下列文件对于本文件的应用是必不可少的。凡是注日期的引用文件,仅注日期的版本适用于本文件。凡是不注日期的引用文件,其最新版本(包括所有的修改单)适用于本文件。

GB/T 2589 综合能耗计算通则

GB 17167 用能单位能源计量器具配备和管理通则

3 术语和定义

下列术语和定义适用于本文件。

3.1

综合能耗 comprehensive energy consumption

统计报告期内用于生产玻璃纤维纱或玻璃球实际消耗的各种能源实物量。包括生产系统和辅助生产系统的能耗总和。

3.2

单位产品综合能耗 comprehensive energy consumption for unit output of product

统计报告期内生产每吨合格的玻璃纤维纱或玻璃球的综合能耗。

3.3

生产系统 production system

生产玻璃纤维纱或玻璃球的工艺过程、装置、设施和设备组织的体系。包括:熔窑、漏板、坩埚、拉丝机、烘干设备、捻线机、络纱机、制球机等。

3.4

辅助生产系统 production assisting system

为生产系统服务的过程、设施和设备,包括:原料配料和辅料的准备,配制和输送、水电气的供应、加工、空调、照明、设备保全、内部运输、产品检验及包装、安全环保等装置及设施。

4 技术要求

4.1 单位产品综合能耗限定值

现有玻璃纤维企业单位产品综合能耗限定值见表1。

表 1 现有玻璃纤维企业单位产品能耗限定值

工艺方法	工序	产品	单位产品综合能耗 kgce/t
池窑法	—	E 玻璃纤维纱 (纤维直径小于等于 9 μm)	≤900
		E(ECR)玻璃纤维纱 (纤维直径大于 9 μm)	≤700
		中碱玻璃纤维纱	≤650
坩埚法	制球	无碱玻璃球	≤580
		中碱玻璃球	≤400
	拉丝	玻璃纤维纱	≤430

4.2 单位产品综合能耗准入值

新建玻璃纤维企业单位产品综合能耗准入值见表 2。

表 2 新建玻璃纤维企业单位产品能耗准入值

工艺方法	工序及产品分类	单位产品综合能耗 kgce/t
池窑法	E 玻璃纤维纱 (纤维直径小于等于 9 μm)	≤750
	E(ECR)玻璃纤维纱 (纤维直径大于 9 μm)	≤550

4.3 单位产品综合能耗先进值

玻璃纤维企业单位产品综合能耗先进值见表 3。

表 3 单位产品能耗先进值

工艺方法	工序	产品	单位产品综合能耗 kgce/t
池窑法	—	E 玻璃纤维纱 (纤维直径小于等于 9 μm)	≤750
		E(ECR)玻璃纤维纱 (纤维直径大于 9 μm)	≤550
		中碱玻璃纤维纱	≤550
坩埚法	制球	无碱玻璃球	≤400
		中碱玻璃球	≤300
	拉丝	玻璃纤维纱	≤300

5 统计范围和计算方法

5.1 统计范围

5.1.1 能源种类、能源和耗能工质的计量单位、各种能源折算标煤量的方法

能源和耗能工质的计量单位、各种能源折算标煤量的方法按 GB/T 2589 的规定。能源的计量应符合 GB 17167 的要求。各种能源不得重计或漏计。计算综合能耗时,各种能源折算为一次能源的单位为标准煤当量。当无法获得各种能源的低(位)发热量实测值和单位耗能工质耗能量时,可按附录 A 和附录 B 给出的系数进行计算。

5.1.2 计算范围

5.1.2.1 池窑法生产能耗计算范围

从各种原料计量进厂开始到玻璃纤维纱计量入库过程中,生产系统和辅助生产系统所消耗的各种能源和耗能工质。

5.1.2.2 坩埚法生产能耗计算范围

坩埚法生产过程能耗计算范围分别按制球工序和拉丝工序确定如下:

a) 制球工序。从各种原料计量进厂开始到玻璃球包装入库过程中,生产系统和辅助生产系统所消耗的各种能源和耗能工质。
b) 拉丝工序。从玻璃球计量进厂开始到玻璃纤维纱计量入库过程中,生产系统和辅助生产系统所消耗的各种能源和耗能工质。

对于既制球又拉丝的企业,应分别按制球工序和拉丝工序计算能耗。

5.2 计算方法

5.2.1 玻璃球能耗计算

5.2.1.1 玻璃球综合能耗计算

玻璃球综合能耗等于玻璃球生产过程中,包括生产系统和辅助生产系统所输入的各种能源总量减去向外输出的各种能源的总量,按式(1)计算:

$$Q_m = \sum e_i k_i - \sum e_j k_j \qquad \cdots\cdots(1)$$

式中:

Q_m ——玻璃球综合能耗,单位为吨标准煤(tce);

e_i ——玻璃球生产过程中输入的第 i 种能源或耗能工质实物量,单位为吨(t)或立方米(m^3);

k_i ——玻璃球生产过程中输入的第 i 种能源或耗能工质的折标准煤系数,单位为吨标准煤每吨(tce/t)或吨标准煤每立方米(tce/m^3);

e_j ——玻璃球生产过程中输出的第 j 种能源实物量,单位为吨(t)或立方米(m^3);

k_j ——玻璃球生产过程中输出的第 j 种能源的折标准煤系数,单位为吨标准煤每吨(tce/t)或吨标准煤每立方米(tce/m^3)。

如果企业既生产无碱玻璃球,也生产中碱玻璃球,则按每种玻璃球的产量进行分摊。

5.2.1.2 玻璃球单位产品综合能耗计算

玻璃球单位产品综合能耗按式(2)计算:

$$E_m = 1\ 000 \frac{Q_m}{G_m} \quad \cdots\cdots (2)$$

式中：

E_m ——玻璃球单位产品综合能耗，单位为千克标准煤每吨(kgce/t)；

Q_m ——玻璃球综合能耗，单位为吨标准煤(tce)；

G_m ——合格玻璃球产量，单位为吨(t)。

若企业既生产无碱玻璃球，也生产中碱玻璃球，则按玻璃球种类分别计算。

5.2.2 玻璃纤维纱能耗计算

5.2.2.1 玻璃纤维纱产量计算

5.2.2.1.1 池窑法

对于单纯生产粗纱(纤维直径大于 9 μm)的池窑，玻璃纤维纱的产量以实际产量计。

对单纯生产细纱(纤维直径小于等于 9 μm)的池窑，分别根据纤维直径大于 5 μm 和纤维直径小于等于 5 μm 的纱的实际产量，按式(3)计算折算产量。

$$G_{yz9} = G_{y9} + 1.5G_{y5} \quad \cdots\cdots (3)$$

式中：

G_{yz9}——合格玻璃纤维细纱的折算产量，单位为吨(t)；

G_{y9} ——合格的纤维直径大于 5 μm 的玻璃纤维细纱的实际产量，单位为吨(t)；

G_{y5} ——合格的纤维直径小于等于 5 μm 玻璃纤维细纱的实际产量，单位为吨(t)。

对既生产细纱又生产粗纱的混合型窑，则分别根据细纱(纤维直径小于等于 9 μm)和粗纱(纤维直径大于 9 μm)的实际产量，以主体产量选择按式(4)或按式(5)计算折算产量。玻璃纤维纱的产量以折算产量计。

$$G_{yz粗} = G_{y粗} + 1.4G_{y细} \quad \cdots\cdots (4)$$

$$G_{yz细} = G_{细} + \frac{G_{粗}}{1.4} \quad \cdots\cdots (5)$$

式中：

$G_{yz粗}$——合格玻璃纤维粗纱的折算产量，单位为吨(t)；

$G_{y粗}$ ——合格玻璃纤维粗纱的实际产量，单位为吨(t)；

$G_{y细}$ ——合格玻璃纤维细纱的实际产量，单位为吨(t)；

$G_{yz细}$——合格玻璃纤维细纱的折算产量，单位为吨(t)。

5.2.2.1.2 坩埚法

坩埚法生产的玻璃纤维纱的产量以折算产量计，折算产量按式(6)进行计算。

$$G_{yz} = \sum G_{yi}\lambda_i \quad \cdots\cdots (6)$$

式中：

G_{yz}——合格玻璃纤维纱折算产量，单位为吨(t)；

G_{yi}——第 i 种线密度合格玻璃纤维纱实际产量，单位为吨(t)。

λ_i ——第 i 种线密度折算系数，取值按表 4；

表 4 线密度折算系数

公称线密度 tex	折算系数 λ_i
≤2.75	9.5
>2.75～5.5	5
>5.5～11	2.5
>11～22.5	1
>22.5～33	0.9
>33～50	0.7
>50～90	0.6
>90	0.5

5.2.2.2 玻璃纤维纱综合能耗计算

玻璃纤维纱综合能耗等于玻璃纤维纱生产过程中，包括生产系统和辅助生产系统所输入的各种能源总量减去向外输出的各种能源的总量，按式(7)计算：

$$Q_y = \sum e_i k_i - \sum e_j k_j \qquad \cdots\cdots(7)$$

式中：

Q_y ——玻璃纤维纱综合能耗，单位为吨标准煤(tce)；

e_i ——玻璃纤维纱生产过程中输入的第 i 种能源或耗能工质实物量，单位为吨(t)或立方米(m^3)；

k_i ——玻璃纤维纱生产过程中输入的第 i 种能源或耗能工质的折标准煤系数，单位为吨标准煤每吨(tce/t)或吨标准煤每立方米(tce/m^3)；

e_j ——玻璃纤维纱生产过程中输出的第 j 种能源实物量，单位为吨(t)或立方米(m^3)；

k_j ——玻璃纤维纱生产过程中输出的第 j 种能源的折标准煤系数，单位为吨标准煤每吨(tce/t)或吨标准煤每立方米(tce/m^3)。

若企业既有池窑拉丝，也有坩埚法拉丝，综合能耗应分别计算。辅助生产系统能耗的分摊，由企业根据实际情况和产品结构自行确定，分摊比例力求合理、准确。

5.2.2.3 玻璃纤维纱单位产品综合能耗

玻璃纤维纱单位产品综合能耗按式(8)计算：

$$E_y = 1\,000\frac{Q_y}{G_y} \qquad \cdots\cdots(8)$$

式中：

E_y ——玻璃纤维纱单位产品综合能耗，单位为千克标准煤每吨(kgce/t)；

Q_y ——玻璃纤维纱综合能耗，单位为吨标准煤(tce)；

G_y ——合格玻璃纤维纱的产量，合格玻璃纤维纱的实际产量或按式(3)～式(6)计算的玻璃纤维纱折算产量，单位为吨(t)。

6 节能管理与措施

6.1 节能基础管理

6.1.1 企业应建立健全能源管理组织机构，对节能工作进行组织、管理、监督、考核和评价。

6.1.2 企业应制定行之有效的节能制度和措施，强化责任制、建立健全节能责任考核体系。

6.1.3 企业应根据 GB 17167 的要求配备能源计量器具并建立能源计量管理制度。对基础数据进行有效的检测、度量和计算，确保能源基础数据的准确性和完整性。

6.1.4 企业应科学有效地组织能源统计工作，确保能源统计数据的准确性与及时性，做好能源消耗和利用状况的统计分析，定期发布，并做好能源统计资料的管理与归档工作。

6.2 节能技术措施

6.2.1 实施玻璃熔窑规模化，以及对玻璃熔窑进行整体结构的优化设计。

6.2.2 加强窑体保温和密封。

6.2.3 采用纯氧燃烧技术。

6.2.4 加强余热的回收利用。

6.2.5 选用高效节能的燃烧器和控制系统。

6.2.6 采用鼓泡技术和辅助电加热技术。

附　录　A
（资料性附录）
各种能源折标准煤参考系数

各种能源折标准煤参考系数见表 A.1。

表 A.1　各种能源折标准煤参考系数

能源名称		平均低位发热量	折标准煤系数
原煤		20 908 kJ/kg(5 000 kcal/kg)	0.714 3 kgce/kg
洗精煤		26 344 kJ/kg(6 300 kcal/kg)	0.900 0 kgce/kg
其他洗煤	洗中煤	8 363 kJ/kg(2 000 kcal/kg)	0.285 7 kgce/kg
	煤泥	8 363 kJ/kg～12 545 kJ/kg (2 000 kcal/kg～3 000 kcal/kg)	0.285 7 kgce/kg～0.428 6 kgce/kg
焦炭		28 435 kJ/kg(6 800 kcal/kg)	0.971 4 kgce/kg
原油		41 816 kJ/kg(10 000 kcal/kg)	1.428 6 kgce/kg
燃料油		41 816 kJ/kg(10 000 kcal/kg)	1.428 6 kgce/kg
汽油		43 070 kJ/kg(10 300 kcal/kg)	1.471 4 kgce/kg
煤油		43 070 kJ/kg(10 300 kcal/kg)	1.471 4 kgce/kg
柴油		42 652 kJ/kg(10 200 kcal/kg)	1.457 1 kgce/kg
煤焦油		33 453 kJ/kg(8 000 kcal/kg)	1.142 9 kgce/kg
渣油		41 816 kJ/kg(10 000 kcal/kg)	1.428 6 kgce/kg
液化石油气		50 179 kJ/kg(12 000 kcal/kg)	1.714 3 kgce/kg
炼厂干气		46 055 kJ/kg(11 000 kcal/kg)	1.571 4 kgce/kg
油田天然气		38 931 kJ/m^3(9 310 kcal/m^3)	1.330 0 kgce/m^3
气田天然气		35 544 kJ/m^3(8 500 kcal/m^3)	1.214 3 kgce/m^3
煤矿瓦斯气		14 636 kJ/m^3～16 726 kJ/m^3 (3 500 kcal/m^3～4 000 kcal/m^3)	0.500 0 kgce/m^3～0.571 4 kgce/m^3
焦炉煤气		16 726 kJ/m^3～17 981 kJ/m^3 (4 000 kcal/m^3～4 300 kcal/m^3)	0.571 4 kgce/m^3～0.614 3 kgce/m^3
高炉煤气		3 763 kJ/m^3	0.128 6 kgce/m^3
其他煤气	a）发生炉煤气	5 227 kJ/m^3(1 250 kcal/m^3)	0.178 6 kgce/m^3
	b）重油催化裂解煤气	19 235 kJ/m^3(4 600 kcal/m^3)	0.657 1 kgce/m^3
	c）重油热裂解煤气	35 544 kJ/m^3(8 500 kcal/m^3)	1.214 3 kgce/m^3
	d）焦炭制气	16 308 kJ/m^3(3 900 kcal/m^3)	0.557 1 kgce/m^3
	e）压力气化煤气	15 054 kJ/m^3(3 600 kcal/m^3)	0.514 3 kgce/m^3
	f）水煤气	10 454 kJ/m^3(2 500 kcal/m^3)	0.357 1 kgce/m^3
粗苯		41 816 kJ/m^3(10 000 kcal/m^3)	1.428 6 kgce/m^3
热力(当量值)		按温度、压力确定焓值计算	
电力(当量值)		3 600 kJ/(kW·h)[860 kcal/(kW·h)]	0.122 9 kgce/(kW·h)
蒸汽(低压)(当量值)		2 763 kJ/kg(660 kcal/kg)	0.094 3 kgce/(kg)

附 录 B
(资料性附录)
耗能工质能源等价值

耗能工质能源等价值见表 B.1。

表 B.1 耗能工质能源等价值

品 种	单位耗能工质耗能量	折标准煤系数
软水	14.23 MJ/t(3 400 kcal/t)	0.485 7 kgce/t
除氧水	28.45 MJ/t(6 800 kcal/t)	0.971 4 kgce/t
压缩空气	1.17 MJ/m^3(280 $kcal/m^3$)	0.040 0 $kgce/m^3$
鼓风	0.88 MJ/m^3(210 $kcal/m^3$)	0.030 0 $kgce/m^3$
氧气	11.72 MJ/m^3(2 800 $kcal/m^3$)	0.400 0 $kgce/m^3$
氮气(做副产品时)	11.72 MJ/m^3(2 800 $kcal/m^3$)	0.400 0 $kgce/m^3$
氮气(做主产品时)	19.66 MJ/m^3(4 700 $kcal/m^3$)	0.671 4 $kgce/m^3$
二氧化碳气	6.28 MJ/m^3(1 500 $kcal/m^3$)	0.214 3 $kgce/m^3$
乙炔	243.67 MJ/m^3	8.314 3 $kgce/m^3$
电石	60.92 MJ/kg	2.078 6 kgce/kg

注：折标准煤系数是按照电力等价值 0.404 kgce/(kW·h)计算，企业计算时可按照当年火电平均发电标准煤耗对系数进行修正。

ICS 27.010
F 01

中华人民共和国国家标准

GB 29451—2012

铸石单位产品能源消耗限额

The norm of energy consumption per unit product of cast stone

2012-12-31 发布　　2013-10-01 实施

中华人民共和国国家质量监督检验检疫总局
中国国家标准化管理委员会　发布

前　言

本标准的4.1、4.2为强制性的，其余为推荐性的。

本标准按照GB/T 1.1—2009给出的规则起草。

本标准由国家发展和改革委员会资源节约与环境保护司、工业和信息化部节能与综合利用司提出。

本标准由全国能源基础与管理标准化技术委员会(SAC/TC 20)、中国建筑材料联合会归口。

本标准起草单位:中国建材检验认证集团股份有限公司。

本标准主要起草人:孙洁平、胡云林、范祥林、杜大艳、黄梦迟、王硕。

铸石单位产品能源消耗限额

1 范围

本标准规定了铸石单位产品能源消耗(简称能耗)限额的技术要求、统计范围和计算方法、节能管理与措施。

本标准适用于铸石生产企业能耗的计算、考核以及对新建项目的能耗控制。

2 规范性引用文件

下列文件对于本文件的应用是必不可少的。凡是注日期的引用文件,仅注日期的版本适用于本文件。凡是不注日期的引用文件,其最新版本(包括所有的修改单)适用于本文件。

GB/T 213 煤的发热量测定方法

GB/T 384 石油产品热值测定法

GB/T 2589 综合能耗计算通则

GB/T 12497 三相异步电动机经济运行

GB/T 12723 单位产品能源消耗编制通则

GB/T 13462 电力变压器经济运行

GB/T 13469 离心泵、混流泵、轴流泵和漩涡泵系统经济运行

GB/T 13470 通风机系统经济运行

GB 17167 用能单位能源计量器具配备和管理通则

GB/T 17954 工业锅炉经济运行

GB/T 17981 空气调节系统经济运行

GB 18613 中小型三相异步电动机能效限定值及能效等级

GB/T 19065 电加热锅炉系统经济运行

GB 19153 容积式空气压缩机能效限定值及能效等级

GB 19761 通风机能效限定值及能效等级

GB 19762 清水离心泵能效限定值及节能评价值

GB 20052 三相配电变压器能效限定值及节能评价值

GB/T 23331 能源管理体系 要求

3 术语和定义

GB/T 2589 和 GB/T 12723 界定的以及下列术语和定义适用于本文件。

3.1

综合能耗 comprehensive energy consumption

在统计报告期内产品生产全过程中,用于生产系统和辅助生产系统所实际消耗的各种能源总量。

3.2

单位产品综合能耗 comprehensive energy consumption for per unit product

在统计报告期内每生产 1 t 合格产品所发生的综合能耗。

3.3

生产界区　production area

包括从原料和煤、油、气等能源经计量进入工序开始，到成品计量入库，以及辅助生产系统的整个产品生产过程。

3.4

生产系统　manufacture process

产品生产中由原料制备、输送、熔化、成型、结晶、退火、裁切、检验和包装等生产工序、相应的装置、设施和设备组成的体系。

3.5

辅助生产系统　assistant manufacture process

与产品生产系统服务直接关联的如供水、供热、供气、供油、机修、照明、安全、环保、仓库以及厂内模具制作等辅助装置和设施。

4　技术要求

4.1　单位产品综合能耗限定值

现有生产企业的单位产品综合能耗限定值不应大于 800 kgce/t。

4.2　单位产品综合能耗准入值

新建生产企业(含新建生产线)的单位产品综合能耗准入值不应大于 700 kgce/t。

4.3　单位产品综合能耗先进值

现有生产企业可通过节能技术改造和加强节能管理来达到单位产品综合能耗先进值。

单位产品综合能耗先进值不应大于 540 kgce/t。

5　统计范围和计算方法

5.1　统计范围

5.1.1　铸石综合能耗统计范围包括生产系统和辅助生产系统的能耗，但不包括生活设施(如宿舍、食堂等)及运输保管、采暖、技改等以及停产期间的能耗。

5.1.2　能源的计量应符合 GB 17167 的要求。应对统计报告期内的能耗数量和产品产量进行统计，不应重复统计和漏统计。

5.2　计算方法

5.2.1　通用要求

综合能耗的计算应符合 GB/T 2589 的规定。

5.2.2　综合能耗

综合能耗按式(1)计算：

$$E_{ZN}=M_a\times\frac{Q_{DW}^{a}}{29\ 308}+M_b\times\frac{Q_{DW}^{b}}{29\ 308}+M_c\times\frac{Q_{DW}^{c}}{29\ 308}+0.122\ 9\times M_d \quad\cdots\cdots\cdots\cdots\cdots(1)$$

式中：

E_{ZN} ——综合能耗，单位为千克标准煤(kgce)；

M_a ——煤耗，单位为千克(kg)；

M_b ——油耗，单位为千克(kg)；

M_c ——气耗，单位为立方米(m^3)；

M_d ——电耗，单位为千瓦时(kW·h)；

Q_{DW}^{a} ——煤的低(位)发热量，单位为千焦耳每千克(kJ/kg)；

Q_{DW}^{b} ——油的低(位)发热量，单位为千焦耳每千克(kJ/kg)；

Q_{DW}^{c} ——气的低(位)发热量，单位为千焦耳每立方米(kJ/m^3)；

29 308 ——1千克标准煤的发热量，单位为千焦耳每千克标准煤(kJ/kgce)；

0.122 9 ——电力(当量)折算成标准煤的系数，单位为千克标准煤每千瓦时[kgce/(kW·h)]。

5.2.3 单位产品综合能耗

单位产品综合能耗按式(2)计算：

$$E_{DN} = E_{ZN}/P \qquad \cdots\cdots(2)$$

式中：

E_{DN} ——单位产品综合能耗，单位为千克标准煤每吨(kgce/t)；

P ——符合 JC 514.1、JC 514.2、JC 514.3、JC/T 515、JC/T 656、JC/T 657 等相关标准的产品的产量，单位为吨(t)。

5.2.4 标准煤的折算

消耗的各种能源应按热值统一折算为标准煤。

燃料的热值为企业在统计报告期内实测的燃料的平均低(位)发热量。固体燃料低(位)发热量按 GB/T 213 的规定测定，液体燃料低(位)发热量按 GB/T 384 的规定测定。若无条件实测或目前尚难以进行常规分析的，可参照使用本标准附录 A 将各种能源折算为标准煤。

6 节能管理与措施

6.1 节能基础管理

企业应定期对生产中单位产品综合能耗进行考核，并把考核指标分解落实到各基层部门，建立用能责任制度。

企业应按照 GB/T 23331 要求建立能源管理体系，建立能耗测试数据、能耗计算和考核结果的文件档案，并对文件进行受控管理。

企业应根据 GB 17167 的要求配备能源计量器具并建立能源计量管理制度。

6.2 节能技术管理

6.2.1 耗能设备管理

企业应对耗能的主体热工设备——熔化窑、结晶窑、退火窑进行整体结构的优化设计，加强窑炉保温，选用高效节能的生产工艺设备和控制系统。

企业应使电动机系统、泵系统、通风机系统、电力变压器、工业锅炉、电加热锅炉、空气调节系统等通用耗能设备分别符合 GB/T 12497、GB/T 13469、GB/T 13470、GB/T 13462、GB/T 17954、GB/T 19065 和 GB/T 17981 等相关用能产品经济运行标准要求，达到经济运行状态。

新建及改扩建企业所用的中小型三相异步电动机、容积式空气压缩机、通风机、清水离心泵、三相配电变压器等通用耗能设备应分别达到GB 18613、GB 19153、GB 19761、GB 19762、GB 20052等相应耗能设备能效标准中节能评价值的要求。

6.2.2 生产过程管理

在各生产工序中，企业应采取有效措施，保证生产系统正常、连续和稳定运行，提高系统运转率，实现高效、优质、低耗和清洁生产。

企业应积极推广和使用新型节能工艺技术，如节能原料配方技术、节能原料加工技术、节能干燥技术、低温熔化技术、余热利用技术等，积极推广和使用新型节能设备，如新型粉碎设备、新型节能窑炉、节能输送设备等。

附　录　A
（资料性附录）
各种能源折算标准煤参考系数和耗能工质能源等价值

A.1　各种能源折算标准煤参考系数

各种能源折算标准煤参考系数见表A.1。

表A.1　各种能源折算标准煤参考系数

能源名称		平均低(位)发热量	折算标准煤系数
原煤		20 908 kJ/kg	0.714 3 kgce/kg
洗精煤		26 344 kJ/kg	0.900 0 kgce/kg
洗中煤		8 363 kJ/kg	0.285 7 kgce/kg
煤泥		8 363 kJ/kg～12 545 kJ/kg	0.285 7 kgce/kg～0.428 6 kgce/kg
焦炭		28 435 kJ/kg	0.971 4 kgce/kg
原油		41 816 kJ/kg	1.428 6 kgce/kg
燃料油		41 816 kJ/kg	1.428 6 kgce/kg
汽油		43 070 kJ/kg	1.471 4 kgce/kg
煤油		43 070 kJ/kg	1.471 4 kgce/kg
柴油		42 652 kJ/kg	1.457 1 kgce/kg
煤焦油		33 453 kJ/kg	1.142 9 kgce/kg
液化石油气		50 179 kJ/kg	1.714 3 kgce/kg
炼厂干气		46 055 kJ/kg	1.571 4 kgce/kg
油田天然气		38 931 kJ/m^3	1.330 0 kgce/kg
气田天然气		35 544 kJ/m^3	1.214 3 kgce/kg
煤矿瓦斯气		14 636 kJ/m^3～16 726 kJ/m^3	0.500 0 kgce/kg～0.571 4 kgce/kg
焦炉煤气		16 726 kJ/m^3～17 981 kJ/m^3	0.571 4 kgce/kg～0.614 3 kgce/kg
其他煤气	发生炉煤气	5 227 kJ/m^3	0.178 6 kgce/kg
	重油催化裂解煤气	19 235 kJ/m^3	0.657 1 kgce/kg
	重油热裂解煤气	35 544 kJ/m^3	1.214 3 kgce/kg
	焦炭制气	16 308 kJ/m^3	0.557 1 kgce/kg
	压力气化煤气	15 054 kJ/m^3	0.514 3 kgce/kg
	水煤气	10 454 kJ/m^3	0.357 1 kgce/kg
电力当量值		3 600 kJ/(kW·h)	0.122 9 kgce/(kW·h)

A.2　耗能工质能源等价值

耗能工质能源等价值见表A.2。

表A.2　耗能工质能源等价值

耗能工质名称	平均折算热量 MJ/t	折算标准煤系数 kgce/t
外购水	2.51	0.085 7
软水	14.23	0.485 7
除氧水	28.45	0.971 4
压缩空气(标况)	1.17	0.040 0
鼓风(标况)	0.88	0.030 0
氧气(标况)	11.72	0.400 0
氮气(标况)	19.66	0.671 4
二氧化碳气(标况)	6.28	0.214 3

ICS 27.010
F 01

中华人民共和国国家标准

GB/T 29452—2012

纺织企业能源计量器具配备和管理要求

Specification for equipping and managing of the measuring instrument of energy in textile enterprise

2012-12-31 发布 2013-10-01 实施

中华人民共和国国家质量监督检验检疫总局
中国国家标准化管理委员会 发布

前　言

本标准按照 GB/T 1.1—2009 给出的规则起草。

本标准由国家发展和改革委员会资源节约和环境保护司、国家质量监督检验检疫总局计量司提出。

本标准由全国能源基础与管理标准化技术委员会(SAC/TC 20)归口。

本标准起草单位:中国纺织科学研究院、张家港市金陵纺织有限公司、吉林省纺织计量中心、江苏省张家港市计量测试所、山东省滨州市计量测试检定所、江苏省吴江市计量测试所、吉林化纤集团有限责任公司、华纺股份有限公司。

本标准主要起草人:霍书怀、黄胜良、方锡江、郑敏、吴可夫、刘东彬、王斌、钱青峰、于日明、金立平、邱为铁、黄显梅、张家库、肖国祥、王明建、许瑞臣、王桂香、吴秋、应后民、司崇泽、李璐康。

纺织企业能源计量器具配备和管理要求

1 范围

本标准规定了纺织企业能源计量的种类、范围，能源计量器具配备和管理的基本要求。

本标准适用于棉(含棉型化纤)纺织及印染加工、毛纺织及染整精加工、麻纺织及染整精加工、丝绢纺织及印染精加工、化纤织造及印染精加工、针织品及其制品制造、纺织制成品制造、纺织服装服饰制造、化学纤维制造企业。

2 规范性引用文件

下列文件对于本文件的应用是必不可少的。凡是注日期的引用文件，仅注日期的版本适用于本文件。凡是不注日期的引用文件，其最新版本(包括所有的修改单)适用于本文件。

GB/T 213 煤的发热量测定方法

GB/T 6422 用能设备能量测试导则

GB/T 15316 节能监测技术通则

GB 17167 用能单位能源计量器具配备和管理通则

GB/T 17471 锅炉热网系统能源监测与计量仪表配备原则

GB/T 18603—2001 天然气计量系统技术要求

3 术语和定义

GB 17167 界定的以及下列术语和定义适用于本文件。

3.1

纺织企业次级用能单位 sub-organization of energy using in the textile enterprise

纺织企业用能单位下属的能源核算单位，指纺织企业所属纺织生产分厂(车间)、热电联产厂、压缩空气站、冷冻站、污水处理厂等。以下简称次级用能单位。

4 能源计量器具的配备

4.1 能源计量的种类及范围

本标准所称能源，指煤炭、原油、天然气、电力、水煤浆、煤气、热力、成品油、液化石油气、生物质能和其他直接或者通过加工、转换而取得有用能的各种资源。

能源计量范围：

a) 输入用能单位、次级用能单位和用能设备的能源及载能工质；

b) 输出用能单位、次级用能单位和用能设备的能源及载能工质；

c) 用能单位、次级用能单位和用能设备使用(消耗)的能源及载能工质；

d) 用能单位、次级用能单位和用能设备自产的能源及载能工质；

e) 用能单位、次级用能单位和用能设备可回收利用的余能。

4.2 能源计量器具的配备原则

4.2.1 应满足纺织企业能源分类计量的要求。

4.2.2 应满足纺织企业实现能源分级分项考核的要求。

4.2.3 应满足纺织企业评价其能源加工、转换、输运效率的要求。

4.2.4 应满足纺织企业考核余热回收率、废水回收利用率等节能环节的要求。

4.2.5 应按照生产用能源和非生产用能源、自用能源与转供能源分别计量。

4.2.6 重点用能纺织企业应配备必要的便携式能源检测仪表，以满足自检自查的要求。

4.3 能源计量器具的配备要求

4.3.1 能源计量器具配备率按式(1)计算：

$$R_p = (N_s / N_l) \times 100\% \quad \cdots\cdots(1)$$

式中：

R_p——能源计量器具配备率，%；

N_s——能源计量器具实际的配备数量；

N_l——能源计量器具理论需要量。

4.3.2 用能单位应加装能源计量器具。

4.3.3 用能量(产能量或输送能量)大于或等于表1中一种能源消耗量限定值的次级用能单位为主要次级用能单位。

主要次级用能单位应按表3要求配备能源计量器具。

表1 主要次级用能单位能源消耗量(或功率)限定值

能源种类	电力	煤炭、焦炭	原油、成品油、石油液化气	重油、渣油	煤气、天然气	蒸汽、热水	水	其他
单位	kW	t/a	t/a	t/a	m^3/a	GJ/a	t/a	GJ/a
限定值	10	100	40	80	10 000	5 000	5 000	2 926

注1：表中a是法定计量单位中“年”的符号。

注2：表中的m^3指在标准状态下，表2同。

注3：2 926 GJ相当于100 tce。其他能源按等价热值折算，表2类推。

4.3.4 单台设备能源消耗量大于或等于表2中一种能源消耗量限定值的为主要用能设备。

主要用能设备应按表3要求配备能源计量器具。

表2 主要用能设备能源消耗量(或功率)限定值

能源种类	电力	煤炭、焦炭	原油、成品油、石油液化气	重油、渣油	煤气、天然气	蒸汽、热水	水	其他
单位	kW	t/h	t/h	t/h	m^3/h	MW	t/h	GJ/h
限定值	100	1	0.5	1	100	7	1	29.26

注1：对于可单独进行能源计量考核的用能单元(装置、系统、工序、工段等)，如果用能单元已配置了能源计量器具，用能单元中的主要用能设备可以不再单独配置能源计量器具。

注2：对于集中管理同类用能设备的用能单元(锅炉房、泵房等)，如果用能单元已配置了能源计量器具，用能单元中的主要用能设备可以不再单独配置能源计量器具。

4.3.5 能源计量器具配备率应不低于表 3 的要求。

表 3 能源计量器具配备率要求

%

能源种类		进出用能单位	进出主要次级用能单位	主要用能设备
电力		100	100	95
固态能源	煤炭	100	100	90
	焦炭	100	100	90
液态能源	原油	100	100	90
	成品油	100	100	95
	重油	100	100	90
	渣油	100	100	90
气态能源	天然气	100	100	90
	液化气	100	100	90
	煤气	100	90	80
载能工质	蒸汽	100	85	75
	压缩空气	100	85	75
	水	100	95	85
	冷冻水	100	95	85
	其他载能工质	100	80	70
可回收利用的余能		90	80	—

注 1：进出企业的季节性供暖用蒸汽(热水)可采用非直接计量载能工质流量的其他计量结算方式。

注 2：进出主要次级用能单位的季节性供暖用蒸汽(热水)可以不配备能源计量器具。

注 3：在主要用能设备上作为辅助能源使用的电力和蒸汽、水、压缩空气等载能工质，其耗能量很小(低于表 2 要求的)，可以不配置专用能源计量器具。

4.3.6 用能单位配备的能源计量器具准确度等级应不低于表 4 的要求。

表 4 企业能源计量器具准确度等级要求

计量器具类别	计量目的		准确度等级要求
衡器	进出用能单位燃料的静态计量		0.1
	进出用能单位燃料的动态计量		0.5
电能表	进出用能单位有功交流电能计量 Ⅰ 类用户		0.5S
	进出用能单位有功交流电能计量 Ⅱ 类用户		0.5
	进出用能单位有功交流电能计量 Ⅲ 类用户		1.0
	进出用能单位有功交流电能计量 Ⅳ 类用户		2.0
	进出用能单位有功交流电能计量 Ⅴ 类用户		2.0
	进出用能单位的直流电能计量		2.0
油流量表(装置)	进出用能单位液体能源计量	成品油	0.5
		重油、渣油	1.0

表 4（续）

计量器具类别	计量目的		准确度等级要求
气体流量表（装置）	进出用能单位气态能源计量	煤气	2.0
		天然气	2.0
		蒸汽	2.0
		压缩空气	2.5
水流量表（装置）	进出用能单位水量计量	管径不大于 250 mm	2.5
		管径大于 250 mm	1.5
温度仪表	用于液态、气态能源的温度计量		1.5
	与气体、蒸汽质量计算相关的温度计量		1.0
压力仪表	用于气态、液态能源的压力计量		1.6
	与气体、蒸汽质量计算相关的压力计量		1.0
注 1：当计量器具是由传感器(变送器)、二次仪表组成的测量装置或系统时，表中给出的准确度等级应是装置或系统的准确度等级。装置或系统未明确给出其准确度等级时，可用传感器与二次仪表的准确度等级按误差合成方法合成。 注 2：运行中的电能计量装置按其所计量电能量的多少，将用户分为五类。Ⅰ类用户为月平均用电量 500 万 kW·h 及以上或变压器容量为 10 000 kV·A 及以上的高压计费用户；Ⅱ类用户为小于Ⅰ类用户用电量(或变压器容量)，但月平均用电量 100 万 kW·h 及以上或变压器容量为 2 000 kV·A 及以上的高压计费用户；Ⅲ类用户为小于Ⅱ类用户用电量(或变压器容量)，但月平均用电量 10 万 kW·h 及以上或变压器容量为 315 kV·A 及以上的计费用户；Ⅳ类用户为负荷容量为 315 kV·A 以下的计费用户；Ⅴ类用户为单相用电的计费用户。			

4.3.7　用于成品油贸易结算的计量器具的准确度等级应不低于 0.2 级。

4.3.8　用于天然气贸易结算的计量器具的准确度等级应符合 GB/T 18603—2001 附录 A 和附录 B 的要求。

4.3.9　用于煤炭贸易结算的发热值计量器具的测量误差应符合 GB/T 213 的要求。

4.3.10　主要次级用能单位所配备能源计量器具的准确度等级(电能表除外)参照表 4 的要求，电能表可比表 4 的同类用户低一个档次的要求。

4.3.11　主要用能设备所配备能源计量器具的准确度等级(电能表除外)参照表 4 的要求，电能表可比表 4 的同类用户低一个档次的要求。

4.3.12　对锅炉热网系统，表 4 不能覆盖的计量器具，应符合 GB/T 17471 的要求。

4.3.13　能源计量器具的性能和准确度等级应满足纺织生产工艺和使用环境(如温度、温度变化率、湿度、照明、振动、噪声、粉尘、腐蚀、电磁干扰等)的要求。

5　能源计量器具的管理要求

5.1　能源计量制度

5.1.1　用能单位应建立能源计量管理体系，形成文件，并保持和持续改进其有效性。

5.1.2　用能单位应建立、保持和使用文件化的程序来规范能源计量人员行为、能源计量器具管理和能源计量数据的采集、处理和汇总。

5.2 能源计量人员

5.2.1 用能单位应设专人负责能源计量器具的管理，负责能源计量器具的配备、使用、检定（校准）、维修、报废等管理工作。

5.2.2 用能单位应设专人负责主要次级用能单位和主要用能设备能源计量器具的管理。

5.2.3 用能单位的能源计量管理人员应通过相关部门的培训考核，持证上岗；用能单位应建立和保存能源计量管理人员的技术档案。

5.2.4 能源计量器具检定、校准和维修人员，应具有相应的资质。

5.3 能源计量器具

5.3.1 用能单位应备有完整的能源计量器具一览表。表中应列出计量器具的名称、型号规格、准确度等级、测量范围、生产厂家、出厂编号、用能单位管理编号、安装使用地点、状态（指合格、准用、停用等）。主要次级用能单位和主要用能设备应备有独立的能源计量器具一览表分表。

5.3.2 用能设备的设计、安装和使用应满足 GB/T 6422、GB/T 15316 中关于用能设备的能源监测要求。

5.3.3 用能单位应建立能源计量器具档案，内容包括：

a） 计量器具使用说明书；

b） 计量器具出厂合格证；

c） 计量器具最近两个连续周期的检定（测试、校准）证书；

d） 计量器具维修记录；

e） 计量器具其他相关信息。

5.3.4 用能单位应备有能源计量器具量值传递或溯源图，其中作为用能单位内部标准计量器具使用的，要明确规定其准确度等级、测量范围、可溯源的上级传递标准。

5.3.5 用能单位的能源计量器具，凡属自行校准且自行确定校准间隔的，应有现行有效的受控文件（即自校计量器具的管理程序和自校规范）作为依据。

5.3.6 能源计量器具应实行定期检定（校准）。凡经检定（校准）不符合要求的或超过检定周期的计量器具一律不准使用。属强制检定的计量器具，其检定周期、检定方式应遵守有关计量法律法规的规定。

5.3.7 在用的能源计量器具应在明显位置粘贴与能源计量器具一览表编号对应、表明计量器具状态的标签，以备查验和管理。

5.4 能源计量数据

5.4.1 用能单位应建立能源统计报表制度，能源统计报表数据应能追溯至计量测试记录。

5.4.2 能源计量数据记录应采用规范的表格式样，计量测试记录表格应便于数据的汇总与分析，应说明被测量与记录数据之间的转换方法或关系。

5.4.3 重点用能单位可根据需要建立能源计量数据中心，利用计算机技术实现能源计量数据的网络化管理。

5.4.4 重点用能单位可根据需要按生产周期（班、日、周）及时统计计算出其单位产品的各种主要能源消耗量。

5.4.5 重点用能单位可根据相关管理要求，及时分级分项统计能源计量数据。

ICS 27.010
F 01

中华人民共和国国家标准

GB/T 29453—2012

煤炭企业能源计量器具配备和管理要求

Specification for equipping and managing of the measuring instrument of energy in coal enterprise

2012-12-31 发布　　2013-10-01 实施

中华人民共和国国家质量监督检验检疫总局
中国国家标准化管理委员会　发布

前言

本标准按照 GB/T 1.1—2009 给出的规则起草。

本标准依据 GB 17167—2006《用能单位能源计量器具配备和管理通则》的规定和要求，结合煤炭企业的特点制定。

本标准由国家发展和改革委员会资源节约和环境保护司、国家质量监督检验检疫总局计量司提出。

本标准由全国能源基础与管理标准化技术委员会(SAC/TC 20)归口。

本标准起草单位：中国煤炭加工利用协会、煤炭工业节约能源办公室。

本标准主要起草人：张绍强、洪绍和、朱建荣、吕佳霖。

煤炭企业能源计量器具配备和管理要求

1 范围

本标准规定了煤炭企业用能单位能源计量的种类、范围,能源计量器具配备和管理的基本要求。

本标准适用于煤炭行业煤炭生产及洗选企业。

2 规范性引用文件

下列文件对于本文件的应用是必不可少的。凡是注日期的引用文件,仅注日期的版本适用于本文件。凡是不注日期的引用文件,其最新版本(包括所有的修改单)适用于本文件。

GB/T 6422 用能设备能量测试导则

GB/T 15316 节能监测技术通则

GB 17167 用能单位能源计量器具配备和管理通则

GB/T 18603—2001 天然气计量系统技术要求

3 术语和定义

GB 17167 界定的以及下列术语和定义适用于本文件。

3.1

煤炭企业用能单位 energy-using units of coal enterprise

煤炭企业具有独立法人地位的企业和具有独立核算能力的用能单位。

3.2

煤炭企业次级用能单位 sub organization of energy using in coal enterprises

煤炭企业用能单位下属的地面能源核算单位。

3.3

煤炭企业用能单元 basic cell of energy using in coal enterprises

煤炭企业用能单位所属的井下工艺生产系统,包括:采煤、掘进、皮带运输、照明、辅助运输等。

3.4

煤炭企业主要用能设备 major energy-using equipment of coal enterprise

煤炭生产主要用能设备为主(副)井提升机、主提升皮带、主通风机、主排水泵、空气压缩机、工业锅炉等。

4 能源计量器具配备

4.1 能源计量的种类及范围

本标准所称能源,指煤炭、原油、天然气、焦炭、煤气、热力、成品油、液化石油气、生物质能和其他直接或者通过加工、转换而取得有用能的各种资源。

能源的计量范围:

a） 输入煤炭企业用能单位、次级用能单位、用能单元和主要用能设备的能源及载能工质；
b） 输出煤炭企业用能单位、次级用能单位、用能单元和主要用能设备的能源及载能工质；
c） 煤炭企业用能单位、次级用能单位、用能单元和主要用能设备使用(消耗)的能源及载能工质；
d） 煤炭企业用能单位、次级用能单位、用能单元和主要用能设备自产的能源及载能工质；
e） 煤炭企业用能单位、次级用能单位、用能单元和主要用能设备可回收利用的余能资源。

4.2 能源计量器具的配备原则

4.2.1 煤炭企业用能单位应加装能源计量器具。

4.2.2 应满足能源分类计量的要求。

4.2.3 应满足煤炭企业用能单位实现能源分级分项考核的要求。

4.2.4 应满足评价其单位产品能源消耗率的要求。

4.2.5 应配备必要的便携式能源监测仪表，以满足自检自查的要求。

4.2.6 对实行用电峰谷分时计价的单位，应安装峰谷分时计量器具。

4.3 能源计量器具配备率

4.3.1 能源计量器具配备率按式(1)计算：

$$R_p = \frac{N_s}{N_t} \times 100\% \qquad \cdots\cdots(1)$$

式中：

R_p——能源计量器具配备率，%；

N_s——能源计量器具实际的安装配备数量；

N_t——能源计量器具理论需要安装量。

4.3.2 用能单位、次级用能单位和用能单元应配备能源计量器具。

4.3.3 用能单位、次级用能单位和用能单元应按表2要求配备能源计量器具。所配备能源计量器具的计量性能应满足表3的要求。

4.3.4 单台设备能源消耗量大于或等于表1中一种或多种能源消耗量限定值的为主要用能设备。

表1 主要用能设备配备能源计量器具的能源消耗量(或功率)限定值

能源种类	电力	固体燃料	成品油、石油液化气	重油	煤气 天然气	蒸汽 热水	水	其他
单位	kW	t/h	t/h	t/h	m^3/h	MW	t/h	GJ/h
限定值	50	1	0.5	1	50	7	1	29.26

注1：表中h是法定计量单位中“[小]时”的符号。
注2：表中m^3指在标准状态下。
注3：2 926 GJ相当于100 tce。其他能源按等价热值折算。

主要用能设备应按表2要求配备能源计量器具。主要用能设备所配备能源计量器具的计量性能应满足表3的要求。

4.3.5 能源计量器具配备率应符合表2的要求。

表 2　能源计量器具配备率要求

%

能源种类		进出用能单位	进出次级用能单位	进出用能单元	主要用能设备
电力		100	100	100	95
固态能源	煤炭	100	100	100	90
固液混合能源	水煤浆	100	100	100	90
液态能源	成品油	100	100	100	95
	重油	100	100	100	90
	渣油	100	100	100	90
气态能源	天然气	100	100	100	90
	液化气	100	100	100	90
	煤气	100	100	100	80
载能工质	蒸汽	100	100	80	70
	水	100	100	95	—
	压缩空气及其他	100	90	—	70
回收利用的余热(能)		100	100	—	—

注 1：对于进出用能单位的季节性供暖用蒸汽(热水)可采用非直接计量载能工质流量的其他计量结算方式。

注 2：对于进出次级用能单位和用能单元的季节性供暖用蒸汽(热水)可以不配备能源计量器具。

注 3：对于在主要用能设备上使用的蒸汽、水等载能工质，其耗能量小于表 1 规定值的，可以不配置专用能源计量器具。

注 4：对于可单独进行能源计量考核的用能单元，如果用能单元已配备了能源计量器具，用能单元中的主要用能设备可以不再单独配备能源计量器具。

注 5：对于集中管理同类用能设备的用能单元，如果用能单元已配备了能源计量器具，用能单元中的主要用能设备可以不再单独配备能源计量器具。

4.3.6　煤炭企业用能单位的能源计量器具准确度等级应满足表 3 的要求。

表 3　煤炭企业用能单位能源计量器具准确度等级要求

计量器具类别	计量目的		准确度等级要求
衡器	进出煤炭企业用能单位燃料的静态计量		0.1
	进出煤炭企业用能单位燃料的动态计量		0.5
电能表	进出煤炭企业用能单位有功交流电能计量	Ⅰ类用户	0.5S
		Ⅱ类用户	0.5
		Ⅲ类用户	1.0
		Ⅳ类用户	2.0
		Ⅴ类用户	2.0
	进出煤炭企业用能单位的直流电能计量		2.0

表 3（续）

<table>
<tr><th>计量器具类别</th><th colspan="2">计 量 目 的</th><th>准确度等级要求</th></tr>
<tr><td rowspan="2">油流量表(装置)</td><td rowspan="2">进出煤炭企业用能单位的液体能源计量</td><td>成品油</td><td>0.5</td></tr>
<tr><td>重油、渣油</td><td>1.0</td></tr>
<tr><td rowspan="3">气体流量表(装置)</td><td rowspan="3">进出煤炭企业用能单位的气体能源计量</td><td>煤气</td><td>2.0</td></tr>
<tr><td>天然气</td><td>2.0</td></tr>
<tr><td>蒸汽</td><td>2.5</td></tr>
<tr><td rowspan="2">水流量表(装置)</td><td rowspan="2">进出煤炭企业用能单位的水量计量</td><td>管径不大于 250 mm</td><td>2.5</td></tr>
<tr><td>管径大于 250 mm</td><td>1.5</td></tr>
<tr><td rowspan="2">温度仪表</td><td colspan="2">用于液态、气态能源的温度计量</td><td>2.0</td></tr>
<tr><td colspan="2">与气体、蒸汽质量计算相关的温度计量</td><td>1.0</td></tr>
<tr><td rowspan="2">压力仪表</td><td colspan="2">用于液态、气态能源的压力计量</td><td>2.0</td></tr>
<tr><td colspan="2">与气体、蒸汽质量计算相关的压力计量</td><td>1.0</td></tr>
<tr><td colspan="4">注 1：当计量器具是由传感器(变送器)、二次仪表组成的测量装置或系统时，表中给出的准确度等级应是装置或系统的准确度等级。装置或系统未明确给出其准确度等级时，可用传感器与二次仪表的准确度等级按误差合成方法合成。
注 2：运行中的电能计量装置按其所计量电能量的多少，将用户分为五类。Ⅰ类用户为月平均用电量 500 万 kW·h 及以上或变压器容量为 10 000 kV·A 及以上的高压计费用户；Ⅱ类用户为小于Ⅰ类用户用电量(或变压器容量)但月平均用电量 100 万 kW·h 及以上或变压器容量为 2 000 kV·A 及以上的高压计费用户；Ⅲ类用户为小于Ⅱ类用户用电量(或变压器容量)但月平均用电量 10 万 kW·h 及以上或变压器容量为 315 kV·A 及以上的计费用户；Ⅳ类用户为负荷容量为 315 kV·A 及以下的计费用户。</td></tr>
</table>

4.3.7　用于成品油贸易结算的计量器具的准确度等级应不低于 0.2(加油站可能达不到要求，按规程)。

4.3.8　用于天然气贸易结算的计量器具的准确度等级应符合 GB/T 18603—2001 附录 A 和附录 B 的要求(不同等级的计量系统不一样)。

4.3.9　煤炭企业主要次级用能单位、用能单元和主要用能设备所配备能源计量器具的准确度等级(电能表除外)参照表 3 的要求，电能表可比表 3 的同类用户低一个档次的要求。

4.3.10　煤炭企业用能单元和主要用能设备的设计、安装和使用应满足 GB/T 6422、GB/T 15316 关于用能设备的节能监测要求。

4.3.11　能源计量器具的计量性能应满足相应生产工艺和使用环境(如温度、温度变化率、湿度、照明、振动、噪声、粉尘、腐蚀、辐射、防爆、电磁干扰等)的要求。

5　能源计量器具的管理要求

5.1　能源计量管理制度

5.1.1　煤炭企业用能单位，应建立能源计量管理体系并形成文件，保持和持续改进其有效性。

5.1.2　煤炭企业用能单位，应建立、保持和使用文件化的程序，规范能源计量人员行为、能源计量器具管理和能源计量数据的采集、处理和汇总。

5.2　能源计量人员

5.2.1　煤炭企业用能单位，应设专人负责能源计量器具的管理，负责能源计量器具的配备、使用、检定

(校准)、维修、报废等管理工作。

5.2.2 煤炭企业用能单位，应设专人负责煤炭企业主要次级用能单位、用能单元和主要用能设备能源计量器具的管理。

5.2.3 煤炭企业用能单位的能源计量、管理人员，应通过相关部门的培训考核，持证上岗；煤炭企业用能单位应建立和保存能源、计量管理人员的技术档案。

5.2.4 能源计量器具检定、校准和维修人员，应具有相应的资质。

5.3 能源计量器具管理

5.3.1 煤炭企业用能单位，应备有完整的能源计量器具一览表，表中应列出计量器具的名称、型号规格、准确度等级、测量范围、生产厂家、出厂编号、煤炭企业用能单位管理编号、安装使用地点、状态(指合格、准用、停用等)。主要次级用能单位、用能单元和主要用能设备有独立的能源计量器具一览表分表。

5.3.2 煤炭企业用能单位，应建立能源计量器具档案，内容包括：

a) 计量器具使用说明书；

b) 计量器具出厂合格证；

c) 计量器具最近两个连续周期的检定(测试、校准)证书；

d) 计量器具维修记录；

e) 计量器具其他相关信息。

5.3.3 煤炭企业用能单位，应备有能源计量器具量值传递或溯源图，其中作为内部标准计量器具使用的，要明确规定其准确度等级、测量范围、可溯源的上级传递标准。

5.3.4 煤炭企业用能单位的能源计量器具，凡属自行校准且自行确定校准间隔的，应有现行有效的受控文件(即自校计量器具的管理程序和自校规范)作为依据。

5.3.5 在用的能源计量器具，应在明显位置粘贴与能源计量器具一览表编号对应的标签，以备查验和管理。

5.4 能源计量数据

5.4.1 煤炭企业用能单位，应建立能源统计报表制度。能源统计报表数据，应能追溯至计量测试记录。

5.4.2 能源计量数据记录，应采用规范的表格式样，计量测试记录表格，应便于数据的汇总与分析，应说明被测量与记录数据之间的转换方法或关系。

5.4.3 煤炭企业用能单位，可根据需要按生产周期(班、日、月)，及时统计计算出其单位产品的各种主要能源消耗量。

5.4.4 能源计量数据及有关测试记录保存期限不低于五年。

ICS 27.010
F 01

中华人民共和国国家标准

GB/T 29454—2012

制浆造纸企业能源计量器具配备和管理要求

Specification for equipping and managing of the measuring instrument of energy in the pulp and paper enterprise

2012-12-31 发布　　2013-10-01 实施

中华人民共和国国家质量监督检验检疫总局
中国国家标准化管理委员会　发布

前 言

本标准按照GB/T 1.1—2009给出的规则起草。

本标准由国家发展和改革委员会资源节约和环境保护司、国家质量监督检验检疫总局计量司提出。

本标准由全国能源基础与管理标准化技术委员会(SAC/TC 20)归口。

本标准起草单位:大连工业大学、中国制浆造纸研究院。

本标准主要起草人:刘秉钺、邱文伦、宁玲玲、崔立国、黎的非。

制浆造纸企业
能源计量器具配备和管理要求

1 范围

本标准规定了制浆造纸企业能源计量的种类、范围，能源计量器具的配备原则与管理的基本要求。

本标准适用于制浆造纸生产企业。

2 规范性引用文件

下列文件对于本文件的应用是必不可少的。凡是注日期的引用文件，仅注日期的版本适用于本文件。凡是不注日期的引用文件，其最新版本(包括所有的修改单)适用于本文件。

GB/T 6422 用能设备能量测试导则

GB/T 15316 节能监测技术通则

GB 17167 用能单位能源计量器具配备和管理通则

GB/T 17471 锅炉热网系统能源监测与计量仪表配备原则

GB/T 18603 天然气计量系统技术要求

GB/T 19022 测量管理体系 测量过程和测量设备的要求

GB 50093 自动化仪表工程施工及验收规范

3 术语和定义

GB 17167 界定的术语和定义适用于本文件。

4 能源计量器具配备

4.1 能源计量的种类

本标准所称能源，指煤炭、重油、天然气、电力、煤气、热力、成品油、液化石油气，生物质能源(指黑液、树皮、锯屑、草末)和其他直接或者通过加工、转换而取得有用能的各种资源(包括生物污泥等富含有机废物的垃圾，厌氧发酵产生的沼气，废纸制浆产生的有机废物等，燃烧硫酸盐法制浆所收集的臭气，燃烧硫铁矿或硫磺制备亚硫酸药液产生的热能等)。

4.2 能源计量的范围

能源计量范围包括：

a) 输入用能单位、次级用能单位和用能设备的能源及载能工质；

b) 输出用能单位、次级用能单位和用能设备的能源及载能工质；

c) 用能单位、次级用能单位和用能设备使用(消耗)的能源及载能工质；

d) 用能单位、次级用能单位和用能设备自产的能源及载能工质；

e) 用能单位、次级用能单位和用能设备可回收利用的余能资源。

4.3 能源计量器具的配备原则

4.3.1 用能单位配备的能源计量器具要充分考虑现行国家标准、行业标准和企业标准的指导作用，要满足生产工艺和相关标准的具体要求。

4.3.2 用能单位能源计量，应满足能源分类、分级和分项统计和核算的要求。

4.4 能源计量器具的配备要求

4.4.1 用能单位应加装表1所示能源计量器具。能源计量器具的准确度应不低于表1的要求。

表1 能源计量器具的准确度要求

计量器类别	计量项目		准确度等级要求
衡器	进出用能单位燃料的静态计量		0.1
	进出用能单位燃料的动态计量		0.5
电能表	进出用能单位有功交流电能计量	Ⅰ类用户	0.2
		Ⅱ类用户	0.3
		Ⅲ类用户	0.5
		Ⅳ类用户	1.0
		Ⅴ类用户	1.0
	进出用能单位直流电能计量		2.0
油流量表(装置)	进出用能单位的液体能源计量	成品油	0.2
		原油	0.5
		重油、渣油	1.0
气(汽)体流量表(装置)	进出用能单位的气体能源计量	煤气	2.0
		天然气	2.0
		蒸汽	2.0
黑液流量表	进出用能单位的黑液计量	固形物含量不大于45%	1.0
		固形物含量大于45%	0.5
水流量表(装置)	进出用能单位的水计量	管径不大于250 mm	2.5
		管径大于250 mm	1.5
温度仪表	用于液态、气态能源的温度计量		2.0
	与气体、蒸汽质量计量相关温度测量的温度传感器		1.0
压力仪表	用于气体、液态能源的压力计量		2.0
	与气体、蒸汽质量计量相关压力测量的压力计量		1.0

注1：运行中的电能计量装置按其所计量电能的多少，将用户分为五类。Ⅰ类用户为月平均用电量500万kW·h及以上或变压器容量为10 000 kV·A及以上的高压计费用户；Ⅱ用户为小于Ⅰ类用户电量〔或变压器容量〕月平均用电量100万kW·h及以上或变压器容量为2 000 kV·A及以上的高压计费用户；Ⅲ类用户为小于Ⅱ类用户用电量(或变压器容量)但月平均用电量10万kW·h及以上或变压器容量为315 kV·A及以上的计费用户；Ⅳ类用户为负荷容量为315 kV·A及以下的计费用户；Ⅴ类用户为单相供电的计费用户。

注2：当计量器具是由传感器(变送器)、二次仪表组成的测量装置或系统时，表1给出的准确度应是装置或系统的准确度(装置或系统未明确给出其准确度时，可用传感器与二次仪表的准确度按误差合成方法合成)。

4.4.2 用能量(或产能量、或输运能量)大于或等于表2中一种及以上能源消耗量限定值的次级用能单位为主要次级单位。主要次级单位应装能源计量器具。

表2 主要次级用能单位和主要用能设备能源消耗量(或功率)限定值

能源种类	电力	煤炭	成品油、石油液化气	重油、渣油	煤气、天然气	黑液	蒸汽、热水	生物质能源	水	其他
主要次级单位限定值	10 kW	100 t/a	40 t/a	80 t/a	10 000 m^3/a	2 926 GJ/a	5 000 GJ/a	2 926 GJ/a	5 000 t/a	2 926 GJ/a
主要用能设备限定值	100 kW	1 t/h	0.5 t/h	1 t/h	100 m^3/h	29.26 GJ/h	7 MW	29.26 GJ/h	1 t/h	29.26 GJ/h

注1:表中a是法定计量单位中“年”的符号。

注2:表中m^3指在标准状态下。

注3:2 926 GJ相当于100 tce。其他能源应按等价热值折算。

注4:对于可独立进行能源计量考核的用能单元(装置、系统、工序、工段等),如果用能单元已配备了能源计量器具,用能单元中的主要用能设备可以不再单独配备能源计量器具。

注5:对于集中管理同类用能设备的用能单元(锅炉房、泵房等),如果用能单元已配备了能源计量器具,用能单元中的主要用能设备可以不再单独配备能源计量器具。

注6:作为能源利用的生物质能源指树皮、锯屑、草末等。

注7:其他能源包括生物污泥等富含有机废物的垃圾,厌氧发酵产生的沼气,废纸制浆产生的有机废物等,硫酸盐法制浆所收集的臭气,燃烧硫铁矿或硫磺制备亚硫酸药液产生的热能。

4.4.3 单台设备耗能量大于或等于表2中一种及以上能源消耗量限定值的设备为主要用能设备应加装能源计量器具。

4.4.4 各级能源计量器具配备率按式(1)计算:

$$R_p = N_s / N_i \times 100\% \qquad \cdots\cdots (1)$$

式中:

R_p——各级能源计量器具配备率,%;

N_s——各级能源计量器具实际配备数量;

N_i——各级能源计量器具配备理论需要量。

4.4.5 用能单位能源计量器具配备率应不低于表3的要求。

表3 能源计量器具配备率要求 %

能源种类		进出用能单位	进出主要次级用能单位	主要用能设备
电力		100	100	95
固态能源	煤炭	100	100	90
	树皮、锯屑、草末	100	100	90
液态能源	成品油	100	100	95
	重油、渣油	100	100	90
	黑液	100	100	90

表 3（续） %

能源种类		进出用能单位	进出主要次级用能单位	主要用能设备
气态能源	天然气	100	100	90
	液化气	100	100	90
	煤气	100	90	80
	蒸汽	100	90	70
耗能工质	水	100	95	80
	压缩空气	100	90	60
	其他耗能工质	100	80	60
可回收利用余能		90	80	—

注 1：进出用能单位的季节性供暖用蒸汽（热水）可采用非直接计量载能工质流量的其他计量结果方式。

注 2：进出主要次级用能单位的季节性供暖用蒸汽（热水）可以不配备能源计量器具。

注 3：在主要用能设备上作为辅助能源使用的电力和蒸汽、水、压缩空气等载能工质、其耗能量很小（低于表 1 的要求可以不配备能源计量器具。

注 4：可回收利用余能包括燃烧生物污泥等富含有机废物的垃圾，废纸制浆产生的有机废物等，燃烧厌氧发酵产生的沼气，燃烧硫酸盐法制浆所收集的臭气，燃烧硫铁矿或硫磺制备亚硫酸药液所产生的热能。

4.4.6 主要次级用能单位、主要用能设备能源计量所配备能源计量器具的准确度等级（电能表除外）参照表 1 的要求，主要用能设备能源计量所配备电能表可比表 1 的同类用户低一个档次的要求。

4.4.7 对有能源加工、转换、输运性质的用能单位，其所配备的能源计量器具应满足评价其能源加工、转换、输运效率的要求。

4.4.8 能源作为生产原料使用时，其计量器具的准确度应满足相应的生产工艺要求。

4.4.9 能源计量器具的性能应满足相应的生产工艺计量要求及使用环境要求（如温度、湿度、照明、振动、粉尘、腐蚀，电磁干扰等）。

4.4.10 对天然气计量仪表的配备，应符合 GB/T 18603 的要求。

4.4.11 对锅炉热网系统，表 1 不能覆盖的计量器具，应符合 GB/T 17471 的要求。

4.4.12 用能设备的设计、安装和使用，应能满足 GB/T 6422、GB/T 15316 中关于用能设备的能源检测要求。

4.4.13 对能源计量器具配备的自动化仪表的施工及验收，应符合 GB 50093 中的要求。

4.4.14 重点用能单位应配备必要的便携式检测仪表，以满足自检自查要求。

5 能源计量器具的管理要求

5.1 能源计量管理体系

5.1.1 用能单位应建立能源计量管理体系，按照 GB/T 19022 的要求执行，形成文件，并保持和持续改进其有效性。

5.1.2 用能单位应建立、保持和使用文件化的程序来规范人员行为、管理计量器具和进行计量数据的采集、处理和汇总。

5.2 能源计量人员

5.2.1 用能单位应设有专人负责能源计量器具的管理，负责能源计量器具的配备、使用、检定（校准）、维修、报废等管理工作。

5.2.2 用能单位的能源计量管理人员应通过相关管理部门的培训考核，持证上岗；用能单位应建立和保存能源计量管理人员的技术档案。

5.2.3 计量器具的检定、校准和维修人员，应具有相应的资质。

5.3 能源计量器具

5.3.1 用能单位应备有完整的能源计量器具配备一览表，表中应列出计量测点名称、计量器具的名称、型号规格、准确度等级、生产厂家、出厂编号、用能单位编号、安装使用地点、状态（指合格、准用、停用等）。主要次级用能单位和主要用能设备有独立的能源计量器具一览分表。

5.3.2 用能单位应建立能源计量器具档案，内容包括：

——计量器具使用说明书；

——计量器具出厂合格证；

——计量器具历次（或最近两个连续周期的）检定（测试、校准）证书；

——计量器具检修记录；

——计量器具其他相关的信息。

5.3.3 用能单位应建有明确的能源计量器具量值传递系统并绘制量值传递或溯源图，其中作为用能单位内部标准计量器具使用的，要明确规定其准确度、测量范围、可溯源的上级传递标准。

5.3.4 属用能单位经营贸易结算所用的能源计量器具，按国家对强制检定计量器具的管理要求进行。其他按非强制检定计量器具依法自管并按用能单位内部主要测点进行控制。

5.3.5 用能单位的能源计量器具应实行定期检定（校准），并有确定的检定（校准）周期，属强制检定的计量器具，其使用、检定周期、检定方式应遵守有关计量法规的规定。

5.3.6 用能单位能源计量器具凡属自行校准且自行确定校准间隔的，应有现行有效的受控文件（即自校计量器具的管理程序和自校规范）作为依据。

5.3.7 用能单位应保证能源计量器具在用管理的状态标识、运行维护与维修受控有效，确保在用完好并始终处于校准受控状态，相应记录完善。

5.3.8 用能单位的能源计量器具在用时，应充分考虑封记，防止人为改变其校准状态。

5.4 能源计量数据

5.4.1 用能单位应建立能源统计报表制度，能源统计报表数据应能追溯至计量检测记录。

5.4.2 用能单位能源计量数据记录应采用规范的表格式样，计量检测记录表格应便于对数据的汇总与分析，应说明直接读数与被测量或记录量之间的转换方法或关系。

5.4.3 重点用能单位可根据需要建立能源计量数据中心，利用计算机技术实现能源计量检测数据的网络化管理。

5.4.4 重点用能设备可根据需要按生产周期及时统计计算出其单位产品的各种主要能源消耗量。

5.4.5 用能单位对能源计量检测数据的采集、处理、传递和报告应形成文件化、程序化管理，明确归口管理职责，使计量数据形成的各环节受控、有监督核查、有计量确认，确保计量检测数据真实、准确。

5.4.6 能源计量数据及有关记录保存期限应不低于3年。

ICS 27.010
F 01

中华人民共和国国家标准

GB/T 29455—2012

照明设施经济运行

Economic operation of illumination equipments

2012-12-31 发布　　2013-10-01 实施

中华人民共和国国家质量监督检验检疫总局
中国国家标准化管理委员会　发布

前　言

本标准按照 GB/T 1.1—2009 给出的规则起草。

本标准由全国能源基础与管理标准化技术委员会(SAC/TC 20)提出。

本标准由全国能源基础与管理标准化技术委员会合理用电分委员会(SAC/TC 20/SC 4)归口。

本标准起草单位:中国标准化研究院、中国建筑科学研究院、北京清华城市规划设计研究院、国家建筑工程质量监督检验中心、中国照明电器学会、北京宫氏华莱电器有限公司、万豪酒店管理集团有限公司、百盛购物中心有限公司、北京发展大厦有限公司、武汉中百集团股份公司。

本标准主要起草人:李鹏程、赵跃进、林若慈、翟克俊、李一力、赵建平、宫莉、高德勇、曾红顺、宋永立、吕芳、刘升平、杨小平。

照明设施经济运行

1 范围

本标准规定了照明设施经济运行的基本要求、照明设施维护、照明设施管理和照明设施经济运行评价。

本标准适用于照明设施的运行、维护与管理，也适用于照明设施的新建和改造。

2 规范性引用文件

下列文件对于本文件的应用是必不可少的。凡是注日期的引用文件，仅注日期的版本适用于本文件。凡是不注日期的引用文件，其最新版本(包括所有的修改单)适用于本文件。

GB 17896 管形荧光灯镇流器能效限定值及节能评价值

GB 19043 普通照明用双端荧光灯能效限定值及能效等级

GB 19044 普通照明用自镇流荧光灯能效限定值及能效等级

GB 19415 单端荧光灯能效限定值及节能评价值

GB 19573 高压钠灯能效限定值及能效等级

GB 19574 高压钠灯镇流器能效限定值及节能评价

GB 20053 金属卤化物灯用镇流器能效限定值及能效等级

GB 20054 金属卤化物灯能效限定值及能效等级

GB/T 24827 道路与街路照明灯具性能要求

GB/T 25959 照明节电装置及应用技术条件

GB/T 50033 建筑采光设计标准

GB 50034 建筑照明设计标准

CJJ 45 城市道路照明设计标准

JGJ/T 119 建筑照明术语标准

JGJ/T 163 城市夜景照明设计规范

3 术语和定义

JGJ/T 119 界定的以及下列术语和定义适用于本文件。

3.1

灯具效率 luminaire efficiency

在相同的使用条件下，灯具发出的总光通量与灯具内所有光源发出的总光通量之比(%)。

3.2

灯具光效 luminaire luminous efficacy

灯具出射光通量与灯具输入电功率之比(LED 灯具与光源不可拆卸的灯具)；单位为流明每瓦(lm/W)。

3.3

灯具光束角 luminaire beam angle

在给定平面上，以坐标表示的发光强度曲线的两矢径间所夹的角度。

该矢径的发光强度值通常等于10%或50%的发光强度最大值。

3.4

光束效率 beam efficiency

灯具光束角内的光通量与灯具内光源的总光通量之比(%)。

4 技术要求

4.1 基本要求

照明设施应符合相应的产品性能、安全、能效标准及照明设计标准，宜选用符合能效标准节能评价值的照明设备和照明节电设备，在选用之前应进行经济评价分析。

4.2 照明光源

4.2.1 产品初始光效和光通维持率：双端荧光灯应符合 GB 19043 的规定；单端荧光灯应符合 GB 19415 的规定；自镇流荧光灯应符合 GB 19044 的规定；高压钠灯应符合 GB 19573 的规定；透明玻壳钪钠系列单端金属卤化物灯应符合 GB 20054 的规定。

4.2.2 在使用高强度气体放电灯的场所不应选用荧光高压汞灯。

4.2.3 对于使用景观照明灯具、交通信号灯、标志灯、应急疏散标志灯等场所，宜选用 LED 光源等节能照明产品。LED 光源等节能照明产品的性能应符合相关标准和技术规范。

4.3 照明附件

4.3.1 所使用的镇流器应与照明光源合理匹配。

4.3.1.1 T8 型双端荧光灯，应配用电子镇流器或节能型电感镇流器，镇流器效率应符合 GB 17896 的规定。

4.3.1.2 T5 型双端荧光灯应配用电子镇流器，镇流器效率应符合 GB 17896 的规定。

4.3.1.3 自镇流荧光灯、单端荧光灯应配用电子镇流器。

4.3.1.4 高压钠灯、金属卤化物灯应配用电子镇流器或节能型电感镇流器。对于室外照明用高压钠灯或金属卤化物灯，可配用双功率节能型电感镇流器。

4.3.1.5 双端荧光灯用镇流器(电感型和电子型)，应符合 GB 17896 的规定。

4.3.1.6 高压钠灯用镇流器(电感型)，应符合 GB 19574 的规定。

4.3.1.7 金属卤化物灯用镇流器(电感型)，应符合 GB 20053 的规定。

4.3.2 照明节电装置应符合 GB/T 25959 的规定。

4.4 照明灯具

4.4.1 照明灯具应符合相关标准规范的规定。

4.4.2 应根据照明场所的功能要求选择合理的灯具配光。在敞开式办公区域和学校的教室宜选用宽配光的高效格栅灯具或高效开放式灯具；灯具安装距高比不得大于灯具最大允许距高比。商场、地下停车场宜选用高效开放式灯具。道路与街路等场所的照明灯具性能应符合 GB/T 24827 的规定。

4.4.3 应选用光束效率高的灯具，灯具所发出的光应最大限度满足使用区域的要求。

4.4.4 在满足眩光限制和视觉功能要求的条件下，应根据应用场所选用相应的高效照明灯具，灯具效率应达到表 1 和表 2 的要求。

表 1　灯具效率要求

产品分类	灯具类型	灯具效率/%
室内照明灯具	开敞式灯具	≥75
	格栅灯具	≥60
	带封闭式面板灯具	≥60
室外照明灯具	道路照明灯具	≥70
	庭院灯具	≥70
	隧道灯具	≥70
	泛光灯具	≥65

表 2　泛光灯具效率要求

产品名称	光束分类	光束角/(°)	灯具效率/%
泛光灯具	特宽光束	100～130	≥70
	宽光束	70～100	
	中等宽光束	46～70	≥65
	中等光束	29～46	
	窄光束	18～29	≥60
	特窄光束	10～18	

4.4.5　室外 LED 道路照明产品光效不应低于 80 lm/W、泛光照明灯具光效不应低于 70 lm/W，显色指数不宜低于 60；室内 LED 照明产品光效不应低于 60 lm/W，显色指数不宜低于 80。

4.4.6　在对色彩分辨要求较高的室内场所，如商场、印刷、图片制作等行业应选择高显色性的光源和对光谱无选择性的反射材料制作的高效灯具。

4.4.7　一般照明灯具的功率因数不应低于 0.9；道路照明灯具的功率因数不应低于 0.85。

4.4.8　照明灯具反射材料的反射比不应低于 0.85；带封闭式面板灯具透光材料的透射比不宜低于 0.85。

4.4.9　照明灯具厂家应提供下列照明灯具应用设计参数，以便使用者合理选用照明灯具。具体参数内容见表 3。

表 3　照明灯具应用设计参数

灯具类型	照明设计参数	备　注
室内照明灯具	灯具效率、灯具光效(LED 灯具)、灯具最大允许距高比、光强分布表、光强分布曲线、等照度曲线、亮度限制曲线、利用系数表、概算曲线、工作电压、工作电流、输入功率、功率因数	射灯还应提供光束角；必要时要提供光源的色温和显色指数
道路照明灯具	灯具效率、灯具光效(LED 灯具)、光强分布表、光强分布曲线、等光强曲线、利用系数曲线、灯具发光面积、工作电压、工作电流、输入功率、功率因数、外壳防护等级	必要时要提供光源的色温和显色指数
泛光照明灯具	灯具效率、灯具光效(LED 灯具)、灯具光束角、光束效率、光强分布表、光强分布曲线、等光强曲线、灯具截光角、工作电压、工作电流、输入功率、功率因数、外壳防护等级	必要时要提供光源的色温和显色指数

4.5 照明控制

4.5.1 应根据不同照明场所的需要，采用不同的照明调光和控制方式。

4.5.2 大型公共建筑物中宜采用照明设施智能控制系统。

4.5.3 照明控制宜采用集中控制方式，并按照建筑使用条件和天然采光状况采取分区域控制模式。有条件的场所宜采用下列控制方法：

a) 在有天然采光的场所可按照度要求自动开启和关闭灯具或自动为灯具调光；

b) 根据使用要求可采用分时段的自动调光；

c) 根据需要在楼梯间、走道可采用声控、光控、人体感应等控制方式自动开启和关闭灯具。

4.6 照明应用

4.6.1 建筑照明功率密度(LPD)应符合 GB 50034 的规定，城市道路照明功率密度(LPD)，应符合 CJJ 45 的规定。城市夜景照明设计应符合 JGJ/T 163。

4.6.2 照明设施新建或改造时，应根据寿命周期成本进行分析，优先选择寿命周期成本最低的方案。

4.6.3 道路及景观照明用电应单独计量。

4.7 天然采光

4.7.1 在可利用天然光的场所宜充分利用天然光，采光系数与天然光照度应符合 GB/T 50033 的规定。

4.7.2 采光设计应选择性能好的采光材料及效率高的采光型式和装置。

4.7.3 应根据室外天然光状况，提高天然光利用时数。

4.7.4 采光装置所使用的采光材料应兼顾采光与隔热保温的综合效果。

5 照明设施维护

5.1 应对照明设施建立完整的运行档案记录。

5.2 照明设施应在满足生产、生活、学习和经营管理需求的条件下运行。

5.3 照明设施的运行控制模式应适时进行调节。

5.4 照明灯具和声光控等设施应定期维护和保养。

5.5 照明供电系统应采用三相五线制供电系统(即 TN-S 系统)，宜使三相负荷平衡，不平衡度不应大于 20%。

5.6 必要时可测量灯具的照度变化，适时维护和更换照明灯具，更换时宜采用相同的产品，保证照明效果的一致性。

5.7 应根据照明场所的环境条件，如潮湿、腐蚀性气体、蒸汽、高温、尘埃、易燃、易爆及有洁净要求的场所等条件，采用不同措施进行维护。

5.8 当光源的光通量低于初始光通量的 70%或光源损坏时应及时更换照明光源。

5.9 应定期清洁天然采光装置，破损部件应及时更换。

5.10 每年应定期不少于 2 次清洁照明光源、灯具表面及反射面，及时更换损坏的光源、灯具及其附件。

6 照明设施管理

6.1 应制定照明设施维护与管理计划并加以实施，其内容应包括：

a) 基本情况的调查；

b) 维护人员的岗位职责；

c) 换灯方式及更换周期；

d) 定期检测灯具的照度变化；

e) 制定对光源、灯具、控制装置的维护方案；

f) 维护工作费用的预算。

6.2 加强照明设施运行和检测的管理，及时为改善照明设施和提高照明工作环境提出可行方案。

6.3 应有完善的对光源、灯具、控制装置进行维护的管理制度。

6.4 照明设施的管理模式应根据使用情况分类(如正常照明、节假日照明、值班照明等模式)，合理调整照明灯具的开启和关闭时间，分区域、分功能、分时段实施有效的照明控制。

6.5 应建立照明节能管理制度，合理使用照明设施。

6.6 照明设施的用电计量应采用分区域的计量方式进行。

6.7 应明确照明设施维护人员的岗位职责，加强运行管理，建立维护制度。

7 照明设施经济运行评价

7.1 对整幢建筑相同使用功能的场所，按照节能验收规范的要求进行节能检测。当照度(lx)、照明功率密度(W/m^2)等达到 GB 50034、JGJ/T 163 或 CJJ 45 照明节能的要求，可评定为照明设施运行合理；否则评定为照明设施运行不经济。

7.2 当整幢建筑照明设施符合 7.1 的要求，且所采用的光源、附件、灯具和照明控制等符合第 4 章的要求，照明设施的维护和管理符合第 5 章和第 6 章的要求，选用的照明光源和附件符合节能评价值的要求，则评定为照明设施运行经济。

ICS 27.010
F 01

中华人民共和国国家标准

GB/T 29456—2012

能源管理体系　实施指南

Energy management systems—Implementation guidance

2012-12-31 发布　　　2013-10-01 实施

中华人民共和国国家质量监督检验检疫总局
中国国家标准化管理委员会　发布

前　　言

本标准按照GB/T 1.1—2009给出的规则起草。

本标准是GB/T 23331标准的实施指南，不是对GB/T 23331的修改、增补或延伸。

本标准是能源管理体系系列国家标准之一。

本标准由国家发展和改革委员会、国家标准化管理委员会提出。

本标准由全国能源基础与管理标准化技术委员会(SAC/TC 20)归口。

本标准起草单位：中国标准化研究院、德州市能源利用监测中心、宝山钢铁集团、方圆标志认证集团、中国合格评定国家认可中心、中国电力企业联合会标准化管理中心、中国建筑材料研究院、中国建材检验认证集团股份有限公司。

本标准主要起草人：王赓、李爱仙、王世岩、桂其林、李铁男、任香贵、蔡震钢、刘立波、李燕、杨德生、朱春雁、黄进、周璐、周湘梅、萧瑛、石新勇。

引　言

本标准的目的是指导组织建立能源管理体系或其他必要的管理过程，从而规范能源管理行为，提高其能源绩效，包括降低能源消耗，提高能源利用效率，促进可持续发展。

建立和实施能源管理体系是组织最高管理者的一项战略性决策。本标准的成功实施取决于组织各层次的全员参与，尤其是最高管理者的承诺。通过本标准的实施，组织能够：建立节能遵法贯标机制，主动获取并自觉落实节能法律法规、政策、标准和其他要求；建立全过程的能源管理控制机制，促进能量系统优化匹配，使能源管理活动规范有效并不断得到改进；建立节能技术进步机制，主动收集、识别并合理采用先进、成熟的节能管理方法和节能先进技术，实现节能技术进步常态化；建立节能文化建设机制，使全体员工节能意识不断增强，节能制度不断完善，节能行为不断规范。

能源管理体系的核心是在组织内部持续改进能源绩效，并通过管理节能、结构节能和技术节能，实现从注重单体设备能源效率、系统单元能源效率到注重整个组织能源效率的实质性转变，其运行的基本原则为：

——采用过程方法和管理的系统方法，使所有过程有机结合，发挥整体的管理效率；

——运用 PDCA（即 Plan—策划、Do—实施、Check—检查、Action—改进）持续改进模式，针对每一个过程和活动都进行有效策划和实施控制，并进行监视和测量，发现问题及时改进，使能源管理融入组织的日常活动中；

——构建规范的管理体系，用标准化的理念实现系统节能；

——在能源管理体系覆盖范围内，实现全员参与和全过程控制；

——贯彻落实相关法律法规、政策、标准和其他要求；

——评价体系运行的有效性，注重能源绩效的提高；

——应用先进有效的节能技术和管理方法，借鉴最佳节能实践和经验；

——通过管理节能来推动技术节能和结构节能；

——与其他管理体系相融合，并将现行有效的能源管理方法纳入能源管理体系，如节能目标责任制、能源审计、能量平衡、清洁生产、能效对标等。

能源管理体系是组织管理体系的一部分。组织按本标准建立实施能源管理体系时，应与其他管理体系相融合，如质量、环境或职业健康安全等管理体系要求，最终实现本组织整体管理体系的融合。能源管理体系与其他管理体系整合的关键是本标准各项要求在组织管理体系中得到落实。

本标准适用于组织控制下的各项活动，能源管理体系的详略和复杂程度、体系文件数量、所投入资源等，取决于组织的规模、体系覆盖的范围、能源利用和消费的类型及数量、能源利用过程及其相互作用的复杂程度等多方面因素。

能源管理体系 实施指南

1 范围

本标准规定了组织落实能源管理体系各项要求的通用指南及指导性方法和实施建议，旨在使组织能够科学、有效地建立、实施、保持和改进能源管理体系，确保其能源绩效目标的实现。

本标准适用于各种组织，不论其规模、类型、位置和成熟程度。

2 规范性引用文件

下列文件对于本文件的应用是必不可少的。凡是注日期的引用文件，仅注日期的版本适用于本文件。凡是不注日期的引用文件，其最新版本(包括所有的修改单)适用于本文件。

GB/T 2589 综合能耗计算通则

GB/T 13234 企业节能量计算方法

GB/T 19011 质量和(或)环境管理体系审核指南

GB/T 23331 能源管理体系 要求

3 术语与定义

GB/T 23331 界定的相关术语和定义适用于本文件。

4 能源管理体系要求

4.1 总要求

组织应：

a) 根据相关法律法规、政策、标准和其他要求及自身规模、能力、需求等状况，建立、实施、保持和改进能源管理体系。

b) 确定能源管理体系覆盖的边界和范围，并将其形成文件。能源管理体系的范围与组织内部的一系列活动有关，边界更多地与地理位置有关，一个范围可包含多个边界。组织确定的范围至少是能够单独进行能源核算的单元，可包括生产过程、辅助生产过程和附属生产过程的能源利用全过程，以及与实现该过程相关的能源种类、管理职责等。

c) 在满足本标准要求的前提下，注重节约的同时合理利用能源、提高能源效率，达到持续改进能源绩效和能源管理体系的目的。

4.2 管理职责

4.2.1 最高管理者

最高管理者是在最高管理层指挥和控制组织的决策者或决策层。最高管理者应对策划、实施、检查和改进能源管理体系作出承诺，并通过其领导行为推动能源管理体系，以实现其承诺。最高管理者应确保提供与建立、实施、保持并持续改进能源管理体系相适宜的资源，如人力资源、设备设施、资金、节能技术方法、信息等；在组织长期规划中考虑能源绩效，确保持续改进能源管理体系绩效；组织开展管理评审，对能源管理体系运行的效率和效果进行评价，确定新的改进机会，确保能源管理体系的持续改进。

4.2.2 管理者代表

管理者代表由最高管理者授权，负责按照 GB/T 23331 的要求建立、实施、保持和改进能源管理体系，同时保持最高管理者对体系运行情况的了解。为确保能源管理体系的有效运行，应当对管理者代表授予必要的权限，包括必要的人力、财力、物力、技术和信息资源支配权。管理者代表宜由节能意识强、具有管理能力和能源管理经验、分管节能工作的高层管理人员担任。管理者代表除承担能源管理体系相关职责外还可具有其他职责。确保能源管理体系有效运行和控制的方式可包括定期工作会议；对内部审核结果的评审；项目管理工具的使用，如计分卡、能源消耗数据的趋势分析工具等。组织应定期确定对管理者代表和能源管理团队人员的培训需求，并对培训效果进行考核。

4.3 能源方针

能源方针确定了组织在能源管理方面的行动纲领、应当履行的责任和对社会及相关方做出的承诺。能源方针是组织整体方针的一部分。

组织应当根据政府、行业的能源发展战略、规划、政策等，制定出适合自身特点的能源方针。最高管理者应组织并参与能源方针的制定。能源方针可纳入组织其他方针文件中，或与之相融合。组织的最高管理者要对能源方针的实施负责，并为能源方针的制修订提供必要的条件。能源方针的表述应当具体，能够为能源目标和指标的制定提供框架。能源方针应当传达给所有为组织或代表组织工作的人员，且能为公众所获取。

组织制定、发布和修订能源方针时应确保其满足 GB/T 23331 对此项内容的要求。

4.4 策划

4.4.1 总则

策划是组织建立、实施、保持和改进能源管理体系，实现能源方针的关键环节。策划过程是利用适当的工具和方法对输入的用能信息进行分析，进而识别主要能源使用和持续改进能源绩效的机会。策划输出要形成文件(见附录1示例)。策划流程概念如图1所示。

策划的输入信息不仅包括与能源使用相关的数据，而且包括组织机构、管理现状、工艺流程、生产设备运行状况、财务信息、产品结构、产量、气象条件等对组织能源绩效有影响的因素。

策划过程中所使用的工具和方法如图1所示，可包括：能源审计、能量平衡、标杆比对、物料平衡、物流分析和设备测试等。

策划结果应至少包括以下内容：

a） 能源基准；

b） 能源绩效参数；

c） 能源目标和指标；

d） 能源管理实施方案。

能源标杆是组织参照同类可比活动所确定的能源消耗、能源效率的先进水平，其建立目的是便于组织发现问题和找出节能潜力。可行时，组织应当根据自身情况设定能源标杆，在建立标杆时应当规定标杆选取的方法、比对水平、评审要求和更新规定等。选择能源标杆时可考虑组织内能耗的历史最佳水平、设计水平、国内同行业先进水平、国际同行业先进水平及国家、地方制定的产品能耗限额标准中的先进值等。

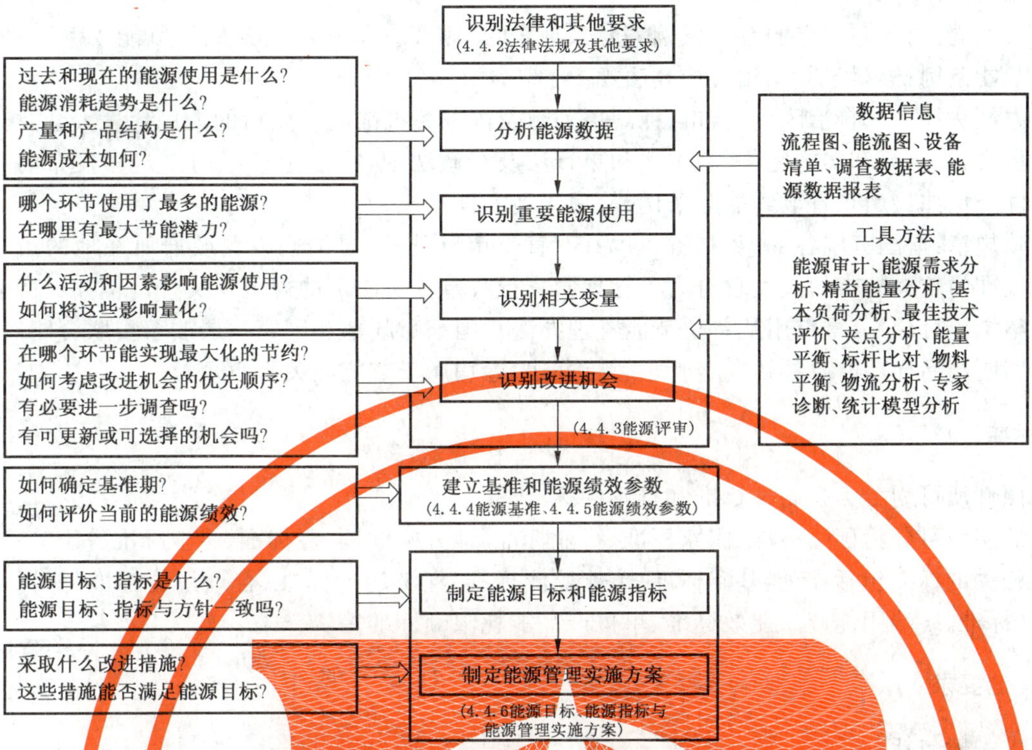

注：此图展示了能源策划的基本要素、组织在策划中应考虑的关键问题及可能用于能源评审的数据和工具。

图 1　策划流程概念图

4.4.2　法律法规及其他要求

4.4.2.1　总则

组织应按照下列步骤进行法律法规和其他要求的获取、识别、实施和评审：

a）收集获取。组织应指定具体的部门，按照规定的方法、渠道和频次追踪、收集、获取和更新适用的法律法规、政策、标准及其他要求。例如：某公司由能源管理办公室负责收集和获取相关的法律法规、标准、政策及其他要求，频次是每月一次，渠道是向节能主管部门、行业协会等咨询索取，方法是查阅文件、网络搜集等。

b）识别评价。识别出适用于本组织的法律法规、政策、标准和其他要求的具体条款，并评价目前组织的遵守情况，形成组织应遵守的法律法规、政策、标准及其他要求的清单。

c）贯彻实施。组织可将法律法规、政策、标准和其他要求中的具体条款应用到体系文件中。组织可从如何符合强制性要求、申请应用财政税收优惠等鼓励政策、获得管理技术方法支持等方面，来实现法律法规、政策、标准和其他有求的有效应用。

d）定期评审。组织应在规定的实施间隔内评审法律法规、政策、标准和其他要求，及时更新，以确保其适宜性。

4.4.2.2　法律法规

法律法规是指由国家权力机关、政府及其部门(包括国家和地方)发布、具有法律效力、与组织能源管理体系有关的各种规范性文件。法律法规的种类和形式主要包括：

a）国家法律：全国人民代表大会及其常务委员会制定的规范性文件。例如：《中华人民共和国节约能源法》、《中华人民共和国可再生能源法》、《中华人民共和国循环经济促进法》等属于节能的相关法律。

b) 行政法规：国务院制定的有关条例、办法、规定、细则等。例如：《公共机构节能条例》、《民用建筑节能条例》等属于节能相关行政法规。

c) 地方性法规：省、自治区、直辖市、计划单列市及国务院批准的较大市的人民代表大会及其常务委员会，为执行和实施宪法、基本法和单行法及行政法规，在法定权限内制定和发布的规范性文件。例如：《山东省节约能源条例》等属于地方性法规。

d) 行政规章：指国务院各部、委和省、自治区、直辖市以及省、自治区人民政府所在地的市和国务院批准的较大的市的人民政府为了管理国家行政事务所制定的规范性文件。例如：《产业结构调整指导目录》、《重点用能单位节能管理办法》、国家财政部和国家发展改革委联合印发的《高效照明产品推广财政补贴资金管理暂行办法》等均属于节能相关行政规章。

4.4.2.3 标准

标准按照性质可划分为强制性标准和推荐性标准。

标准按照层级可分为国际标准、国家标准、行业标准、地方标准、联盟标准、企业标准等。

与节能相关的标准包括：节能基础标准、节能监测标准、经济运行标准、合理用能标准、能源计量标准、能源审计标准、终端用能产品能效标准、单位产品能耗限额标准等。

4.4.2.4 其他要求

其他要求一般包括：

a) 政府部门的行政要求；

b) 行业协会的要求；

c) 节能自愿性协议；

d) 与非政府组织的协议；

e) 与顾客的合同；

f) 与供方的合同；

g) 组织对公众的承诺等。

4.4.3 能源评审

能源评审是组织策划的重要手段。初次建立能源管理体系的组织应当进行初始能源评审；已经建立能源管理体系的组织，能源评审可以与内部审核结合的方式实现。

能源评审的内容和步骤如下：

a) 在设备测试和收集数据的基础上，运用能流图、设备清单、统计模型分析等数据和工具进行用能状况分析：

   1) 能源的供给状况，包括当前的能源种类、来源、价格和质量等；

   2) 评价过去和现在的能源使用和能源消耗。

b) 基于用能状况分析，识别主要能源使用的区域：

   1) 识别对能源使用和能源消耗有重要影响的设施、设备、系统、过程和人员，并确定其现状。人员包括为组织工作的人和代表组织工作的人员。代表组织工作的人员包括服务承包商、兼职人员以及临时人员。

   2) 识别影响主要能源使用的变化因素，如市场供需状况、能源品种的变化、产品品种和产量、天气等。

   3) 确定对主要能源使用相关的设施、设备、系统、过程的能源绩效水平。

   4) 评估未来的能源使用和能源消耗，如扩产后能源需求的变化等。

c) 识别、记录改进能源绩效的机会，并进行排序。组织应开展系统的诊断分析，运用能量系统优化、能量平衡、能源网络图、能效对标、专家诊断、最佳节能实践、员工参与等工具和方法识别能源绩效改进机会，并对这些改进机会进行分析评价，根据其重要性和可实现程度进行排序。评价和排序时应当考虑下列因素：
   1) 影响能源绩效的程度；
   2) 与法律法规、政策、标准及其他要求的符合性；
   3) 施工周期、安全及环境影响、技术成熟度、系统匹配等技术可行性；
   4) 投资回收期、内部收益率、除节能外的其他收益等经济合理性；
   5) 相关方的要求等。

组织可将能源评审的过程及结果形成能源评审报告，作为组织能源管理体系策划、实施、保持和改进的依据。在设备、设施、系统、产品、工艺等发生变化时，应当根据变化过程或环节重新进行能源评审。

4.4.4 能源基准

组织通常依据一定边界条件和生产、设备正常状态下一定时期的能源消耗和能源效率水平来确定能源基准，它可以是平均值或累计值。

确定基准主要用于自身跨期比较，进而在适宜的方面确定、评价能源目标和指标，评估能源绩效。可行时，在组织用能系统、设备、产品品种、产量、产值、能源品种、用途和功能等方面确定能源基准。在确定基准时应当考虑与能源消耗、能源效率的计量、统计、分析系统相匹配，并根据能源结构、产品结构和类型、生产工艺、管理水平和手段、生产用能等方面的变化进行调整。组织在确定能源基准时应当规定统计计算准则、评审原则和时间、更新规定等。

组织应当将建立的能源基准形成文件，适时评审和更新，并通过基准确定、评价和比较能源目标和指标，评估改进的有效性，比较、分析与核算能源绩效。组织应当特别考虑相关影响因素对评价结果的影响，包括经营规模、设备规模的差异以及由于规模经济而造成的效率差异；产品特性以及生产流程的差异，原、燃料条件、负荷率等外部条件的变化；地域和气候的差异等。

4.4.5 能源绩效参数

组织应当明确影响运行控制的能源绩效参数，能源绩效参数可以是直接测量的参数（如锅炉的主蒸汽压力及温度、排烟温度和烟气含氧量），也可是模型计算获得的参数（如单位产品综合能耗、基于正平衡或反平衡法计算锅炉热效率的模型）。此类参数与监控对象（如用能设备、用能系统）的能源绩效水平密切相关，组织通过对能源绩效参数的监视和测量，可实时掌握监控对象的能源绩效水平，采取控制措施，确保能源目标和指标的实现。

为了验证能源目标和指标的实现程度，能源绩效参数的设置要包括管理层面和运行层面，管理层面的能源绩效参数通常与主要能源使用的控制有关；运行层面的能源绩效参数与设备、设施运行控制等有关。

组织可用能源绩效参数说明其运行情况，并在影响能源绩效参数的业务活动或基准变化时更换能源绩效参数。适用时，与能源基准进行比较。

能源绩效参数确定和更新的方法学应予以记录，形成文件并定期评审。

4.4.6 能源目标、能源指标与能源管理实施方案

4.4.6.1 能源目标和指标

能源目标和指标是落实能源方针的具体体现，也是评价能源绩效的依据。可行时，能源目标和指标应当是可测量的。能源指标应具体、可量化，具有相关性和实效性，并应建立在与能源方针一致的能源

目标基础上。能源目标和指标通常可包括以下三个方面：

a） 能够反映组织整体能源利用水平、能够涵盖全部生产流程的指标，如综合能耗、单位产品综合能耗等；

b） 能够反映主要工艺流程、环节的指标，如工序能耗；

c） 用能设备的能源效率等指标。

能源评审过程中的数据分析和其他信息可用来确定、改进能源目标和指标。组织建立和评审能源目标和指标时，应考虑适用的法律法规、政策、标准及其他要求；能源方针；最高管理者的承诺；主要能源使用；改进能源绩效的机会；相关方的关注点和要求；技术、财务、运行和经营条件等方面。

组织在建立能源目标和指标时应规定统计计算的方法、考核准则等。组织应在总体及各职能与层次上建立、实施和保持能源目标和指标，并根据客观情况的变化，特别是主要能源使用变更时，适时更新或调整能源目标和指标，以适应变化的要求。

4.4.6.2 能源管理实施方案

能源管理实施方案是为实现能源目标和指标，针对主要能源使用而制定的切实可行的行动和对策。能源管理实施方案分为技术方案和管理方案。

组织应根据行业及自身特点，参考行业内的最佳节能实践，制定能源管理实施方案。能源管理实施方案的控制可纳入组织的项目管理流程。

能源管理实施方案可包括项目可行性研究报告、设计方案、施工方案、技术方案和管理措施等，具体包括：

a） 明确责任部门及其职责；

b） 针对主要能源使用制定的措施和预计实现的节能效果；

c） 采用的技术方法、施工方法和实施过程中应注意的问题；

d） 确定需要的资源，包括人力、物力和财力等；

e） 实施过程的时间进度安排；

f） 实施过程和结果进行验证的方法。

组织应对方案实施过程形成记录，一般包括实施进度完成情况、节能效果实现情况等。

能源管理实施方案可以是一个文件，也可以是相关的几个文件。在方案实施过程中发现不能按照原计划进行时，应当及时对能源管理实施方案进行调整。为确保能源管理实施方案的有效性，可行时，应对方案实施过程及结果进行验证和评价。

注：组织的能源管理实施方案既可以是项目可行性研究报告，也可以是设计方案、施工方案、管理措施等的一种，还可以是以上几种的组合。

4.5 实施与运行

4.5.1 总则

组织在实施和运行过程中，应使用策划阶段产生的各项结果，可包括：

a） 能源评审结果；

b） 能源方针；

c） 能源基准、能源绩效参数；

d） 能源目标和指标；

e） 能源管理实施方案；

f） 法律法规、政策、标准及其他要求的识别和落实情况等。

4.5.2 能力、培训与意识

组织应采取以下措施来确保为组织或代表组织工作的、与主要能源使用相关的人员具有基于相应教育、培训、技能或经验的能力：

a) 从教育、培训、技能和经验等方面考察、聘用和培训为组织或代表组织工作的、与主要能源使用相关的人员，使其具备相应的能力，并保存相关记录。

b) 对主要能源使用相关的人员进行岗位专业技能培训：

1) 根据人员的不同职能、层次和岗位，进行相关内容的培训。培训内容可包括：

——节能法律法规、政策、标准及其他要求；

——能源管理体系建立、实施、运行和审核；

——能源管理体系标准及体系文件；

——能源计量、统计；

——节能技术；

——用能设备操作；

——相关方的要求等。

2) 组织可按如下程序开展能力、意识的培训：

——调查了解并确定培训需求；

——制定培训计划；

——实施专业技能培训；

——评价培训效果；

——保存教育、培训的相关记录。

c) 组织通过强化为其或代表其工作人员的节能意识来确保能源管理体系运行的有效性和适宜性。组织可采取如下措施提高员工节能意识：

1) 加强宣传教育。内容可包括：

——节能形势政策；

——能源方针、目标和指标；

——节约能源所带来的社会和经济效益等。

2) 开展节能活动。内容可包括：

——交流节能技术；

——节能知识竞赛；

——组建节能小组；

——征集合理化建议；

——评选节能先进等。

3) 完善规章制度。内容可包括：

——节能目标责任制；

——绩效考核制度；

——继续教育制度等。

4.5.3 信息交流

组织应根据其自身和相关方的需求，建立、实施并保持就能源绩效和能源管理体系的相关信息进行的内、外部交流，并明确交流方式、内容、对象和时机。

4.5.3.1 内部信息交流

组织应在组织内部各层次和职能间建立与自身规模相适应的的内部沟通。内部沟通可包括：

a） 适用的法律法规、政策、标准及其他要求；

b） 能源使用和能源消耗识别评价结果；

c） 能源目标和指标实现情况；

d） 能源绩效参数；

e） 节能技术或管理经验：

——对影响能源绩效的关键特性定期监视、测量和分析结果；

——能源管理实施方案的实施情况及效果；

——不符合及纠正预防措施；

——为其或代表其工作的人员为能源管理体系改进提出的建议和意见；

——内部审核和管理评审结果等。

信息交流可采取会议、公告栏、论坛、简报、意见箱、网络等方式。可行时，组织应当积极构建信息监控系统，实现能源数据的在线采集和实时监控。内部信息交流应是多角度的，组织应鼓励员工或代表组织工作的人员对能源绩效和能源管理体系的改进提出意见和建议。

4.5.3.2 外部信息交流

组织应确定是否就能源管理体系和能源绩效进行外部交流。如需外部交流，应确定外部交流内容，并形成文件。

外部信息交流是与外部相关方进行的信息交流，分为主动交流和被动交流。主动交流，如：组织通过节能网站、参加会议等方式与外部相关方进行信息交流；通过电子邮件、电话等方式向各级节能主管部门、行业协会、其他组织等寻求节能信息等。被动交流，如：接受并及时处理节能监察部门的节能执法监察、监测等的反馈信息；定期向各级政府部门报送组织能源消耗报表和能源利用状况报告等。

组织如决定与外部相关方就其能源管理体系运行情况进行信息交流时，应将其决定形成文件，规定交流方式并予以实施。

组织应注重收集节能技术、最佳节能实践与经验等外部信息，进而用于改进组织能源管理绩效。

4.5.4 文件

4.5.4.1 文件要求

组织应建立、实施并保持能源管理体系文件，以确保能源管理体系的有效实施和持续改进。组织应当根据实际需要编制能源管理手册、程序文件、作业文件、记录等体系文件。

a） 能源管理体系文件可包括：

1） 能源管理手册，包括形成文件的能源方针、职责权限、组织结构等；

2） GB/T 23331 标准要求的程序文件及记录；

3） 能源基准和标杆、能源目标和指标、能源管理实施方案；

4） 组织为确保能源管理过程的有效策划、运作和控制所需的作业文件；

5） 外来文件（包括法律法规、规程、规范、标准、合理用能评估报告、设备说明书以及相关方文件等）。

b） 体系文件之间相互联系、相互印证。各层次文件可以相互引用，下一层次文件的内容应是对上一层次文件内容的更为具体、详细的描述。具体情况为：

1） 能源管理手册阐述组织能源方针、目标、组织机构以及能源管理体系的要求；

2） 能源管理实施方案、程序文件作为管理手册的支持性文件，描述各部门如何开展能源管理工作以达到规定的要求；

3） 各项能源管理相关活动的具体技术要求，可在作业文件中体现。文件的详尽程度，应足以描述能源管理体系及其各部分协同运作的情况，并指示获取能源管理体系某一部分运行更详细信息的途径。组[illegible]将能源管理体系文件纳入所实施的其他体系的文件中。

能源管理体系文件的复杂程度、数量、所投入资源等，取决于体系覆盖的范围、组织的规模、消耗能源的类型及数量、能源利用过程及其相互作用的复杂程度等因素。

4.5.4.2 文件控制

组织应建立、实施并保持一个或多个程序，对文件的编制、标识、审查、批准、发放、使用、更改、作废和评审等过程作出明确规定，包括：

a） 文件发布之前应当得到批准，以确保文件是充分和适宜的；

b） 在实施过程中，必要时，应对文件进行评审，以发现需要修改或更新之处，修订的文件重新发布时应再次批准；

c） 确保文件的更改和现行修订状态得到识别，一般需要有文件控制清单或受控文件一览表；

d） 确保组织员工可获得适用文件的有效版本；

e） 确保文件字迹清晰、标识明确，易于识别和检索；

f） 确保组织所确定的策划和运行能源管理体系所需的外来文件得到识别，并对其分发进行控制；

g） 防止对过期文件的非预期使用。如需将其保留，应作出适当的标识。

4.5.5 运行控制

为实现组织的能源目标和指标，组织应策划与主要能源使用相关的运行和维护活动，使之与能源方针、能源目标、指标和能源管理实施方案一致。与主要能源使用相关的过程和活动可包括产品和过程的设计控制、设备设施的配置与控制、生产和服务提供过程的控制、能源的购入贮存、加工转换、输送分配及最终使用、余热余压利用等过程的控制。组织应在规定条件下按下列方式控制对与主要能源使用相关的运行和维护活动：

a） 建立和设置主要能源使用有效运行和维护的准则，确定运行控制方式，配备必要的具备相应能力的人员，规定测量和评价的方法，防止因缺乏以上准则而导致的能源绩效的严重偏离。运行和维护准则的确定基于多种因素，如运行人员的技能和经验、运行的复杂性等。其中，运行控制方式可选择制定并实施程序文件和作业文件、操作行为控制、人员培训等，或综合使用上述方式。

b） 根据运行准则运行和维护设施、设备、系统和过程，定期评价和完善按照运行准则实施的运行控制的有效性和效果。

c） 将运行控制准则传达给为组织或代表组织工作的人员。

组织还应考虑相关方（包括服务提供方、设备设施提供方、设备设施维护外包方等）对组织降低能源消耗、提高能源效率的影响。组织应建立必要的运行控制措施，如在程序、合同或与供方的协议中作出规定，并就其内容与合同方和供方进行必要的沟通。

4.5.6 设计

在新、改、扩建项目的设计中，针对影响能源绩效较为显著的设施、设备、系统和过程，组织应考虑能源绩效改进的机会和运行控制的需要。其中，在新产品或产品改进的设计阶段，应考虑产品结构、原材料、零部件等的选择对产品实现过程能源消耗的影响。在设计阶段中应考虑：

a） 组织所需的能源种类、需求量、质量、价格、可获得性、经济性、环境影响、运输供应便捷性、政策和经济支撑条件等因素；

b) 组织设备、系统的能源绩效参数、运行方式和运行状况、各系统和设备设施的匹配；

c) 采用节能新技术和方法，推广最佳节能实践与经验；

d) 在产品和工艺过程的设计开发中提高新能源和可再生能源的利用程度，如应用太阳能和地热能等；

e) 将改进能源管理绩效作为新的产品和过程设计的评价指[illegible]

组织在产品和过程设计阶段要进行合理用能评估，内容主要包括：是否符合国家法律、法规、产业政策、标准、节能技术政策大纲和行业节能设计规范及有关部门规定的其他内容；用能总量及用能种类是否合理；是否采用先进节能技术；是否达到国内外能耗先进水平；是否严格执行国家明令淘汰的设备、产品目录；能耗指标分析；采用的节能技术措施和预期达到的节能效果分析；经济效益分析等。

组织应将合理用能评估结果纳入相关项目相应的规范说明、设计和采购活动中并记录设计活动的结果。

4.5.7 能源服务、产品、设备和能源的采购

4.5.7.1 总则

当采购对主要能源使用有影响的服务、产品、设备和能源时，应首先评价采购需求。采购规程、招标和合同文件应包括能源消耗标准，必要时，还应分析采购的生命周期成本。适宜时，组织应将能效产品和服务作为采购行为的优先选择。

4.5.7.2 能源服务、产品和设备的采购

组织在采购对主要能源使用具有或可能具有影响的能源服务、产品和设备时，在对供应商评价过程中应考虑能源绩效的要求，并告知供应商。具体可包括：

a) 法律法规、政策、标准及其他要求；

b) 与整个用能系统的匹配程度；

c) 采购产品和设备的能效水平、运行稳定性；

d) 用能设备操作人员的能力水平；

e) 供应商自身的资质、信誉、技术实力、经验等。

4.5.7.3 能源的采购

组织应制定并实施能源采购控制程序，从而确保能源的有效利用。控制内容包括：

a) 评价和选择能源供方。对能源供方资质、生产规模、能源质量、过程的控制能力、产品价格、供方业绩、供方信誉、供方的售后服务等进行评价，确定供方的供应能力，选定符合要求和稳定的能源供方。

b) 制定各类能源产品的采购标准或规范，确保采购符合要求。

c) 按规定的能源采购标准和方法对采购的能源进行计量和验证，以确保采购能源的数量和品质。

d) 制定和执行能源输配和贮存的文件，规定并控制输配和贮存损耗。

e) 定期对采购过程进行评价，以验证其有效性，当采购的产品和设备已经或可能会对能源使用造成重要影响时，组织应对采购过程进行评价。

f) 采购标准、规范和文件发布前应评审其适宜性和充分性，并由授权人签发。

4.6 检查

4.6.1 监视、测量与分析

组织应在生产运营过程中，对体系的运行情况和决定能源绩效的关键特性进行监视、测量和评价，

及时发现问题，采取措施，进行有效控制。组织应在能源管理体系策划阶段考虑监视测量的需求。监视测量内容主要包括：

a) 能源绩效参数；

b) 能源利用过程的重要运行参数，如温度、压力、流量等；

c) 对过程的节能效果进行检验，如能源绩效是如何通过行动得到改进的。

监视和测量方式包括目测、实测、检查、巡视、关键参数记录等。分析是依据监视测量的结果，确定过程的运行状态，进而完善控制措施的过程，可包括：符合性评价、合规性评价、能源管理绩效评价、能源目标和指标的实现程度的确定、标杆比对等。

监视、测量和分析的职责应当具体细化到各职能、各层次，制定实施并保持监视、测量和评价控制程序用于开展以下工作：

a) 对生产、辅助和附属用能管理情况进行日常检查；对能源目标、指标的实现情况进行定期监测、分析与评价；按照能源管理方案中规定的时间进度安排和预期效果进行监测和评价。

b) 根据确定的评价准则，对各层次的用能状况进行分析，剔除不可控因素对其能源管理绩效的影响，并对比能源基准和标杆，评价各层次能源管理绩效。

c) 确定适当的频次对关键特性的变化情况进行监测，必要时采取纠正措施。关键特性是指影响运行控制和能源管理绩效的关键参数，包括主要能源使用和能源评审的输出、与主要能源使用相关的变量、能源绩效参数、能源管理实施方案在实现能源目标指标方面的有效性、实际与预期能源消耗的对比评价等。

组织应对监视和测量的结果进行分析，以确定体系运行效果及须纠正或改进的领域。

为了确保监视、测量结果的准确性和可重复，组织应定期对监测设备进行检定或校准，并保存相应的记录。

当检查中发现能源绩效出现重大偏差时，及时采取应对措施。

4.6.2 合规性评价

合规性评价可针对多项或单项法律法规、政策、标准或其他要求进行。组织应根据其规模、类型和复杂程度，规定适当的评价方法和频次。评价方法可包括：设备设施能效评估、文件和记录审查、能耗数据统计分析、现场检查等；评价频次取决于以往的合规性情况、所涉及具体法律法规要求等因素。组织可将合规性评价与其他评价活动（如内部审核、管理评审、能源审计等）结合进行。

4.6.3 能源管理体系的内部审核

内部审核是对能源管理体系进行定期、全面的检查方式，目的是评价能源管理体系实施和运行的符合性和有效性。它是组织自身为衡量体系文件是否符合标准要求、体系文件是否得到执行及体系运行绩效所采取的检查、分析和评价过程，是实施保持能源管理体系的重要手段。能源管理体系内部审核是相对独立的活动，为管理评审提供依据。

审核方案应覆盖能源管理体系的全部要求，应根据组织的不同区域和活动的运行状况、能源使用的重要性和以往的审核结果，安排审核频次、审核范围和时间，其内容包括：审核的目的、范围与程度、审核的职责与资源、审核程序、审核的实施、审核员的评价与选择。

每一次内审不必覆盖整个体系，审核方案需确保组织的所有职能、层次和体系要素以及整个能源管理体系都能得到定期审核。对于运行状况问题较多、重要的区域或某一管理体系标准执行较弱的部门和场所，应加大审核力度。审核可采用集中时间审核，也可结合日常检查活动进行滚动式审核。通常通过制定年度审核计划来具体实现审核方案。组织应注意保持审核活动的独立性、公正性。应由客观、公正的审核员，必要时在由组织内部或外部选择的技术专家的帮助下，实施审核。

组织可通过以下方面对能源管理体系运行绩效进行确认：

a) 通过对能源管理体系日常运行的监视、测量与评价的数据和信息进行统计分析,评价能源目标、指标的实现程度,必要时可扩大数据收集范围,辅以现场测试;
b) 重点用能设备和系统的运行效率可通过统计和现场测试的方法获得,方法可参考相关能效限定值及能效等级标准、系统经济运行标准和产品性能标准及其他技术文件;
c) 综合能耗的计算方法可参考 GB/T 2589 及相关产品能耗限额标准等;
d) 节能量的计算方法可参考 GB/T 13234 或其他技术文件。

组织应当记录内部审核的结果并将审核结果向各级管理者报告,同时将审核发现和审核结果通知相关部门和人员,以便采取必要的纠正和预防措施。

有关能源管理体系内部审核参见 GB/T 19011 中的相关条款。

4.6.4 不符合、纠正、纠正措施和预防措施

为使能源管理持续有效,组织应以系统的方法确定实际和潜在的不符合,采取纠正和预防措施。当能源管理体系的要求未规定或未实施,或未达到能源管理绩效要求时,即被视为不符合。不符合的情况可包括:

a) 未建立或未达到能源目标、指标;
b) 未规定能源管理体系的职责;
c) 未满足法律法规的要求;
d) 未对重点用能设备或系统按规定要求进行监测;
e) 未按计划维护用能设备,未达到运行效率指标;
f) 未执行管理和运行标准等。

对不符合、纠正、纠正措施及预防措施,组织应建立、实施并保持一个或多个程序,其内容包括:识别和纠正不符合,确定不符合产生的原因,评价不符合的严重程度、处置不符合采取的纠正、纠正措施和预防措施,以避免不符合的重复发生和潜在不符合的发生。

组织应评审所采取纠正措施和预防措施的有效性及适宜性,并确保评审人员能够作出正确判断。组织应保存实施纠正、纠正措施和预防措施的结果记录。

当纠正、纠正措施和预防措施涉及程序文件等的修改时,应按照文件管理的要求对涉及的相关文件进行修改。

4.6.5 记录控制

组织应建立记录的有效控制程序,对记录的标识、存放、检索、保存期限、保护和处置等进行明确的规定。记录的形式应适合组织的运作方式,可以采用纸质或电子形式进行保存,所有记录均应字迹清晰、标识明确,易于识别和检索,并具有可追溯性。

a) 能源管理体系的记录可包括:
   1) 能源使用和主要能源使用识别与评价记录;
   2) 法律法规、政策、标准及其他要求识别与合规性评价记录;
   3) 能源绩效参数、能源基准和标杆的建立、评审与更新记录;
   4) 证实能源目标和指标实现的记录;
   5) 能源管理实施方案实施过程与结果评价和变更记录;
   6) 人员专业能力需求与评价记录;
   7) 设备设施计量与监测装置的相关记录;
   8) 培训记录;
   9) 信息交流记录;
   10) 文件控制的相关记录;

11） 产品和过程设计的相关记录；
12） 设备设施的采购、维护和更新，以及重点设备设施操作人员资质鉴定的相关记录；
13） 能源采购、检验、贮存记录；
14） 能量消耗及能源指标相关报表；
15） 应急准备和响应的实施、验证记录；
16） 能源绩效参数监控记录；
17） 不符合、纠正和预防措施记录；
18） 能源管理体系内审和管理评审记录。

b） 除上述记录外，还可包括：
1） 能源审计与节能监测报告；
2） 综合能耗与节能量的分析报告；
3） 节能新技术应用效果；
4） 节能项目实施结果；
5） 能源管理绩效评价结果；
6） 能源评估与审查报告；
7） 其他记录。

4.7 管理评审

4.7.1 总则

管理评审的目的是评价能源管理体系的绩效和组织的能源绩效，作出适当调整，确保持续改进。最高管理者应按规定的时间主持管理评审，对能源管理体系的适宜性、充分性和有效性进行评判，以持续改进能源管理体系。最高管理者对管理评审过程的承诺至关重要，是管理过程的核心要素。组织可自行决定参加管理评审的人员，通常应包括管理者代表、能源管理人员、对能源消耗和能源管理体系有重要影响的关键部门负责人。

管理评审通常每12个月进行一次，一般在一次完整的内部审核后进行。管理评审过程要记录，结果要形成评审报告。管理评审可采用以下步骤进行：

a） 制定计划，明确开展管理评审的时间、目的、内容、参加人员、输入信息等要求；
b） 实施管理评审，记录评审过程；
c） 编制评审报告，内容包括：体系的适宜性、充分性和有效性的评价，改进措施等；
d） 对提出的改进措施及时实施，并进行效果验证；
e） 当发生以下重大变化时可临时追加管理评审：
1） 法律法规、政策、标准及其他要求发生变化；
2） 政府及节能主管部门的要求发生变化；
3） 组织机构、能源结构等情况发生变化。

组织应保持管理评审记录，可包括：会议议程、参会人员名单、发言稿或会议资料复印件，对管理者决定的归档材料、报告、会议纪要、跟踪制度等。

4.7.2 评审输入

评审输入是指为管理评审提供的信息，充分、准确的信息是管理评审有效实施的前提。评审输入应包括：

a） 审核的结果，包括内部审核、第二方审核、第三方审核以及国家、地方或组织开展的能源审计的结果，以评价组织能源管理体系是否有效运行；

b) 相关方(包括政府、行业、顾客等)的反馈,以分析和明确外部对组织能效方面的最新要求,为组织调整能源方针、目标和指标,确定相应的能源标杆提供依据;
c) 能源管理的承诺与绩效,包括重点用能设备和系统运行效率、综合能耗和节能量等。组织在评审时应提供各方面绩效的实际指标,以确定组织能源管理承诺和绩效实现的真实性,并与组织的预期目标、能源标杆相比较,确定改进能源管理绩效的机会;
d) 目标和指标的实现程度,包括与能源标杆的比较、能源成本的变化等,以确认能源管理体系运行的效果;
e) 纠正措施和预防措施的实施状况,以评价组织是否形成了自我改进和自我完善的运行机制,以达到保持体系有效运行和持续改进的目的;
f) 以往管理评审所确定改进措施的实施情况及有效性,以进一步评价自我约束、自我调节和自我完善运行机制的能力;
g) 能源管理体系的客观变化包括:组织产品、活动和服务的变化;对新设备、新工艺和新开发项目的能源绩效的变化;适用的法律法规和其他要求的变化;相关方的观点;节能技术的发展和科技的进步;能源及原材料的变化等;
h) 有关组织降低能耗、提高能源效率和体系改进的建议。

4.7.3 评审输出

评审输出是管理评审活动的结果,是最高管理者对组织能源管理体系作出战略性决策的重要依据。评审输出应包括:

a) 对组织能源管理体系适宜性、充分性和有效性的总体评价;
b) 决定能源管理体系和能源节约持续改进的措施,包括提高能源管理绩效、重点用能设备改造、重大节能技术引进、工艺流程改进等;
c) 能源发展战略、能源基准、能源绩效参数、能源方针、目标、指标的变更,以及支持实现能源管理方案变更的重大决策;
d) 支持管理评审输出活动的资源需求。

附 录 A
（资料性附录）
能源管理体系策划与能源评审示例

本附录以某钢铁厂冷轧连续退火机组为例，重点对如何策划能源管理体系并实施能源评审作出了示例。

A.1 能源评审输入信息

A.1.1 冷轧连退机组工艺流程

冷轧连续退火机组的工艺流程如图A.1所示。冷轧带钢原料首先由开卷机开卷，经过入口活套进入前清洗段去除带钢表面的轧制油，接着进入退火炉进行热处理，之后进入后清洗段再次进行表面清洗，而后进入涂层段进行表面涂覆，最后进入烘烤炉使冷轧带钢表面形成最终涂层，通过出口活套，最终由卷取机卷取成卷。

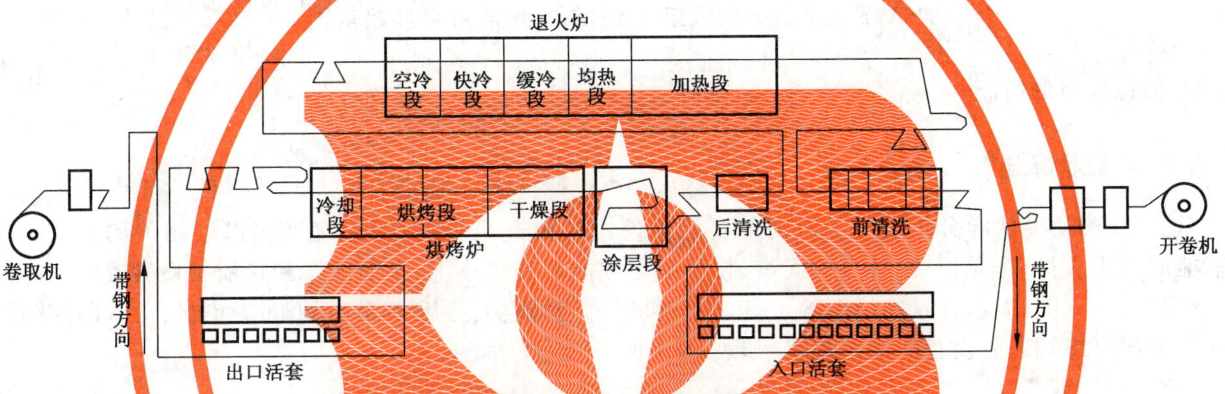

图A.1 连续退火机组工艺流程图

A.1.2 分析能源数据和识别部分主要能源使用

该连续退火机组消耗的能源及耗能工质主要有焦炉煤气、电、蒸汽、氮气、氢气、纯水、工业水等，用能比例如图A.2所示，其中电、焦炉煤气和蒸汽用能总量占机组耗能总量的97.2%，占到该机组耗能总量的绝大多数，因此该机组使用电、焦炉煤气和蒸汽的耗能设备是该连续退火机组的主要能源使用。

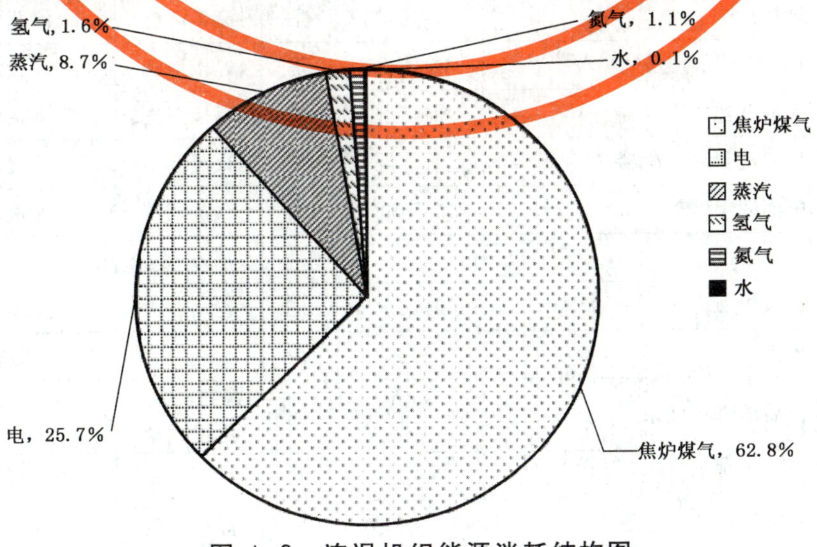

图A.2 连退机组能源消耗结构图

该机组 2009 年工序能耗如图 A.3 所示。

图 A.3　连续退火机组 2009 年工序能耗月度趋势图

A.2　能源评审的实施

A.2.1　用能状况分析

进一步的用能状况分析是为了识别主要能源使用的改进机会，由该连续退火机组相关的工艺、设备、能源技术人员、作业长、设备点检人员、技师等组成能源评审小组，按照能源和耗能工质种类，利用工艺流程图、能流图、能源计量网络图等工具，将该机组的能源消耗逐步细分到可独立控制的终端耗能设备，制定相应终端耗能设备的岗位规程（如表 A.1 所示）。

表 A.1　连续退火机组部分终端耗能设备清单

序号	能源种类	终端耗能设备	区域	是否连续使用	对应岗位	岗规名称
1	COG	退火炉	退火炉	是	连续退火	连续退火岗位规程
2		烘烤炉	烘烤炉	是	涂覆调整	涂覆调整岗位规程
3	蒸汽	1＃清洗循环槽	前清洗	是	焊接清洗	焊接清洗岗位规程
4		前清洗热风干燥器	前清洗	是	焊接清洗	焊接清洗岗位规程
5		后清洗热风干燥器	后清洗	是	涂覆调整	涂覆调整岗位规程
6		配液间 B1 槽	配液间	是	涂覆调整	涂覆调整岗位规程
7		……	……	……	……	……
8	氮气	退火炉	退火炉	是	连续退火	连续退火岗位规程
9	氢气	退火炉	退火炉	是	连续退火	连续退火岗位规程
10	工业水	前后清洗供液泵	地下循环槽	是	焊接清洗、涂覆调整	焊接清洗岗位规程 涂覆调整岗位规程
11		涂层室地面清洗	涂层室	是	涂覆调整	涂覆调整岗位规程
12		碱雾洗涤塔	3-5＃门外	是	焊接清洗	焊接清洗岗位规程
13		……	……	……	……	……

表 A.1（续）

序号	能源种类	终端耗能设备	区域	是否连续使用	对应岗位	岗规名称
14	纯水	1＃清洗循环槽	前清洗	是	焊接清洗	焊接清洗岗位规程
15		后清洗漂洗槽	后清洗	是	涂覆调整	涂覆调整岗位规程
16		配液间 B1 槽	配液间	是	涂覆调整	涂覆调整岗位规程
17		配液间 250 L 混合槽	配液间	是	涂覆调整	涂覆调整岗位规程
18		……	……	……	……	……
19	电	入口钢卷小车马达	入口段	否	焊接清洗	焊接清洗岗位规程
20		开卷机马达	入口段	是	焊接清洗	焊接清洗岗位规程
21		燃烧风机	中央段	是	连续退火	连续退火岗位规程
22		点火风机	中央段	是	连续退火	连续退火岗位规程
23		慢冷段冷却风机	中央段	是	连续退火	连续退火岗位规程
24		干燥段飘浮器风机	中央段	是	涂覆调整	涂覆调整岗位规程
25		干燥段循环气体风机	中央段	是	涂覆调整	涂覆调整岗位规程
26		烧结段循环气体风机	中央段	是	涂覆调整	涂覆调整岗位规程
27		现场照明	机组现场	否	焊接清洗、主操	焊接清洗岗位规程 主操岗位规程
28		……	……	……	……	……

在设备测试和收集数据的基础上，进行进一步的终端耗能设备用能状况分析，评价能源使用和消耗状况。本示例中采用热平衡测试的方法，对退火炉终端耗能设备，主要包括辐射管加热段和均热段进行热平衡测试，来分析退火炉的用能状况。表 A.2 和表 A.3 分别列出了加热段和均热段的热平衡测试结果。

表 A.2　加热段热平衡测试结果

序号	测试项目	%	序号	测试项目	%
1	焦炉煤气化学热	100	Q_1	带钢带走的热量	57.26
			Q_2	烟气带走物理热	21.85
			Q_3	化学不完全燃烧热损失	0.01
			Q_4	炉内气氛散失带走物理热	0.4
			Q_5	炉体散热	14.75
			Q_6	管道散热	3.39
			Q_7	其他	2.34
合计		100	合计		100

表 A.3 均热段热平衡测试结果

序号	收入项	%	序号	支出项	%
1	带钢带入的热量	94.7	Q_1	带钢带走的热量	90.3
2	电加热带入的热量	5.3	Q_2	炉体散热	4.0
			Q_3	其他	5.7
合计		100	合计		100

由表 A.2 可得出机组主要的能源绩效水平为:加热效率:57.26%,排烟热损失:21.85%。

A.2.2 识别相关变量

基于用能状况分析,要进一步识别对该连续退火机组能源消耗有重要影响的设备设施、系统、过程和人员,并确定其现状;识别其他影响该连续退火机组能源消耗的变化因素,如:市场供需状况、产量、天气等。

对该连续退火机组能源消耗有影响的因素可分为两类,一类是可以通过措施改变从而提高该连续退火机组能源绩效的因素,如控制退火炉的空气过剩系数;另一类是对该机组能源消耗有重要影响但暂时无法改变的因素,如市场供需情况、天气等。

A.2.2.1 识别不可控变量

针对对该连续退火机组能源消耗有重要影响但暂时无法改变的因素,采用头脑风暴、专家诊断等方法,确定若干个可测量的变量,作为基准值的影响因素。

本示例中,为客观、真实反映该机组能耗指标的水平,采用该机组工序能耗 2009 年度的实绩值作为机组能耗基准值。通过能源评审小组讨论分析,采用回归分析和理论计算等工具,确定了月产量、收得率、高牌号产品产量、气温作为主要影响基准值的不可控变量,并确定了这些变量每增减一个单位对单位产品能源消耗的影响值。

以某月份能耗分析为例,该机组的不可控主要影响变量为月产量、收得率等,因为这些影响变量每增减一个单位对机组工序能耗的影响已经确定,可以通过对比不可控变量当月实绩与基准值的差异,清楚、公正地反映出当月工序能耗和基准值的差异,从而得出该连续退火机组工序能源绩效的优劣,如表 A.4 所示。

表 A.4 连续退火机组工序能耗基准值月度差异分析表

影响因素	内容	水平值	变化影响		实绩分析	
			变化	影响能耗	本月实绩	影响能耗/(kgce/t)
影响因素 1	月产量	27 299.8 t	1t	−0.001%	26 770.5 t	0.53
影响因素 2	收得率	99.47%	1%	−1.000%	99.56%	−0.09
影响因素 3	高牌号产品比例	8.5%	1%	0.256%	8.3%	−0.05
影响因素 4	气温变化	18.3 ℃	1 ℃	−0.012%	20 ℃	−0.02
合计影响 C/(kgce/t)						0.37
本月工序能耗实绩 A/(kgce/t)		121.5	基准值 B/(kgce/t)		121.3	
该工序能源绩效评价		A−B−C	−0.17		本月控制良好	

A.2.2.2 识别可控变量

对于本能源评审小组识别的可以控制的影响因素，可以作为识别改进机会的主要能源使用的参考依据，同时作为制定能源管理实施方案的输入。

以下从能流和物流等角度对该机组主要相关可控变量的识别进行了示例。

A.2.2.2.1 焦炉煤气

焦炉煤气消耗量主要取决于炉温设定值的高低，即工艺所要求的温度。可以通过退火工艺的调整优化，实现节约焦炉煤气的目的。

该机组涂层种类繁多，每种涂层烘烤工艺不同，在涂层切换时要通入过渡卷进行炉温过渡。如果能够优化涂层烘烤工艺，在涂层切换时不通入过渡卷直接进行过渡，则可提高煤气的利用效率。

退火炉和烘烤炉的空气过剩系数也对煤气消耗有一定影响。可以通过合理设定空气过剩系数来减少焦炉煤气消耗。

A.2.2.2.2 余热

该机组使用焦炉煤气作为燃料。燃烧后烟气进入烟气总管时温度为 450 ℃～650 ℃，为了减小高温烟气对烟囱的冲刷破坏，在进入废气风机前需采用冷风稀释降低烟气温度，将最终排烟温度控制在 400 ℃左右。

排烟系统工艺流程如图 A.4。退火炉加热段 7 个加热区分成两部分进行排烟，设置了 2 个排烟风机。烟气在进入排烟风机前设置了冷风稀释保护。

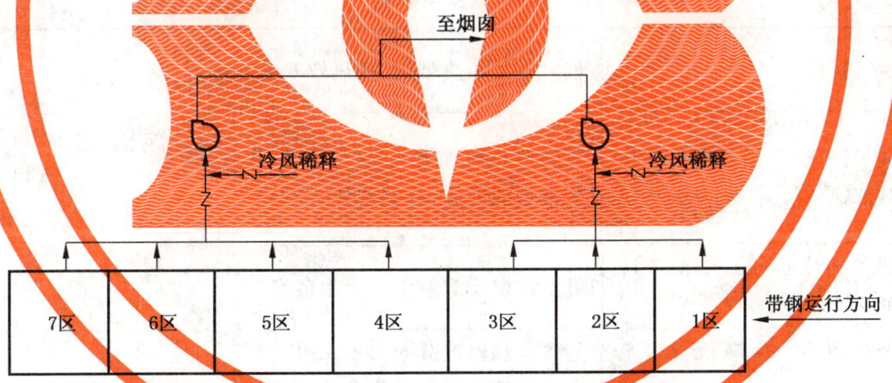

图 A.4 连退加热炉排烟流程图

机组排烟温度高达 450 ℃～650 ℃，这部分烟气显热较高，根据表 A.2 热平衡测试的结果，烟气带走的余热在能量平衡表中占 22%。如将此部分烟气余热回收利用，降低烟气排放温度，可节约能源，降低机组运行费用。

A.2.2.2.3 电耗

电耗是机组能耗的主要组成部分，占总能耗 26%，主要被各类中小型电机所消耗，具有潜在的节能空间。

A.2.2.2.4 纯水

该机组纯水主要用于前后清洗及配液等。当带钢从退火炉出来进入到后清洗槽进行清洗的同时，通过清洗槽中的冷却水将带钢冷却，然后再在其表面进行涂层。根据工艺要求规定，后清洗槽内的冷却水水温需要控制在 10 ℃～25 ℃。

后清洗漂洗槽使用的冷却水为纯水，纯水来水温度在夏季时约为 35 ℃，现场采用冷冻水经板式换热器冷却后送至清洗槽内冷却带钢，后清洗槽内的冷却水温度在夏季只能控制在 27.5 ℃左右，高于 10 ℃～25 ℃ 的工艺要求。另外，系统在设计时没有带自循环的冷却系统，为了降低板温，带钢的热量只能靠不断补充大量的纯水通过溢流排放的方式带走，这样就造成纯水的大量消耗，该连续退火机组年消耗纯水约 19 200 t。

如果在后清洗漂洗槽循环系统新增一套冷却循环系统，采用外循环的方式将清洗漂洗槽内的水进行冷却，冷却后重新打回工作槽，可以减少大量的纯水消耗。按照后清洗漂洗槽纯水每天使用 60 t 计算，新增冷却系统投入后减少纯水消耗一半，即每天可以节约纯水约 30 t。

A.2.2.2.5 收得率

收得率对于机组能耗影响较大，因此生产和设备管理部门对生产过程进行优化，通过提高产品的收得率来降低单位产品的能耗。

A.2.3 识别改进机会

以烟气余热回收利用和电机改造为例，阐述管理方案的筛选过程。

A.2.3.1 连退加热炉烟气余热利用

目前连退机组常用的烟气余热回收有 6 种途径，各途径的优缺点比较如表 A.5 所示。

表 A.5 连续退火炉烟气余热 6 种利用方案的比较

序号	方案	优点	缺点
1	使用烟气直接预热带钢	烟气直接加热带钢、换热效率高	不利于带钢表面清洁，新机组基本不采用
2	设置气/气换热器加热保护气体来预热带钢	可回收烟气余热的 20%左右用于带钢的升温，直接有效	适合新建机组，旧机组改造若使用该方案需增加预热段，需有相应的场地，投资也较高
3	使用烟气加热空气用于前清洗后的带钢干燥	可节约前清洗带钢干燥用蒸汽	—
4	使用余热锅炉产生蒸汽并入蒸汽管网	能将排烟温度降至 200 ℃以下，最大程度的回收烟气余热	—
5	使用气/水换热器获得 140 ℃左右的过热水用于带钢的前清洗及干燥	可节约前清洗和干燥用蒸汽	—
6	使用气/水换热器获得 60 ℃～80 ℃左右的热水用于带钢的前清洗	可节约前清洗部分蒸汽	—

通过以上余热回收方式的比较分析，方案 3、4、5、6 比较适合。这 4 种方案都是将烟气的余热通过换热器回收用于前清洗段，减少前清洗的蒸汽使用。经过分析，方案 4 回收的余热品质最高，因此决定采用该方案回收该机组的余热。

A.2.3.2 电机改造

以一台 18.5 kW 四极电机为例，国内目前应用广泛的 Y 系列电机效率值为 90%（国家能效 3 级），高效电机效率值为92.2%(国家能效2级),超高效电机效率值为93.3%(国家能效1级)。按照电机85%平均负荷率、年运行时间6 000 h来进行计算,电机改造的效益对比如表A.6所示。

表A.6 连续退火机组电机改造节电效益分析表

能效	效率值/%	估计价格/元	年耗电/(kW·h)	年节电量/(kW·h)	年节电效益/元	投资回报期(新品)/年	投资回报期(半价利旧)/年	投资回报期(考虑补贴)/年
普通电机	90	3 300	104 833	0	0	0	0	0
高效电机	92.2	4 300	102 331	2 502	1 251	3.44	2.12	1.6
超高效电机	93.3	6 600	101 125	3 708	1 854	3.56	2.67	2.27

可以看出,对于负荷率高和年运行时间长的电机而言,更换为高效或者超高效电机,投资回报时间均可在3年以下。如能将旧电机对外销售,由专业的公司进行高效改造处置,并且充分利用国家和地方政府对于节能减排的补贴政策,则投资回收期还可以进一步缩短。初步调查,该机组具有较大节能潜力的电机如表A.7所示。

表A.7 连续退火机组具有节电潜力的电机

安装部位(用途名称)	型号	数量	容量/kW	节能量/(kW·h)
风机	Y3-280S-2	1	75	10 583
	Y3-160M-2	2	11	6 635
	YTSP225M-4	2	45	16 524
	YTSP225S-4	1	37	7 448
	YTSP200L-4	10	30	68 294
	YTSP225M-4	1	45	8 262
	YTSP180L-4	1	22	5 636
	YTSP160L-4	8	15	35 399
	YPT160L-4	5	15	22 125
	QABP250 M4A	7	55	61 007
合计		38	1 171	241 913

A.3 能源评审输出结果

A.3.1 能源绩效参数和基准以及能源指标

如前所述,该连续退火炉机组能源评审小组确定了该机组的工序能耗、纯水单耗、电力单耗、蒸汽单耗、空气过剩系数、退火炉加热效率、排烟热损失等作为能源绩效参数,并对该机组的工序能耗这个绩效参数建立了基准值。

在日常的能源管理过程中,主管部门也确定了该机组的能源目标、指标,即工序能耗的年度目标、指标。

A.3.2 能源管理实施方案

为了实现该工序的目标指标，制定了相应的能源管理实施方案，如表 A.8 所示。

表 A.8 能源管理实施方案

序号	主要能源使用/改进机会	措施方法	时间进度	实施效果预计
1	后清洗设备 改进机会：无冷却系统导致纯水浪费	机组后清洗漂洗槽改善	2010.1～2010.11	年可节约纯水 9 600 t
2	退火炉 改进机会：烟气余热未回收	回收机组烟气余热产生蒸汽	2010.6～2011.5	—
3	电机 改进机会：未采用高效电机	机组高效电机节能改造	2011～2012	—
4	退火炉 改进机会：工艺设置不够合理，焦炉煤气消耗高	● 优化工艺参数，降低机组煤气单耗； ● 六西格玛项目：加强管理降低机组煤气吨钢能耗	2010.5～2010.12 2011.5～2012.5	● 部分牌号退火炉炉温降低 40 ℃； ● 退火炉和烘烤炉燃烧系数从 1.15 降至 1.05

ICS 07.060
A 47

中华人民共和国国家标准

GB/T 29457—2012

高温热浪等级

Grade of the heat wave

2012-12-31 发布　　　　2013-05-01 实施

中华人民共和国国家质量监督检验检疫总局
中国国家标准化管理委员会　发布

前　言

本标准按照 GB/T 1.1—2009 给出的规则起草。

本标准由中国气象局提出。

本标准由全国气象防灾减灾标准化技术委员会(SAC/TC 345)归口。

本标准起草单位:国家气象中心、中国气象局公共气象服务中心。

本标准主要起草人:黄卓、赵琳娜、陈辉、田华、吴昊。

高温热浪等级

1 范围

本标准规定了高温热浪的定义、指标计算方法及等级划分。

本标准适用于开展高温热浪监测、评估、预报、预警及相关研究。

2 术语和定义

下列术语和定义适用于本文件。

2.1

高温热浪 heat wave

通常情况下气温高、湿度大且持续时间较长，使人体感觉不舒适，并可能威胁公众健康和生命安全、增加能源消耗、影响社会生产活动的天气过程。

2.2

高温热浪指数 heat wave index

HI

表征高温热浪程度的指标。

2.3

炎热指数 torridity index

TI

衡量气温和相对湿度对人体健康影响程度的指标。

2.4

炎热临界值 critical value of torridity

判断是否达到炎热天气的界定值。

3 等级划分

高温热浪等级分为3级，分别为轻度热浪（Ⅲ级）、中度热浪（Ⅱ级）和重度热浪（Ⅰ级），见表1。

表1 高温热浪等级划分及说明用语

等级	指标	说明用语
轻度热浪（Ⅲ级）	2.8≤HI<6.5	轻度（闷）热的天气过程，对公众健康和社会生产活动造成一定的影响
中度热浪（Ⅱ级）	6.5≤HI<10.5	中度（闷）热的天气过程，对公众健康和社会生产活动造成较为严重的影响
重度热浪（Ⅰ级）	HI≥10.5	极度（闷）热的天气过程，对公众健康和社会生产活动造成严重不利的影响

4 指标计算

4.1 高温热浪指数

高温热浪指数（HI）的计算公式如下：

$$HI = 1.2 \times (TI - TI') + 0.35 \sum_{i=1}^{N-1} 1/nd_i (TI_i - TI') + 0.15 \sum_{i=1}^{N-1} 1/nd_i + 1 \quad \cdots\cdots\cdots\cdots (1)$$

式中：

TI ——当日的炎热指数；

TI′——炎热临界值；

TI_i ——当日之前第 i 日的炎热指数；

nd_i ——当日之前第 i 日距当日的日数；

N ——炎热天气过程的持续时间，单位为天(d)。

4.2 炎热指数

炎热指数(TI)计算公式如下：

$$TI = 1.8 \times T_{max} - 0.55 \times (1.8 \times T_{max} - 26) \times (1 - 0.6) + 32 \quad 当 RH \leqslant 60\% 时 \quad \cdots (2)$$

$$TI = 1.8 \times T_{max} - 0.55 \times (1.8 \times T_{max} - 26) \times (1 - RH) + 32 \quad 当 RH > 60\% 时 \quad \cdots (3)$$

式中：

T_{max}——日最高气温，单位为摄氏度(℃)；

RH——日平均相对湿度，%。

4.3 炎热临界值

采用分位数的方法来计算各地炎热临界值。利用 1981 年～2010 年中每年 5 月～9 月逐日地面观测气象资料，计算其中日最高气温大于 33 ℃样本的炎热指数，并将该炎热指数序列作升序排列，选取第 50 分位数作为当地的炎热临界值。分位数的计算方法参见附录 A。

附 录 A
（资料性附录）
分位数的计算方法

A.1 分位数计算采用下面的经验公式：

$$\hat{Q}_i(p)=(1-\gamma)X_{(j)}+\gamma X_{(j+1)} \qquad \text{(A.1)}$$

$$j=\mathrm{int}(p\times n+(1+p)/3) \qquad \text{(A.2)}$$

$$\gamma=p\times n+(1+p)/3-j \qquad \text{(A.3)}$$

式中：

$\hat{Q}_i(p)$——第 i 个分位值；

X——升序排列后的炎热指数样本序列；

p——分位数(这里取 0.50)；

n——序列总数；

j——第 j 个序列数。

参 考 文 献

［1］ Hyndman, R. J. , Fan, Y. , Sample quantiles in statistical packages. The American Statistician, 1996,50:361-365.

［2］ Tom EC, Bosen, J. R. The discomfort index. Weatherwise, 1959, 12:59-60.

［3］ Huynen, M. P. Martens, D. Schram et al. , The impact of heat waves and cold spells on mortality rates in the dutch population, Environmental Health Perspectives, 2001, 109(5):463-470.

［4］ 谢静芳,秦元明.气象环境与舒适度及健康.北京:气象出版社,2004:142-146.

［5］ 谈建国,黄家鑫.热浪对人体健康的影响及其研究方法.气候与环境研究,2004,9(4):680-686.

［6］ 陈正洪,王祖承,等.城市暑热危险度统计预报模型.气象科技,2002,30(2):98-104.

［7］ 张德山,邓长菊,等.北京地区中暑气象指数预报与服务.气象科技,2005,33(6):574-576.

［8］ 焦艾彩,朱定真,等.南京地区中暑天气条件指数研究预报.气象科学,2001,21(2):246-252.

ICS 31.120
Y 56

中华人民共和国国家标准

GB/T 29458—2012

体育场馆LED显示屏使用要求及检验方法

Requirements and test methods for LED screen in sports venues

2012-12-31 发布　　2013-05-01 实施

中华人民共和国国家质量监督检验检疫总局
中国国家标准化管理委员会　发布

前　言

本标准按照 GB/T 1.1—2009 给出的规则起草。

本标准主要参考了国际游泳运动联合会、国际田径运动联合会和国际篮球运动联合会等国际单项运动组织的竞赛规则、相关技术文件对显示屏的要求。

本标准由国家体育总局提出。

本标准由全国体育标准化技术委员会设施设备分技术委员会(SAC/TC 456/SC 1)归口。

本标准起草单位:国家体育总局体育设施建设和标准办公室、国家体育总局体育信息中心、中国计量科学研究院、利亚德光电股份有限公司、北京华安联合认证检测中心、四川科维实业有限责任公司、上海三思科技发展有限公司、深圳市洲明科技股份有限公司、深圳市锐拓显示技术有限公司、北京华体联合科技有限公司。

本标准主要起草人:梁铭林、刘慧、谭连起、朱保华、刘海鹏、曹型勇、王化锋、林铭锋、石耀忠、徐永清、王燕京。

体育场馆 LED 显示屏使用要求及检验方法

1 范围

本标准规定了体育场馆用 LED 显示屏的分类、要求、检验方法及合格判定规则。

本标准适用于固定安装在体育场、综合体育馆和游泳跳水馆的 LED 显示屏。其他类型场馆的显示屏可参考使用。

本标准不适用于移动式计时记分系统的专用显示屏和场馆内引导方向的显示屏。

2 规范性引用文件

下列文件对于本文件的应用是必不可少的。凡是注日期的引用文件，仅注日期的版本适用于本文件。凡是不注日期的引用文件，其最新版本（包括所有的修改单）适用于本文件。

GB 4208 外壳防护等级

GB/T 19954.1 电磁兼容产品类标准 用于专业用途的音频、视频、音视频和娱乐场所灯光控制设备 第1部分 发射

GB/T 19954.2 电磁兼容产品类标准 用于专业用途的音频、视频、音视频和娱乐场所灯光控制设备 第2部分 抗扰度

GB/T 20147—2006 CIE 标准色度观测者

SJ/T 11141—2003 LED 显示屏通用规范

3 术语、定义和缩略语

3.1 术语和定义

SJ/T 11141—2003 界定的以及下列术语和定义适用于本文件。

3.1.1

LED 显示屏 LED screen

通过一定的控制方式，由 LED 器件阵列组成的显示屏幕。

[SJ/T 11141—2003，定义 3.2]

3.1.2

像素 pixel

LED 显示屏的最小成像单元。

[SJ/T 11141—2003，定义 3.7]

3.1.3

像素中心距 pixel pitch

相邻像素中心之间的距离。

3.1.4

像素中心距精度 precision of pixel pitch

LED 显示屏像素中心距实测值与标称值差的绝对值与标称值之比。

注：改写 SJ/T 11141—2003，定义 3.8。

3.1.5

LED 显示屏尺寸 size of LED screen

LED 显示屏上能有效显示信息的区域。

3.1.6

平整度 level up degree

发光二极管、像素、显示模块、显示模组在组成 LED 显示屏平面时的凹凸偏差。

[SJ/T 11141—2003,定义 3.11]

3.1.7

像素失控率 ratio of out-of-control pixel

像素的发光状态与控制要求的显示状态不相符的 LED 像素占总像素的比率。

3.1.8

亮度 luminance

LED 显示屏单位面积上的发光强度,单位为 cd/m^2。

注:改写 SJ/T 11141—2003,定义 3.5。

3.1.9

对比度 contrast

在规定的照明环境下,LED 显示屏正常工作时的平均亮度与 LED 显示屏背景亮度之比。

3.1.10

换帧频率 refresh frame frequency

LED 显示屏画面信息更新的频率。

[SJ/T 11141—2003,定义 3.17]

3.1.11

刷新频率 refresh ratio

LED 显示屏显示数据每秒钟被重复显示的次数。

[SJ/T 11141—2003,定义 3.18]

3.1.12

视角 viewing angle

观察方向的亮度下降到 LED 显示屏法线方向亮度的二分之一时,同一平面两个观察方向与法线方向所成的夹角。分为水平视角和垂直视角。

[SJ/T 11141—2003,定义 3.13]

3.1.13

最大视距 maximum viewing distance

在正常使用条件下,可以看清 LED 显示屏字符的最大距离,以字符高度与视距系数的乘积表示。

3.1.14

字符 character

汉语拼音字母、英文字母和阿拉伯数字等。

注:一个汉字占用两个字符宽度。

3.1.15

滚动计时 running time

田径、游泳等计时比赛项目中的实时计时显示。

3.1.16

滚动显示 rolling display

LED 显示屏显示文字内容时,从一侧向另一侧不断移动显示内容,一侧的内容逐行或逐列消失,另一侧逐行或逐列产生新的内容，直至全部内容显示完为止。

3.1.17

翻页显示　turn over display

LED 显示屏显示文字内容时，以整屏或部分内容为单位不断进行更新，直至全部内容显示完为止。

3.1.18

手工切换　manual switch

通过手工操作转换 LED 显示屏显示的内容。

3.1.19

自动切换　automatic switch

通过程序控制转换 LED 显示屏显示的内容。

3.2　缩略语

LED light emitting diode 发光二极管。

4　分类

4.1　按照使用环境，LED 显示屏划分为室内显示屏和室外显示屏。

4.2　按照像素的构成，LED 显示屏可以分为单色显示屏、双色显示屏和三基色（全彩色）显示屏。

4.3　按照使用功能，LED 显示屏可分为图文信息显示屏和视频显示屏。

4.4　按照安装结构，LED 显示屏可分为平面显示屏、斗型显示屏和环型显示屏。

5　要求

5.1　安装位置

5.1.1　体育场中显示屏应安装在场地长轴的两端。当仅安装一块屏时，则应安装在体育场的南侧。

5.1.2　游泳跳水馆中显示屏应安装在比赛终点池边对面的一侧，独立跳水馆中显示屏应安装在跳台对面的一侧。

5.1.3　综合体育馆中显示屏应安装在场地长轴的两端，如采用斗型结构，应安装在场地中心上空。

5.1.4　宜使场馆内固定坐席 95% 以上的观众能清晰看到屏幕显示的内容。

5.1.5　宜使比赛现场的运动员、教练员和裁判员都能够方便、清晰地看见屏幕显示的内容（比赛运动项目有特殊要求时除外）。

5.2　平面显示屏显示字符数量

5.2.1　综合体育馆

5.2.1.1　打分和评分为主的运动项目，LED 显示屏应至少能够显示 16 点阵汉字 12 行，行间距宜不小于字符高度的 1/10，每行应至少能够显示 30 个汉字。

5.2.1.2　球类运动项目用 LED 显示屏应至少能够显示 16 点阵汉字 12 行，行间距宜不小于字符高度的 1/10，每行应至少能够显示 36 个汉字。

5.2.2　体育场

LED 显示屏应至少能够显示 16 点阵汉字 13 行，行间距宜不小于字符高度的 1/10，每行应至少能够显示 26 个汉字。

5.2.3 游泳跳水馆

游泳跳水馆 LED 显示屏应至少能够显示 16 点阵汉字 14 行，行间距宜不小于字符高度的 1/10，每行应至少能够显示 26 个汉字。

5.3 最大视距和字符高度

5.3.1 根据字符高度，用式(1)计算最大视距。

$$H=k \cdot d \tag{1}$$

式中：

H ——最大视距，单位为米(m)；

k ——视距系数，一般取 345；

d ——字符高度，单位为米(m)。

5.3.2 用于建筑结构独立的游泳馆和跳水馆的 LED 显示屏，最小字符高度为 0.2 m，用于建筑结构一体的游泳跳水馆的 LED 显示屏，最小字符高度为 0.28 m。

注：高级别赛事使用的显示屏，可参考相关国际单项运动联合会最新竞赛规则的要求。

5.4 显示控制

5.4.1 显示控制系统应能实现以下功能：

a) 显示比赛时间和标准时钟；

b) 实时显示比赛的滚动计时；

c) 滚动显示比赛成绩；

d) 翻页显示比赛成绩；

e) 显示的文字内容可以自动、手动切换；

f) 视频显示屏，其文字、图片、动画和现场直播图像之间应能进行自动、手动切换；

g) 每个字符均应具有闪烁功能。

5.4.2 显示控制系统应配备网络接口、数据接口和视频接口。

5.5 光学性能

5.5.1 视角

LED 显示屏的水平视角应不小于±50°，垂直上视角应不小于 10°，垂直下视角应不小于 20°。

5.5.2 白场色品坐标

三基色(全彩色)显示屏在色温 5 000 K～9 500 K 范围内标定色温点的白场色品坐标，对照 GB/T 20147—2006表 1 的色品坐标值，允差为 $|\Delta x| \leqslant 0.01$，$|\Delta y| \leqslant 0.01$。通常以 D65(6 500 K，$x=0.313$，$y=0.329$)作为默认色温点。

5.5.3 亮度

LED 显示屏的亮度应符合表 1 的规定，并可以调节。

注：三基色(全彩色)屏的亮度是达到白平衡(色温 6 500 K)时的亮度。

表 1 LED 显示屏的亮度

单位为坎德拉每平方米

使用环境	LED 显示屏种类		
	三基色(全彩色)	双色	单色
室外	≥5 000	≥4 000	≥1 500
室内	≥1 200	≥600	≥120

5.5.4 亮度均匀性

LED 显示屏的亮度应均匀,不均匀性应小于 10%。

5.5.5 对比度

在背景照度为 10 lx～30 lx 时,全彩色 LED 显示屏的对比度应能达到 1 000：1。

5.6 电学性能

5.6.1 换帧频率

LED 显示屏的换帧频率应不小于 60 帧/s。

5.6.2 刷新频率

5.6.2.1 图文 LED 显示屏应不小于 120 Hz。

5.6.2.2 室内全彩色视频 LED 显示屏应不小于 240 Hz。

5.6.2.3 室外全彩色视频 LED 显示屏应不小于 480 Hz。

5.6.3 像素失控率

5.6.3.1 室内 LED 显示屏像素失控率应不大于 0.3‰。

5.6.3.2 室外 LED 显示屏像素失控率应不大于 2‰。

5.6.3.3 像素失控率应为离散分布。

5.6.4 灰度等级

LED 显示屏每种基色应具有 256 级(8 bit)的灰度处理能力。

5.7 外观与结构

LED 显示屏外观、外壳防护等级、像素中心距精度及平整度应分别符合 SJ/T 11141—2003 中5.3.2～5.3.5 的要求。

5.8 可靠性

LED 显示屏的可靠性应符合 SJ/T 11141—2003 中 5.10 的要求。

5.9 环境适应性

LED 显示屏的环境适应性应符合 SJ/T 11141—2003 中 5.9 的要求。

5.10 电磁兼容性

5.10.1 LED 显示屏显示单元的发射限值应符合 GB/T 19954.1 的要求。

5.10.2 LED显示屏显示单元的抗扰度应符合GB/T 19954.2的要求。

注：被测显示单元的电磁环境按照LED显示屏最终的使用环境选择。

5.11 安全性

5.11.1 LED显示屏的安全要求应符合SJ/T 11141—2003中5.4的规定。

5.11.2 LED显示屏应单独供电，供电电源应符合SJ/T 11141—2003中5.8的要求。

5.11.3 LED显示屏含有聚合物材料的器件(LED模组外壳、LED模组填充胶、PCB板和电源线护套等)应为阻燃材料。

5.11.4 LED显示屏应有烟感、防雷、火灾自动报警和自动关屏功能。配电柜应具有过载保护功能、漏电保护功能和分步上电功能。

5.12 防腐措施

处于潮湿环境(如游泳馆、沿海地区)中的LED显示屏应采取防腐蚀措施。

5.13 显示软件

LED显示屏应配有适合体育比赛的显示软件。

6 检验方法

6.1 总则

6.1.1 检测方式

体育场馆LED显示屏的检测以现场检测为主，当某些指标现场检测操作难度大或无法实现现场检测时，可采取实验室模块检测(该模块应与现场安装显示屏的模块为同一批次产品)。现场检测项目见表2，实验室检测项目见表3。

表2 现场检测项目

项目名称	对应要求的条款编号	对应检测方法的条款编号	备注
安装位置	5.1	6.2.1	
显示字符数量	5.2	6.2.2	
最大视距和字符高度	5.3	6.2.3	
显示控制	5.4	6.2.4	
白场色品坐标	5.5.2	6.2.5.4	
亮度	5.5.3	6.2.5.2	
亮度均匀性	5.5.4	6.2.5.5	
对比度	5.5.5	6.2.5.3	
像素失控率	5.6.3	6.2.6.3	
外观	5.7	6.2.7.1	
平整度	5.7	6.2.7.4	
安全性	5.11	6.2.11	
防腐措施	5.12	6.2.12	
显示软件	5.13	6.2.13	

表 3　实验室检测项目

项目名称	对应要求的条款号	对应检测方法的条款号	备注
视角	5.5.1	6.2.5.1	
换帧频率	5.6.1	6.2.6.1	
刷新频率	5.6.2	6.2.6.2	
灰度等级	5.6.4	6.2.6.4	
外壳防护等级	5.7	6.2.7.2	
像素中心距精度	5.7	6.2.7.3	
可靠性	5.8	6.2.8	
环境适应性	5.9	6.2.9	
电磁兼容性	5.10	6.2.10	

6.1.2　检测环境要求

6.1.2.1　实验室检验环境温度 23 ℃±5 ℃，相对湿度 25%～80%。

6.1.2.2　光学性能测试的环境照度应在 10 lx～ 30 lx，且没有明显有色光源的条件下进行。

6.1.2.3　现场检验时为现场的实际温度和湿度。

6.2　检测方法

6.2.1　安装位置

6.2.1.1　根据 LED 显示屏与观众席的视角与视距，计算出观众席上能清晰看到屏幕显示内容的席位与观众席总席位之比。

6.2.1.2　根据 LED 显示屏的视角，在比赛场中现场观察能否清晰看到屏幕显示内容。

6.2.2　显示字符数量

6.2.2.1　体育馆

a)　整屏显示字符；

b)　整屏显示汉字；

c)　第一列显示字符，其他列完全显示汉字。

目测并现场照相，以照片作为检验记录，结果应满足 5.2 的相应要求。

6.2.2.2　体育场、游泳跳水馆

a)　整屏显示字符；

b)　整屏显示汉字；

c)　第一列显示字符，其他列完全显示汉字；

d)　LED 显示屏显示整屏字符，每个字符逐一进行闪烁。

目测并现场照相，以照片作为检验记录，结果应满足 5.2 的相应要求。

6.2.3　最大视距和字符高度

6.2.3.1　根据 5.2 的要求及被测场馆 LED 显示屏的显示高度计算出字符高度，按照式(1)计算最大视

距，应满足场馆实际的视距要求，同时字符的分辨率应大于或等于 16×16 点阵。

6.2.3.2 根据 LED 显示屏的像素中心距换算出游泳馆、跳水馆或游泳跳水馆 LED 显示屏的字符高度，结果应满足 5.3.2 的要求。

6.2.4 显示控制

6.2.4.1 使用计算机模拟产生滚动计时，通过接口发送给 LED 显示屏，目测并记录显示结果。

6.2.4.2 LED 显示屏滚动、翻页显示文字，目测并记录显示结果。

6.2.4.3 显示的文字内容可以自动、手动切换，目测并记录。

6.2.4.4 对于有图文和视频显示功能的 LED 显示屏，在文字、图片、动画和现场直播图像之间相互自动、手动切换，目测并记录显示结果。

6.2.4.5 用计算机分别通过以太网或数据接口与 LED 显示屏连接，查看 LED 显示屏是否能接收数据并记录。使用标准的视频信号发生器输出信号给 LED 显示屏，查看 LED 显示屏是否能接收数据并记录。

6.2.5 光学性能

6.2.5.1 视角

在 LED 显示屏上任选一处作为测试点，使亮度计光轴与 LED 显示屏屏面法线重合，即二者夹角为零，测出此时的亮度作为最大亮度；然后逐渐改变亮度计光轴与屏面法线之间的夹角，当亮度减小到最大亮度的一半时，此时的夹角即视为视角。实际测试时，也可用一块与屏面同质的模块，依上述方法在实验室中测试。

6.2.5.2 亮度

用亮度计，在距 LED 显示屏对角线长度 4 倍～10 倍距离范围内的最大亮度值处进行测试，测试时亮度计光轴与 LED 显示屏屏面法线的夹角应小于 10°。将 LED 显示屏划分成相等大小的 9 个区域，测量每个区域（不少于 16 个像素）的亮度值（为屏的亮度值扣除黑屏亮度值），再求出 9 个区域的平均亮度作为 LED 显示屏的亮度。

6.2.5.3 对比度

按照 6.2.5.2 的测试方法，分别测出 LED 显示屏正常工作时 9 个区域的平均亮度 $L_{亮}$，再测出黑屏时的亮度平均值 $L_{黑}$，按式(2)计算对比度值。

$$C=\frac{L_{亮}-L_{黑}}{L_{黑}} \qquad \cdots\cdots(2)$$

式中：

C ——对比度；

$L_{亮}$ ——LED 显示屏正常工作时的最大亮度平均值，单位为坎德拉每平方米（cd/m^2）；

$L_{黑}$ ——LED 显示屏黑屏时的亮度平均值，单位为坎德拉每平方米（cd/m^2）。

测试时应记录环境照明条件和 LED 屏关闭后屏其表面的垂直照度值。

6.2.5.4 白场色品坐标

采用波长示值误差的绝对值小于 0.5 nm 的分光测色仪器（如光谱辐射计、彩色亮度计等）进行测量。将 LED 显示屏调至白平衡。按照 6.2.5.2 的测试方法，分别测出 9 个区域中心的色品坐标值并计算平均值。

6.2.5.5 亮度均匀性

按照6.2.5.2的测试方法，找出9个亮度值中的最大值、最小值并求出9个亮度值的平均值，按式(3)计算亮度的不均匀性，应满足5.5.4的要求。

$$L_j = \max\left(\frac{|L_{min} - L_{ave}|}{L_{ave}}, \frac{|L_{max} - L_{ave}|}{L_{ave}}\right) \times 100\% \quad \cdots\cdots (3)$$

式中：

L_j ——亮度不均匀性；

L_{min} ——亮度最小值，单位为坎德拉每平方米(cd/m^2)；

L_{max} ——亮度最大值，单位为坎德拉每平方米(cd/m^2)；

L_{ave} ——亮度平均值，单位为坎德拉每平方米(cd/m^2)。

6.2.6 电学性能

6.2.6.1 换帧频率

LED显示屏的换帧频率应按照下列方法进行检测：

a) 用计算机播放帧频测试动态视频(帧频不小于60帧/s)，并显示四个区域A_1、A_2、A_3和A_4。第一帧画面在区域A_1内显示一个“1”；第二帧画面在区域A_2内显示一个“2”；第三帧画面在区域A_3内显示一个“3”；第四帧画面在区域A_4内显示一个“4”。以上四画面为一组，从第五帧开始按此规律循环显示，观察LED显示屏上的显示内容：

1) 若四个区域均有完整图形，则LED显示屏的换帧频率F_H就等于计算机帧频F_F，即$F_H = F_F$；

2) 若只在区域A_1和A_3或只在区域A_2和A_4有完整图形，则LED显示屏的换帧频率F_H等于计算机帧频F_F的一半，即$F_H = F_F/2$；

3) 若只在任意一个区域有完整图形，则LED显示屏的换帧频率F_H等于计算机帧频F_F的四分之一，即$F_H = F_F/4$；

4) 若显示屏在四个区域中都有图形，但图形不完整(被抽行或抽列)，则LED显示屏的换帧频率F_H就等于计算机帧频F_F的一半，即$F_H = F_F/2$；

b) 用示波器测出计算机帧频F_F，根据上面测试结果计算出LED显示屏的换帧频率F_H。

6.2.6.2 刷新频率

LED显示屏亮度置最高级，灰度级置为变换的1级。控制双基色LED显示屏分别显示双基色或全彩色LED显示屏分别显示红、绿、蓝三基色，选用以下方法之一进行检测和计算：

a) 使用光电转换器，观察任一像素任一颜色的亮度变化波形，测出各基色亮度变化波形的周期T，找出其中最大值T_{max}，则LED显示屏的刷新频率$F_C = 1/T_{max}$；

b) 用示波器观察任一像素任一种颜色的LED的驱动电流波形，并测出各基色驱动电流波形的周期T，找出其中最大值T_{max}，则刷新频率$F_C = 1/T_{max}$；

6.2.6.3 像素失控率

在显示白场及各基色时分别观察与控制的发光状况不相符的像素，求出其占总发光像素的比率即为像素失控率。

6.2.6.4 灰度等级

在环境照度变化率小于±10%、测试过程中彩色分析仪的采集范围不变的条件下，播放LED显示屏灰度测试画面，分别显示红、绿、蓝三基色和白色，并从黑色线性逐级增加亮度灰度级，显示屏的亮度应随着灰度级的上升，呈现线性单调上升。

6.2.7 外观与结构

6.2.7.1 目测检查LED显示屏外观，应满足5.7的要求。

6.2.7.2 LED显示屏外壳防护等级在实验室进行检验，检验方法见GB 4208的要求。

6.2.7.3 LED显示屏像素中心距精度检测方法见SJ/T 11141—2003中6.3.4的要求。

6.2.7.4 LED显示屏平整度检测方法见SJ/T 11141—2003中6.3.5的要求。

6.2.8 可靠性

LED显示屏的可靠性检测方法见SJ/T 11141—2003中6.10的要求。

6.2.9 环境适应性

LED显示屏的环境适应性检测方法见SJ/T 11141—2003中6.9的要求。

6.2.10 电磁兼容性

6.2.10.1 LED显示屏显示单元的发射限值按GB/T 19954.1规定的方法进行检测。

6.2.10.2 LED显示屏显示单元的抗扰度按GB/T 19954.2规定的方法进行检测。

注：被测显示单元的电磁环境按照LED显示屏的最终使用环境选择。

6.2.11 安全性

6.2.11.1 LED显示屏的安全要求检测方法见SJ/T 11141—2003中6.4规定的方法。

6.2.11.2 现场查看LED显示屏的供电是否独立，测量其供电电源功率是否满足5.11的要求。

6.2.11.3 现场检查LED显示屏生产厂商相关证明材料，证明屏体含有聚合物材料的器件为阻燃材料。

6.2.11.4 现场检查LED显示屏的自动报警和自动关屏功能。

6.2.12 防腐措施

现场验证LED显示屏防腐蚀措施的检验报告。

6.2.13 显示软件

现场操作LED显示屏显示软件进行演示。

7 合格判定规则

7.1 生产厂家提供体育场馆LED显示屏用显示单元的型式试验和出厂检验合格证明。

7.2 体育场馆LED显示屏现场安装完成后进行项目检测，所有项目符合第5章的规定，判定该LED显示屏合格。

7.3 对不合格项目的修复和复检，按供需双方的商定执行。

ICS 77.040.10
H 22

中华人民共和国国家标准

GB/T 29459.1—2012

在役承压设备金属材料小冲杆试验方法 第1部分：总则

Small punch test methods of metallic materials for in-service pressure equipments—Part 1：General requirements

2012-12-31 发布　　2013-07-01 实施

中华人民共和国国家质量监督检验检疫总局
中国国家标准化管理委员会　发布

前　　言

GB/T 29459《在役承压设备金属材料小冲杆试验方法》分为以下两个部分：

——第1部分：总则；

——第2部分：室温下拉伸性能的试验方法。

本部分为GB/T 29459的第1部分。

本部分按照GB/T 1.1—2009给出的规则起草。

本部分主要参考了CWA 15627《金属材料小冲杆试验方法》的有关技术内容，并结合国内的实际情况和研究成果制定。

本部分由全国锅炉压力容器标准化技术委员会(SAC/TC 262)提出并归口。

本部分起草单位：中国特种设备检测研究院、华东理工大学、南京工业大学、江苏省特种设备安全监督检验研究院。

本部分主要起草人：徐彤、孙亮、贾国栋、关凯书、王志文、凌祥、袁彪、钱公、张显、李立群、丁克勤。

引　言

如何检测在役承压设备长期高温服役，或经中子辐照后的材料退化状况一直是在役检验中的热点问题。传统的无损检测只能探测材料缺陷和设备剩余壁厚，表面金相只能了解材料组织的变化，都不能真正了解与评价在役承压结构的材料的力学性能、断裂性能或蠕变性能的状况。而传统常规试验方法虽然能够进行材料各种性能的测试，但会对原设备结构造成明显的损伤和破坏。

小冲杆试验(Small Punch Test,SPT)技术是20世纪80年代初提出并迅速发展起来的一种既具有微损取样优点又能确定材料力学性能的试验方法。

本标准的目的是统一小冲杆试验中对试样、试验装置和试验过程等的技术要求，使得在无法运用传统常规的测试手段获得材料力学性能时，可利用小冲杆测试技术得到材料力学性能的可靠数据。

在役承压设备金属材料小冲杆试验方法 第1部分:总则

1 范围

GB/T 29459 的本部分规定了在役承压设备金属材料小冲杆试验方法的通用要求。

本部分适用于承压设备金属材料。

2 规范性引用文件

下列文件对于本文件的应用是必不可少的。凡是注日期的引用文件,仅注日期的版本适用于本文件。凡是不注日期的引用文件,其最新版本(包括所有的修改单)适用于本文件。

GB/T 16825.1—2008 静力单轴试验机的检验 第1部分:拉力和(或)压力试验机测力系统的检验与校准

3 术语、定义和符号

3.1 术语和定义

下列术语和定义适用于本文件。

3.1.1

小冲杆试验 small punch test

SPT

一种以微型片状试样为试验对象的力学性能试验方法,该方法通过固定片状试样边缘,以机械加载方式利用冲杆顶端的球形冲头对试样中心处进行加载,通过试验数据关联确定材料的力学性能。试验装置示意图见图1。

3.1.2

载荷 load

F

冲杆对试样施加的机械力。

3.1.3

位移 displacement

u

冲杆的位移值,并以此代替试样的挠度值。

3.1.4

载荷-位移曲线 load versus displacement curve

在小冲杆试验过程中所形成的载荷与位移的关系曲线(见图2)。

3.1.5

小冲杆试验能量值 energy of small punch test

E_{sp}

小冲杆试验中试样变形所吸收的能量值,即载荷位移曲线所覆盖的面积:

$$E_{sp} = \int_0^{u_f} F(u)\,du \qquad \cdots\cdots(1)$$

3.1.6

最大载荷 maximum load

F_{max}

载荷位移曲线上所记录的载荷最大值(见图2)。

3.1.7

完全断裂载荷 fracture load

F_f

试样破坏时所记录的载荷。若未记录到该破坏载荷,则以下降至最大载荷的80%时的载荷作为完全断裂载荷。

单位为毫米

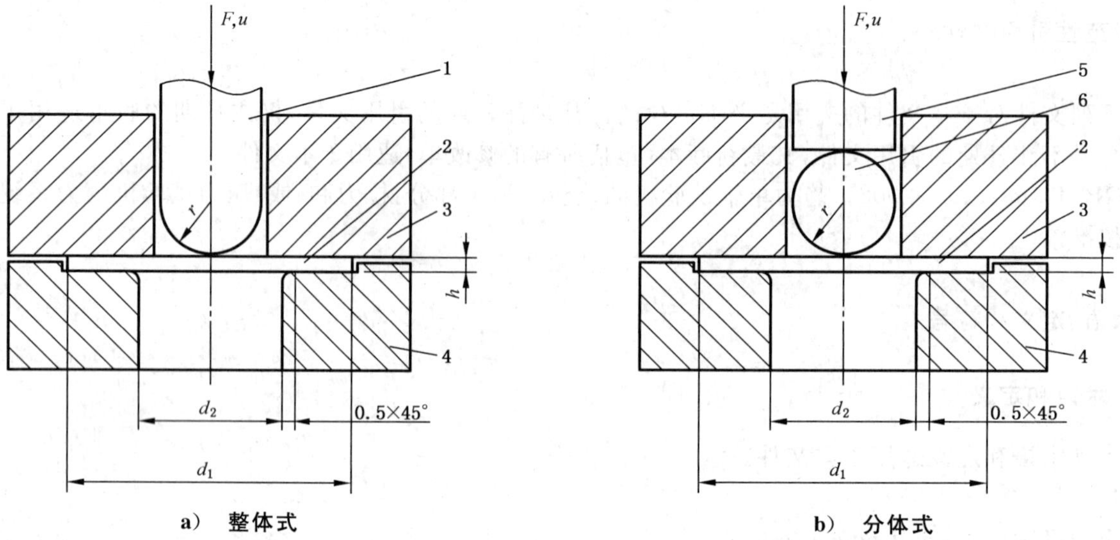

说明:

1——整体式冲杆;

2——试样;

3——上夹具;

4——下夹具;

5——分体式冲杆;

6——分体式冲头。

图1 小冲杆试验装置示意图

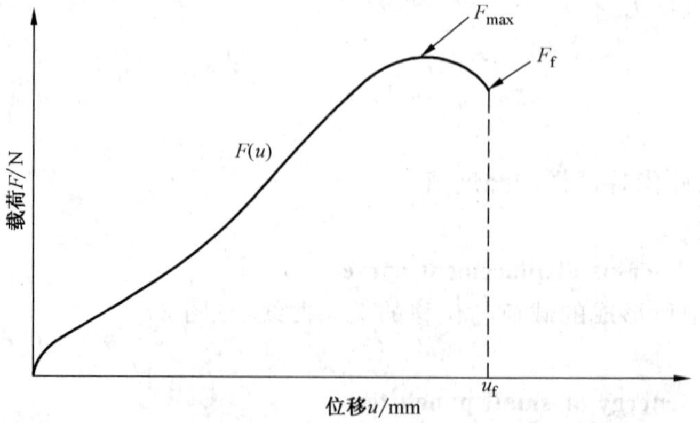

图2 典型小冲杆试验的载荷-位移曲线

3.1.8

断裂位移　fracture displacement

u_f

载荷位移曲线上对应于完全断裂载荷的冲杆位移。

3.1.9

试片　sample

从设备上取下的薄片状材料。

3.1.10

试样　specimen

满足小冲杆试验要求的片状材料。

3.2　符号

d_1——试样直径，单位为毫米(mm)；

d_2——下夹具孔径，单位为毫米(mm)；

E——弹性模量，单位为兆帕(MPa)；

F——载荷，单位为牛顿(N)；

h——试样厚度，单位为毫米(mm)；

r——冲头或钢珠的半径，单位为毫米(mm)；

T——试验温度，单位为摄氏度(℃)；

t——试验时间，单位为秒(s)；

u——冲杆位移，单位为毫米(mm)；

V——试验速度(冲杆下压的移动速度)，单位为毫米每秒(mm/s)。

4　试样

4.1　取样

4.1.1　一般要求

取样时应防止过热和加工硬化等影响试样的力学性能。试样中不得含有任何裂纹和其他宏观缺陷，保证所切取试片具有完整性。

4.1.2　取样位置

切取试片应避开腐蚀层(见图3)。

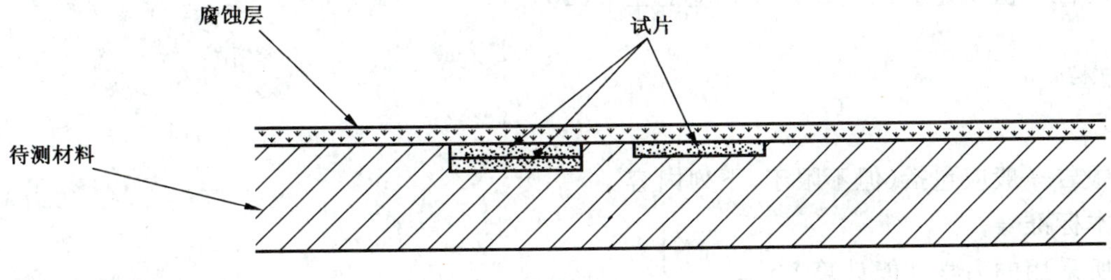

图3　切取试片的位置

4.1.3 取样方向

试片应从平行于设备表面方向进行取样。

4.2 试样加工

4.2.1 小冲杆试验所用试样应为片状试样。试样尺寸为:直径 $d_1=10$ mm;厚度 $h=0.5^{+0.01}_{-0.01}$ mm。

4.2.2 试样表面粗糙度 $Ra \leqslant 0.4\ \mu m$,平行度≤0.01 mm 的试样。

5 试验装置

5.1 总则

试验装置通常包含夹具、加载系统以及载荷和位移测试系统等。试验装置的精度等级应达到 GB/T 16825.1—2008 中表 2 所规定的 0.5 级的要求。

5.2 夹具

5.2.1 夹具的表面应光滑整洁,无氧化层、腐蚀物等。应能使试样表面夹紧力均匀。

5.2.2 下夹具的孔径为 $d_2=4$ mm。

5.2.3 下夹具孔径的倒角为(0.2～0.5)mm×45°。

5.2.4 上、下夹具孔的垂直度不大于 0.02 mm。上、下夹具孔的中心线偏离不超过 0.025 mm。

5.2.5 试样单位面积上的压紧力应达到 15 MPa。

5.3 冲头、钢珠

5.3.1 冲头为直径 2.5 mm 的球状。

5.3.2 冲头硬度不低于 55HRC。

5.4 加载系统

分辨力应取最大试验力的±1/300 000 或±0.2 N 中的小值。

5.5 载荷测试系统

测得的载荷值误差应不能超出实际载荷值的±0.5%。

5.6 位移测试系统

测得的位移值误差应控制在试样厚度的±0.01%内。

6 试验报告

试验报告一般应包括(但不限于)下列内容:

a) 本标准号;

b) 所采用的力学性能计算方法;

c) 试样信息:标识、原始尺寸、取样方向和位置、表面处理方式;

d) 材料名称、牌号、最终热处理状态、焊接状态等;

e) 试验条件:试验温度、试验环境、载荷大小、加载速度;

f） 试验设备:加载设备、加载控制的方式;

g） 测试结果:试验持续的时间、变形/挠度曲线、最终尺寸;

h） 断裂、失效、或主要变形的位置;

i） 试验中发现的任何异常。

ICS 77.040.10
H 22

中华人民共和国国家标准

GB/T 29459.2—2012

在役承压设备金属材料小冲杆试验方法 第2部分:室温下拉伸性能的试验方法

Small punch test methods of metallic materials for in-service pressure equipments—Part 2:Method of test for tensile properties at room temperature

2012-12-31 发布　　2013-07-01 实施

中华人民共和国国家质量监督检验检疫总局
中国国家标准化管理委员会 发布

前　言

GB/T 29459《在役承压设备金属材料小冲杆试验方法》分为以下两个部分：

——第1部分：总则；

——第2部分：室温下拉伸性能的试验方法。

本部分为GB/T 29459的第2部分。

本部分按照GB/T 1.1—2009给出的规则起草。

本部分主要参考CWA 15627《金属材料小冲杆试验方法》并结合国内的实际情况和研究成果制定。

本部分由全国锅炉压力容器标准化技术委员会(SAC/TC 262)提出并归口。

本部分起草单位：中国特种设备检测研究院、华东理工大学、南京工业大学、江苏省特种设备安全监督检验研究院、福建省锅炉压力容器检验研究院。

本部分主要起草人：关凯书、徐彤、袁彪、凌祥、王志文、贾国栋、孙亮、龚凌诸。

在役承压设备金属材料小冲杆试验方法 第2部分:室温下拉伸性能的试验方法

1 范围

GB/T 29459 的本部分规定了获得材料常温拉伸性能的小冲杆试验方法的符号说明、试验要求、试验记录、试验数据处理和试验报告。

本部分适用于承压设备金属材料。

2 规范性引用文件

下列文件对于本文件的应用是必不可少的。凡是注日期的引用文件,仅注日期的版本适用于本文件。凡是不注日期的引用文件,其最新版本(包括所有的修改单)适用于本文件。

GB/T 228.1 金属材料 拉伸试验 第1部分:室温试验方法

GB/T 29459.1 在役承压设备金属材料小冲杆试验方法 第1部分:总则

3 符号

GB/T 29459.1 中给出的以及下列符号适用于本文件。

A ——常规拉伸试验断后伸长率,%;

E ——弹性模量,单位为兆帕(MPa);

$F(u)$ ——试验测得的载荷位移关系函数,单位为牛顿(N);

$F(u)$ ——试验测得的曲线拟合成的载荷位移关系函数,单位为牛顿(N);

F_P ——小冲杆试验屈服载荷,单位为牛顿(N);

h_f ——断口最小厚度,单位为毫米(mm);

R_{eL} ——常规拉伸试验屈服强度,单位为兆帕(MPa);

R_P ——常规拉伸试验非比例延伸强度,单位为兆帕(MPa);

R_m ——常规拉伸试验抗拉强度,单位为兆帕(MPa);

u_{max} ——小冲杆试验最大载荷时的冲杆位移,单位为毫米(mm);

Z ——常规拉伸试验断面收缩率,%;

Z_{SP} ——小冲杆试验断面收缩率,%。

4 试验要求

4.1 一般要求

除符合本部分要求外,还应符合 GB/T 29459.1。

4.2 试验环境

试验应在实验室中进行。除有特殊要求外,试验一般在 10 ℃～35 ℃的温度下进行。对温度要求严格的试验，温度应为(23±5)℃。当有恶劣的环境时，应有特殊的预防措施。

4.3 试验加载过程

通过冲头，对试样的中心施加向下的载荷，试样的变形随载荷的增大逐渐增大，直至破裂。试样夹持及加载示意图见图1。

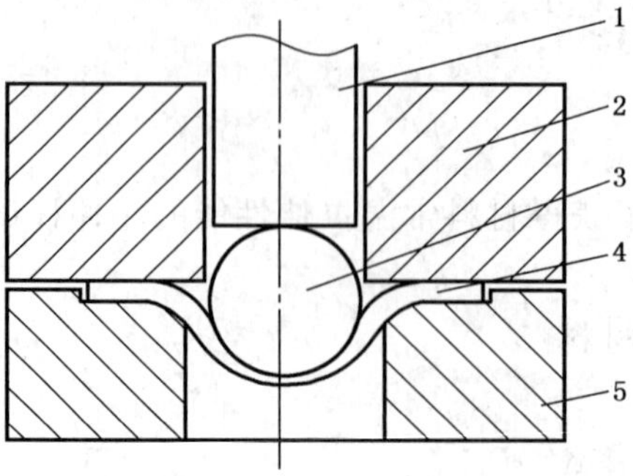

说明：

1——分体式冲杆；

2——上夹具；

3——分体式冲头；

4——试样；

5——下夹具。

图1 试样装夹及加载过程示意图

4.4 加载速率

应控制加载速率，使得应力速率和应变速率能够满足GB/T 228.1规定的要求。宜采用位移控制加载，加载速率恒定，控制在0.2 mm/min～0.5 mm/min范围内。

5 试验获得的数据及试验记录

5.1 载荷位移曲线

试验获得的载荷-位移曲线如图2所示，这一曲线包含了弹塑性变形以及材料力学性能的信息。

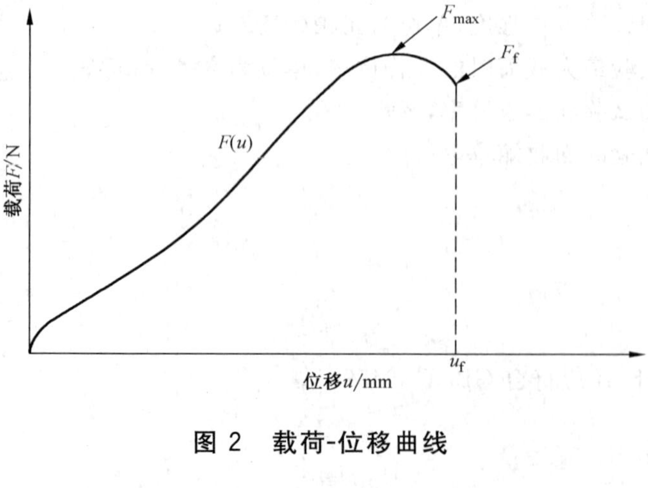

图2 载荷-位移曲线

5.2 最大载荷 F_{max}

载荷-位移曲线上所记录的最大载荷值。

5.3 屈服载荷 F_P

当试样从弹性变形阶段到屈服变形阶段所对应的载荷值。可用6.2中规定的方法确定。

5.4 断口最小厚度 h_f

在断口起裂部位测得的最小厚度为断口最小厚度,测定位置见图3。

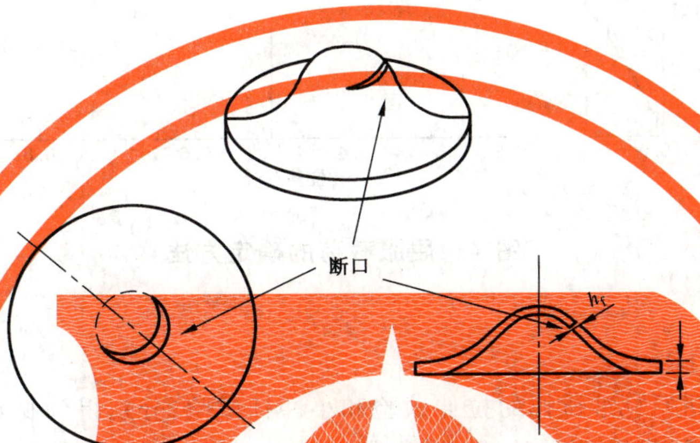

图3 断裂后试样厚度 h_f

6 试验数据处理

6.1 总则

小冲杆试验无法直接得到材料的拉伸性能,需要根据载荷位移曲线上的屈服载荷、最大载荷、试样轴向变形量(冲杆位移)和试样断口最小厚度数据,采用经验关联公式换算出所测试样的拉伸性能。

6.2 屈服载荷 F_P 的确定

6.2.1 将位移小于试样厚度值时的实测载荷位移曲线 $F(u)$ 用两条直线进行拟合(见图4),拟合方程 $f(u)$ 见式(1)所示:

$$f(u)=\begin{cases}\dfrac{f_A}{u_A}u & 0\leqslant u\leqslant u_A\\ \dfrac{f_B-f_A}{u_B-u_A}(u-u_A)+f_A & u_A\leqslant u\leqslant u_B\end{cases} \quad \cdots\cdots(1)$$

其中,A为第一条(过原点)直线与第2条直线的交点。B为第2条线性段的终点。u_B 通常取为试样厚度值。而 u_A 则根据式(1),通过计算式(2),使得误差err的值为最小而得到。

$$err=\int_0^{u_B}[F(u)-f(u)]^2\mathrm{d}u \quad \cdots\cdots(2)$$

6.2.2 屈服载荷可确定为:$F_P=F(u_A)$。

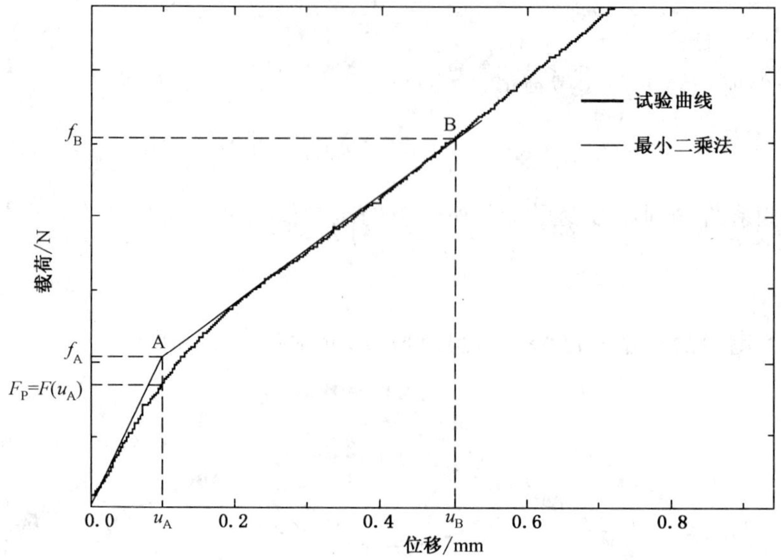

图 4 屈服载荷的确定方法

6.3 屈服强度的确定

对大量的材料同时进行标准试样的拉伸试验和小冲杆试验，分别得到材料的屈服强度 R_{eL} 和小冲杆载荷位移-曲线上的屈服载荷 F_P。然后建立坐标对二者进行回归。以 F_P 为横坐标，以 R_{eL} 为纵坐标，将所测数据分别输入坐标中，根据最小二乘法拟合出一条直线，建立式(3)：

$$R_{eL}=R_1F_P+b_1 \quad \cdots\cdots(3)$$

从而建立小冲杆的屈服载荷与材料常规拉伸屈服强度的对应关系，进而可以根据小冲杆测试结果估算材料的屈服强度。其中，R_1 和 b_1 与小冲杆试样几何尺寸相关，可通过对大量材料的标准试样拉伸和小冲杆试验确定 R_1 和 b_1 值。回归出的 R_1 和 b_1 值应可适用于所包含的同类材料。只要获得待测材料小冲杆试样的载荷-位移曲线上的 F_P 值，代入式(2)后即可获得待测材料的 R_{eL} 值。

6.4 抗拉强度的确定

与 6.2 条款中确定屈服强度的方法类似，先期进行大量试验，以 F_{max} 为横坐标，以 R_m 为纵坐标，将所测数据分别输入坐标中，根据最小二乘法拟合出一条直线，建立式(4)：

$$R_m=R_2F_{max}+b_2 \quad \cdots\cdots(4)$$

从而建立小冲杆的屈服载荷与材料常规拉伸屈服强度的对应关系，进而可以根据小冲杆测试结果估算材料的抗拉强度。其中，R_2 和 b_2 与小冲杆试样几何尺寸相关，可通过对大量材料的标准试样拉伸和小冲杆试验的线性回归，便可确定 R_2 和 b_2 值。

6.5 与常规断后伸长率 A 的关联

可根据试样中心点位移 u_{max} 与材料的断后伸长率 A 进行关联，建立式(5)：

$$A=R_3u_{max}+b_3 \quad \cdots\cdots(5)$$

R_3 和 b_3 是与小冲杆试样几何尺寸有关的常数，可通过对大量材料的标准试样拉伸和小冲杆试验的线性回归确定 R_3 和 b_3 值。

6.6 与常规断面收缩率 Z 的关联

通过小冲杆试验测得的断面收缩率可以获得试样断裂后厚度 h_f，利用断面收缩率 Z_{SP}，见式(6)——

即断裂后试样厚度的最大缩减量（$h-h_f$）与原始厚度（h）之比的百分率关联常规断面收缩率 Z，见式(7)。

即

$$Z_{SP}=\frac{h-h_f}{h} \qquad \cdots\cdots(6)$$

$$Z=R_4 Z_{SP}+b_4 \qquad \cdots\cdots(7)$$

R_4 和 b_4 是与小冲杆试样几何尺寸有关的常数，可通过对大量材料的标准试样拉伸和小冲杆试验的线性回归，便可确定 R_4 和 b_4 的值。

6.7 不合格数据的去除

试验中如果出现非正常数据，应该进行分析。如果是设备故障或测试材料的缺陷引起的，应该作为无效数据处理。

7 试验报告

试验报告一般应包括下列内容：

a) 本标准号；

b) 试样信息：材料名称、牌号、标识、原始尺寸、材料状态(热处理及焊接)、取样方向和位置、表面处理方式等；

c) 试验设备：试验设备型号和编号；

d) 试验条件：试验温度、加载速率；

e) 测试结果：试验持续的时间、载荷-位移曲线、断后试样最小厚度；

f) 试验中发现的任何异常或其他有必要记录的信息；

g) 与常规拉伸性能关联并估算出常规拉伸性能值。

ICS 25.160.40
J 33

中华人民共和国国家标准

GB/T 29460—2012

含缺陷聚乙烯管道电熔接头安全评定

Safety assessment for electrofusion joint of polyethylene pipes containing defects

2012-12-31 发布　　2013-07-01 实施

中华人民共和国国家质量监督检验检疫总局
中国国家标准化管理委员会　发布

前　言

本标准按照GB/T 1.1—2009给出的规则起草。

本标准由全国锅炉压力容器标准化技术委员会(SAC/TC 262)提出并归口。

本标准起草单位:浙江大学、浙江省特种设备检验研究院、国家质检总局特种设备安全监察局、中国特种设备检测研究院、浙江中财管道科技股份有限公司。

本标准主要起草人:郑津洋、施建峰、郭伟灿、丁守宝、高继轩、徐平、胡斌、丁良玉、李翔、王笑梅、郭春立。

本标准为首次发布。

含缺陷聚乙烯管道电熔接头安全评定

1 范围

本标准规定了含缺陷聚乙烯管道电熔接头安全评定的术语和定义、符号、一般要求、缺陷的表征和安全性评定。

本标准适用于聚乙烯管材与电熔承口管件相连的含缺陷聚乙烯管道电熔接头。

2 规范性引用文件

下列文件对于本文件的应用是必不可少的。凡是注日期的引用文件，仅注日期的版本适用于本文件。凡是不注日期的引用文件，其最新版本(包括所有的修改单)适用于本文件。

GB 15558.1 燃气用埋地聚乙烯(PE)管道系统 第1部分：管材

GB 15558.2 燃气用埋地聚乙烯(PE)管道系统 第2部分：管件

GB/T 19808 塑料管材和管件 公称外径大于或等于90 mm的聚乙烯电熔组件的拉伸剥离试验

3 术语和定义

GB/T 19808 和 GB 15558.2 界定的以及下列术语和定义适用于本文件。

3.1

缺陷表征 characterization of defects

对实际形状和尺寸不规则的缺陷规则化为一个简单几何形状的缺陷。

3.2

缺陷计算尺寸 dimensions for calculation

经过规则化后的缺陷尺寸。

3.3

熔合面缺陷 defects on fusion interface

出现在熔合界面，即管件内壁与管材外壁的熔合面上的缺陷。熔合面缺陷主要包括冷焊和熔合面夹杂等，该类缺陷属于面积型缺陷。

3.4

冷焊 cold welding

由于焊接输入热量不足使得电熔接头中管材和管件界面上的分子未能扩散缠结或充分地扩散缠结而导致强度不足的缺陷。

3.5

熔合面夹杂 contamination of the fusion interface

焊接后残留在熔合界面上的油污、灰尘等杂物。

3.6

孔洞 holes

在焊接界面上或焊接界面附近出现的空洞。该类缺陷属于体积型缺陷。

3.7

特征线 eigen-line

电熔接头超声图中电阻丝上方能够揭示熔融区边界的超声反射信号线。

3.8

电阻丝错位 wire dislocation

电阻丝不均匀排布或焊接过程中因电阻丝移位导致电阻丝分布不均的缺陷。

3.9

过焊 over-heat welding

由于焊接输入热量过多导致接头材料降解并使得电阻丝所在平面的粘结性能下降的缺陷。

4 符号

下列符号适用于本文件。

X ——电熔接头熔合面缺陷规则化为矩形的轴向边长，单位为毫米(mm)；

Y ——电熔接头熔合面缺陷规则化为矩形的周向边长，单位为毫米(mm)；

L_w ——电熔接头单边熔合区长度，单位为毫米(mm)；

l_1 ——两熔合面缺陷的轴向间距，单位为毫米(mm)；

W ——孔洞缺陷在熔合面上投影的轴向长度，单位为毫米(mm)；

l_2 ——两孔洞缺陷在熔合面上投影的最小轴向间距，单位为毫米(mm)；

d ——电阻丝的错位量，单位为毫米(mm)；

H ——电熔接头冷焊表征量；

L' ——冷焊电熔接头内的单边熔合区的半宽度，用特征线与电阻丝之间的距离表示，单位为毫米(mm)；

L ——正常焊接时的单边熔合区的半宽度，用特征线与电阻丝之间的距离表示，单位为毫米(mm)。

5 一般要求

5.1 聚乙烯管应满足 GB 15558.1 的要求。

5.2 管件应满足 GB 15558.2 的要求。

5.3 所评定的聚乙烯管道电熔接头应该是持证焊工按经焊接工艺评定合格后的工艺进行组装、施焊的电熔接头。

6 缺陷的表征

6.1 熔合面夹杂

熔合面缺陷为面积型缺陷，可表征为由其外接矩形之长和宽围成的矩形，如图 1 所示。图 1 中缺陷所在的面为聚乙烯电熔接头的熔合面，L_w 表示聚乙烯电熔接头单边熔合区长度。

对于单个熔合面缺陷可按图 1a)中虚线所示的矩形进行规则化。X 为沿轴向的矩形边长，Y 为沿接头圆周方向的矩形边长。

当存在两个及以上的熔合面缺陷相邻时，应考虑熔合面缺陷之间的相互影响。首先，应分别确定两熔合面缺陷的轴向间距 l_1 和较小熔合面缺陷长边 X_1 尺寸，然后按以下情况分别处理：

a) 若 $l_1 \leqslant X_1$，则用包络两个或几个熔合面缺陷的外切矩形将其合并，规则化为一个大熔合面缺陷，规则化方法如图 1b)所示。经合并后的熔合面缺陷不再与其他熔合面缺陷重复合并；

b) 若 $l_1 > X_1$，此时两熔合面缺陷不合并，分别按单个熔合面缺陷进行评定。

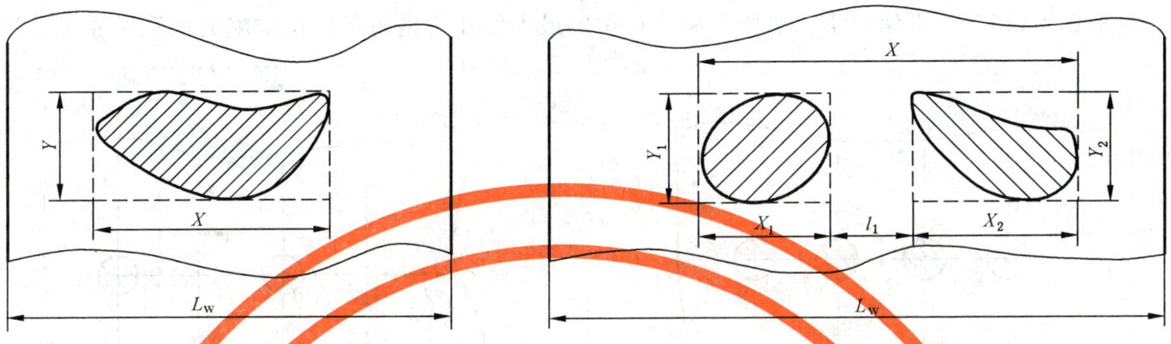

a) 单个熔合面夹杂缺陷的规则化　　b) 多个熔合面缺陷的规则化

图 1 熔合面缺陷的规则化

6.2 孔洞

以孔洞缺陷在熔合面上投影的轴向长度 W 来表征，如图 2 所示。图 2 中缺陷所在的面为聚乙烯电熔接头的轴向剖面。

对于单个孔洞可按图 2a)取其在熔合面上投影轴向长度 W 为缺陷计算尺寸。

当存在两个及以上的孔洞时，首先，应分别按单个孔洞确定各自的缺陷长度 W_1 和 W_2($W_2 \geqslant W_1$)，然后按以下情况分别处理：

a) 若两孔洞缺陷在熔合面上投影的最小轴向间距 l_2 大于较小孔洞的计算尺寸，则将两个孔洞视为相互独立的单个孔洞分别进行评定；

b) 若两孔洞缺陷在熔合面上投影的最小间距 l_2 小于较小孔洞的计算尺寸，则应考虑两孔洞之间的相互影响，将其规则化为一个大孔洞缺陷且间距 l_2 也应计入缺陷的长度中。合并方法如图 2b)所示。

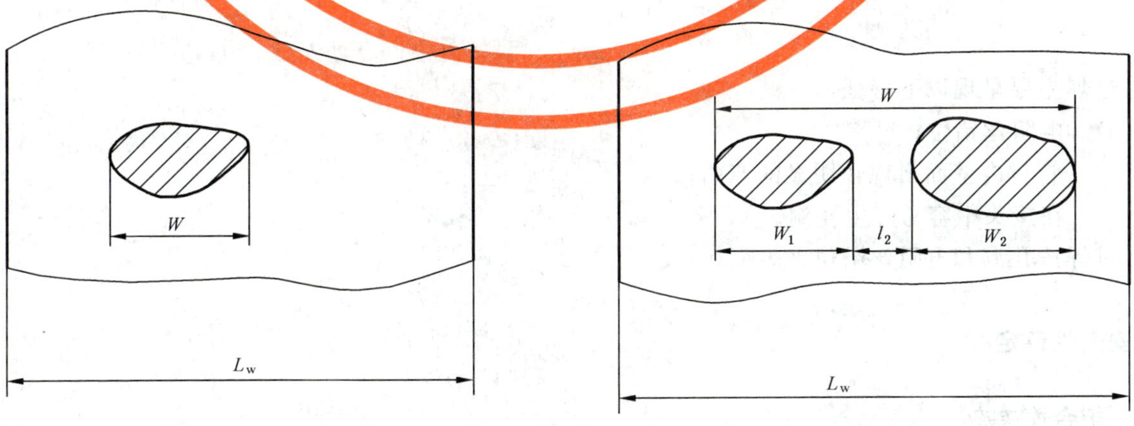

a) 单个孔洞规则化　　b) 多个孔洞规则化

图 2 孔洞的规则化

6.3 电阻丝错位

电阻丝的错位分为水平错位与垂直错位两种类型。以电阻丝的水平错位和垂直错位中最大错位值来表征该类缺陷，如图3所示。图3所示的面为经过聚乙烯电熔接头中心线的轴向剖面。

图3b)中，d_1、d_4 为电阻丝与其正常位置的垂直偏差，即其垂直错位量；d_2、d_3 为电阻丝与其正常位置的水平偏差，即其水平错位量。取所有错位量中的最大值作为电阻丝错位缺陷的计算尺寸，见式(1)。

$$d = \max(d_1, d_2, d_3, d_4) \quad \cdots\cdots(1)$$

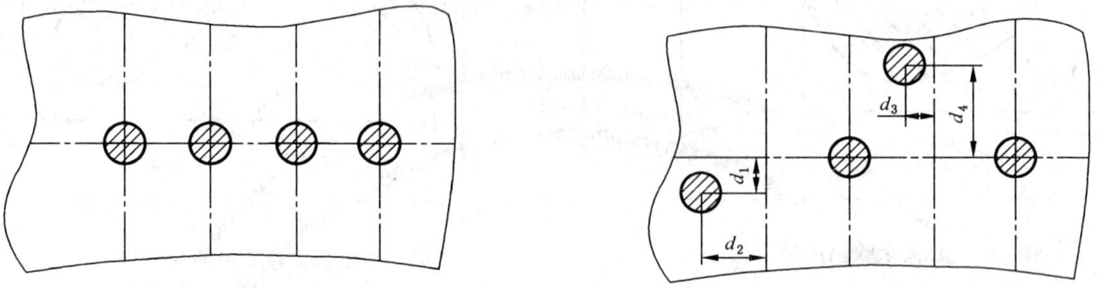

a) 未错位电阻丝位置　　b) 错位电阻丝位置

图3 电阻丝的规则化

6.4 冷焊

采用特征线与电阻丝间的距离来表征冷焊的严重程度：

a) 对正常焊接输入热量的电熔接头进行检测，获得截面的超声成像图，测得该图像中的特征线与电阻丝之间的距离 L；

b) 对待测电熔接头进行超声检测，获得截面的超声成像图，测得该图像中的特征线与电阻丝之间的距离 L'；

c) 将 L 和 L' 代入式(2)计算电熔接头的冷焊程度 H。

$$H = \left(1 - \frac{L'}{L}\right) \times 100\% \quad \cdots\cdots(2)$$

6.5 过焊

过焊主要呈现以下特征：

a) 电阻丝错位；

b) 管材内壁面出现较明显的弯曲；

c) 在接头中容易产生孔洞。

过焊按孔洞和电阻丝错位来表征。

7 安全性评定

7.1 熔合面夹杂

a) 与内冷焊区贯通的熔合面夹杂的缺陷超过3根电阻丝间距长度不可接受；

b) 熔合面完好区域的长度小于 GB 15558.2 中规定的熔合区的标称长度的熔合面缺陷不可接受。

7.2 孔洞

a） 对于单个孔洞，缺陷计算尺寸 $W/L_w>10\%$ 的孔洞不可接受；

b） 对于组合孔洞，缺陷计算尺寸 $W/L_w>20\%$ 的孔洞不可接受；

c） 与内冷焊区贯通的孔洞不可接受。

7.3 电阻丝错位

a） 错位量超过电阻丝间距的电阻丝错位不可接受；

b） 相邻两电阻丝间存在连贯性孔洞或相互接触的电阻丝错位不可接受。

7.4 冷焊

在电熔管件的承插端口尺寸和公差满足 GB 15558.2 规定的前提下：当冷焊程度 $H>30\%$ 时，不可接受。

7.5 过焊

过焊的安全评定参照 7.2 和 7.3。

ICS 25.160.40
J 33

中华人民共和国国家标准

GB/T 29461—2012

聚乙烯管道电熔接头超声检测

Ultrasonic testing for electrofusion joint of polyethylene pipe

2012-12-31 发布　　　　2013-07-01 实施

中华人民共和国国家质量监督检验检疫总局
中国国家标准化管理委员会　发布

前　言

本标准按照 GB/T 1.1—2009 给出的规则起草。

本标准由全国锅炉压力容器标准化技术委员会(SAC/TC 262)提出并归口。

本标准起草单位:浙江大学、浙江省特种设备检验研究院、国家质检总局特种设备安全监察局、中国特种设备检测研究院、浙江中财管道科技股份有限公司。

本标准主要起草人:郑津洋、郭伟灿、施建峰、丁守宝、高继轩、徐平、胡斌、丁良玉、李翔、王笑梅。

本标准为首次制定。

聚乙烯管道电熔接头超声检测

1 范围

本标准规定了聚乙烯管道电熔接头超声检验的术语和定义、一般要求、检测程序、验收标准及检测报告。

本标准适用于公称直径为 40 mm～400 mm 的聚乙烯管道电熔接头的超声检测。

2 规范性引用文件

下列文件对于本文件的应用是必不可少的。凡是注日期的引用文件，仅注日期的版本适用于本文件。凡是不注日期的引用文件，其最新版本(包括所有的修改单)适用于本文件。

GB/T 9445 无损检测 人员资格鉴定与认证

GB/T 12604.1 无损检测 术语 超声检测

GB 15558.2 燃气用埋地聚乙烯(PE)管道系统 第 2 部分：管件

GB/T 29460 含缺陷聚乙烯管道电熔接头安全评定

《特种设备无损人员考核与监督管理规则》国质检锅字[2003]248 号文

3 术语和定义

GB/T 9445、GB/T 12604.1、GB 15558.2、GB/T 29460 界定的术语和定义适用于本文件。

4 一般要求

4.1 超声检测人员

从事聚乙烯压力管道电熔接头的超声检测人员应按 GB/T 9445 和相关工业部门规定的要求进行资格鉴定与认证并取得相应等级的证书。取得各资格级别的超声检测人员，只能从事与该资格级别相应的无损检测工作，并负相应的技术责任。检测人员应了解聚乙烯管道的特性、制造工艺和焊接工艺，通过聚乙烯管道电熔接头超声检测专业技术培训，并能独立进行聚乙烯管道电熔接头的超声检测。

4.2 检测设备

4.2.1 检测设备系统性能应符合下列要求：

a) 水平线性误差不大于 1%；

b) 垂直线性误差不大于 5%；

c) 增益范围不小于 30 dB；

d) 在达到所探工件的最大检测声程时，其有效灵敏度余量应不小于 10 dB。

4.2.2 检测设备应具有 B 扫描实时成像功能，能实时显示电熔接头纵向截面的二维超声波亮度(或彩色)图像，并具有测量图像尺寸的功能。

4.3 探头

4.3.1 聚乙烯管道电熔接头超声检测应采用聚焦探头，优先采用相控阵聚焦探头。

4.3.2 聚焦探头的会聚区范围应能满足聚乙烯管道电熔接头中缺陷检测的要求，且与被检测面有良好的配合。

4.3.3 探头频率应根据管件厚度选定。不同管件厚度范围适用的探头频率见表1。

表1 不同管件厚度适用的探头频率

管件厚度 e mm	探头频率 f MHz
$3<e\leqslant 10$	$f\geqslant 6$
$10<e<25$	$4<f<6$
$e\geqslant 25$	$f\leqslant 4$

4.4 试块

4.4.1 标准试块

应采用与被检电熔接头管件材料声学性能相同或近似的材料制成，该材料不得有大于或等于 $\phi 1$ mm 平底孔当量直径的缺陷。标准试块的规格尺寸见附录A。

4.4.2 对比试块

对比试块的外形尺寸应能代表被检工件的特征，试块厚度应与被检工件的厚度相对应，也可采用正常的电熔接头作为对比试块，试块中的反射体可以是人工缺陷或者是正常焊接接头中分布整齐的电阻丝。

4.5 耦合剂

应采用透声性好，且不损伤检测表面的耦合剂，如浆糊、甘油和水等。

4.6 电熔接头

电熔接头管件的材料、几何尺寸应符合GB 15558.2的要求。电熔接头的表面应尽量平整，不影响探头与工件的声耦合。

5 检测程序

5.1 检测时机

聚乙烯管道的电熔接头应在焊接工作全部完成，自然冷却2 h后，方可进行超声检测。

5.2 表面清理

电熔接头的表面质量应经外观检验合格。所有影响超声检测的污物等都应予以清除，其表面粗糙度应满足检测要求。表面的不规则状态不得影响检测结果的正确性和完整性。

5.3 灵敏度设定

调节灵敏度可采用两种方法：标准试块调节法和对比试块调节法。

5.3.1 标准试块调节法

将探头放置在标准试块表面，探头中心应位于试块表面中心线上，选择孔深与电熔接头管件厚度接近的侧面钻孔进行检测，调节检测设备的检测参数，直至获得的图像有足够的分辨力和灵敏度，并可以鉴别侧面的每一个钻孔，如图 1 所示。

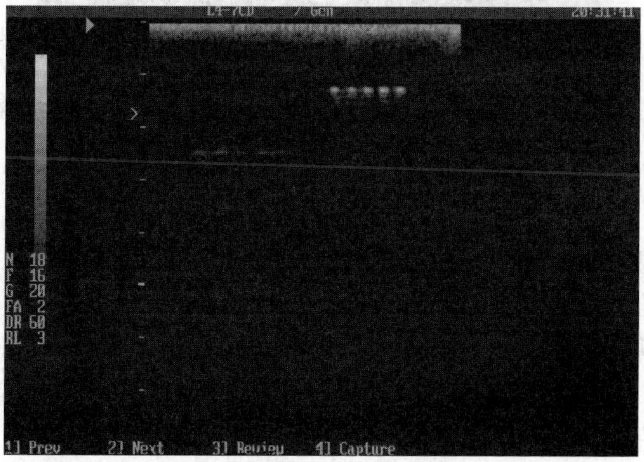

图 1 标准的灵敏度设定——标准试块的图像

5.3.2 对比试块调节法

将探头放置在与待测件同厚度的合格电熔接头外表面。调节检测设备的检测参数，直至获得的图像有足够的分辨力和灵敏度，并可以鉴别每一根电阻丝，如图 2 和图 3 所示。

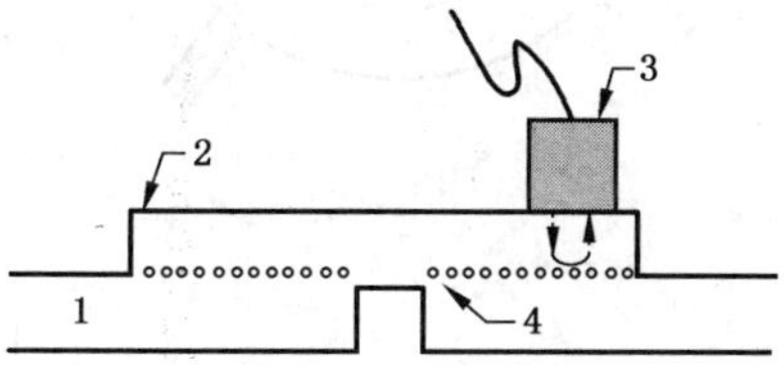

说明：
1——管材；
2——电熔管件；
3——超声探头；
4——电阻丝。

图 2 对比试块校准方法

图 3 对比试块灵敏度设定方法——合格电熔接头的图像

5.4 检测步骤

5.4.1 根据管件的厚度按 4.3.3 选用合适频率的探头,按规定与超声波检测仪进行连接。

5.4.2 按 5.3 规定在标准试块或对比试块上调节检测灵敏度。

5.4.3 在待检的电熔接头上使用耦合剂,以 90°为间隔选择 4 个检测点(如图 4 所示),观测仪器显示屏上是否有可记录的信号。以探头宽度为扫描区域宽度沿管件圆周移动探头检测整个接头,如果检测到可记录信号,将探头沿周向扫查,以确定缺陷分布的范围。

注:可记录缺陷信号由接头中孔洞、熔合面缺陷、冷焊、电阻丝错位等所造成,不包括内在的几何形状如正常分布的电阻丝、界面冷区和管道内界面等。如果信号没有从熔融区的两边穿射到各边第二根电阻丝的位置,则此熔融区边缘的信号不应该被认为是可记录信号。

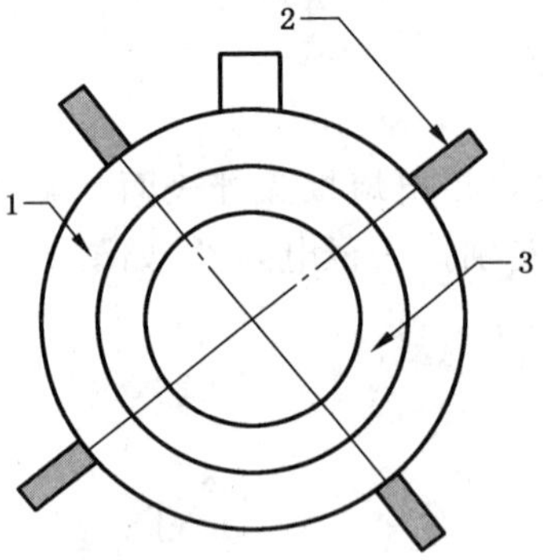

说明:

1——管件;

2——探头;

3——管材。

图 4 在电熔接头圆周上的四个探测点

5.5 系统复核

遇有下述情况应对系统进行复核:

a) 校准后的探头、耦合剂和仪器调节旋钮发生改变时;

b) 检测人员怀疑检测灵敏度有变化时;

c) 连续工作 4 h 以上时;

d) 工作结束时。

6 验收标准

6.1 缺陷应按 GB/T 29460 的规定进行验收。

6.2 正常焊接超声图谱及焊接缺陷超声图谱见附录 B。

7 检测报告

超声检测报告至少应包括以下内容：

a) 委托单位和报告编号；

b) 电熔接头编号、材质和表面状况；

c) 检测系统名称、编号、检测系统的校准时间、校准有效期；

d) 探头型号和频率；

e) 耦合剂；

f) 试块和检测灵敏度；

g) 检测草图，包括可记录信号位置，假如有不合格的信号被检测到，则需有反映缺陷的图像；

h) 缺陷的类型、尺寸、位置和分布；

i) 检测结果、检测标准名称；

j) 检测人员和责任人员签字及其技术资格等级；

k) 检测日期。

附　录　A
（规范性附录）
标准试块

A.1　标准试块用于调整检测灵敏度，确定缺陷位置，校验仪器的准确性。标准试块应该由与待测试样同质的或声学相似的材料制成，试块的尺寸规格见图 A.1，试块的表面粗糙度应与测试样相接近，试块的检测面为平面或带有一定曲率半径的曲面，在试块的不同深度位置上含有 5 个排列均匀的侧面钻孔。试块的型号、相应的曲率半径和适用的电熔接头范围见表 A.1 的规定。

单位为毫米

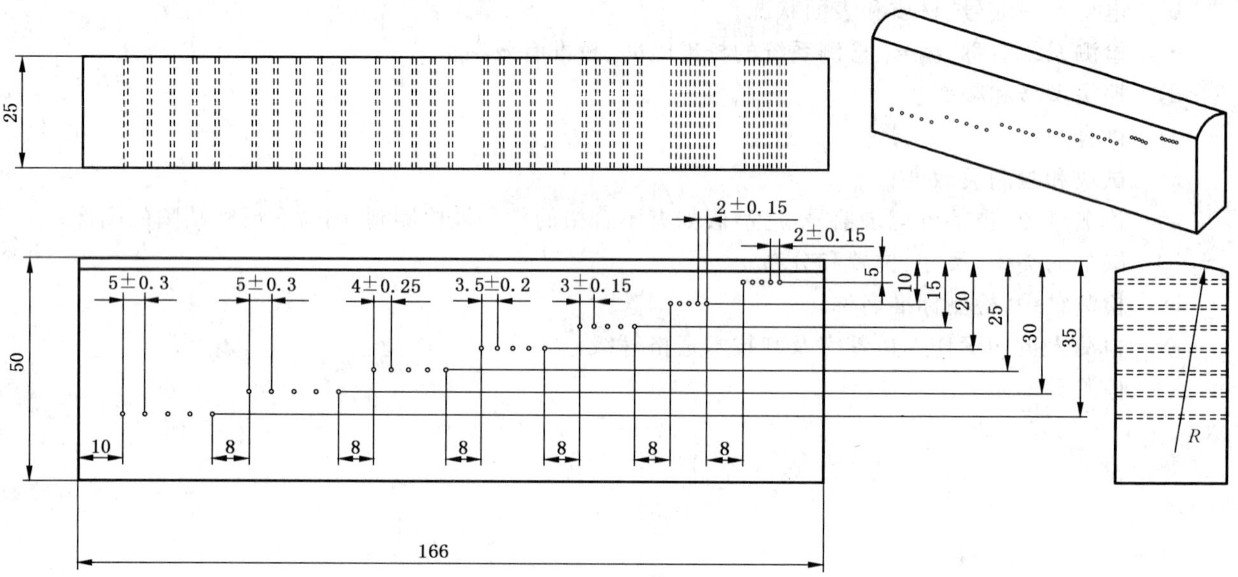

图 A.1　标准试块

表 A.1　试块圆弧曲率半径

试块型号	试块圆弧曲率半径 R mm	适用的电熔接头范围(公称直径) mm
PE-1	30	≥(40～80)
PE-2	60	≥(80～160)
PE-3	平面	≥160

A.2　标准试块加工应符合下列要求：

a)　钻或铰出的孔应该平行于测试表面；

b)　试块的长度、高度、宽度、孔层之间的空间和孔层与样条边缘之间的距离不得小于图 A.1 中的尺寸；

c)　孔径：(1±0.15)mm。

A.3　标准试块尺寸精度应符合本标准的要求，并应经检验合格。

附 录 B
（资料性附录）
特征图谱

B.1 正常焊接

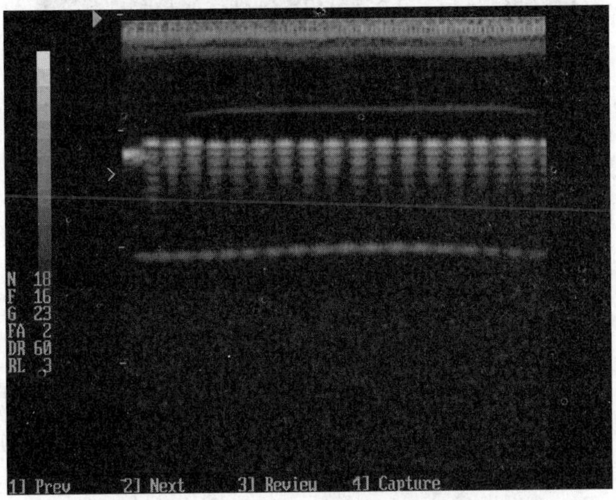

图 B.1 正常焊接接头超声图谱

正常焊接电熔接头超声图像电阻丝排布规整，没有明显错位现象；电熔管件内壁与管材外壁融为一体，熔合面没有间隙和孔洞。除电阻丝外，超声图像还显示出清晰的内、外冷焊区界面及管材内壁面的回波信号。

B.2 熔合面夹杂

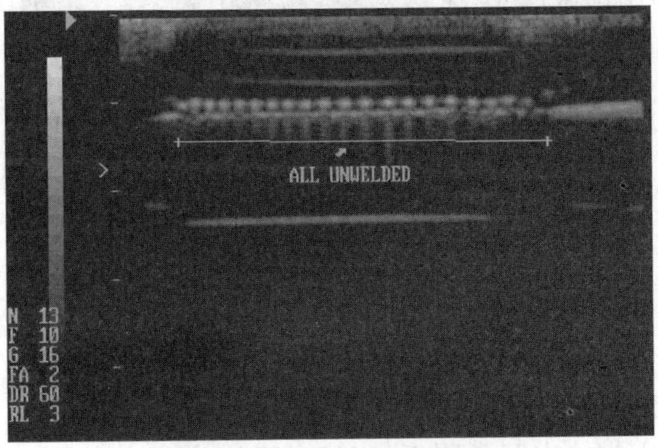

图 B.2 未熔合接头超声图谱

熔合面夹杂属于面积型缺陷。在电熔接头超声图像熔合面缺陷出现在在电阻丝下端一定距离处，其位置基本与内、外冷焊区界面反射的信号线平行；由于熔合面上的信号会受到电阻丝信号的干扰，所以缺陷信号出现在相邻两电阻丝信号之间。

B.3 电阻丝错位

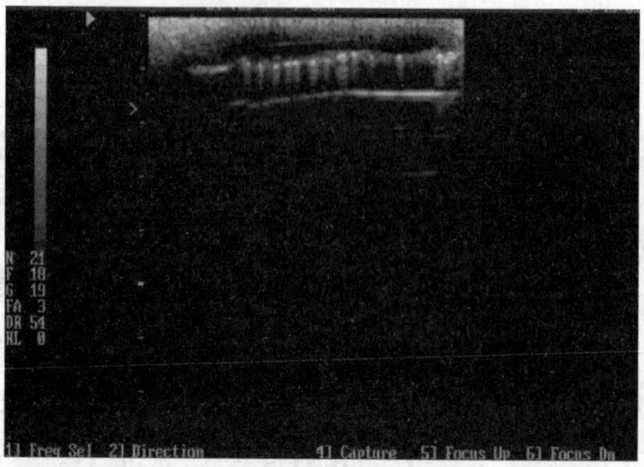

图 B.3 电阻丝错位接头超声图谱

金属丝错位指原先均匀排布的电阻丝在焊接后发生了水平或垂直方向的位移。在电熔接头超声图像中，可通过判断检测截面上电阻丝的相对位置变化，从而判断电阻丝的错位情况。

B.4 孔洞

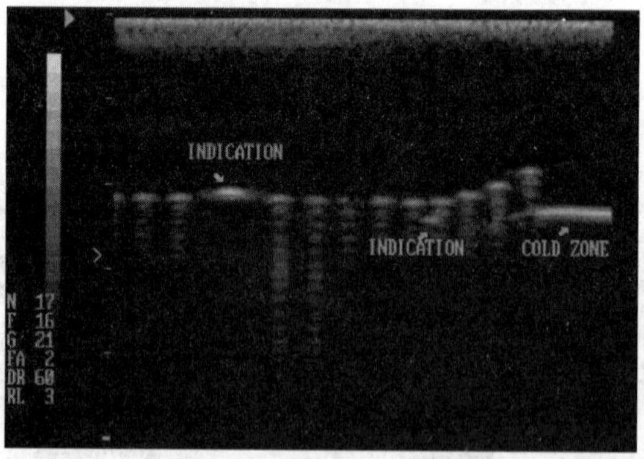

图 B.4 电阻丝周围含孔洞接头超声图谱

孔洞一般出现在电阻丝上端或电阻丝附近，当较大规格的电接接头焊接时间较长时，孔洞会出现在两电阻丝之间。

B.5 管件上的孔洞

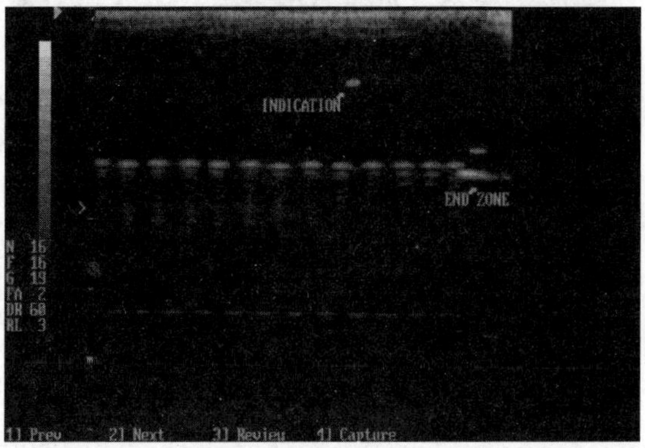

图 B.5 管件上含孔洞的超声图谱

此类孔洞与电熔连接并无关系，出现在加热电阻丝信号的远上端处。

B.6 冷焊

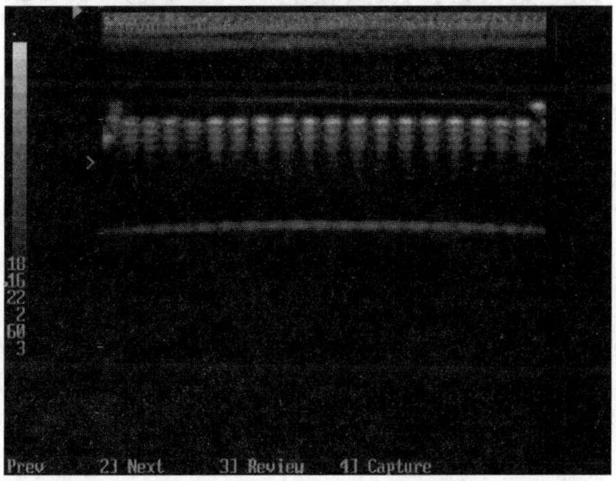

图 B.6 冷焊焊接电熔接头超声图谱

冷焊焊接电熔接头超声图像中，特征线与电阻丝之间的距离小于正常焊接接头中特征线与电阻丝之间的距离。

B.7 过焊

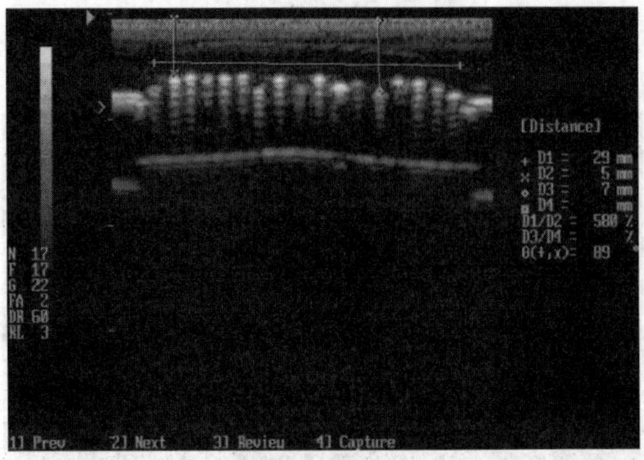

图 B.7 过焊焊接电熔接头超声图谱

电熔接头如果输入热量过长会造成过焊，在电熔接头超声图像中过焊主要呈现以下主要特征：

a) 电阻丝错位；

b) 管材内壁面出现较明显的弯曲；

c) 在接头中容易产生孔洞。

B.8 边界信号

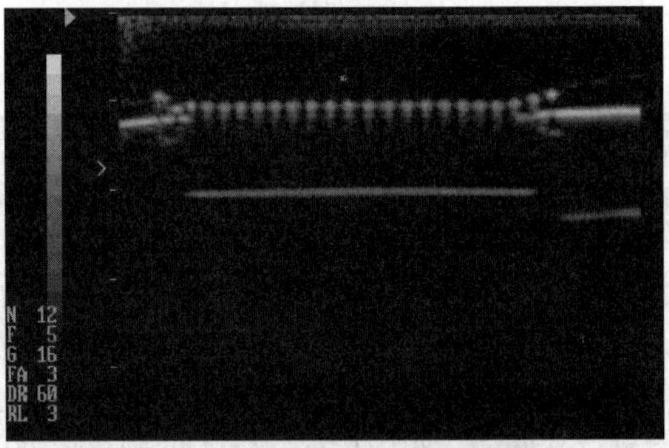

图 B.8 电熔管件的边界信号

通常电熔接头在边界总不是完美的，电熔接头内、外冷焊区界面会形成边界信号，这些信号不应该被包括在判定信号里。

ICS 23.060.99
J 98

GB

中华人民共和国国家标准

GB/T 29462—2012

电站堵阀

Isolation valve for power station

2012-12-31 发布　　2013-07-01 实施

中华人民共和国国家质量监督检验检疫总局
中国国家标准化管理委员会　发布

前　言

本标准按照 GB/T 1.1—2009 给出的规则起草。

本标准使用重新起草法参考 ASME B16.34《法兰、螺纹和焊接端连接的阀门》编制，与 ASME B16.34 的一致性程度为非等效。

本标准由全国锅炉压力容器标准化技术委员会(SAC/TC 262)提出并归口。

本标准起草单位：青岛电站阀门有限公司、杭州华惠阀门有限公司、武汉锅炉集团阀门有限责任公司、华夏阀门有限公司、哈电集团哈尔滨电站阀门有限公司、上海发电设备成套设计研究院。

本标准起草人：钟立生、陈立龙、冯燕、孙维珂、万胜军、薛珍、陈秀彬、李清兵。

本标准为首次发布。

电 站 堵 阀

1 范围

本标准规定了电站堵阀的术语和定义、订货要求、结构型式、技术要求、试验方法和检验规则、标志、包装、保管、运输、交付文件和使用维修等内容。

本标准适用于以下参数范围的电站锅炉的主蒸汽和再热器系统水压试验用堵阀。

a) 公称压力 PN4.0 MPa～63.0 MPa，最高工作温度不大于 450 ℃；

b) 工作压力 P4.0 MPa～32.0 MPa，最高工作温度不大于 620 ℃；

c) 公称尺寸 DN 175～DN 1 200。

2 规范性引用文件

下列文件对于本文件的应用是必不可少的。凡是注日期的引用文件，仅注日期的版本适用于本文件。凡是不注日期的引用文件，其最新版本(包括所有的修改单)适用于本文件。

GB/T 228 金属材料 室温拉伸试验方法

GB/T 700 碳素结构钢

GB/T 4336 碳素钢和中低合金钢 火花源原子发射光谱分析方法(常规法)

GB/T 9443 铸钢件渗透探伤及缺陷显示痕迹的评级方法

GB/T 9444 铸钢件磁粉探伤及质量评级方法

GB/T 12228 通用阀门 碳素钢锻件技术条件

GB/T 12229 通用阀门 碳素钢铸件技术条件

JB/T 106 阀门的标志和涂漆

JB/T 1613 锅炉受压元件 焊接技术条件

JB/T 3595 电站阀门 一般要求

JB/T 4018 电站阀门型号编制方法

JB/T 4730.1 承压设备无损检测 第1部分：通用要求

JB/T 4730.2 承压设备无损检测 第2部分：射线检测

JB/T 5263 电站阀门铸钢件技术条件

JB/T 6440 阀门受压铸钢件射线照相检测

JB/T 6903 阀门锻钢件超声波检查方法

JB/T 9625 锅炉管道附件承压铸钢件技术条件

JB/T 9626 锅炉锻件 技术条件

ASME B16.34 法兰、螺纹和焊接端连接的阀门(Valves flanged，threaded and welding end)

ASME BPVC Section II Part D ASME 锅炉和压力容器规范 第Ⅱ卷：材料 D部分：性能(公制)[ASME Boiler & Pressure Vessel Code—Section 2：Materials—Part D：Properties (Customary)]

ASTM A182 高温用锻制或轧制合金钢公称管道法兰、锻制管配件、阀门和零件(Standard specification for forged or rolled alloy and stainless steel pipe flanges，forged fittings，and valves and parts for high temperature service)

DIN EN 10028 压力容器用钢扁平产品(Flat products made of steels for pressure purposes)

3 术语和定义

下列术语和定义适用于本文件。

3.1

堵阀 isolation valve

一种由堵板和导流套可互换的既可用于水压试验又可作为管道使用的双功能装置。

3.2

导流套 flow guide

当堵阀用作管道使用时用来保护阀座密封面并降低流阻的部件。

4 订货要求

用户在订货时,应提供以下要求:

a) 工作条件;

b) 结构长度和端部连接;

c) 配管外径、内径及材质;

d) 其他要求。

为便于买方订货和咨询,基本订货要求指南参见附录 A。

5 结构型式

堵阀的典型结构型式如图 1(推荐)。

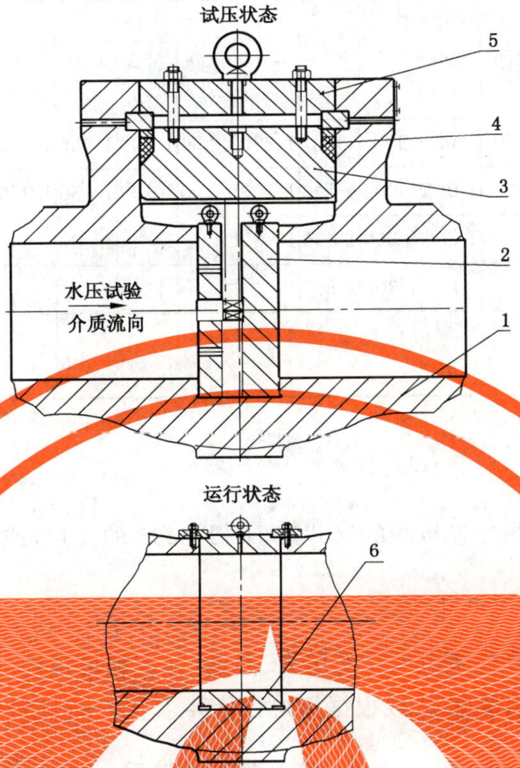

说明：

1——阀体；

2——堵板；

3——阀盖；

4——密封圈；

5——盖板；

6——导流套。

图 1　堵阀的典型结构型式

6　技术要求

6.1　总则

堵阀的总体设计要符合安全、可靠以及零部件可互换的便利和再使用的功能。

6.2　压力-温度额定值

堵阀的压力-温度额定值按 JB/T 3595 或 ASME B16.34 的规定。

6.3　结构长度

结构长度及长度公差应符合表 1 的规定，或符合制造厂与用户协商确定的其他尺寸。

表 1 堵阀结构长度

单位为毫米

公称尺寸DN		175	200	225	250	275	300	350	400	450	500	550	600	650	700	800	850	900	1 000	1 200
系列号	1			850	850	850	900	900	900	1 200	1 250	1 300	1 350	1 400	1 500	1 600	1 750	1 800	2 000	
	2		850			900	1 000	1 000	1 100	1 100	1 100	1 100	1 150	1 350	1 600					
	3					1 100	1 300	1 300	1 300	1 300			1 300		1 650					
	4							1 300	1 300											
长度公差		±1.5				±3.0								±4.0						

6.4 连接端

堵阀一般采用焊接连接，焊接连接端的尺寸按 JB/T 3595 的规定，或按订货合同要求。

6.5 材料

6.5.1 堵阀承压件的材料选择应考虑承受的压力、温度、强度和可焊性。

6.5.2 主要零部件的常用材料见表 2，或根据用户订货要求。

表 2 堵阀材料的选用

零部件名称	材料		
	名　称	牌　号	标准号
阀体 阀盖	碳素钢铸件	WCB、ZG230-450	GB/T 12229 JB/T 9625
	碳素钢锻件	25、A105	ASTM A182 GB/T 12228
	合金钢铸件	WC1、WC6、WC9、C12A	JB/T 5263
		ZG20CrMo、ZG20CrMoV、ZG15Cr1Mo1V	JB/T 9625
	合金钢锻件	F22、F91、F92	ASTM A182
		15NiCuMoNb5	DIN EN 10028
堵板	碳钢	25、Q235-B	JB/T 9626 GB/T 700
导流套	碳钢	25	JB/T 9625
	铬钼钢	15CrMo	
	铬钼钒钢	12Cr1MoV	
	合金钢铸件	WC1、WC6、WC9、C12A	JB/T 5263
		ZG20CrMo、ZG20CrMoV、ZG15Cr1Mo1V	JB/T 9625
	合金钢锻件	F22、F91、F92	ASTM A182
		15NiCuMoNb5	DIN EN 10028

6.5.3　材料的化学成分和力学性能应符合相应材料标准的规定，主要承压元件毛坯（阀体、阀盖、堵板）必须具有材料化学成分及力学性能报告。

6.5.4　阀体的连接端应与管道材料一致。

6.6　阀体、阀盖

6.6.1　阀体可以是整体铸造或锻造焊接成型的。

6.6.2　若阀体（属锻焊结构）需要采用焊接时，阀体的材料可不相同，阀体的焊接应当按 JB/T 1613 的规定，并按材料的特性进行相应的热处理。

6.6.3　使用高强度耐热材料，阀体最小壁厚超出 ASME B16.34 要求范围的，可参照以下设计计算公式进行计算：

$$S=\frac{PD}{2[\sigma]-P}+C$$

式中：

S ——阀体壁厚，单位为毫米（mm）；

P ——工作压力，单位为兆帕（MPa）；

$[\sigma]$——阀体材料在工作温度下的许用应力，单位为兆帕（MPa）；

D ——计算截面内径，单位为毫米（mm）；

C ——阀体壁厚附加量，单位为毫米（mm），其数值根据壁厚选取：

$S-C\leqslant 10$ 时，$C=6$；　$S-C\leqslant 20$ 时，$C=4$；　$S-C\leqslant 30$ 时，$C=3$；　$S-C\leqslant 40$ 时，$C=2$。

许用应力可参照 ASME BPVC Section II Part D 中的“强制性附录”要求选取。允许根据标准采用中间压力级别，计算方法采用线性插值法。

6.6.4　阀座的内径应与阀体流道的内径一致。阀体密封座的内径与管道内径之比（缩口比）不得小于 0.9。

6.6.5　对于阀体上阀座密封面采用奥氏体不锈钢材料或堆焊耐蚀合金时，密封面堆焊层的厚度不小于 2 mm。单独加工的阀体阀座圈可以用焊接的方式固定在阀体上。

6.7　无损检测

6.7.1　无损检测人员要求和工艺要求按 JB/T 4730.1 的规定。

6.7.2　承压锻件应按 JB/T 6903 逐件进行超声波检测，合格等级应符合 2 级的规定。

6.7.3　承压铸件应按 JB/T 6440 逐件进行射线检测，检测部位见附录 B，合格等级应符合 2 级的规定。

6.7.4　承压铸件渗透检验应按 GB/T 9443 的规定，磁粉检验应按 GB/T 9444 的规定，合格等级均应符合三级的规定。

6.7.5　所有焊接连接端及锻焊结构的堵阀，焊接端部位及锻焊结构的焊缝须按 JB/T 4730.2 进行检测，射线照相的质量要求不低于 AB 级，检查结果符合Ⅱ级规定。

6.8　压力试验

6.8.1　应按 JB/T 3595 的规定逐件进行强度试验和密封试验。

6.8.2　强度试验持续时间见表 3。在试验压力的最短持续时间后，在阀体和阀盖的各个部位，不得有可见渗漏。

表 3　壳体试验持续时间　　单位为分钟

公称尺寸	175≤DN≤250	250<DN≤600	DN>600
持续时间	≥5	≥10	≥15

6.8.3 密封试验持续时间不小于 3 min，且不应有渗漏。

7 试验方法和检验规则

7.1 总则

如果在订货合同中没有规定其他附加的检验要求，买方的检验内容限于：

a) 使用非破坏检验方法，在装配过程中对阀门进行检验；

b) 审查"加工记录"、"热处理记录"等；

c) 审查"无损检测记录"(按 6.7 的要求)；

d) 压力试验。

7.2 试验方法

7.2.1 压力试验

压力试验方法按 JB/T 3595 的规定。

7.2.2 壳体壁厚测量

阀体流道和中腔及阀盖部位的壁厚用测厚仪或专用卡尺测量。

7.2.3 材质成分分析

阀体、阀盖等承压件的复验按 GB/T 4336 的规定。

7.2.4 阀体、阀盖等承压件材质力学性能

阀体、阀盖等承压件同炉号、同批热处理的试棒按 GB/T 228 规定的方法。

7.2.5 无损检测

无损检测按 GB/T 9443、GB/T 9444、JB/T 4730.2、JB/T 6440 和 JB/T 6903 的方法。

7.3 检验规则

7.3.1 出厂前，应逐台进行出厂检验，检验合格方可出厂。

7.3.2 出厂检验和型式试验按表 4 的规定。

表 4 检验项目、技术要求和试验、检验方法

序号	检验项目	检验类别		技术要求	试验和检验方法
		出厂检验	型式试验		
1	尺寸	√	√	按图样	测量工具 进行检测
2	壳体试验	√	√	符合 6.8.2	符合 7.2.1
3	密封试验	√	√	符合 6.8.3	符合 7.2.1
4	阀体壁厚测量	√	√	符合本标准 6.6.3	符合 7.2.2
5	材质成分分析	—	√	符合 7.2.3	有关材料检验标准
6	材质力学性能	—	√	符合 7.2.4	符合 7.2.4

表 4（续）

序号	检验项目	检验类别		技术要求	试验和检验方法
		出厂检验	型式试验		
7	阀体标志检查	√	√	符合 8.1.2	符合 8.1.2
8	铭牌内容检查	√	√	符合 8.1.3	符合 8.1.3
9	无损检测	√	√	符合 6.7	符合 6.7
注：“√”为检验项目，“—”为非检验项目。					

7.4 型式试验

7.4.1 有下列情况之一时，一般要进行型式试验：

a) 试制新产品定型鉴定时；

b) 正式生产后，如结构、材料、工艺有较大改变可能影响产品性能时；

c) 国家有关安全技术规范有进行型式试验要求时。

7.4.2 型式试验时采用抽样的方式，抽样可以在生产线的终端经检验合格的产品中随机抽取，也可以在产品成品库中随机抽取，或者从已供给用户但未使用并保持出厂状态的产品中随机抽取。

8 标志、包装、保管和运输

8.1 标志

8.1.1 阀门的型号编制方法应符合 JB/T 4018 的规定。

8.1.2 阀门的标志应符合 JB/T 106 的规定。

8.1.3 阀门的铭牌应至少包含下列内容：

a) 制造商名称和商标；

b) 产品的名称、型号及公称尺寸；

c) 产品编号、特种设备(压力管道元件)制造许可证号；

d) 公称压力 PN(MPa)或工作压力 p(MPa)、最高工作温度 t(℃)；

e) 阀体材质；

f) 制造日期。

8.2 包装

8.2.1 阀门的识别涂漆应符合 JB/T 106 的规定，或按订货合同的要求。

8.2.2 阀门的出、入口焊接端和内腔应用塞子或盖板等加以保护，且应易于装拆。

8.2.3 导流套及附件应与产品一起装箱，对体积较大的阀体，可不装箱包装，但要保证运输不致受损。

8.3 保管、运输

8.3.1 阀门应保存在干燥、通风和易吊装的室内，按要求堆放整齐。不允许露天存放或任意堆置。

8.3.2 在运输过程中阀门应水平放置，箱内阀门和附件应予以固定，以保证运输中不致受损。

9 交付文件

随阀门的交付文件应包括特种设备(压力管道元件)制造许可证复印件、产品质量证明书、产品合格证、产品使用说明书、产品总图和装箱清单等。

产品质量证明书应包含下列内容:

a) 材料质量证明书;

b) 无损检测报告;

c) 压力试验报告。

10 使用维修

10.1 安装使用

10.1.1 堵阀的出、入口端与配管均采用焊接形式连接安装,必要时可采用过渡管来实现堵阀与配管材质的可焊性。

10.1.2 堵阀应水平安装,安装位置应便于零部件的吊装和功能的互换。

10.1.3 安装时堵阀的标志箭头方向应与工况介质的流向一致。

10.1.4 阀门作为水压试验用时应将堵板装入,实现堵阀的第一功能。

10.1.5 阀门作为管道使用时应将堵板取出,装入导流套,实现堵阀的第二功能。

10.2 维护修理

10.2.1 为便于再次实现功能和互换,堵阀在完成水压试验功能后取出堵板,并应妥善保存好堵板和专用O型密封圈。

10.2.2 阀门作为管道使用时应将导流套装入阀内,以保护堵阀的密封面,延长堵阀的寿命。

10.2.3 阀门的工作参数应严格按材料-压力-温度的标准指标运行。

10.2.4 阀门的修理和焊接,包括补焊、堆焊、研磨等,应由制造厂、制造厂授权的代表或经专业培训取得相应焊工资格的人员来执行。

10.2.5 修理阀门的关键零部件应由原制造厂提供,或由满足原技术要求的代理机构来制造。关键零件有专用O型密封圈和自紧密封圈。

附 录 A
（资料性附录）
订货要求

订货合同主要参数见表 A.1。

表 A.1 订货合同主要参数

工作条件 制造标准：________ 安装的位置：________ 公称尺寸 DN(mm)：________ 公称压力 PN(MPa)：________ 最高工作压力(MPa) ________ 最高工作温度(℃)：________ 使用介质：________ 机组整体水压试验参数： 试验压力(MPa)：________ 试验温度(℃)：________ 试验介质：________
结构长度和端部连接 结构长度的要求：________ 进口管：外径(OD)mm ________ 内径(ID)mm ________ 材质 ________ 出口管：外径(OD)mm ________ 内径(ID)mm ________ 材质 ________ 连接方式：焊接：________ 焊接坡口形式和技术要求：________
主要零件材料 阀体：________ 阀盖：________ 其他：________
其他要求 ________ ________ ________ ________ ________ ________ ________

附 录 B
（规范性附录）
阀门承压铸件射线检测重点部位

B.1 阀门承压铸件射线检测重点部位如图 B.1 中阴影部分所示。

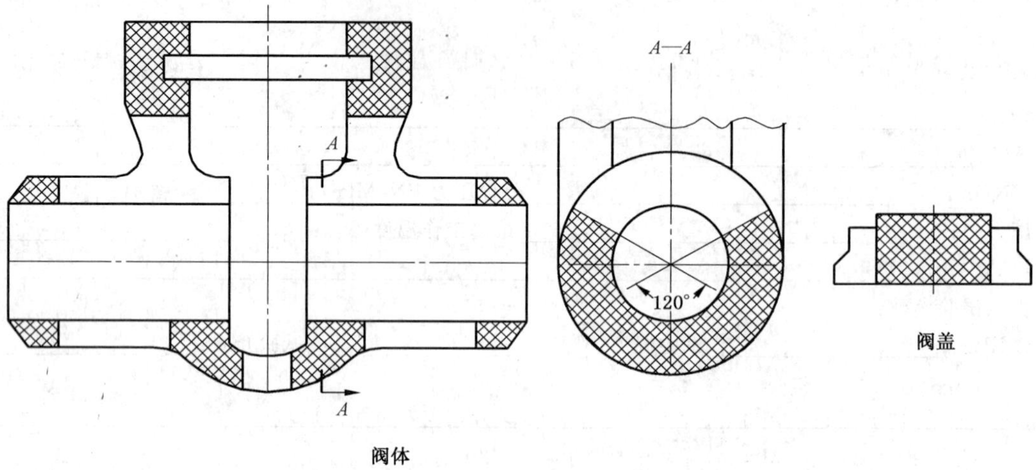

图 B.1

ICS 21.140
J 22

中华人民共和国国家标准

GB/T 29463.1—2012

管壳式热交换器用垫片 第1部分:金属包垫片

Gaskets used in tube-shell heat exchangers—Part 1:Metallic jacketed gaskets

2012-12-31 发布 2013-07-01 实施

中华人民共和国国家质量监督检验检疫总局
中国国家标准化管理委员会 发布

前　言

GB/T 29463《管壳式热交换器用垫片》分为3个部分：

——第1部分：金属包垫片；

——第2部分：缠绕式垫片；

——第3部分：非金属软垫片。

本部分为GB/T 29463的第1部分。

本部分按照GB/T 1.1—2009给出的规则起草。

本部分由全国锅炉压力容器标准化技术委员会(SAC/TC 262)提出并归口。

本部分起草单位：甘肃蓝科石化高新装备股份有限公司、上海蓝滨石化设备有限责任公司。

本部分起草人：张延丰、邹建东。

管壳式热交换器用垫片 第1部分:金属包垫片

1 范围

GB/T 29463 的本部分规定了管壳式热交换器用金属包垫片的结构型式与尺寸。

本部分适用于设计压力为 0.25 MPa～6.4 MPa、设计温度为－20 ℃～450 ℃的管壳式热交换器用金属包垫片。

2 规范性引用文件

下列文件对于本文件的应用是必不可少的。凡是注日期的引用文件,仅注日期的版本适用于本文件。凡是不注日期的引用文件,其最新版本(包括所有的修改单)适用于本文件。

GB 151 管壳式换热器

GB/T 232 金属材料 弯曲试验方法

GB/T 539 耐油石棉橡胶板

GB/T 710 优质碳素结构钢热轧薄钢板和钢带

GB/T 2040 铜及铜合金板材

GB/T 2518 连续热镀锌钢板及钢带

GB/T 2520 冷轧电镀锡钢板及钢带

GB/T 3003 耐火材料 陶瓷纤维及制品

GB/T 3280 不锈钢冷轧钢板和钢带

GB/T 3880(所有部分) 一般工业用铝及铝合金板、带材

GB/T 3985 石棉橡胶板

JB/T 7758.2 柔性石墨板 第2部分:技术条件

3 术语与符号

3.1 术语和定义

GB 151 界定的以及下列术语和定义适用于本文件。

3.1.1

管箱垫片 bonnet gasket

管箱法兰与管板或平盖连接处的密封垫片,见图1。

3.1.2

浮头垫片 floating head gasket

浮头式热交换器的浮头法兰与浮头管板连接处的密封垫片,见图1。

3.1.3

管箱侧垫片 shell gasket next channel side

浮头式热交换器、U型管式热交换器管板与壳体法兰连接处的密封垫片,见图1。

3.1.4

外头盖垫片　rear head end gasket

浮头式热交换器的外头盖侧法兰与外头盖法兰连接处的密封垫片，见图1。

3.1.5

头盖垫片　cranium gasket

固定管板式热交换器的头盖与管板连接处的密封垫片，见图1。

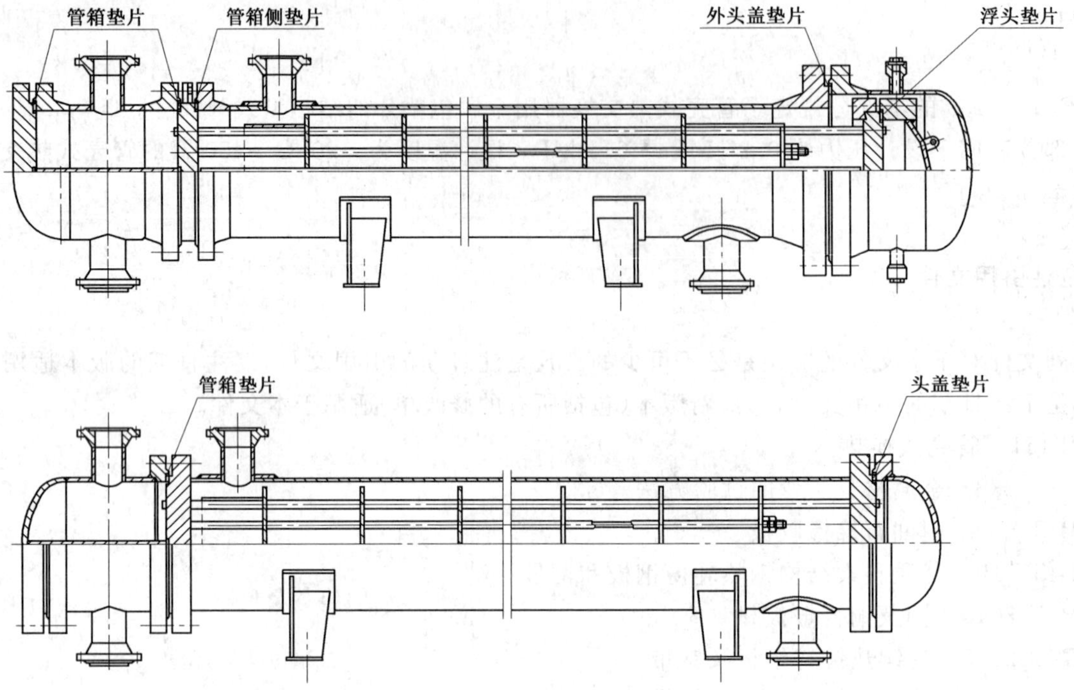

图 1

3.2　符号

D ——垫片外径，mm；

d ——垫片内径，mm；

W ——4管程、接管中心布置时，分程隔板中心距离，由图样规定或用户给出，mm；

W_A——6管程、A管、分程隔板中心距（管箱垫片及头盖垫片的 W_A 与浮头垫片的 W_A 相等），mm；

W_B——6管程、B管、分程隔板中心距（管箱垫片及头盖垫片的 W_B 与浮头垫片的 W_B 相等），mm。

注：超出 $\phi19$、$\phi25$ mm管径的 W 值由图样规定或用户给出。

3.3　垫片名称代号

3.3.1　垫片名称代号按表1的规定。

表 1

垫片名称	管箱垫片	浮头垫片	管箱侧垫片	外头盖垫片	头盖垫片
代号	G	F	C	W	T

3.3.2 管箱垫片、浮头垫片及头盖垫片应标注管程数。

3.3.3 6 管程热交换器的管箱垫片、浮头垫片及头盖垫片还应标注换热管规格，常用换热管规格代号如下：

A——表示外径为 ϕ19 mm 的钢管；

B——表示外径为 ϕ25 mm 的钢管。

3.4 垫片材料代号

3.4.1 金属材料的标准和代号应符合表 2 的规定。

表 2

金属板材	材料标准	代号	硬度(HB)(最大值)
1060(铝 L2)	GB/T 3880	1	40
08F	GB/T 710	2	90
镀锌薄钢板	GB/T 2518	3	90
镀锡薄钢板	GB/T 2520	4	183
铜 T2	GB/T 2040	5	187
06Cr13	GB/T 3280	6	187
06Cr19Ni10		7	187
06Cr17Ni12Mo2		8	187
其他	相应标准	9	

3.4.2 填料的标准和代号应符合表 3 的规定。

表 3

填　　料	填料标准	代号	使用温度/℃
石棉橡胶板	GB/T 3985	1	＞－20～400
耐油石棉橡胶板	GB/T 539	2	＞－20～350
柔性石墨板	JB/T 7758.2	3	＞－20～450
普通硅酸铝耐火纤维毡	GB/T 3003	4	＞－20～450
其他	相应标准	5	按图样或定货合同要求
注：普通硅酸铝耐火纤维毡，又称陶瓷纤维。			

3.5 金属包垫片型号表示方法

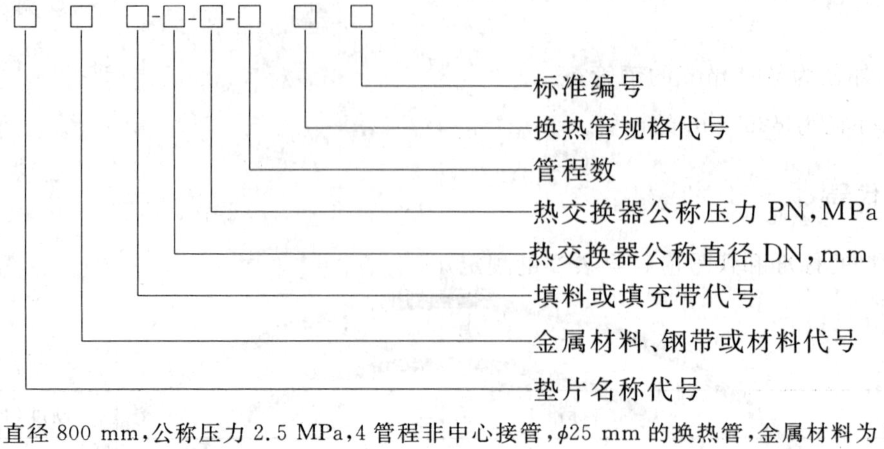

示例 1:公称直径 800 mm,公称压力 2.5 MPa,4 管程非中心接管,ϕ25 mm 的换热管,金属材料为 06Cr19Ni10,填充带为石棉橡胶板的管箱垫片：

包垫 G71-800-2.5-4B　GB/T 29463—2012

示例 2:公称直径 1 000 mm,公称压力 4.0 MPa,6 管程,ϕ19 mm 的换热管,金属材料为 06Cr13,填充带为石棉橡胶板的浮头垫片：

包垫 F61-1000-4.0-6A　GB/T 29463—2012

示例 3:公称直径 1 100 mm,公称压力 1.6 MPa,6 管程,ϕ25 mm 的换热管,金属材料为 06Cr17Ni12Mo2,填充带为石棉橡胶板的外头盖垫片：

包垫 W81-1100-1.6-6B　GB/T 29463—2012

示例 4:公称直径 900 mm,公称压力 1.6 MPa,4 管程中心接管,ϕ25 mm 的换热管,金属材料为 08F,填充带为石棉橡胶板的头盖垫片：

包垫 T21-900-1.6-4B　GB/T 29463—2012

4 垫片结构型式与基本尺寸

4.1 垫片结构型式按图 2 的规定。

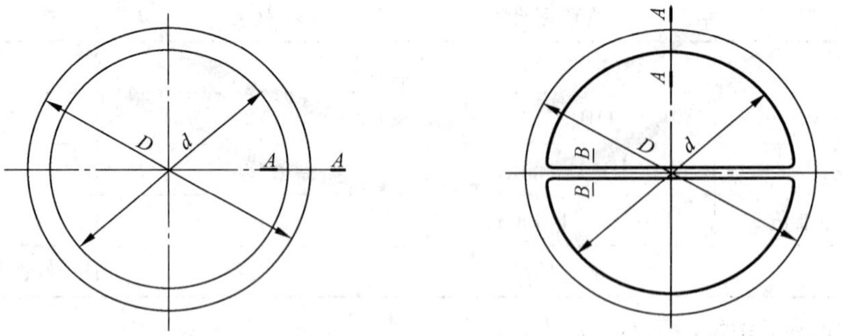

a) 1 管程管箱、管箱侧及外头盖垫片
2 管程浮头垫片;及头盖垫片

b) 2 管程管箱、4 管程浮头及头盖垫片

图 2

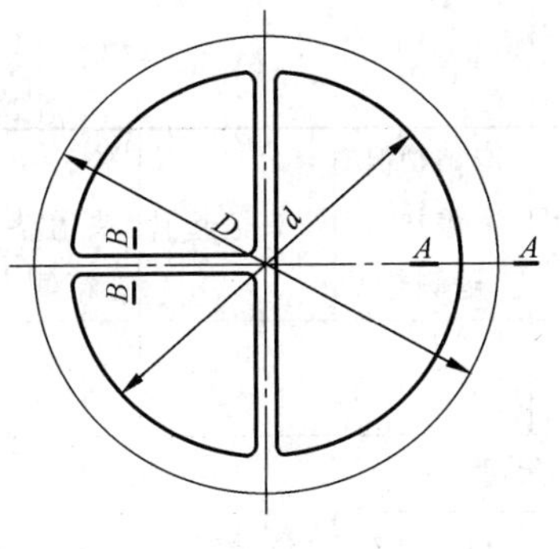

非中心接管

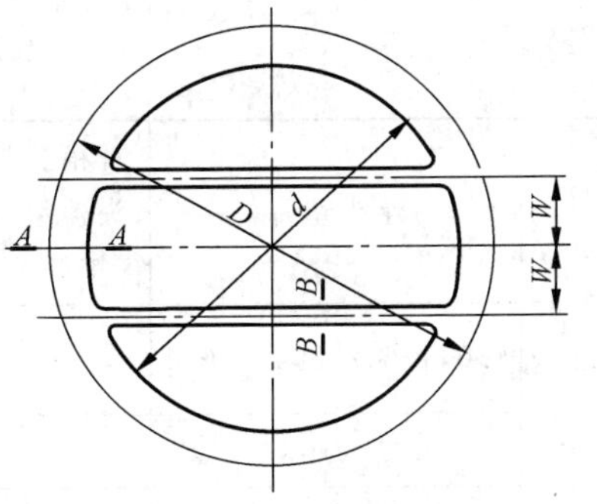

中心接管

c） 4管程管箱垫片

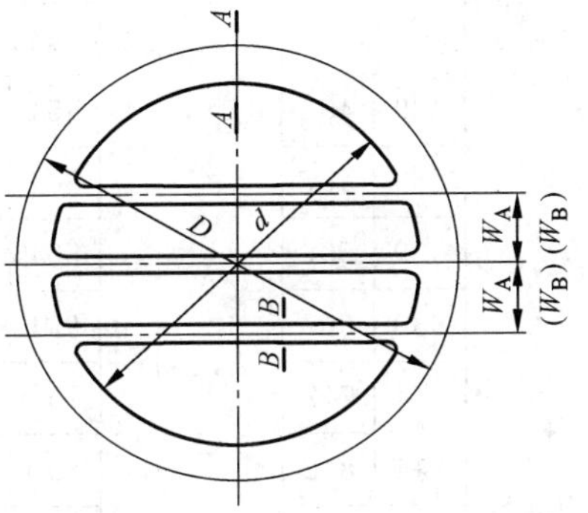

d） 6管程管箱垫片

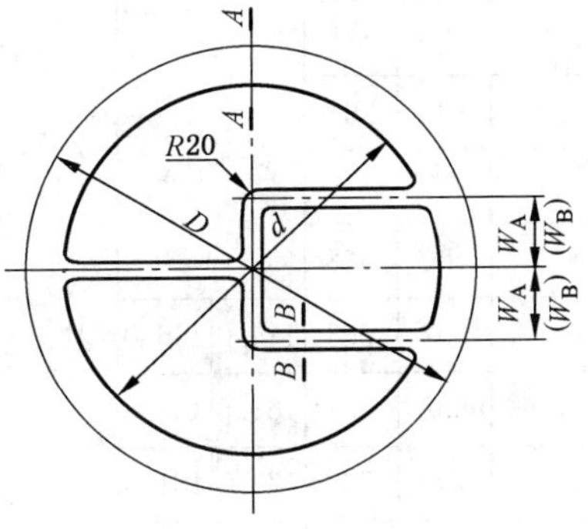

e） 6管程浮头垫片及头盖垫片

A—A

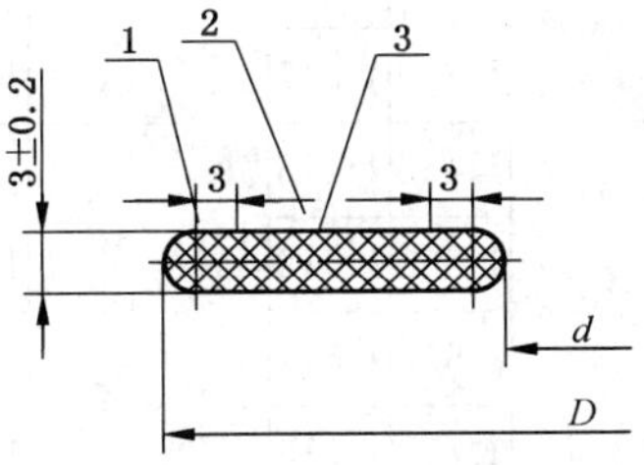

B—B

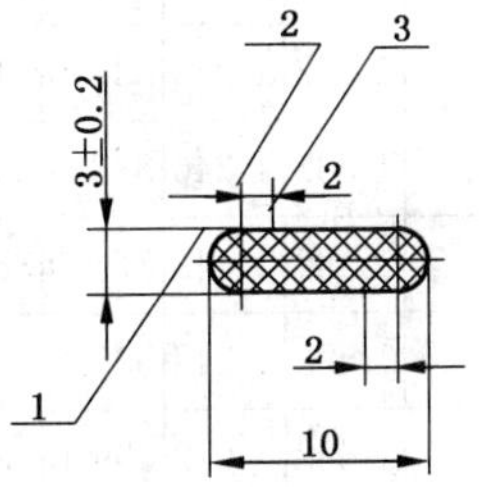

说明：

1——垫片外壳；

2——垫片盖；

3——填料。

图2（续）

4.2 垫片基本参数见表4。

表 4

垫片名称	浮头垫片				管箱垫片 头盖垫片 管箱侧垫片		外头盖垫片		管箱垫片 头盖垫片 管箱侧垫片		外头盖垫片		管箱垫片 头盖垫片 管箱侧垫片		外头盖垫片	
公称压力 PN/MPa	1.0,1.6,2.5,4.0,6.4				0.25				0.6				1.0			
公称直径 DN/mm	尺寸															
	D	d	W_A	W_B	D	d	D	d	D	d	D	d	D	d	D	d
159[a]																
219[a]	—												—			
273[a]									—						—	
325[a]	298	278	—										354	322		
426[a]、400	392	368							439	407			454	422	554	522
450	—								489	457			504	472	—	
500	492	468			—				539	507			554	522	654	622
600	592	568	144.0	136.0			—		639	607	—		654	622	754	722
700	692	668	161.5	158.5					744	712			754	722	854	822
800	792	760	179.5	181.0					844	812			854	822	954	922
900	892	860	215.0	226.0					944	912			954	922	1 054	1 022
1 000	992	960	232.5	249.0					1 044	1 012			1 054	1 022	1 155	1 115
1 100	1 092	1 056	268.0	271.5					1 140	1 104			1 155	1 115	1 255	1 215
1 200	1 192	1 156	285.5	294.0					1 240	1 204			1 255	1 215	1 355	1 315
1 300	1 282	1 246	321.0	317.0	1 340	1 308			1 355	1 315			1 355	1 315	1 455	1 415
1 400	1 382	1 346	338.5	339.5	1 440	1 408			1 455	1 415			1 455	1 415	1 555	1 515
1 500	1 482	1 442	374.0	362.0	1 540	1 508			1 555	1 515			1 555	1 515	1 655	1 615
1 600	1 582	1 542	391.5	384.5	1 640	1 608			1 655	1 615			1 655	1 615	1 755	1 715
1 700	1 682	1 642	409.0	430.0	1 740	1 708			1 755	1 715	—		1 755	1 715	1 855	1 815
1 800	1 782	1 742	427.0	452.5	1 840	1 808			1 855	1 815			1 855	1 815	1 977	1 937
1 900	—				1 940	1 900			1 955	1 915			1 977	1 937	2 077	2 037
2 000	—				2 040	2 000			2 055	2 015			2 077	2 037	—	

表 4(续)

垫片名称	管箱垫片 头盖垫片 管箱侧垫片		外头盖垫片		管箱垫片 头盖垫片 管箱侧垫片		外头盖垫片		管箱垫片 头盖垫片 管箱侧垫片		外头盖垫片		管箱垫片 头盖垫片 管箱侧垫片		外头盖垫片	
公称压力 PN/MPa	1.6				2.5				4.0				6.4			
公称直径 DN/mm	尺寸															
	D	d	D	d	D	d	D	d	D	d	D	d	D	d	D	d
159[a]	202	178	—	—	202	178	—	—	202	170	—	—	202	166	—	—
219[a]	258	234	—	—	258	234	—	—	258	220	—	—	258	222	—	—
273[a]	312	288	—	—	312	288	—	—	212	280	—	—	312	276	—	—
325[a]	354	322	—	—	354	322	454	422	365	325	465	425	365	325	—	—
426[a]、400	454	422	554	454	454	422	565	525	465	425	565	525	465	425	587	547
450	504	472	—	—	504	472	—	—	515	475	—	—	—	—	—	—
500	554	522	654	622	565	525	665	625	565	525	665	625	587	547	699	649
600	654	622	765	725	665	625	765	725	665	625	787	747	699	649	818	768
700	765	725	865	825	765	725	865	825	787	747	887	847	818	768	918	868
800	865	825	965	925	865	825	987	947	887	847	999	949	918	868	—	—
900	965	925	1 065	1 025	987	947	1 087	1 047	999	949	1 099	1 049	—	—	—	—
1 000	1 065	1 025	1 155	1 115	1 087	1 047	1 177	1 137	1 099	1 049	1 208	1 158	—	—	—	—
1 100	1 155	1 115	1 255	1 215	1 177	1 137	1 277	1 237	1 208	1 158	1 308	1 258	—	—	—	—
1 200	1 255	1 215	1 355	1 315	1 277	1 237	1 377	1 337	1 308	1 258	1 408	1 358	—	—	—	—
1 300	1 355	1 315	1 455	1 415	1 377	1 337	1 477	1 437	1 408	1 358	1 508	1 458	—	—	—	—
1 400	1 455	1 415	1 577	1 537	1 477	1 437	1 589	1 539	1 508	1 458	1 608	1 558	—	—	—	—
1 500	1 577	1 537	1 677	1 637	1 589	1 539	1 689	1 639	1 608	1 558	1 708	1 658	—	—	—	—
1 600	1 677	1 637	1 777	1 737	1 689	1 639	1 808	1 758	1 708	1 658	—	—	—	—	—	—
1 700	1 777	1 737	1 877	1 837	1 808	1 758	1 908	1 858	—	—	—	—	—	—	—	—
1 800	1 877	1 837	1 989	1 939	1 908	1 858	2 008	1 958	—	—	—	—	—	—	—	—
1 900	1 989	1 939	2 089	2 039	2 008	1 958	2 108	2 058	—	—	—	—	—	—	—	—
2 000	2 089	2 039	—	—	2 108	2 058	—	—	—	—	—	—	—	—	—	—

[a] 为采用钢管作筒体的公称直径(此公称直径系指钢管的外径)。

5 技术要求

5.1 金属材料及填料应符合相应标准的规定。

5.2 垫片用金属材料和填料应有质量证明书;无质量证明书或检验项目不符合要求者,制造厂应按相应标准进行复验,不合格的材料不得使用。

5.3 金属材料的厚度一般为0.25 mm,0.35 mm,0.50 mm。

5.4 垫片尺寸的极限偏差应符合图2和表5的规定。

表5

公称直径 DN/mm	外径 D	内径 d	W_A、W_B、W	厚度/mm
≤500	$^{0}_{-1.0}$	$^{+1.0}_{0}$	±0.5	±0.2
>500~≤1 200	$^{0}_{-1.5}$	$^{+1.5}_{0}$	±0.5	±0.2
>1 200	$^{0}_{-2.0}$	$^{+2.0}_{0}$	±0.8	±0.3

5.5 制作垫片时应尽量采用整张金属板。若因直径大、板宽度不够时允许拼接,其拼接接头数目按表6的规定。对接切口切割成45°,采用氩弧焊或气焊。对接焊缝必须打磨与母材平齐,焊接接头应按GB/T 232的规定进行冷弯试验,其弯曲半径为1.5 mm,弯曲角度为180°,冷弯试样的焊缝处及相邻母材不得出现裂纹。

表6

公称直径 DN/mm	800~1 200	1 300~1 500	1 600~2 000
接头数	2	3	4

5.6 填充带应采用同一厚度的材料充填,在整个截面上厚度应均匀一致。

5.7 垫片应平整、光滑、表面不允许有影响密封性能的径向贯通划伤、压痕、锈斑及凹凸不平等缺陷,密封面的平面度对于任何参考平面的最大偏差应不大于0.3 mm,且不得出现在小于20°弧的范围内。

6 检验

6.1 出厂检验

垫片应按技术要求逐片进行检验,检验合格后方可出厂。

6.2 型式检验

每种结构型式及尺寸的垫片应随机抽样进行一次型式检验,其抽样数量、测试项目和合格指标,由供需双方协商解决。

7 包装、贮存

7.1 合格证

经检验合格的产品，制造厂应填写产品合格证，并随同产品一起装箱发运，合格证主要应包括下列各项：

a) 产品标记；

b) 产品批号；

c) 制造日期；

d) 检验项目及检验结果；

e) 检验日期及检验者姓名或代号；

f) 制造厂名称；

g) 商标。

7.2 包装

7.2.1 垫片的包装方式由制造厂确定，但装箱后的垫片应符合下列规定：

a) 每个垫片上应系一有标记的铭牌；

b) 垫片应固定在包装箱内，包装箱任意放置时，垫片不得活动；

c) 箱内垫片数量由制造厂确定，但每箱毛重应不超过 80 kg；

d) 箱内应有有关人员签署的装箱单，装箱单上应注明标记、数量及装箱日期。

7.2.2 包装箱外应清晰地标明下列各项：

a) 产品名称；

b) 毛重、净重；

c) 发往地点及收货单位；

d) “小心轻放”字样；

e) “防潮”标志；

f) 制造厂名称。

7.3 贮存

垫片贮存期间应放置在常温、通风干燥的室内。防止日光照射，避免挤压、弯曲和靠近热源。

ICS 21.140
J 22

中华人民共和国国家标准

GB/T 29463.2—2012

管壳式热交换器用垫片 第2部分:缠绕式垫片

Gaskets used in tube-shell heat exchangers—Part 2:Spiral wound gasket

2012-12-31 发布　　2013-07-01 实施

中华人民共和国国家质量监督检验检疫总局
中国国家标准化管理委员会　发布

前　言

GB/T 29463《管壳式热交换器用垫片》分为3个部分：

——第1部分：金属包垫片；

——第2部分：缠绕式垫片；

——第3部分：非金属软垫片。

本部分为GB/T 29463的第2部分。

本部分按照GB/T 1.1—2009给出的规则起草。

本部分由全国锅炉压力容器标准化技术委员会(SAC/TC 262)提出并归口。

本部分起草单位：甘肃蓝科石化高新装备股份有限公司、上海蓝滨石化设备有限责任公司。

本部分主要起草人：张延丰、陈晓洲。

管壳式热交换器用垫片
第2部分:缠绕式垫片

1 范围

GB/T 29463 的本部分规定了缠绕式垫片的结构型式与尺寸。

本部分适用于设计压力为 0.25 MPa～6.4 MPa、工作温度－70 ℃～450 ℃的管壳式热交换器用缠绕式垫片。

本部分仅适用于凹凸密封面。

2 规范性引用文件

下列文件对于本文件的应用是必不可少的。凡是注日期的引用文件,仅注日期的版本适用于本文件。凡是不注日期的引用文件,其最新版本(包括所有的修改单)适用于本文件。

GB 151 管壳式换热器

GB/T 710 优质碳素结构钢热轧薄钢板及钢带

GB/T 3280 不锈钢冷轧钢板和钢带

GB/T 3985 石棉橡胶板

JB/T 4700 压力容器法兰分类与技术条件

JB/T 7758.2 柔性石墨板 第2部分:技术条件

QB/T 3628 螺纹密封用聚四氟乙烯生料带

YB/T 5059 低碳钢冷轧钢带

3 术语与符号

3.1 术语和定义

GB 151 界定的以及下列术语和定义适用于本文件。

3.1.1

管箱垫片 bonnet gasket

管箱法兰与管板或平盖连接处的密封垫片,见图1。

3.1.2

浮头垫片 floating head gasket

浮头式热交换器的浮头法兰与浮头管板连接处的密封垫片,见图1。

3.1.3

管箱侧垫片 shell gasket next channel side

浮头式热交换器、U型管式热交换器管板与壳体法兰连接处的密封垫片,见图1。

3.1.4

外头盖垫片 rear head end gasket

浮头式热交换器的外头盖侧法兰与外头盖法兰连接处的密封垫片,见图1。

3.1.5

头盖垫片　cranium gasket

固定管板式热交换器的头盖与管板连接处的密封垫片,见图1。

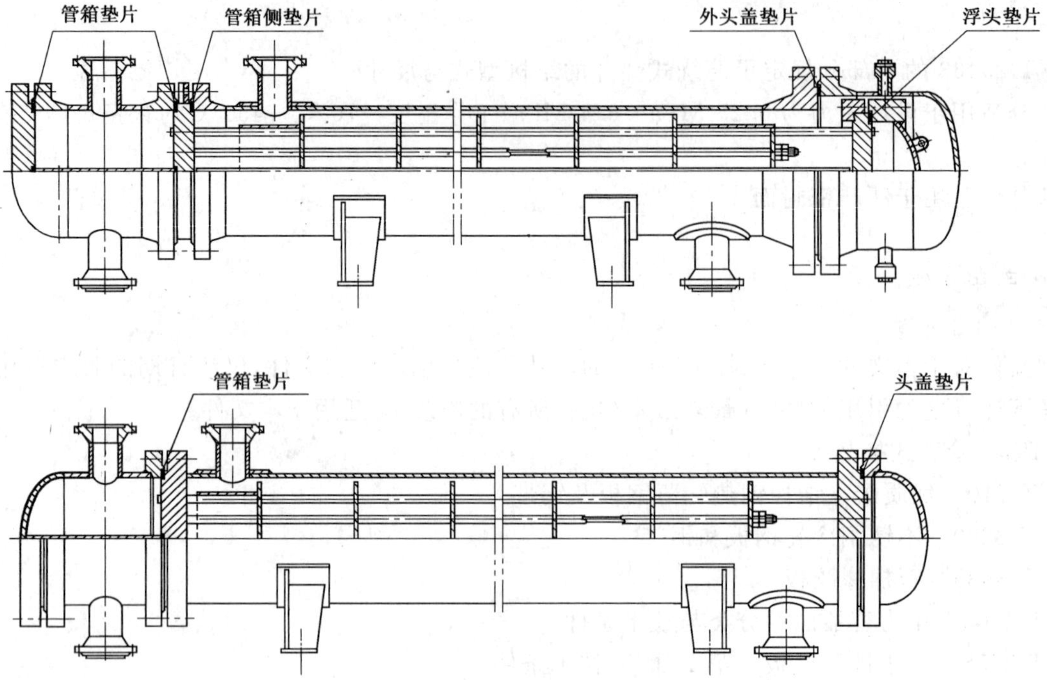

图 1

3.2　符号

D ——垫片外径,mm;

d ——垫片内径,mm;

W ——4管程、接管中心布置时,分程隔板中心距离,由图样或用户给出,mm;

W_A——6管程、A管、分程隔板中心距(管箱垫片及头盖垫片的W_A与浮头垫片的W_A相等),mm;

W_B——6管程、B管、分程隔板中心距(管箱垫片及头盖垫片的W_B与浮头垫片的W_B相等),mm。

注:超出ϕ19、ϕ25 mm管径的W值由图样规定或用户给出。

3.3　垫片名称代号

3.3.1　垫片名称代号按表1的规定。

表 1

垫片名称	管箱垫片	浮头垫片	管箱侧垫片	外头盖垫片	头盖垫片
代号	G	F	C	W	T

3.3.2　管箱垫片、浮头垫片及头盖垫片应标注管程数。

3.3.3 6 管程热交换器的管箱垫片、浮头垫片及头盖垫片还应标注换热管规格，换热管规格代号：

A——表示外径为 ϕ19 mm 的钢管；

B——表示外径为 ϕ25 mm 的钢管。

3.4 垫片材料代号

3.4.1 金属带牌号的标准和代号应符合表 2 的规定。

表 2

金属带材料	材料标准	代　号	硬度(HB)(最大值)
06Cr19Ni10	GB/T 3280	1	187
06Cr17Ni12Mo2		2	187
022Cr17Ni12Mo2		3	187
06Cr13		4	187
06Cr18Ni11Ti		5	187
06Cr17Ni12Mo2Ti		6	187
002Cr19Ni10		7	187
08F	GB/T 710、YB/T 5059	8	90
其他	相应标准	9	—

3.4.2 填充带的标准和代号应符合表 3 的规定。

表 3

填充带材料	填料标准	代号
石棉橡胶板	GB/T 3985	1
聚四氟乙烯	QB/T 3628	2
柔性石墨	JB/T 7758.2	3
其他	相应标准	4
填充带应符合 JB/T 4700—2000 中表 2 的要求。		

3.5 缠绕式垫片型号表示方法

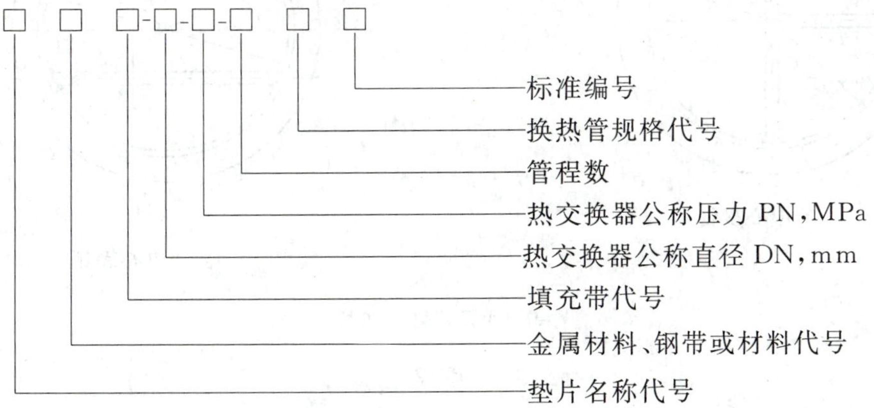

示例 1：公称直径 800 mm，公称压力 2.5 MPa，4 管程非中心接管，ϕ25 mm 的换热管，钢带为 06Cr19Ni10，填充带为石棉橡胶板的管箱垫片：

缠绕垫 G11-800-2.5-4B　GB/T 29463—2012。

示例 2：公称直径 1 000 mm，公称压力 4.0 MPa，6 管程 ϕ19 mm 的换热管，钢带为 022Cr17Ni12Mo2，填充带为聚四氟乙烯的浮头垫片：

缠绕垫 F32-1000-4.0-6A　GB/T 29463—2012。

示例 3：公称直径 900 mm，公称压力 1.6 MPa，6 管程，ϕ25 mm 的换热管，钢带为 06Cr19Ni10，填充带为柔性石墨的外头盖垫片：

缠绕垫 W13-900-1.6-6B　GB/T 29463—2012。

示例 4：公称直径 1 100 mm，公称压力 6.4 MPa，4 管程中心接管，ϕ19 mm 的换热管，钢带为 06Cr13(0Cr13)，填充带为柔性石墨的头盖垫片：

缠绕垫 T43-1100-6.4-4AW　GB/T 29463—2012。

4　垫片结构型式与基本尺寸

4.1　垫片结构型式按图 2 的规定。

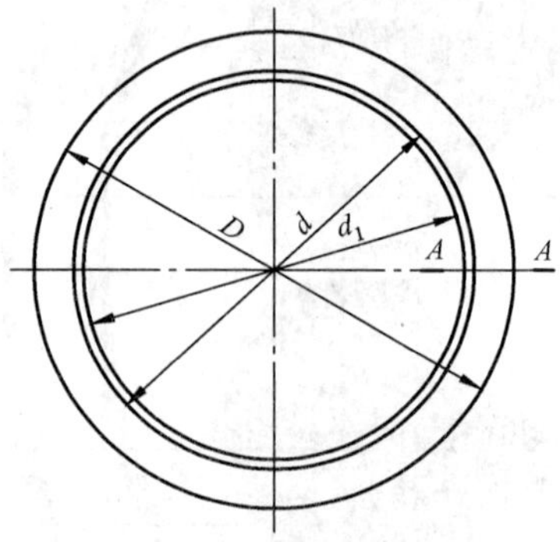

a)　1 管程管箱、管箱侧及外头盖垫片；
2 管程浮头、头盖垫片

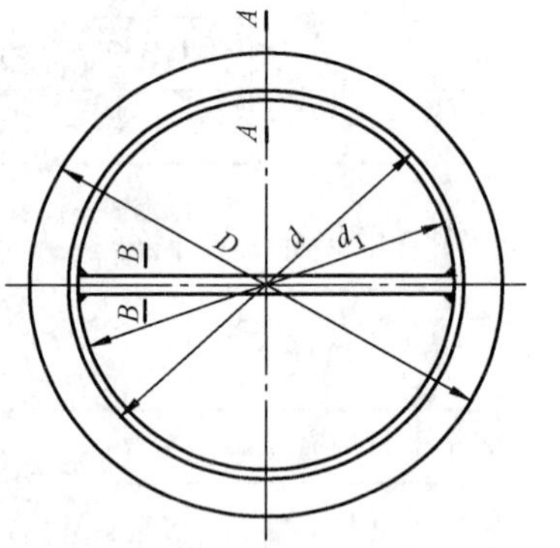

b)　2 管程管箱垫片、4 管程浮头、头盖垫片

非中心接管

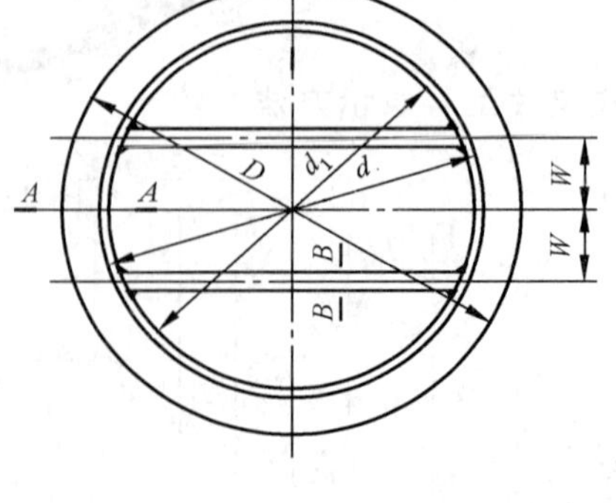

中心接管

c)　4 管程管箱垫片

图 2

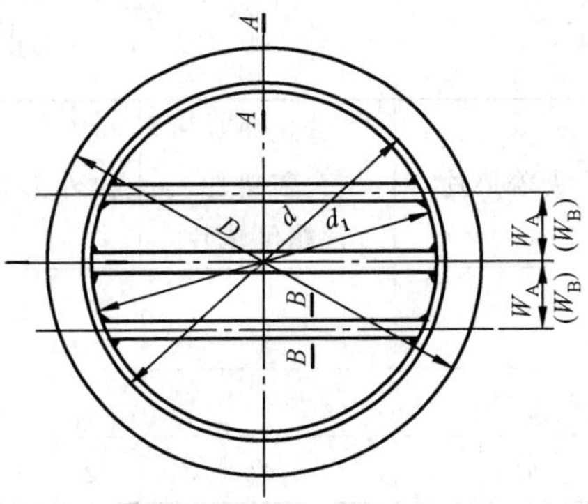

d） 6 管程管箱垫片

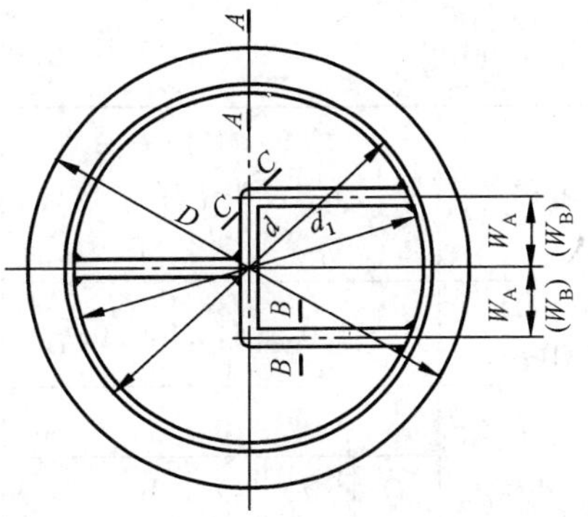

e） 6 管程浮头垫片及头盖垫片

说明：

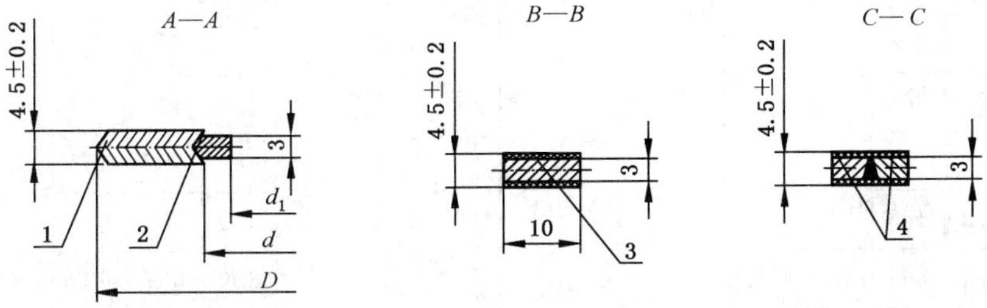

1——垫片本体；

2——内加强环(0Cr18Ni9 扁钢)；

3——金属带(0Cr18Ni9 钢板)；

4——柔性石墨。

图 2（续）

4.2 垫片基本参数见表 4。

表 4

垫片名称	浮头垫片					管箱垫片 头盖垫片 管箱侧垫片			外头盖垫片			管箱垫片 头盖垫片 管箱侧垫片			外头盖垫片		
公称压力 PN/MPa	1.0,1.6,2.5,4.0					0.25						0.6					
公称直径 DN/mm	尺寸																
	D	d	D_1	W_A	W_B	D	d	d_1	D	d	d_1	D	d	d_1	D	d	d_1
159[a]	—	—	—	—	—	—	—	—	—	—	—	—	—	—	—	—	—
219[a]	—	—	—	—	—	—	—	—	—	—	—	—	—	—	—	—	—
273[a]	—	—	—	—	—	—	—	—	—	—	—	—	—	—	—	—	—
325[a]	298	282	278	—	—	—	—	—	—	—	—	—	—	—	—	—	—
426[a]、400	392	372	368	—	—	—	—	—	—	—	—	439	407	403	—	—	—
450	—	—	—	—	—	—	—	—	—	—	—	489	457	453	—	—	—
500	492	472	465	—	—	—	—	—	—	—	—	539	507	503	—	—	—
600	592	572	565	144.0	136.0	—	—	—	—	—	—	639	607	603	—	—	—
700	692	672	665	161.5	158.5	—	—	—	—	—	—	744	712	708	—	—	—
800	792	764	757	179.5	181.0	—	—	—	—	—	—	844	812	808	—	—	—
900	892	864	857	215.0	226.0	—	—	—	—	—	—	944	912	908	—	—	—
1 000	—	—	—	—	—	—	—	—	—	—	—	1 044	1 012	1 008	—	—	—
1 100	—	—	—	—	—	—	—	—	—	—	—	1 140	1 104	1 100	—	—	—
1 200	—	—	—	—	—	—	—	—	—	—	—	1 240	1 204	1 200	—	—	—
1 300	—	—	—	—	—	1 340	1 304	1 300	—	—	—	1 355	1 315	1 311	—	—	—
1 400	—	—	—	—	—	1 440	1 404	1 400	—	—	—	1 455	1 415	1 411	—	—	—
1 500	—	—	—	—	—	1 540	1 504	1 500	—	—	—	1 555	1 515	1 511	—	—	—
1 600	—	—	—	—	—	1 640	1 604	1 600	—	—	—	1 655	1 615	1 611	—	—	—
1 700	—	—	—	—	—	1 740	1 704	1 700	—	—	—	1 755	1 715	1 711	—	—	—
1 800	—	—	—	—	—	1 840	1 804	1 800	—	—	—	1 855	1 815	1 811	—	—	—
1 900	—	—	—	—	—	1 940	1 904	—	—	—	—	1 977	1 937	—	—	—	—
2 000	—	—	—	—	—	2 040	2 004	—	—	—	—	2 077	2 037	—	—	—	—

表 4（续）

垫片名称	管箱垫片 头盖垫片 管箱侧垫片			外头盖垫片			管箱垫片 头盖垫片 管箱侧垫片			外头盖垫片			管箱垫片 头盖垫片 管箱侧垫片			外头盖垫片		
公称压力 PN/MPa	1.0						1.6						2.5					
公称直径 DN/mm	尺寸																	
	D	d	d_1	D	d	d_1	D	d	d_1	D	d	d_1	D	d	d_1	D	d	d_1
159[a]	—			—			203	183	162	—			203	183	162	—		
219[a]							259	239	213				259	239	213			
273[a]							312	292	267				312	292	267			
325[a]	354	322	302				354	322	302				354	322	302	454	422	402
426[a]、400	454	422	402	554	522	502	454	422	402	554	522	502	454	422	402	565	525	505
450	504	472	452	—			504	472	452	—			504	472	452	—		
500	554	522	502	654	622	602	554	522	502	654	622	602	565	525	505	665	625	605
600	654	622	602	754	722	702	654	622	602	765	725	705	665	625	605	765	725	705
700	754	722	702	854	822	802	765	725	705	865	825	805	765	725	705	865	825	805
800	854	822	802	954	922	902	865	825	805	965	925	905	865	825	805	987	947	911
900	954	922	902	1 054	1 022	1 002	965	925	905	1 065	1 025	1 005	987	947	911	1 087	1 047	1 011
1 000	1 054	1 022	1 002	1 155	1 115	1 100	1 065	1 025	1 005	1 155	1 115	1 100	1 087	1 047	1 011	1 177	1 137	1 101
1 100	1 155	1 115	1 100	1 255	1 215	1 200	1 155	1 115	1 100	1 255	1 215	1 200	1 177	1 137	1 101	1 277	1 237	1 201
1 200	1 255	1 215	1 200	1 355	1 315	1 300	1 255	1 215	1 200	1 355	1 315	1 300	1 277	1 237	1 201	1 377	1 337	1 301
1 300	1 355	1 315	1 300	1 455	1 415	1 400	1 355	1 315	1 300	1 455	1 415	1 400	1 377	1 337	1 301	1 477	1 437	1 401
1 400	1 455	1 415	1 400	1 555	1 515	1 500	1 455	1 415	1 400	1 577	1 537	1 501	1 477	1 437	1 401	1 589	1 539	1 503
1 500	1 555	1 515	1 500	1 655	1 615	1 600	1 577	1 537	1 501	1 677	1 637	1 601	1 589	1 539	1 503	1 689	1 639	1 603
1 600	1 655	1 615	1 600	1 755	1 715	1 700	1 677	1 637	1 601	1 777	1 737	1 701	1 689	1 639	1 603	1 808	1 758	1 722
1 700	1 755	1 715	1 700	1 855	1 815	1 800	1 777	1 737	1 701	1 877	1 837	1 801	1 808	1 758	1 722	1 908	1 858	1 822
1 800	1 855	1 815	1 800	1 977	1 937	1 901	1 877	1 837	1 801	1 989	1 939	1 903	1 908	1 858	1 822	2 008	1 958	1 922
1 900	1 977	1 937	1 901	2 077	2 037	2 001	1 989	1 939	1 903	2 089	2 039	2 003	2 008	1 958	1 922	2 108	2 058	2 022
2 000	2 077	2 037	2 001	—			2 089	2 039	2 003	—			2 108	2 058	2 022	—		

表 4（续）

垫片名称	管箱垫片 头盖垫片 管箱侧垫片			外头盖垫片			管箱垫片 头盖垫片 管箱侧垫片			外头盖垫片		
公称压力 PN/MPa	4.0						6.4					
公称直径 DN/mm	尺寸											
	D	d	d_1	D	d	d_1	D	d	d_1	D	d	d_1
159[a]	202	170	166				202	170	166	—		
219[a]	258	222	218	—			258	222	218			
273[a]	312	276	272				312	276	272			
325[a]	365	325	321	465	425	421	365	325	321			
426[a]、400	465	425	421	565	525	531	465	425	421	587	547	543
450	515	475	417	—			—			—		
500	565	525	521	665	625	621	587	547	543	699	649	645
600	665	625	621	787	747	743	699	649	645	818	768	764
700	787	747	743	887	847	843	818	768	764	918	868	864
800	887	847	843	999	949	945	918	868	864	1 018	968	964
900	999	949	945	1 099	1 049	1 045				—		
1 000	1 099	1 049	1 045	1 208	1 158	1 154						
1 100	1 208	1 158	1 154	1 308	1 258	1 254						
1 200	1 308	1 258	1 254	1 408	1 358	1 354	—					
1 300	1 408	1 358	1 354	1 508	1 458	1 454						
1 400	1 508	1 458	1 454	1 608	1 558	1 554						
1 500	1 608	1 558	1 554	1 708	1 658	1 654						
[a] 为采用钢管作筒体的公称直径(此公称直径系指钢管的外径)。												

5 技术要求

5.1 垫片用钢带材料和填充带应有质量证明书。无质量证明书或检验项目不符合要求者，制造厂应按相应标准进行复验，不合格的材料不得使用。

5.2 钢带材料及填充带应符合相应标准的规定。

5.3 钢带材料的厚度一般为 0.2 mm，0.25 mm，填充带厚度一般为 0.3 mm～0.8 mm。

5.4 钢带的始端及内圈应焊在内环上，内圈应有两圈不夹带填充带，外圈应有三圈不夹带填充带。末端与外圈应点焊牢，末端点焊的点数应符合表 5 的规定。

表 5

公称直径 DN/mm	DN≤600	600＜DN≤1 200	DN＞1 200
点焊点数	5～8	8～12	14 以上

5.5 钢带与填充带应相互重叠，连续缠绕，紧密结合，层次均匀，无皱折，空隙及弯曲现象。

5.6　垫片尺寸的极限偏差应符合图2和表6的规定。

表6

公称直径 DN/mm	外径 D	内径 d	W_A、W_B、W	厚度/mm
≤500	0 −1.0	+1.0 0	±0.5	±0.2
>500～≤1 200	0 −1.5	+1.5 0	±0.5	±0.2
>1 200	0 −2.0	+2.0 0	±0.8	±0.3

5.7　垫片主体两平面应平整、光滑、纹理清晰、表面不允许有影响密封性能的径向贯通划伤、压痕、及凹凸不平等缺陷。密封面的平面度对于任何参考平面的最大偏差应不大于0.8 mm，且不得出现在小于25°弧的范围内。

5.8　分程隔板条用厚度为3 mm的0Cr18Ni9钢板与内加强环焊接，两面贴厚度为0.75 mm的柔性石墨，柔性石墨长度方向可允许对接，但接口为45°斜面，对接面要齐平，吻合。

6　检验

6.1　出厂检验

垫片应按技术要求逐片进行检验，检验合格后方可出厂。

6.2　型式检验

每种结构型式及尺寸的垫片应随机抽样进行一次型式检验，其抽样数量、测试项目和合格指标，由供需双方协商解决。

7　包装、贮存

7.1　合格证

经检验合格的产品，制造厂应填写产品合格证，并随同产品一起装箱发运，合格证主要应包括下列各项：

a)　产品标记；
b)　产品批号；
c)　制造日期；
d)　检验项目及检验结果；
e)　检验日期及检验者姓名或代号；
f)　制造厂名称。

7.2　包装

7.2.1　垫片的包装方式由制造厂确定，但装箱后的垫片应符合下列规定：

a)　每个垫片上应系一有标记的铭牌；
b)　垫片应固定在包装箱内，包装箱任意放置时，垫片不得活动；

c） 箱内垫片数量由制造厂确定，但每箱毛重应不超过 80 kg；

d） 箱内应有有关人员签署的装箱单，装箱单上应注明标记、数量及装箱日期。

7.2.2 包装箱外应清晰地标明下列各项：

a） 产品名称；

b） 毛重、净重；

c） 发往地点及收货单位；

d） “小心轻放”字样；

e） “防潮”标志；

f） 制造厂名称。

7.3 贮存

垫片贮存期间应放置在常温、通风干燥的室内。防止日光照射，避免挤压、弯曲和靠近热源。

ICS 21.140
J 22

中华人民共和国国家标准

GB/T 29463.3—2012

管壳式热交换器用垫片 第3部分：非金属软垫片

Gaskets used in tube-shell heat exchangers—Part 3: Nonmetallic gaskets

2012-12-31 发布　　2013-07-01 实施

中华人民共和国国家质量监督检验检疫总局
中国国家标准化管理委员会　发布

前　言

GB/T 29463《管壳式热交换器用垫片》分为3个部分：

——第1部分：金属包垫片；

——第2部分：缠绕式垫片；

——第3部分：非金属软垫片。

本部分为GB/T 29463的第3部分。

本部分按照GB/T 1.1—2009给出的规则起草。

本部分由全国锅炉压力容器标准化技术委员会(SAC/TC 262)提出并归口。

本部分起草单位：甘肃蓝科石化高新装备股份有限公司、上海蓝滨石化设备有限责任公司。

本部分主要起草人：张延丰、邹建东。

管壳式热交换器用垫片 第3部分:非金属软垫片

1 范围

GB/T 29463的本部分规定了非金属软垫片的结构型式与尺寸。

本部分适用于设计压力为0.25 MPa～4.0 MPa,设计温度为－20 ℃～350 ℃的管壳式热交换器用非金属软垫片。

2 规范性引用文件

下列文件对于本文件的应用是必不可少的。凡是注日期的引用文件,仅注日期的版本适用于本文件。凡是不注日期的引用文件,其最新版本(包括所有的修改单)适用于本文件。

GB 151 管壳式换热器

GB/T 539 耐油石棉橡胶板

GB/T 3985 石棉橡胶板

JB/T 4701 甲型平焊法兰

JB/T 4703 长颈对焊法兰

QB/T 3628 螺纹密封用聚四氟乙烯生料带

3 术语与符号

3.1 术语和定义

GB 151界定的以及下列术语和定义适用于本文件。

3.1.1

管箱垫片 bonnet gasket

管箱法兰与管板或平盖连接处的密封垫片,见图1。

3.1.2

浮头垫片 floating head gasket

浮头式热交换器的浮头法兰与浮头管板连接处的密封垫片,见图1。

3.1.3

管箱侧垫片 shell gasket next channel side

浮头式热交换器、U型管式热交换器管板与壳体法兰连接处的密封垫片,见图1。

3.1.4

外头盖垫片 rear head end gasket

浮头式热交换器的外头盖侧法兰与外头盖法兰连接处的密封垫片,见图1。

3.1.5

头盖垫片 cranium gasket

固定管板式热交换器的头盖与管板连接处的密封垫片,见图1。

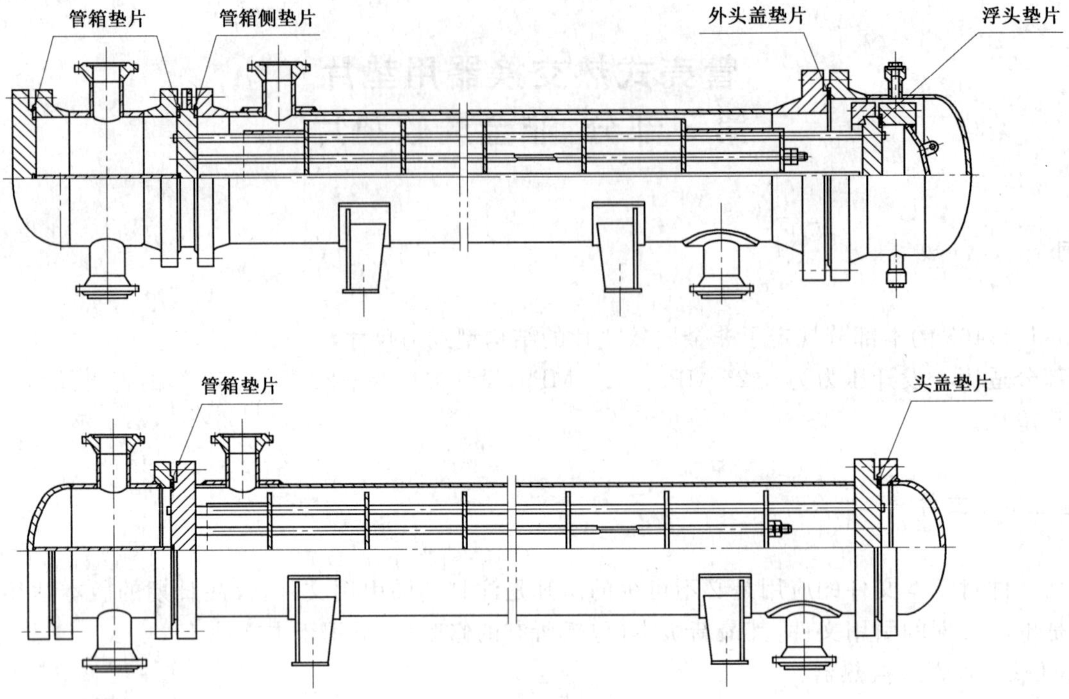

图 1

3.2 符号

D ——垫片外径 mm；

d ——垫片内径 mm；

W ——4 管程、接管中心布置时，分程隔板中心距离，由图样或用户给出，mm；

W_A——6 管程、A 管、分程隔板中心距(管箱垫片及头盖垫片的 W_A 与浮头垫片的 W_A 相等)，mm；

W_B——6 管程、B 管、分程隔板中心距(管箱垫片及头盖垫片的 W_B 与浮头垫片的 W_B 相等)，mm。

注：超出 ϕ19、ϕ25 mm 管径的 W 值由图样规定或用户给出。

3.3 垫片名称代号

3.3.1 垫片名称代号按表 1 的规定。

表 1

垫片名称	管箱垫片	浮头垫片	管箱侧垫片	外头盖垫片	头盖垫片
代号	G	F	C	W	T

3.3.2 管箱垫片、浮头垫片及头盖垫片应标注管程数。

3.3.3 6 管程热交换器的管箱垫片、浮头垫片及头盖垫片还应标注换热管规格，常用换热管规格代号如下：

A ——表示外径为 ϕ19 mm 的钢管；

B ——表示外径为 ϕ25 mm 的钢管。

3.4 垫片材料代号

垫片材料的标准和代号应符合表 2 的规定。

表 2

垫片材料	垫片标准	代　　号
XB200 石棉橡胶板	GB/T 3985	1
XB350 石棉橡胶板		2
XB450 石棉橡胶板		3
耐油石棉橡胶板	GB/T 539	4
400 石棉耐油橡胶板		5
聚四氟乙烯	QB/T 3628	6
其他	相关标准	7

3.5　非金属软垫片型号表示方法

示例 1:公称直径 1 100 mm,公称压力 2.5 MPa,4 管程,非中心接管,ϕ19 mm 的换热管,材料为 XB350,石棉橡胶板的管箱垫片:

非金属垫 G2-1100-2.5-4A　GB/T 29463.3—2012

示例 2:公称直径 900 mm,公称压力 1.6 MPa,6 管程,ϕ19 mm 的换热管,材料为 XB450,石棉橡胶板的浮头垫片:

非金属垫 F3-900-1.6-6A GB/T 29463.3—2012

示例 3:公称直径 1 000 mm,公称压力 2.5 MPa,6 管程,ϕ25 mm 的换热管,材料为聚四氟乙烯的管箱侧垫片:

非金属垫 C6-1000-2.5-6B　GB/T 29463.3—2012

示例 4:公称直径 1 100 mm,公称压力 2.5 MPa,4 管程中心接管,ϕ25 mm 的换热管,材料为 XB350,石棉橡胶板的管箱垫片:

非金属垫 G2-1100-2.5-4BW　GB/T 29463.3—2012

4 垫片结构型式与基本尺寸

4.1 垫片结构型式按图 2 的规定。

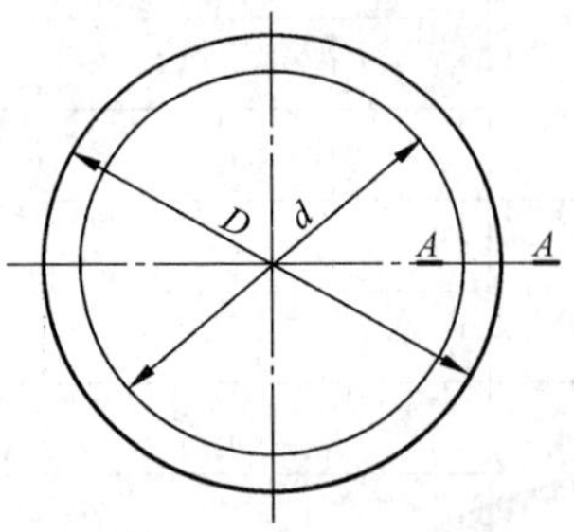

a） 1 管程管箱、管箱侧及外头盖垫片；
2 管程浮头、头盖垫片

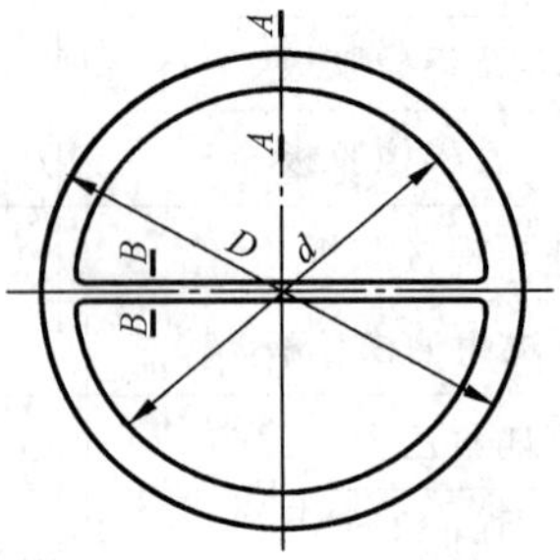

b） 2 管程管箱垫片；4 管程浮头、头盖垫片

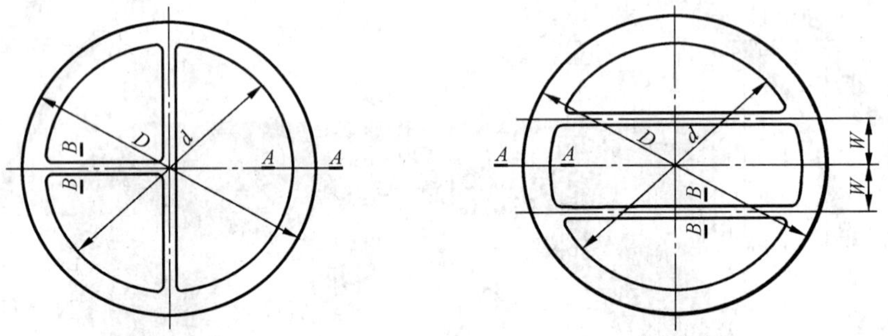

非中心接管　　中心接管

c） 4 管程管箱垫片

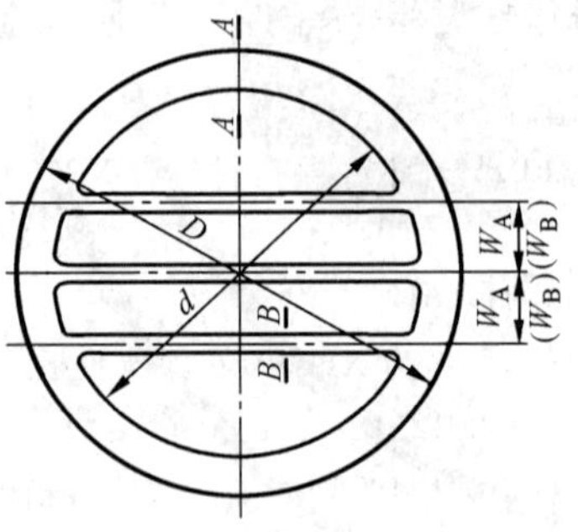

d） 6 管程管箱垫片

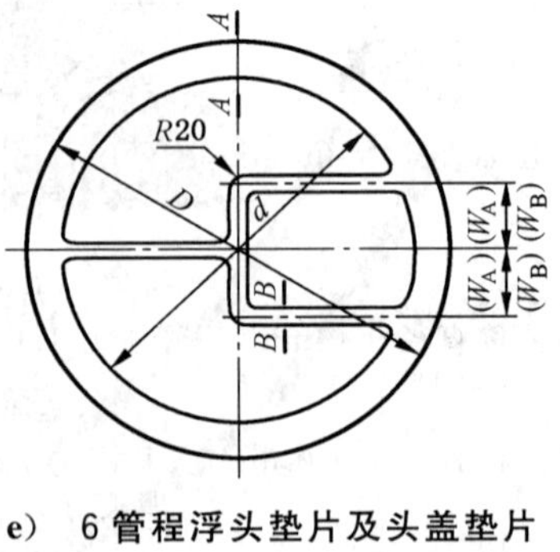

e） 6 管程浮头垫片及头盖垫片

注 1：图中未注尺寸的圆角均为 $R10$；

注 2：分程隔条的宽度均为 10 mm。

图 2

4.2 垫片基本参数见表 3。

表 3

垫片名称	浮头垫片				管箱垫片头盖垫片管箱侧垫片		外头盖垫片		管箱垫片头盖垫片管箱侧垫片		外头盖垫片		管箱垫片头盖垫片管箱侧垫片		外头盖垫片	
公称压力 PN /MPa	1.0,1.6,2.5,4.0				0.25				0.6				1.0			
公称直径 DN/mm	尺寸															
	D	d	W_A	W_B	D	d	D	d	D	d	D	d	D	d	D	d
159[a]	—	—	—	—	—	—	—	—	—	—	—	—	—	—	—	—
219[a]	—	—	—	—	—	—	—	—	—	—	—	—	—	—	—	—
273[a]	—	—	—	—	—	—	—	—	—	—	—	—	—	—	—	—
300(325[a])	298	277	—	—	—	—	—	—	—	—	—	—	354	310	—	—
400(426[a])	392	363	—	—	—	—	—	—	439	403	—	—	439/454	403/410	554	510
450	—	—	—	—	—	—	—	—	489	453	—	—	489/504	453/460	—	—
500	492	463	—	—	—	—	—	—	539	503	—	—	544/554	504/510	654	610
600	592	563	144.0	136.0	—	—	—	—	639	603	—	—	644/654	604/610	754	710
700	692	663	161.5	158.5	—	—	—	—	744	704	—	—	744/754	704/710	854	810
800	792	755	179.5	181.0	—	—	—	—	844	804	—	—	844/854	804/810	954	910
900	892	855	215.0	226.0	—	—	—	—	944	904	—	—	944/954	904/910	1 054	1 010
1 000	992	955	232.5	249.0	—	—	—	—	1 044	1 004	—	—	1 054	1 010	1 155	1 105
1 100	1 092	1 051	268.0	271.5	—	—	—	—	1 140	1 100	—	—	1 155	1 105	1 255	1 205
1 200	1 192	1 151	285.5	294.0	—	—	—	—	1 240	1 200	—	—	1 255	1 205	1 355	1 305
1 300	1 282	1 241	321.0	317.0	1 340	1 300	—	—	1 355	1 305	—	—	1 355	1 305	1 455	1 405
1 400	1 382	1 341	338.5	339.5	1 440	1 400	—	—	1 455	1 405	—	—	1 455	1 405	1 555	1 505
1 500	1 482	1 437	374.0	362.0	1 540	1 500	—	—	1 555	1 505	—	—	1 555	1 505	1 655	1 605
1 600	1 582	1 537	391.5	384.5	1 640	1 600	—	—	1 655	1 605	—	—	1 655	1 605	1 755	1 705
1 700	1 682	1 637	409.0	430.0	1 740	1 700	—	—	1 755	1 705	—	—	1 755	1 705	1 855	1 805
1 800	1 782	1 737	427.0	452.5	1 840	1 800	—	—	1 855	1 805	—	—	1 855	1 805	1 977	1 927
1 900	—	—	—	—	1 940	1 900	—	—	1 955	1 905	—	—	1 977	1 927	2 077	2 027
2 000	—	—	—	—	2 040	2 000	—	—	2 055	2 005	—	—	2 077	2 027	—	—

表 3（续）

垫片名称	管箱垫片头盖垫片管箱侧垫片		外头盖垫片		管箱垫片头盖垫片管箱侧垫片		外头盖垫片		管箱垫片头盖垫片管箱侧垫片		外头盖垫片	
公称压力 PN/MPa	1.6				2.5				4.0			
公称直径 DN/mm	尺寸											
	D	*d*	*D*	*d*	*D*	*d*	*D*	*d*	*D*	*d*	*D*	*d*
159[a]	203	169	—		203	169	—		203	169	—	
219[a]	259	220			259	220			259	220		
273[a]	312	273			312	273			312	273		
300(325[a])	354	310			354	310	454	410	365	315	465	415
400(426[a])	444/454	404/410	554	510	454	410	565	515	465	415	565	515
450	489/504	453/460	—		504	460	—		515	465	—	
500	544/554	504/510	654	610	565	515	665	615	565	515	665	615
600	644/654	604/610	765	715	665	615	765	715	665	615	787	737
700	765	715	865	815	765	715	865	815	787	737	887	837
800	865	815	965	915	865	815	987	937	887	837	999	939
900	965	915	1 065	1 015	987	937	1 087	1037	999	939	1 099	1 039
1 000	1 065	1 015	1 155	1 105	1 087	1 037	1 177	1 127	1 099	1 039	1 208	1 148
1 100	1 155	1 105	1 255	1 205	1 177	1 127	1 277	1 227	1 208	1 148	1 308	1 248
1 200	1 255	1 205	1 355	1 305	1 277	1 227	1 377	1 327	1 308	1 248	1 408	1 348
1 300	1 355	1 305	1 455	1 405	1 377	1 327	1 477	1 427	1 408	1 348	1 508	1 448
1 400	1 455	1 405	1 577	1 527	1 477	1 427	1 589	1 529	1 508	1 448	1 608	1 548
1 500	1 577	1 527	1 677	1 627	1 589	1 529	1 689	1 629	1 608	1 548	1 708	1 648
1 600	1 677	1 627	1 777	1 727	1 689	1 629	1 804	1 748	1 708	1 648	—	
1 700	1 777	1 727	1 877	1 827	1 808	1 748	1 908	1 848	—			
1 800	1 877	1 827	1 989	1 929	—							
1 900	1 989	1 929	2 089	2 029	2 008	1 948	2 108	2 048	—			
2 000	2 089	2 029	—		2 108	2 048	—					

注 1：表中带“/”的数据前者为甲型平焊法兰用(JB/T 4701)；后者为长颈对焊法兰用(JB/T 4703)。

注 2：(　)中采用 HG 20606 MFM 型垫片尺寸：DN325 的 *D*/*d* 为 363/325；DN426 的 *D*/*d* 为 437/426。

[a] 用钢管作筒体的公称直径(此公称直径系指钢管的外径)，采用 HG 20606 MFM 型垫片尺寸。

5 技术要求

5.1 垫片用材料应有质量证明书。无质量证明书或检验项目不符合要求者，制造厂应按相应标准进行复验，不合格的材料不得使用。

5.2 垫片材料应符合相应标准的规定。

5.3 垫片的厚度一般为 3 mm，厚度的偏差应符合表 4 的规定。

5.4 垫片内外边缘应齐整，无裂口，无毛边。

5.5 垫片表面应平整、光滑、不允许有粗糙不平以及影响密封性能的径向贯通划伤、压痕及凹凸不平等缺陷。密封面的平面度对于任何参考平面的最大偏差应不大于 0.3 mm，且不得出现在小于 20°弧的范围内。

5.6 垫片的尺寸偏差应符合图 2 及表 4 的规定。

表 4

单位为毫米

公称直径 DN	外径 D	内径 d	W_A、W_B	厚度
≤500	$^{0}_{-1.0}$	$^{+1.0}_{0}$	±0.5	±0.2
>500~≤1 200	$^{0}_{-1.5}$	$^{+1.5}_{0}$	±0.5	±0.2
>1 200	$^{0}_{-2.0}$	$^{+2.0}_{0}$	±0.8	±0.3

5.7 制作垫片时应尽量采用整张板材制造，若因板材宽度不够时允许拼接，其拼接接头数目按表 5 的规定。拼接接口应为 45°斜面搭接，搭接处厚度不得超过 3 mm。

表 5

单位为毫米

公称直径 DN	800~1 200	1 300~1 500	1 600~2 000
接头数	2	3	4

6 检验

6.1 出厂检验

垫片应按技术要求逐片进行检验，检验合格后方可出厂。

6.2 型式检验

每种结构型式及尺寸的垫片应随机抽样进行一次型式检验，其抽样数量、测试项目和合格指标，由供需双方协商解决。

7 包装、贮存

7.1 合格证

经检验合格的产品，制造厂应填写产品合格证，并随同产品一起装箱发运，合格证主要应包括下列各项产品标记：

a) 产品批号；

b) 制造日期；

c) 检验项目及检验结果；

d) 检验日期及检验者姓名或代号；

e) 制造厂名称。

7.2 包装

7.2.1 垫片的包装方式由制造厂确定，但装箱后的垫片应符合下列规定：

a) 每个垫片上应系一有标记的铭牌；

b) 垫片应固定在包装箱内，包装箱任意放置时，垫片不得活动；

c) 箱内垫片数量由制造厂确定，但每箱毛重应不超过 80 kg；

d) 箱内应有有关人员签署的装箱单，装箱单上应注明标记、数量及装箱日期。

7.2.2 包装箱外应清晰地标明下列各项：

a) 产品名称；

b) 毛重、净重；

c) 发往地点及收货单位；

d) “小心轻放”字样；

e) “防潮”标志；

f) 制造厂名称。

7.3 贮存

垫片贮存期间应放置在常温、通风干燥的室内。防止日光照射，避免挤压、弯曲和靠近热源。

ICS 23.020.10
J 74

中华人民共和国国家标准

GB/T 29464—2012

两相流喷射式热交换器

Steam-driven jet heat exchanger

2012-12-31 发布　　2013-07-01 实施

中华人民共和国国家质量监督检验检疫总局
中国国家标准化管理委员会　发布

前　　言

本标准按照 GB/T 1.1—2009 给出的规则起草。

本标准由全国锅炉压力容器标准化技术委员会(SAC/TC 262)提出并归口。

本标准负责起草单位:甘肃蓝科石化高新装备股份有限公司、洛阳蓝海实业有限公司。

本标准参加起草单位:西安交通大学、中国石化洛阳石油化工工程公司、西安户县电热公司、洛阳市高新区供热中心、兰州传热与节能工程技术研究中心。

本标准主要起草人:严俊杰、曹辉、周文学、王龙江、白博峰、刘继平、常宝贵、刘海国、寇勇、罗自立、尹俊。

引　言

通过制定本标准,可规范该产品的设计、加工、检验及安装使用并加速其推广应用,促进节能减排。

本标准不限制在特定应用场合中,供、需双方接受的特殊设备或设计方案。若选用别的设备,供方应确定与本标准的差别并提供详细说明。

两相流喷射式热交换器

1 范围

1.1 本标准规定了两相流喷射式热交换器(以下简称喷射器)的材料、设计、制造、检验、验收及安装使用等技术要求。

1.2 本标准适用于集中供热、空调、生活及生产工艺热水等系统使用的喷射器。

1.3 压力和温度适用范围:

a) 进汽压力及进水压力不大于1.0 MPa;

b) 出水压力不大于1.5 MPa;

c) 进水温度范围为0 ℃～90 ℃;

d) 加热温升为15 ℃～60 ℃。

2 规范性引用文件

下列文件对于本文件的应用是必不可少的。凡是注日期的引用文件,仅注日期的版本适用于本文件。凡是不注日期的引用文件,其最新版本(包括所有的修改单)适用于本文件。

GB 150.1 压力容器 第1部分:通用要求

GB 150.4 压力容器 第4部分:制造、检验和验收

GB/T 191 包装储运图示标志

GB/T 699 优质碳素结构钢

GB/T 700 碳素结构钢

GB/T 983 不锈钢焊条

GB/T 1221 耐热钢棒

GB/T 1226 一般压力表

GB/T 3768 声学 声压法测定噪声源声功率级 反射面上方采用包络测量表面的简易法

GB/T 3985 石棉橡胶板

GB/T 4237 不锈钢热轧钢板和钢带

GB/T 4622(所有部分) 缠绕式垫片

GB/T 5117 碳钢焊条

GB/T 5118 低合金钢焊条

GB/T 5231 加工铜及铜合金化学成分和产品形状

GB/T 5574 工业用橡胶板

GB/T 8163 输送流体用无缝钢管

GB/T 12232 通用阀门 法兰连接铁制闸阀

GB/T 12233 通用阀门 铁制截止阀与升降式止回阀

GB/T 12238 法兰和对夹连接弹性密封蝶阀

GB/T 12712 蒸汽供热系统凝结水回收及蒸汽疏水阀技术管理要求

GB 13296 锅炉、热交换器用不锈钢无缝钢管

GB/T 13384 机电产品包装通用技术条件

GB/T 14976　流体输送用不锈钢无缝钢管

JB/T 4726　承压设备用碳素钢和合金钢锻件

JB 4728　压力容器用不锈钢钢锻件

JB/T 8803　双金属温度计

3　术语和定义

GB 150.1 界定的以及下列术语和定义适用于本文件。

3.1

两相流喷射式热交换器　steam-driven jet heat exchanger

两相流喷射式热交换器是汽液两相直接接触式的换热装置。如图 1 所示，蒸汽作为加热流体，水作为被加热流体，蒸汽在喷嘴内膨胀形成高速汽流后与水充分混合形成超音速汽液两相流，在变截面通道内产生凝结激波，蒸汽全部凝结成水，使出水温度和压力同时升高。

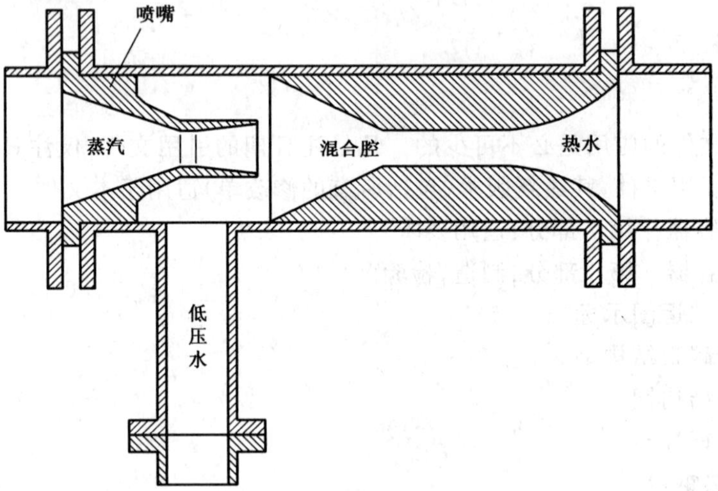

图 1　两相流喷射式热交换器工作原理图

3.2

最高工作温度　maximum working temperature

T_{max}

喷射器工作中出现的最高温度，℃。

3.3

最高进水温度　maximum inlet water temperature

T_{Wmax}

在给定的进汽压力、进汽温度及进水压力下，当进水温度升到喷射器丧失升压能力时的临界温度 T_{Wmax}，℃。

3.4

最小加热温升　minimum heating temperature rise

在给定的进水压力及进水温度下，当进汽流量下降时，加热温升也下降，当加热温升下降到喷射器丧失升压能力时的临界温升，℃。

3.5

设计温度　design temperature

喷射器在正常工作情况下，设定的元件的温度。设计温度与设计压力一起作为设计载荷条件，℃。

3.6

压力　pressure

除非特别注明，压力均指表压力，MPa。

3.7

工作压力　working pressure

在正常工作条件下，喷射可能出现的最高压力。

3.8

设计压力　design pressure

$\boldsymbol{P_{max}}$

设定的喷射器的最高压力，与相应的设计温度一起作为基本设计载荷条件，其值不低于工作压力，MPa。

3.9

最低进汽压力　minimum inlet steam pressure

在给定的进水压力及进水温度下，喷射器丧失升压能力时的进汽压力，MPa。

3.10

喷射器热效率　heat efficiency of steam-driven jet heat exchanger

$\boldsymbol{\eta}$

喷射器热效率按(1)式计算：

$$\eta=\frac{c_p W_W (T_{WO}-T_{WI})}{W_G (h_G - c_p T_{WO})}\times 100\% \quad \cdots\cdots(1)$$

式中：

c_p ——水的定压比热，单位为千焦尔每千克摄氏度[kJ/(kg·℃)]；

h_G ——进汽焓值，单位为千焦每千克(kJ/kg)；

W_G ——进汽流量，单位为千克每秒(kg/s)；

W_W ——进水流量，单位为千克每秒(kg/s)；

T_{WI} ——进水温度，单位为摄氏度(℃)；

T_{WO} ——出水温度，单位为摄氏度(℃)。

3.11

升压系数　pressure lifting coefficient

$\boldsymbol{\Gamma}$

表征喷射器升压性能的参数，按公式(2)计算：

$$\Gamma=\frac{P_O+P_{at}}{P_I+P_{at}} \quad \cdots\cdots(2)$$

式中：

P_O ——喷射器出水压力，单位为兆帕(MPa)；

P_{at} ——当地大气压力，单位为兆帕(MPa)；

P_I ——喷射器进汽压力，单位为兆帕(MPa)。

3.12

最大升压系数　maximum pressure lifting coefficient

$\boldsymbol{\Gamma_{max}}$

在给定的进汽压力、进汽温度及进水压力下，喷射器出水压力达到最大时的升压系数 Γ_{max}。

3.13

引射系数　entrainment coefficient

φ

反映喷射器引射性能的参数，为装置进水流量与蒸汽流量之比，按公式(3)计算：

$$\varphi=\frac{W_W}{W_G} \qquad \cdots\cdots(3)$$

式中：

W_W——进水流量，单位为千克每秒(kg/s)；

W_G——进汽流量，单位为千克每秒(kg/s)。

3.14

运行噪声　performance noise

N

喷射器运行时距侧面 1 m 处的噪声值，dB。

4　通则

4.1　基本要求

4.1.1　喷射器的设计、制造应符合本标准和国家有关法规的规定；制造还应符合图样的要求。

4.1.2　喷射器的设计、制造单位应具备健全的质量保证体系。

4.1.3　设计温度和设计压力应按 GB 150.1 的有关规定确定。

4.2　喷射器界定范围

4.2.1　本标准所界定的喷射器包括壳体、喷嘴、混合腔及与其连接的附件，且划定在喷射器的本体与加热蒸汽管道、进水管道及出水管道的第一个连接断面之内。

4.3　结构型式

4.3.1　喷射器分为中心进汽/环周进水及中心进水/环周进汽两种结构型式。

4.3.2　喷射器工作过程应具有蒸汽与水充分混合形成超音速汽液两相混合物、超音速汽液两相混合物在变截面通道内产生凝结激波、出口热水压力超过进水及蒸汽压力三个主要特征。

4.4　部件名称

喷射器的零部件名称见图 2、图 3 及表 1，其中喷嘴与混合腔组成喷射器的内芯，装于壳体与延伸管组成的外壳之中。

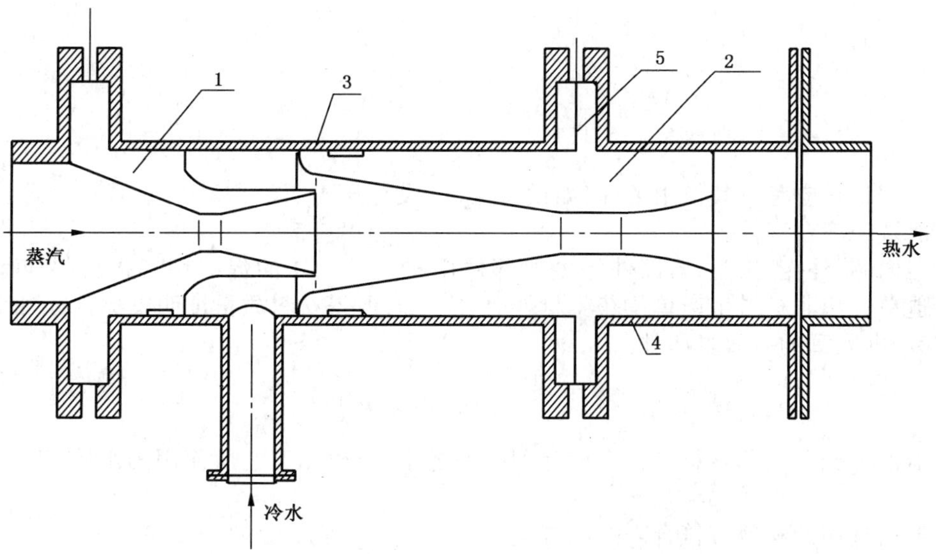

图 2 中心进汽、环周进水的喷射器

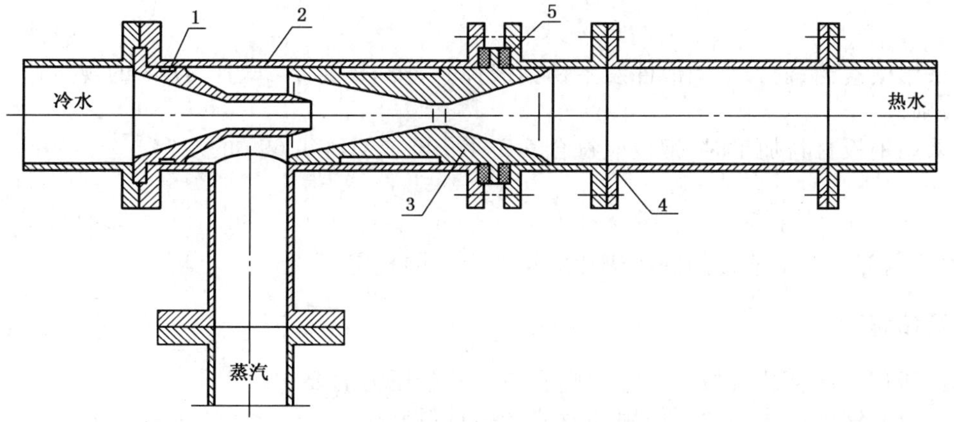

图 3 中心进水、环周进汽的喷射器

表 1

序 号	零部件名称	作 用
1	喷嘴	形成高速汽流及水流
2	混合腔	使汽液两相充分混合,形成激波
3	壳体	固定喷嘴及混合腔,并与延伸管 4 组成外壳
4	延伸管	与壳体 3 组成喷射器的外壳
5	调节垫片	调节喷嘴与混合腔的间距

5 材料

5.1 一般规定

5.1.1 喷射器用材料应考虑其使用条件(如设计温度、设计压力、设计流速、介质特性等)、材料的焊接性能、加工性能及经济合理性。

5.1.2 喷射器内芯、外壳、法兰、紧固件等主要部件用材料及承压的焊缝用焊接材料应具备质量证明书;喷射器制造单位从非材料生产单位获得材料时,应同时取得材料质量证明书原件或加盖供应材料单位检验公章和经办人章的有效复印件。

5.2 外壳及内芯

5.2.1 喷射器的外壳及内芯材料应符合设计图样的要求,宜根据工艺所使用的水质、工作环境、防腐等级选取材料。

5.2.2 喷射器所选用的材料应符合表2的规定。

5.3 焊接材料

喷射器用焊接材料应符合GB/T 983或GB/T 5117或GB/T 5118的规定。

5.4 法兰

5.4.1 法兰采用碳素钢、低合金钢锻件及不锈钢锻件时,按JB/T 4726、JB 4728的规定选用,并在图样上注明锻件级别。

5.4.2 法兰采用钢板材料加工时,钢板应符合GB/T 700或GB/T 699的规定。

5.5 垫片

喷射器本体内部及外部连接的法兰垫片应符合表2的规定。

5.6 零部件及铭牌

5.6.1 喷射器所用零部件的机械性能等级应能满足试验压力的要求。

5.6.2 喷射器所有铭牌应采用适合使用环境的金属材料制作。

表2

序号	主要零部件名称	材料牌号或材料名称	材料标准
1	内芯	Q235B	GB/T 700
		Q275	
		20	GB/T 699
		25	
		15Mn	
		20Mn	GB/T 699
		06Cr18Ni11Ti	GB/T 1221
		022Cr12	
		13Cr13Mo	
		20Cr13	

表 2（续）

序　号	主要零部件名称	材料牌号或材料名称	材 料 标 准
2	外壳	10	GB/T 8163
		20	
		0Cr18Ni9	GB 13296 GB/T 14976
		1Cr18Ni9	
		1Cr18Ni9Ti	
		0Cr18Ni10Ti	
3	法兰	Q235B	GB/T 700
		Q235C	
		20	GB/T 699
		15Mn	
		06Cr19Ni10	GB/T 4237
		06Cr18Ni11Ti	
4	垫片	硫化橡胶板	GB/T 5574
		缠绕式垫片	GB/T 4622.1～4622.3
		石棉橡胶板	GB/T 3985
5	调节垫片	Q235A	GB/T 700
		2Cr13	GB/T 1221
		黄铜	GB/T 5231

6　设计

6.1　符号

A_G　——蒸汽喷嘴喉部面积，m^2；

A_{Go}　——蒸汽喷嘴出口面积，m^2；

A_M　——混合腔喉部截面积，m^2；

A_{WI}　——进水通道出口面积，m^2；

c_p　——水的定压比热，kJ/(kg℃)；

D_1　——蒸汽喷嘴进口直径，m；

D_2　——蒸汽喷嘴喉部直径，m；

D_3　——蒸汽喷嘴出口直径，m；

D_4　——混合腔喉部直径，m；

h_G　——进汽焓值，kJ/kg；

h_{GS}　——等熵膨胀时蒸汽喷嘴的出口焓值，kJ/kg；

h'_{GS}　——蒸汽喷嘴的实际出口焓值，kJ/kg；

l　——混合腔进口段斜度；

l_M　——混合腔喉部平直段长度，m；

l_N ——喷嘴出口与混合腔喉部的距离，m；
Δl ——喷嘴出口边缘的厚度，m；
n ——喷射器内的喷射换热单元数；
P_{at} ——当地大气压力，MPa；
P_G ——喷射器进汽压力，MPa；
P_{GO} ——蒸汽喷嘴出口压力，MPa；
P_t ——试验压力，MPa；
P_I ——进水压力，MPa；
P_M ——混合腔喉部压力，MPa；
P_O ——进水通道出口压力，MPa；
S_M ——混合腔喉部截面周长，m；
T_M ——混合腔喉部压力 P_M 所对应的饱和温度，℃；
T_{WO} ——出水温度，℃；
T_{WI} ——进水温度，℃；
ΔT ——加热温升，$\Delta T = T_{WO} - T_{WI}$，℃；
ΔT_M ——计算混合腔喉部压力的修正温差，℃；
W_G ——进汽流量，kg/s；
W_W ——进口水质量流量，kg/s；
u_{GO} ——蒸汽喷嘴出口流速，m/s；
u_{WO} ——进水通道出口流速，m/s；
v_G ——蒸汽进口比容，m^3/kg；
v_{GO} ——蒸汽喷嘴出口比容，m^3/kg；
ψ ——蒸汽喷嘴的压比；
ξ ——混合腔收缩比；
ξ_W ——进水通道阻力系数；
π ——圆周率，取 3.14159；
β ——确定混合腔喉部平直段长度的修正系数；
η_S ——蒸汽喷嘴效率，%；
μ_G ——蒸汽喷嘴的流量系数，取 0.9～0.99；
ρ_W ——进水密度，kg/m^3。

6.2 蒸汽喷嘴

6.2.1 喷射器蒸汽流量

喷射器的蒸汽流量按式(4)计算，η 的取值为 0.99～0.998。

$$W_G = \frac{100 \times W_W \times c_p \Delta T}{\eta (h_G - c_p T_{WI})} \quad \cdots\cdots(4)$$

6.2.2 喷嘴喉部通流面积

蒸汽喷嘴采用缩放形的拉瓦尔喷嘴，如图 4 所示。其喉部通流面积按式(5)计算。

$$A_G = \frac{W_G}{0.638 n \mu_G \sqrt{\frac{10^6 (P_G + P_{at})}{v_G}}} \quad \cdots\cdots(5)$$

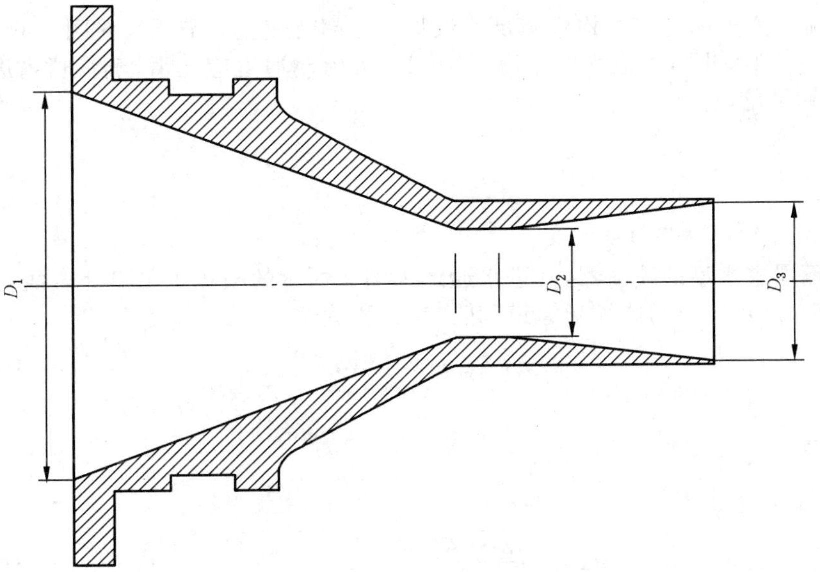

图 4 蒸汽喷嘴结构示意图

6.2.3 **喷嘴喉部通流直径**

拉瓦尔蒸汽喷嘴喉部直径按式(6)计算：

$$D_2=\sqrt{\frac{4\cdot A_G}{\pi}} \tag{6}$$

6.2.4 **出口直径**

蒸汽喷嘴出口直径按式(7)计算：

$$D_3=\sqrt{\frac{4\cdot A_{GO}}{\pi}} \tag{7}$$

6.2.5 **蒸汽喷嘴压比值**

蒸汽喷嘴的压比值按式(8)计算：

$$\psi=\frac{P_{GO}+P_{at}}{P_G+P_{at}} \tag{8}$$

蒸汽喷嘴的设计压比值取值范围为 0.05～0.4。

6.2.6 混合腔喉部压力所对应的蒸汽饱和温度按式(9)计算：

$$T_W=T_{WO}+\Delta T_M \tag{9}$$

式中的修正温差 ΔT_M 的范围为 0 ℃～40 ℃，其具体数值根据实验确定。

6.2.7 **出口流速**

蒸汽喷嘴的出口流速按式(10)计算：

$$u_{GO}=\sqrt{20\eta_s(h_G-h_{GS})} \tag{10}$$

蒸汽喷嘴效率 η_S 取 0.8～0.95。

6.2.8 **出口截面积**

蒸汽喷嘴的出口截面积按式(11)计算：

$$A_{GO}=\frac{v_{GO}W_G}{n\times u_{GO}} \qquad \cdots\cdots(11)$$

6.2.9 蒸汽喷嘴流动通道的几何结构应满足蒸汽膨胀为超音速流的需要。对图4的蒸汽喷嘴,其进口收缩段斜度为1/3～1/10,出口扩散段斜度为1/5～1/30,流动通道应光滑;蒸汽喷嘴进口直径D_1宜大于其喉部直径D_2的2倍以上。

6.3 进水通道

6.3.1 出口面积

对中心进汽/环周进水型的喷射器,其进水通道为图2所示的喷嘴1出口外表面与混合腔2进口内表面所组成的通道。进水通道为收缩形通道,其出口面积为:

$$A_W=\frac{W_W}{n\rho_W u_W} \qquad \cdots\cdots(12)$$

6.3.2 出口水流速

进水通道出口水的流速按照式(13)计算:

$$u_W=\sqrt{\frac{2\times10^6\times(P_W-P_{WO})}{\xi_W\rho_W}} \qquad \cdots\cdots(13)$$

进水通道阻力系数根据试验确定,与进水通道的几何结构及进水流量有关。

6.4 混合腔设计

6.4.1 流动通道喉部面积

混合腔内的流动通道为缩放形,如图5所示。其喉部面积A_M按式(14)计算:

$$A_M=\xi\times(A_G+A_W) \qquad \cdots\cdots(14)$$

式中混合腔收缩比ξ一般为0.1～1.5,按照喷射器的性能要求选取。

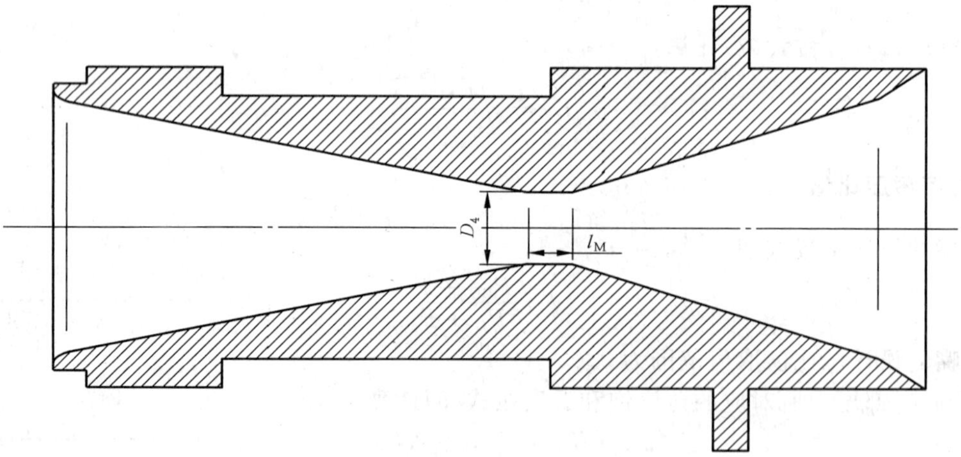

图5 混合腔结构示意图

6.4.2 流动通道喉部直径

混合腔内的流动通道喉部直径按式(15)计算:

$$D_4=\sqrt{\frac{a\cdot A_W}{\pi}} \qquad \cdots\cdots(15)$$

式中通流面积系数a一般为0.8～1.5,按照喷射器的性能要求选取。

6.4.3 流动平直段

混合腔喉部平直段长度 l_M 按式(16)计算：

$$l_M = \frac{4\beta A_M}{S_M} \qquad \cdots\cdots(16)$$

式中的系数 β 一般为 0.1～3.0，按照喷射器的蒸汽流量、引射系数及出口水温等工作参数选择，具体数值通过试验确定。

6.4.4 混合腔几何结构和尺寸

混合腔几何结构和尺寸应满足高速蒸汽与水流混合及升压的要求，其入口收缩段斜度为 1/3～1/15；出口扩散段斜度为 1/5～1/30，流动通道应光滑。

6.5 喷嘴与混合腔距离

6.5.1 对于截面为圆形的混合腔，当混合腔入口收缩段斜度收缩比 λ 为常数时，喷嘴与混合腔的距离 l_N 按式(17)计算：

$$l_N = l \times \left(\sqrt{\frac{(A_{GO}+A_{WO})}{\pi}} - \sqrt{\frac{A_M}{\pi}}\right) \qquad \cdots\cdots(17)$$

6.5.2 喷嘴与混合腔的距离 l_N 通过喷嘴、混合腔及壳体的配合来保证。喷射器应设计调整垫片以对 l_N 进行调节。为方便喷射器的拆卸，延伸管长度应大于混合腔长度。

6.6 运行参数

6.6.1 喷射器设计工作升压系数不应超过最大升压系数的 80%。

6.6.2 在用户要求的进汽压力、进汽温度及进水压力范围内，用于供暖系统的喷射器最高进水温度应不高于 75 ℃；用于生活热水加热的喷射器最高进水温度应不低于 60 ℃；用于其他行业的喷射器最高进水温度应比用户要求的最高进水温度高 5 ℃以上。

7 制造

7.1 机械加工

7.1.1 外壳与内芯的尺寸配合精度宜满足零部件拆卸和更换的要求。

7.1.2 法兰密封面应与介质流动轴线方向垂直。

7.2 焊接

喷射器的焊接应满足 GB 150.4 的有关规定。

7.3 组装

7.3.1 喷射器应按产品组装工艺图(卡片)进行。

7.3.2 装配前各零部件表面应保持清洁，不得有污物。

7.3.3 安装应保证喷嘴、混合室、扩压室的轴心在同一直线上。

7.3.4 喷射器的碳素钢零部件外露表面应采取涂油(脂)防锈措施。

7.3.5 组装后喷射器内腔应洁净、无杂物。

7.3.6 组装过程中严禁对零部件进行敲撞击。

7.4 表面处理

7.4.1 喷射器的外表面防腐应根据工作环境选取防腐等级及防腐方式。
7.4.2 喷射器外表面应光滑、整洁无污物。

7.5 附属件、安装要求

喷射器的附属件、安装、运行维护应符合附录A的规定。

8 检验与性能测定

8.1 一般要求

8.1.1 依照图纸对喷射器的主要零部件、成品的几何形状、尺寸公差进行检验，产品尺寸应满足设计文件的要求。
8.1.2 喷射器外表面不得有尖角、杂物及划痕等缺陷。

8.2 耐压试验

8.2.1 喷射器组装完成后应逐台进行液压试验；当材料为奥氏体不锈钢时，应限制试验水中的氯离子含量不大于25 mg/L。
8.2.2 液压试验介质宜采用洁净水作为试验介质，液压试验合格后应排放喷射器腔内的积水，并将腔内的水渍清除干净；充水时，应排尽管道及设备中的空气。试验时，环境温度不宜低于5 ℃。
8.2.3 试验压力按式(18)计算：

$$P_t = 1.25 \times P_{max} \frac{[\sigma]}{[\sigma]^t} \qquad (18)$$

式中：

$[\sigma]$——试验温度下喷射器壳体的许用应力，MPa；

$[\sigma]^t$——设计温度下喷射器壳体的许用应力，MPa。

注：当计算的试验压力 $P_t \leqslant 1.25$ MPa时，取 $P_t = 1.25$ MPa。

8.2.4 液压试验时必须使用两个量程相同且标定合格的压力表，压力表精度等级不低于1.5级；压力表的量程应为最高工作压力的2至3倍，表盘直径不小于100 mm；压力表安装的位置应便于读数和观察。
8.2.5 液压试验时应在适当位置设置排气口，充满水时将喷射器腔内的空气排尽，试验过程中应保持喷射器观察面的干燥。
8.2.6 喷射器充满水后先检查各密封面有无渗漏，无渗漏时应缓慢升压，达到规定的试验压力后，保压时间不少于20 min，并对所有密封面和受压焊接部位进行检查，检查期间压力应保持不变，不得采用连续加压或拧紧紧固螺栓以维持压力不变的做法。
8.2.7 液压试验的合格要求如下：

a) 保压20 min以上，无压降；
b) 各密封面和焊缝没有任何水珠和水雾的痕迹；
c) 喷射器本体无明显的残余变形。

8.2.8 对进行气压试验的喷射器，试验压力和试验程序应由供需双方协商。

8.3 噪声检测

喷射器单独运行时，距喷射器1 m处噪声不得大于80 dB，噪声测量方法应符合GB/T 3768的规定。

8.4 性能测定

8.4.1 升压系数与被加热水流量测量

8.4.1.1 开机前观察冷热介质压力、温度是否正常，测定环境温度应大于 5 ℃。开启喷射器上冷水管道阀门，使冷水进入喷射器。缓慢开启蒸汽阀门，使蒸汽进入喷射器，通过调节进出水及蒸汽管道上阀门，同时观察出水温度和出口压力，升至设计出口温度和压力后稳定，读取并记录各压力表、温度计、累积式流量计读数，连续试验时间不少于 10 min，若因改变试验参数需要调整流量、压力、温度时，则改变后稳定时间不得少于 2 min，然后才能再次测量。

8.4.1.2 在额定的工况条件下，每间隔 10 min 测量 1 次，连续测量 3～6 次，取其平均值作为该工况条件下的性能指标。

8.4.1.3 对初次设计的通用喷射器产品，应进行性能试验。试验进水温度为 20 ℃时，加热温差不小于 30 ℃时，最大升压系数应大于 1.5，运行噪音应低于 80 dB。

8.4.2 每次性能测定应有记录并存档。

8.4.3 喷射器出口流量范围的推荐数值见表 3。

表 3

规格(蒸汽进口公称直径)	DN25	DN40	DN50	DN65	DN80
出口流量/t/h	1.0～3.5	3.6～9.0	9.0～14	14～24	25～36
规格(蒸汽进口公称直径)	DN100	DN125	DN150	DN200	DN250
出口流量/t/h	36～56	56～88	88～126	126～220	220～350
注：流量偏差为±10%。					

8.4.4 喷射器在设计工况下，加热温升偏差应不大于±5 ℃。

8.4.5 喷射器在设计工况下，运行升压系数偏差应不大于±10%。

8.5 检验规则

8.5.1 喷射器出厂前应进行逐台检验，检验合格后，并附质量证明文件方能出厂。

8.5.2 出厂检验项目及技术要求应符合表 4 的规定。

表 4

检验项目	检验分类			技术要求
	出厂检验	批量检验	型式试验	
外观尺寸检验	√		√	条款 8.1.1
外观质量检验	√		√	条款 8.1.2
耐压试验	√		√	条款 8.2

表 4（续）

检 验 项 目	检验分类			技术要求
	出厂检验	批量检验	型式试验	
噪声检测		√	√	条款 8.3
升压系统检验		√	√	条款 8.4
出口流量检验		√	√	条款 8.4

8.5.3 出厂检验项目全部合格，判该产品合格。若有一项不符合标准要求时，不符合检验项目允许调整修理一次，若还达不到标准规定时，判该产品为不合格。

8.5.4 出厂检验和批量检验项目按表 4 的规定，批量检验的样品应按批次从出厂检验合格的产品中随机抽取 2 台，若此批次为 2 台以下者，则抽取 1 台。

8.5.5 有下列情况之一时，应进行型式试验：

a） 首批或试制产品；
b） 正式生产后，如结构、工艺有较大改变，可能影响产品性能；
c） 国家质量监督机构提出进行型式试验的要求；
d） 停产半年后，恢复生产时。

9 图样及随机技术文件、标志、包装、贮存、运输

9.1 图样

9.1.1 供方应提供喷射器外形图及配置附件安装流程图。外形图及配置附件安装流程图应至少包括以下内容：

a） 用途、项目号、工程名称、制造单位；
b） 蒸汽压力、进水压力、出水压力、进水温度、出水温度；
c） 产品型号、设计热负荷、供水量或循环水量；
d） 支架尺寸与方位、产品外型尺寸；
e） 与喷射器配套的阀门、仪表、自动控制系统、水泵、控制柜的布置流程；
f） 接管尺寸、介质流向标志；
g） 所用标准、规范及法规目录。

9.1.2 收到需方认可的外形图及安装流程图后，供方应按需方要求提供合格的施工安装图。

9.1.3 需方对主机图及安装流程图的确认，并不解除供方应满足订单要求的责任。

9.2 随机技术文件

9.2.1 随机技术文件至少应包含下列内容：

a） 产品质量证明书；
b） 产品使用说明书；
c） 产品外观图。

9.2.2 产品质量证明书至少应包含下列内容：

a） 产品技术特性；
b） 合格证；
c） 液压试验检验报告。

9.2.3 产品使用说明书至少应包含下列内容：

a) 推荐的设备安装方法、注意事项；

b) 设备操作规程；

c) 常见故障分析及排除方法。

9.3 标志

9.3.1 每台喷射器在明显的位置上应装有产品铭牌，铭牌上的字迹应清晰、无误。其内容包括以下各项：

a) 产品名称和型号；

b) 制造厂名称；

c) 制造年、月；

d) 制造编号或批号；

e) 重量；

f) 设计压力、温度。

9.3.2 产品上应设置如下标记：

a) 接口介质名称或其代号；

b) 介质流向。

9.4 包装

9.4.1 产品应单机包装，包装箱应符合 GB/T 13384 的有关规定。

9.4.2 产品在运输中的包装运输标志应符合 GB/T 191 中的有关规定。

9.4.3 喷射器上的各接口(包括温度计、压力表和各种传感器的接口)均应用橡胶和塑料塞堵堵死，法兰、盲板等密封面、各种零件的螺纹部分均应采取涂油防锈措施。

9.5 运输

产品在运输和装卸过程中，应避免日晒、雨淋及化学物品的侵蚀，防止碰撞、划伤和损坏。搬运时严禁滚动和抛掷。

9.6 贮存

9.6.1 应按产品型号或生产批号分类贮存。

9.6.2 喷射器应存放在没有腐蚀气体并通风干燥的地方。

9.6.3 包装好的产品应水平放置，其叠放不得超过两层，底部应稳妥垫高距地面 100 mm～200 mm。

附　录　A
（规范性附录）
附属件、安装、运行及维护

A.1　附属件

A.1.1　喷射器与管道、阀门的连接宜采用法兰连接，其本体部分的连接宜采用法兰连接或其他方式连接，以便于喷射器运行状态的调整。

A.1.2　喷射器本体各部及外接连接宜采用法兰或双头螺柱连接，以便于调整和拆卸。采用螺栓连接时，法兰螺栓孔或双头螺柱孔宜与铅垂线跨中布置。

A.1.3　喷射器本体混合腔处宜装设压力表，以便于观察混合腔运行情况。该压力表的量程应包含真空区。

A.1.4　进口蒸汽管路上应安装切断阀，切断阀的选型应符合 GB/T 12233 或 GB/T 12238 的要求；进出水管道上侧宜选用闸阀或蝶阀，闸阀的制造应符合 GB/T 12232 的规定。蝶阀的制造应符合 GB/T 12238 的规定。

A.1.5　进口蒸汽管路上应安装止回阀，止回阀的选型应符合 GB/T 12233 或 GB/T 12236 的要求。

A.1.6　进口蒸汽管路上宜安装疏水装置，疏水阀的选型应符合 GB/T 12712 的要求。

A.1.7　出水管路宜安装启动旁路系统，以保证升压器的平稳启停，并在事故工况下实现快速疏水。启动旁路系统的管径应不小于喷射器内部的最小流通面积，如出水为开式水箱、连接管路小于 10 m 且水箱位置低于喷射器，可以不设计启动旁路。

A.1.8　应设置进汽、进水及出水的温度和压力测量仪表，压力测量仪表宜有就地显示功能。温度表应符合 JB/T 8803 的规定，压力表应符合 GB/T 1226 的规定。

A.1.9　为防止振动，喷射器的进水及出水管道宜安装减震装置。

A.1.10　喷射器设计在封闭循环管路中，应在喷射器的进水管路上设置（泄水）定压装置，其排放量应不小于蒸汽流量。

A.1.11　喷射器设计在封闭循环管路中，宜在喷射器附近的最高点设自动集气、排气装置，以利于排放蒸汽中的不凝结气体。

A.1.12　在喷射器的出水管侧宜设置泄水阀，泄水阀宜选用闸阀或截止阀，泄水阀的管径不得小于 DN20。

A.1.13　设计工作完成后，应出具喷射器系统设计图和设计文件，作为喷射器系统制造、安装及使用的依据。

A.2　安装

A.2.1　喷射器采用汽液两相直接接触换热方式，容易产生水击，应在系统设计中充分考虑装置启动、正常运行、停运及事故工况下管路的安全性。喷射器和管路的布置，要做到管道接口流畅、阻力损失小、检修方便、便于操作和观测。

A.2.2　喷射器出口直管段长度不宜小于出口管径的 15 倍。

A.2.3　温度、压力等测量仪表的安装应便于观查和计量。

A.2.4　喷射器安装应牢固可靠，位置正确，设备安装应留有足够的空间，满足拆装维修的需要，空间不小于 500 mm,安装前应对喷射器进行清理,确保设备内无异物,对喷射器上仪表孔洞进行封闭处理。

A.2.5 焊接与喷射器连接法兰时,应将喷射器拆下后再焊接连接法兰,以免在施焊时喷射器体内产生电弧,损坏设备。

A.2.6 需有基础的喷射器,其基础的位置、几何尺寸和质量要求应符合图纸设计要求。

A.2.7 喷射器安装后,不得随意对设备本体进行局部切、割、焊等操作。

A.2.8 喷射器系统安装完成后,均应进行严密性试验,严密性试验压力应为 1.25 倍系统设计压力,且不低于 0.6 MPa。

A.2.9 试验用的压力表应校验,精度不宜低于 1.5 级,表的满量程应达到试验压力的 2 倍～3 倍。

A.2.10 喷射器可露天安装使用,但应有可靠的防冻措施,并有防止雨雪进入保温层的防护措施。

A.3 运行维护

A.3.1 喷射器运行操作人员应经过培训,并按操作规程或本标准的要求进行操作。

A.3.2 本装置不能通过调节出口压力来改变流量,严禁在运行时关闭出口阀门。

A.3.3 喷射器进口蒸汽压力是喷射器的关键运行参数,宜设置为报警信号。

A.3.4 本装置不能通过调节出口压力来改变流量,严禁在运行时关闭出口阀门。

A.3.5 当出口流量或升压系数发生变化时,应及时停止运行进行检查,查明原因并排除故障后再运行。

A.3.6 当喷射器的工作压力超过设定的排放压力,而喷射器的超压排流装置仍不排流泄压时,应停止喷射器的运行。

A.3.7 喷射器本体及连接管道上的压力表、温度表应按有关规定进行定期校验。

A.3.8 采用化学方法对喷射器及连接管道进行清洗时,应保证清洗介质不对喷射器及管材造成腐蚀,清洗后应对喷射器及连接管道进行压力试验,试验压力应不低于最高工作压力的 1.5 倍。

ICS 23.040.60
G 91

中华人民共和国国家标准

GB/T 29465—2012

浮头式热交换器用外头盖侧法兰

Shell flange-rear head end of floating heat exchangers

2012-12-31 发布 2013-07-01 实施

中华人民共和国国家质量监督检验检疫总局
中国国家标准化管理委员会 发布

前　言

本标准按照 GB/T 1.1—2009 给出的规则起草。

本标准由全国锅炉压力容器标准化技术委员会(SAC/TC 262)提出并归口。

本标准起草单位:甘肃蓝科石化高新装备股份有限公司、上海蓝滨石化设备有限责任公司。

本标准主要起草人:张延丰、邹建东。

浮头式热交换器用外头盖侧法兰

1 范围

本标准规定了浮头式热交换器(含换热器和冷凝器)用外头盖侧法兰(以下简称"侧法兰")的结构型式与系列尺寸。

本标准适用于公称压力为 0.6 MPa～6.4 MPa、工作温度－40 ℃～450 ℃。

本标准适用腐蚀裕量不大于 3 mm。

2 规范性引用文件

下列文件对于本文件的应用是必不可少的。凡是注日期的引用文件,仅注日期的版本适用于本文件。凡是不注日期的引用文件,其最新版本(包括所有的修改单)适用于本文件。

JB/T 4700 压力容器法兰分类与技术条件

JB/T 4704 非金属软垫片

JB/T 4705 缠绕垫片

JB/T 4706 金属包垫片

JB/T 4707 等长双头螺柱

3 代号与标记

3.1 代号

3.1.1 侧法兰类型代号应符合表 1 的规定。

3.1.2 密封面型式代号应符合表 2 的规定。

表 1

侧法兰类型	名称及代号
一般法兰	侧法兰
衬环法兰	侧法兰 C
注: 法兰衬环材料由设计者确定。衬环材料应用括号标注在法兰材料后或图样明细表备注栏中。如:16 Mn(环 S30408)。	

表 2

侧法兰密封面型式	代　　号
平密封面	RF
凸密封面	M
榫密封面	T

3.2 标记

侧法兰标记由五部分组成,如下图所示:

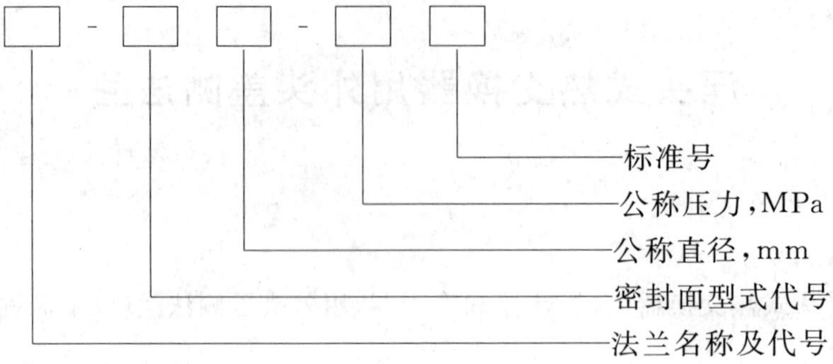

示例：

公称压力 1.6 MPa，公称直径 800 mm 的衬环榫密封面外头盖侧法兰标记为：

侧法兰 C-T800-1.6　GB/T 29465—2012

4　结构型式与尺寸

侧法兰的结构型式及系列尺寸应符合图 1～图 6 和表 3 的规定，法兰及衬环的质量见表 4。

5　选用规定

5.1　侧法兰及相匹配的垫片、螺柱、螺母的材料、最大允许工作压力、技术条件按 JB/T 4700 的规定。

5.2　侧法兰及相匹配的垫片、螺柱、螺母的材料最高及最低允许工作温度按 JB/T 4700 的规定。

5.3　侧法兰用非金属软垫片、缠绕垫片、金属包垫片应分别符合 JB/T 4704、JB/T 4705、JB/T 4706 的规定。

5.4　侧法兰用等长双头螺柱应符合 JB/T 4707 的规定。

5.5　当与侧法兰连接的对接圆筒厚度小于表 3 的最小对接圆筒厚度 δ_0 时，应按表 3 要求，调整法兰总高度 H，并连同法兰厚度在法兰标记中注明。

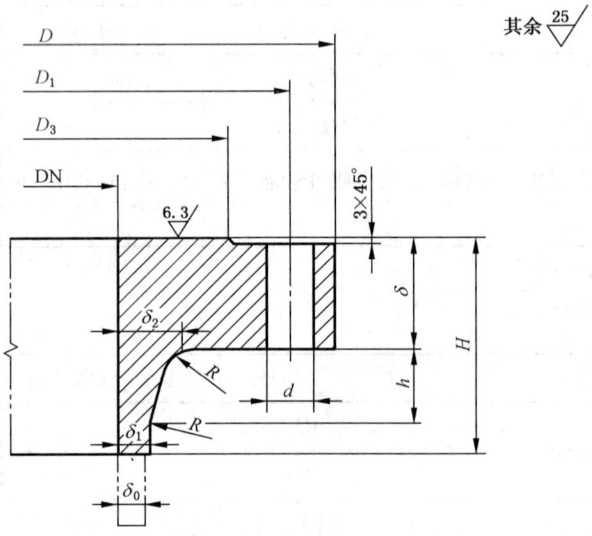

图 1　平密封面（RF）

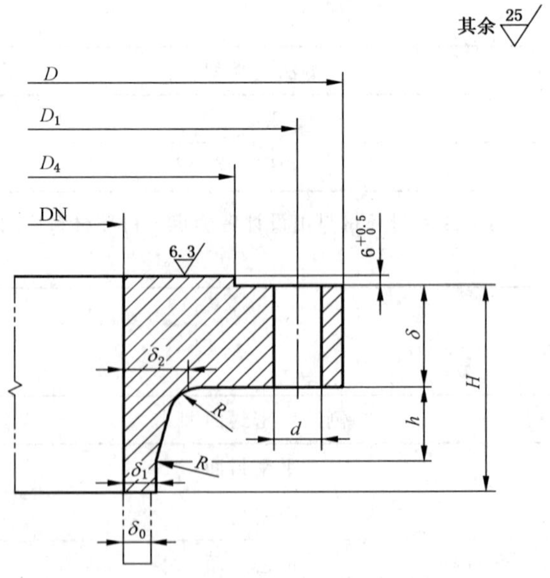

图 2　凸密封面（M）

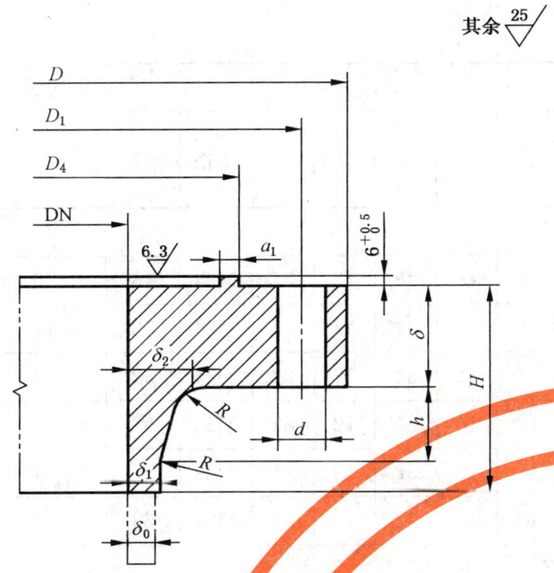

图 3　榫密封面(T)

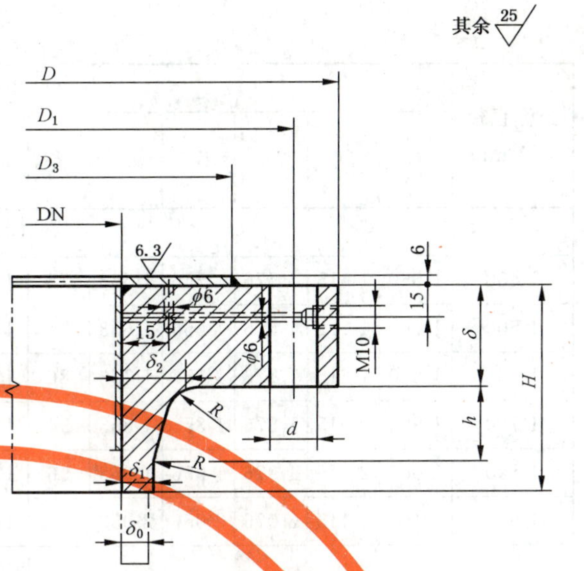

图 4　衬环平密封面(C-RF)

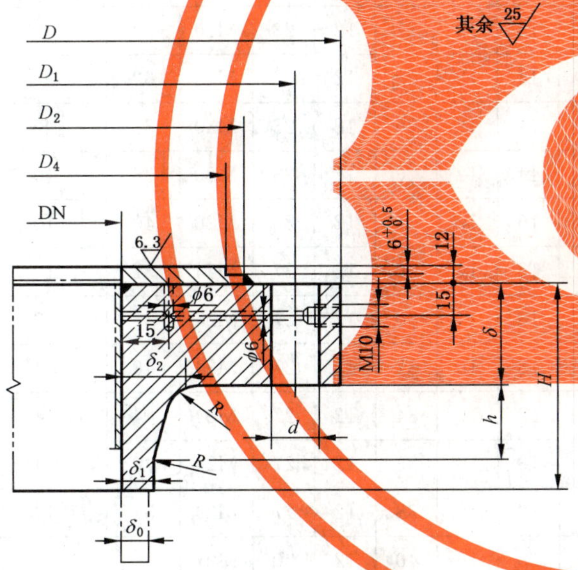

图 5　衬环凸密封面(C-M)

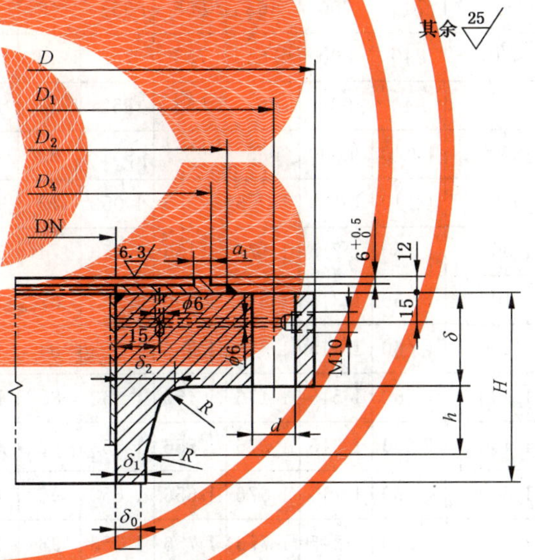

图 6　衬环榫密封面(C-T)

表 3

公称直径 DN/mm	法兰尺寸/mm													螺柱		对接圆筒
	D	D_1	D_2	D_3	D_4	δ	H	h	a_1	δ_1	δ_2	R	d	规格	数量	最小厚度 δ_0/mm
PN=0.6 MPa																
1 200	1 460	1 415	1 376	1 356	1 353	66	126	36	18	16	28	12	27	M24	40	12
1 300	1 560	1 515	1 476	1 456	1 453	70	130	36	18	16	28	12	27	M24	44	12

表 3（续）

公称直径 DN/mm	法兰尺寸/mm													螺柱		对接圆筒
	D	D_1	D_2	D_3	D_4	δ	H	h	a_1	δ_1	δ_2	R	d	规格	数量	最小厚度 δ_0/mm
PN=0.6 MPa																
1 400	1 660	1 615	1 576	1 556	1 553	78	138	36	18	16	28	12	27	M24	48	12
1 500	1 760	1 715	1 676	1 656	1 653	84	146	36	18	16	28	12	27	M24	52	12
1 600	1 860	1 815	1 776	1 756	1 753	86	156	42	18	16	30	12	27	M24	52	14
1 700	1 960	1 915	1 876	1 856	1 853	94	164	42	18	16	30	12	27	M24	52	14
1 800	2 060	2 015	1 976	1 956	1 953	96	172	48	18	16	32	12	27	M24	56	14
1 900	2 160	2 115	2 076	2 056	2 053	104	180	48	18	16	32	12	27	M24	60	14
PN=1.0 MPa																
300	540	500	465	455	452	36	82	30	14	12	22	12	23	M20	20	8
400	640	600	565	555	552	40	86	30	14	12	22	12	23	M20	24	8
500	740	700	665	655	652	46	92	30	14	12	22	12	23	M20	28	8
600	840	800	765	755	752	52	98	30	14	12	22	12	23	M20	32	8
700	940	900	865	855	852	52	110	42	14	12	26	12	23	M20	32	8
800	1 040	1 000	965	955	952	62	124	42	14	12	26	12	23	M20	36	10
900	1 140	1 100	1 065	1 055	1 052	72	134	42	16	12	26	12	23	M20	40	10
1 000	1 260	1 215	1 176	1 156	1 153	74	142	48	18	14	30	12	27	M24	32	10
1 100	1 360	1 315	1 276	1 256	1 253	82	154	48	18	14	30	12	27	M24	36	12
1 200	1 460	1 415	1 376	1 356	1 353	84	160	48	18	16	32	12	27	M24	40	14
1 300	1 560	1 515	1 476	1 456	1 453	88	170	54	18	16	34	12	27	M24	44	14
1 400	1 660	1 615	1 576	1 556	1 553	92	180	60	18	16	36	12	27	M24	48	14
1 500	1 760	1 715	1 676	1 656	1 653	96	190	66	18	16	38	12	27	M24	52	14
1 600	1 870	1 815	1 776	1 756	1 753	98	198	72	18	16	40	12	30	M27	56	14
1 700	1 970	1 915	1 876	1 856	1 853	102	208	78	18	16	42	12	30	M27	56	14
1 800	2 095	2 040	1 998	1 978	1 973	110	220	78	18	18	44	15	30	M27	56	16
1 900	2 195	2 140	2 098	2 078	2 075	114	230	84	18	18	46	15	30	M27	60	16
PN=1.6 MPa																
300	540	500	465	455	452	32	85	36	14	12	24	12	23	M20	20	8
400	640	600	565	555	552	40	92	36	14	12	24	12	23	M20	24	8
500	740	700	665	655	652	54	106	36	14	12	24	12	23	M20	28	8
600	860	815	776	766	763	64	126	42	18	12	26	12	27	M24	24	10
700	960	915	876	866	863	66	134	48	18	14	30	12	27	M24	24	10
800	1 060	1 015	976	966	963	64	142	54	18	16	34	12	27	M24	28	12

表 3（续）

公称直径 DN/mm	法兰尺寸/mm													螺柱		对接圆筒
	D	D_1	D_2	D_3	D_4	δ	H	h	a_1	δ_1	δ_2	R	d	规格	数量	最小厚度 δ_0/mm
PN=1.6 MPa																
900	1 160	1 115	1 076	1 066	1 063	76	154	54	18	16	34	12	27	M24	32	12
1 000	1 260	1 215	1 176	1 156	1 153	84	168	60	18	16	40	12	27	M24	36	12
1 100	1 360	1 315	1 276	1 256	1 253	82	182	72	18	16	40	12	27	M24	40	14
1 200	1 460	1 415	1 376	1 356	1 353	84	196	84	18	16	44	12	27	M24	44	14
1 300	1 560	1 515	1 476	1 456	1 453	94	206	84	18	16	44	12	27	M24	52	14
1 400	1 695	1 640	1 598	1 578	1 575	96	220	96	18	18	50	15	30	M27	48	14
1 500	1 795	1 740	1 698	1 678	1 675	104	232	96	18	18	50	15	30	M27	52	16
1 600	1 895	1 840	1 798	1 778	1 775	104	232	96	18	20	50	15	30	M27	56	16
1 700	1 995	1 940	1 898	1 878	1 875	112	244	96	18	22	50	15	30	M27	64	18
1 800	2 115	2 055	2 010	1 990	1 987	117	249	96	23	22	54	15	33	M30	56	18
1 900	2 215	2 155	2 110	2 090	2 087	130	266	96	23	22	54	15	33	M30	64	20
PN=2.5 MPa																
300	540	500	465	455	452	38	108	54	14	12	30	12	23	M20	20	8
400	660	615	576	566	563	46	116	54	18	12	30	12	27	M24	20	8
500	760	715	676	666	663	46	138	72	18	16	40	12	27	M24	24	10
600	860	815	776	766	763	52	144	72	18	16	40	12	27	M24	28	10
700	960	915	876	866	863	60	152	72	18	16	40	12	27	M24	32	10
800	1 095	1 040	998	988	985	80	176	72	18	16	40	15	30	M27	32	12
900	1 195	1 140	1 098	1 088	1 085	78	180	78	18	18	44	15	30	M27	36	12
1 000	1 295	1 240	1 198	1 178	1 175	86	192	78	18	20	46	15	30	M27	40	14
1 100	1 395	1 340	1 298	1 278	1 275	102	208	78	18	20	46	15	30	M27	48	14
1 200	1 495	1 440	1 398	1 378	1 375	118	224	78	18	20	46	15	30	M27	56	14
1 300	1 595	1 540	1 498	1 478	1 475	124	240	84	18	20	48	15	30	M27	60	16
1 400	1 715	1 655	1 610	1 590	1 587	128	250	90	23	22	52	15	33	M30	60	16
1 500	1 815	1 755	1 710	1 690	1 687	135	267	96	23	22	54	15	33	M30	64	18
1 600	1 950	1 880	1 829	1 809	1 806	136	284	108	23	24	60	18	39	M36	52	20
1 700	2 050	1 980	1 929	1 909	1 906	143	297	114	23	24	62	18	39	M36	56	20
1 800	2 150	2 080	2 029	2 009	2 006	145	303	114	23	26	64	18	39	M36	64	22
1 900	2 250	2 180	2 129	2 109	2 106	160	322	114	23	26	64	18	39	M36	68	24

表 3（续）

公称直径 DN/mm	法兰尺寸/mm													螺柱		对接圆筒
	D	D_1	D_2	D_3	D_4	δ	H	h	a_1	δ_1	δ_2	R	d	规格	数量	最小厚度 δ_0/mm
PN=4.0 MPa																
300	560	515	476	466	463	50	142	72	18	16	40	12	27	M24	20	10
400	660	615	576	566	563	54	148	72	18	16	40	12	27	M24	24	12
500	760	715	676	666	663	60	156	72	18	16	40	12	27	M24	32	12
600	895	840	798	788	785	80	176	72	18	16	40	15	30	M27	32	12
700	995	940	898	888	885	84	190	78	18	18	44	15	30	M27	40	14
800	1 115	1 055	1 010	1 000	997	104	214	78	23	20	46	15	33	M30	40	16
900	1 215	1 155	1 110	1 100	1 097	106	226	90	23	20	50	15	33	M30	48	16
1 000	1 350	1 280	1 229	1 209	1 206	128	254	90	23	22	52	18	39	M36	40	18
1 100	1 450	1 380	1 329	1 309	1 306	130	266	96	23	24	56	18	39	M36	44	20
1 200	1 550	1 480	1 429	1 409	1 406	132	278	102	23	26	60	18	39	M36	52	22
1 300	1 650	1 580	1 529	1 509	1 506	150	296	102	23	26	60	18	39	M36	60	22
1 400	1 750	1 680	1 629	1 609	1 606	168	314	102	23	26	60	18	39	M36	64	22
1 500	1 850	1 780	1 729	1 709	1 706	178	330	108	23	26	62	18	39	M36	68	22
PN=6.4 MPa																
300	560	515	476	466	463	64	152	72	18	16	40	12	27	M24	24	12
400	695	640	598	588	585	82	178	72	18	16	40	15	30	M27	28	12
500	815	755	710	700	697	102	198	72	23	16	40	15	33	M30	32	12
600	950	880	829	819	816	106	224	90	23	20	50	18	39	M36	32	14
700	1 050	980	929	919	916	116	242	90	23	22	52	18	39	M36	36	18

表 4

公称直径 DN/mm	法兰质量/kg			衬环质量/kg		
	平面	凸面	榫面	平环	凸环	榫环
PN=0.6 MPa						
1 200	305.0	319.4	303.85	14.9	31.5	20.5
1 300	345.4	361.0	349.2	16.1	34.0	22.1
1 400	407.0	423.7	411.1	17.2	36.5	23.7
1 500	464.6	482.5	469.0	18.4	38.9	25.3
1 600	513.4	532.4	518.0	19.6	41.4	26.9
1 700	589.5	609.6	594.4	20.7	43.8	28.5
1 800	641.8	661	646.9	21.9	46.3	30.0
1 900	709.5	731.9	730.1	23.1	48.8	31.6

表 4（续）

公称直径 DN/mm	法兰质量/kg			衬环质量/kg		
	平面	凸面	榫面	平环	凸环	榫环
PN=1.0 MPa						
300	47.9	52.1	48.8	4.4	9.0	5.6
400	65.7	71.1	66.8	5.5	11.4	7.1
500	89.1	95.6	90.5	6.7	13.7	8.5
600	116.1	123.7	117.6	7.8	16.1	10.0
700	138.2	147.0	140.0	9.0	18.5	11.4
800	182.6	192.5	184.5	10.2	20.8	12.8
900	231.5	242.4	233.6	11.3	23.2	14.3
1 000	291.8	304	294.9	12.6	26.6	17.4
1 100	346.4	359.7	349.7	13.7	29.1	18.9
1 200	384.9	399.4	388.5	14.9	31.5	20.5
1 300	444.7	460.3	448.6	16.1	34.0	22.1
1 400	503	518.2	506.1	17.2	36.5	23.7
1 500	563.1	580.9	567.4	18.4	38.9	25.3
1 600	634.5	653.5	639.2	19.6	41.4	26.9
1 700	707.0	727.1	711.9	20.7	43.8	28.5
1 800	876.3	910.7	881.5	25.1	52.8	33.4
1 900	966.5	992.3	972	26.5	55.6	35.1
PN=1.6 MPa						
300	44.3	48.6	45.3	4.4	9.0	5.6
400	67.0	72.4	68.1	5.5	11.4	7.1
500	104.9	111.4	106.2	6.7	13.7	8.5
600	159.7	167.9	161.7	8.5	17.4	11.1
700	192.6	202.0	194.8	9.7	19.9	12.6
800	218.5	229.2	221.1	11.0	22.4	14.2
900	280.0	298.5	283.5	12.2	25.0	15.8
1 000	344.2	356.4	347.2	12.6	26.6	17.4
1 100	376.9	390.2	381.2	13.7	29.1	18.9
1 200	432.2	442.6	435.8	14.9	31.5	20.5
1 300	506.4	521.9	499.2	16.1	34.0	22.1
1 400	638.9	657.9	642.8	19.8	41.6	26.4
1 500	738.5	759.0	742.9	21.1	44.4	28.1
1 600	779.4	801.3	784.1	22.5	47.2	29.9

表 4（续）

公称直径 DN/mm	法兰质量/kg			衬环质量/kg		
	平面	凸面	榫面	平环	凸环	榫环
PN=1.6 MPa						
1 700	840.3	863.5	876.6	23.8	50.0	33.0
1 800	1 095.4	1 121.6	1 102.1	26.9	56.4	36.7
1 900	1 238.4	1 266.0	1 245.5	28.3	59.3	38.6
PN=2.5 MPa						
300	55.3	59.5	56.2	4.4	9.0	5.6
400	87.8	93.6	89.2	6.0	12.3	7.9
500	118.8	125.8	120.5	7.2	14.8	9.5
600	151.6	159.8	153.6	8.5	17.4	11.1
700	192.6	202	194.6	9.7	19.9	12.6
800	310.5	322.7	309.5	12.6	25.6	15.9
900	347.0	360.6	347.8	14.0	28.5	17.7
1 000	419.0	433.7	416.7	14.5	30.5	19.4
1 100	523.2	538.5	522.1	15.8	33.3	21.1
1 200	636.9	653.6	635.2	17.1	36.1	22.9
1 300	726.5	744.5	717.4	18.5	38.9	24.6
1 400	875.4	895.1	873.0	21.2	44.5	29.0
1 500	984.6	1 006.7	972.1	22.6	47.5	30.9
1 600	1 197.9	1 223.8	1 180.9	26.6	55.6	35.5
1 700	1 340.4	1 367.9	1 324.4	28.2	58.8	37.5
1 800	1 464.4	1 451.2	1 428.4	29.7	62.1	39.6
1 900	1 636.5	1 643.6	1 597.9	31.3	65.3	41.6
PN = 4.0 MPa						
300	83.3	87.9	84.5	4.8	9.8	6.3
400	110.9	116.7	112.3	6.0	12.3	7.9
500	143.7	150.8	145.5	7.2	14.8	9.5
600	240.5	250.0	242.5	9.8	19.9	12.4
700	293	307.8	294.9	11.2	22.8	14.2
800	424.8	437.9	428.1	13.5	27.4	17.6
900	487.7	502.2	491.3	14.9	30.5	19.5
1 000	706.4	720.2	707.2	17.3	36.1	23.1
1 100	796.5	814.8	800.9	18.8	39.3	25.2
1 200	888.2	908.1	892	20.4	42.6	27.3

表 4（续）

公称直径 DN/mm	法兰质量/kg			衬环质量/kg		
	平面	凸面	榫面	平环	凸环	榫环
PN=4.0 MPa						
1 300	1 053.4	1 074.8	1 058.4	21.9	45.8	29.3
1 400	1 237.7	1 260.6	1 243.1	23.5	49.1	31.4
1 500	1 392.6	1 417.0	1 398.3	25.1	52.3	33.4
PN=6.4 MPa						
300	99.8	104.4	100.9	4.8	9.8	6.3
400	175.9	182.6	177.4	6.9	14.2	8.9
500	268.8	277.5	271.0	9.0	18.3	11.8
600	380.8	392.2	382.5	11.6	23.7	15.0
700	473.9	486.6	476.7	13.2	27.0	17.0

ICS 27.060.30
J 75

中华人民共和国国家标准

GB/T 29466—2012

板式热交换器机组

Plate heat exchanger unit

2012-12-31 发布　　2013-07-01 实施

中华人民共和国国家质量监督检验检疫总局
中国国家标准化管理委员会　发布

前　言

本标准按照 GB/T 1.1—2009 给出的规则起草。

本标准由全国锅炉压力容器标准化技术委员会(SAC/TC 262)提出并归口。

本标准负责起草单位:甘肃蓝科石化高新装备股份有限公司,睿能太宇(沈阳)能源技术有限公司。

本标准参加起草单位:廊坊市欣瑞科能换热设备有限公司、哈瓦特换热机组(北京)有限公司、北京硕人时代科技有限公司、沈阳市热力工程设计研究院、沈阳皇姑热电有限公司、西安热力公司、四平市巨元瀚洋板式换热器有限公司、丹佛斯(天津)有限公司,上海艾克森集团有限公司,斯必克(上海)流体技术有限公司,上海朗金嵩特传热技术有限公司,中国特种设备检测研究院。

本标准主要起草人:周文学、王军、王立新、董振刚、俞华伟、吴军、马贵增、史登峰、王为国、唐涤、栾小伟、孟钢、刘凯、宋金虎、吕玮、张加志、黄良乐、宋志卫。

本标准为首次发布。

引　言

本标准在不同的使用场合会有不同或更进一步的要求。本标准不限制在特定应用场合中，供、需双方接受的特殊设备或设计方案，也适用于富有创新或发展的技术。若选用特殊的设备，供方应明确与本标准的差别并提供详细说明。

板式热交换器机组

1 范围

本标准规定了板式热交换器机组(以下简称机组)的设计、制造、试验方法、检验规则、运输、贮存及使用要求。

本标准适用于供热、空调及生活热水等热交换系统中所使用的板式热交换器机组。其他系统的板式热交换器机组可参照使用。

2 规范性引用文件

下列文件对本文件的应用是必不可少的。凡是注明日期的引用文件,仅注日期的版本适用于本文件。凡是不注日期的引用文件,其最新版本(包括所有的修改单)适应于本文件。

GBZ 1 工业企业设计卫生标准

GB/T 706 热轧型钢

GB 713 锅炉和压力容器用钢板

GB/T 985.1 气焊、焊条电弧焊、气体保护焊和高能束焊的推荐坡口

GB/T 985.2 埋弧焊的推荐坡口

GB/T 2887 计算机场地通用规范

GB/T 3274 碳素结构钢和低合金结构钢热轧厚钢板和钢带

GB/T 3621 钛及钛合金板材

GB/T 3624 钛及钛合金无缝管

GB/T 3625 换热器及冷凝器用钛及钛合金管

GB/T 4237 不锈钢热轧钢板和钢带

GB/T 5656 离心泵 技术条件(Ⅱ类)

GB/T 5657 离心泵 技术条件(Ⅲ类)

GB 7251.1 低压成套开关设备和控制设备 第1部分:型式试验和部分型式试验 成套设备(GB 7251.1—2005,IEC 60439-1:1999,IDT)

GB 7251.2 低压成套开关设备和控制设备 第2部分:对母线干线系统(母线槽)的特殊要求(GB 7251.2—2006,IEC 60439-2:2000,IDT)

GB 7251.3 低压成套开关设备和控制设备 第3部分:对非专业人员可进入场地的低压成套开关设备和控制设备——配电板的特殊要求(GB 7251.3—2006,IEC 60439-3:2001,IDT)

GB 7251.4 低压成套开关设备和控制设备 第4部分:对建筑工地用成套设备(ACS)的特殊要求(GB 7251.4—2006,IEC 60439-4:2004,IDT)

GB/T 8163 输送流体用无缝钢管(GB/T 8163—2008,EN 10216-1:2004,NEQ)

GB/T 8923 涂装前钢材表面锈蚀等级和防锈等级(GB/T 8923—1988,eqv ISO 8501-1:1988)

GB/T 9129 管法兰用非金属平垫片 技术条件

GB/T 12243 弹簧直接荷载式安全阀(GB/T 12243—2005,JIS B 8210:1994,MOD)

GB/T 12459 钢制对焊无缝管件(GB/T 12459—2005,ASTM B 16.9:2001,MOD)

GB/T 12668.2 调速电气传动系统 第2部分:一般要求 低压交流变频电气传动系统额定值的规定(GB/T 12668.2—2002,IEC 61800-2:1998,IDT)

GB 12706.1 额定电压 1 kV(U_m=1.2kV)到 35 kV(U_m=40.5 kV)挤包绝缘电力电缆及附件 第1部分:额定电压 1 kV(U_m=1.2 kV)和 3 kV(U_m=3.6 kV)电缆(GB/T 12706.1—2008,IEC 60502-1:2004,MOD)

GB 12706.2 额定电压 1 kV(U_m=1.2 kV)到 35 kV(U_m=40.5 kV)挤包绝缘电力电缆及附件 第2部分:额定电压 6 kV(U_m=7.2 kV)到 30 kV(U_m=36 kV)电缆(GB/T 12706.2—2008,IEC 60502-2:2005,MOD)

GB 12706.3 额定电压 1 kV(U_m=1.2 kV)到 35 kV(U_m=40.5 kV)挤包绝缘电力电缆及附件 第3部分:额定电压 35 kV(U_m=40.5 kV)电缆(GB/T 12706.3—2008,IEC 60502-2:2005,NEQ)

GB/T 12712 蒸汽供热系统凝结水回收及蒸汽疏水阀技术管理要求

GB 13296 锅炉、热交换器用不锈钢无缝钢管

GB/T 13384 机电产品包装通用技术条件

GB 14050 系统接地的型式及安全技术要求

GB/T 14976 流体输送用不锈钢无缝钢管

GB 50015 建筑给水排水设计规范

GB 50016 建筑设计防火规范

GB 50040 动力机器基础设计规范

GB 50054 低压配电设计规范

GB 50174 电子计算机机房设计规范

GB 50236 现场设备、工业管道焊接工程施工及验收规范

GB 50264 工业设备及管道绝热工程设计规范

CJ 128 热量表

CJJ 34 城镇供热管网设计规范

HG/T 3651 钛制对焊无缝管件

JB/T 4709 钢制压力容器焊接规程

JB/T 4747 压力容器用钢焊条订货技术条件

JB/T 8680.2 三相异步电动机技术条件 第2部分 Y2-E系列(IP54)三相异步电动机

JB/T 53058 管道式离心泵 产品质量分等

NB/T 47004 板式热交换器

NB/T 47008 压力容器用碳素钢和低合金钢锻件

NB/T 47009 低温压力容器用低合金钢锻件

NB/T 47010 压力容器用不锈钢锻件

3 术语和定义

下列术语和定义适用于本文件。

3.1

板式热交换器机组 plate heat exchanger unit

由板式热交换器、水泵、仪表、电气设备、控制系统及必要的附属设备等组成的,以实现流体间热量

交换为目的集成装置。

3.2

一次侧　primary circuit side

指热量或冷量的提供侧。

3.3

二次侧　secondary circuit side

指热量或冷量的接收侧。

3.4

汽-液板式热交换器机组　steam-liquid heat exchanger unit

一次侧介质为蒸汽、二次侧介质为液体的板式热交换器机组。

3.5

液-液板式热交换器机组　liquid-liquid heat exchanger unit

一次侧、二次侧介质均为液体的板式热交换器机组。

3.6

压力　pressure

除注明者外，压力均指表压力。

3.7

一次侧工作压力　primary working　pressure

一次侧工作压力指在正常工作情况下，板式热交换器机组一次侧可能出现的最高压力。

3.8

二次侧工作压力　secondary working　pressure

二次侧工作压力指在正常工作情况下，板式热交换器机组二次侧可能出现的最高压力。

3.9

设计压力　design pressure

设计压力指设定的板式热交换器机组任何一侧的最高压力，与相应的设计温度一起作为设计载荷条件，其值不得低于工作压力。

3.10

设计温度　design temperature

板式热交换器机组在正常工作和相应的设计压力下，设定的元件温度。

在任何情况下，元件表面温度不得超过元件材料的允许使用温度。设计温度不得低于元件表面在工作状态下可能达到的最高温度；对于 0 ℃以下工作的机组，其设计温度不得高于元件表面可能达到的最低温度。

标志在铭牌上的设计温度应是元件中设计温度的最高或最低值。对于 0 ℃以上工作的机组，其铭牌标志设计温度应是其最高温度；对于 0 ℃以下工作的机组，其铭牌标志设计温度应是其最低温度。

3.11

一次侧设计压力　primary design pressure

一次侧设计压力指设定的板式热交换器机组一次侧的最高压力，与相应的一次侧设计温度一起作为设计载荷条件，其值不得低于一次侧工作压力。

3.12

二次侧设计压力　secondary design pressure

二次侧设计压力指设定的板式热交换器机组二次侧的最高压力，与相应的二次侧设计温度一起作为设计载荷条件，其值不得低于二次侧工作压力。

3.13

一次侧设计温度　primary design temperature

板式热交换器机组在正常工作和相应的一次侧设计压力下，设定的一次侧温度。

3.14

二次侧设计温度　secondary design temperature

板式热交换器机组在正常工作和相应的二次侧设计压力下，设定的二次侧温度。

3.15

测试压力　test pressure

用于压降测试时的压力，等于 0.6 倍的设计压力。

4　总则

4.1　板式热交换器机组的设计制造除应符合本标准和国家有关的法规外，还应符合图样要求。

4.2　板式热交换器机组产品型号表示方法如下：

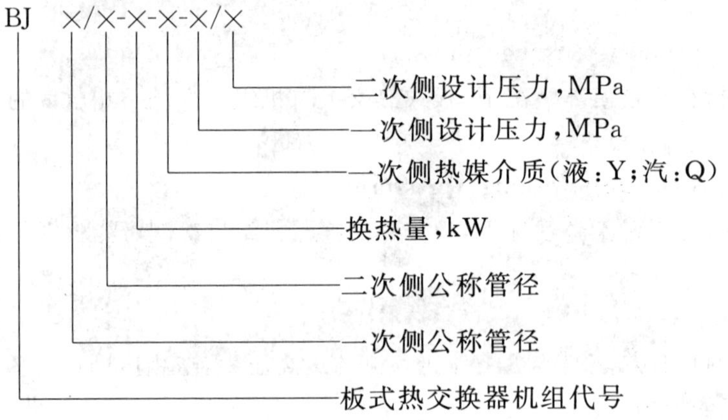

示例 1：换热量 5 000 kW，用于液-液热交换系统，一次侧设计压力 1.0 MPa，公称管径为 DN200，二次侧设计压力 0.6 MPa，公称管径为 DN300 的板式热交换器机组表示为：

BJ 200/300-5000-Y-1.0/0.6

示例 2：换热量 4 000 kW，用于汽-液热交换系统，一次侧设计压力 1.6 MPa，公称管径为 DN150，二次侧设计压力 1.0 MPa，公称管径为 DN250 的板式热交换器机组表示为：

BJ 150/250-4000-Q-1.6/1.0

4.3　板式热交换器机组的设计温度和压力应符合表 1 的规定。

4.4　当机组的设计温度或设计压力超过表 1 的规定时，应采取相应的减温减压措施。

表 1　板式热交换器机组的设计温度和压力

项　目		温度/℃	压力/MPa
介质	蒸汽介质	≤160	—
	液体介质	0～150	≤2.5

5 技术要求

5.1 一般要求

5.1.1 机组的结构设计应便于操作、观测和检修。

5.1.2 机组中热交换器、水泵、控制柜等主要设备宜置于机架上。

5.1.3 机组底座和支撑结构应有足够的强度、刚度和稳定性。底座应设置固定吊装点，不应以部件设备吊装点及管道作为机组吊装点，保证机组安装、运输及系统运行的安全可靠。

5.1.4 当机组所在场所有减振要求时，应采取减振措施。

5.1.5 机组的安装和使用应符合附录A的要求。

5.2 换热工艺要求

5.2.1 一次侧介质为蒸汽时，其介质在管道内的流速应符合表2的规定。

表2 板式热交换器机组蒸汽介质在管道内允许的设计流速

供热介质	管径	最大允许设计流速/(m/s)
过热蒸汽	≤DN200	50
	＞DN200	80
饱和蒸汽	≤DN200	35
	＞DN200	60

5.2.2 一次侧介质为液体时，应按允许的压力降确定管径，且介质流速不应大于3.5 m/s，比摩阻不应大于400 Pa/m；二次侧介质流速不应大于3.5 m/s，比摩阻不应大于400 Pa/m；用于供热工况时介质流速不应大于2.5 m/s。

5.2.3 用于供热的液-液机组一次侧、二次侧的压力降均应不大于100 kPa。

5.2.4 机组一次侧、二次侧压力降按式(1)计算：

$$\Delta P_0 = \Delta P_1 + \Delta P_2 + \Delta P_3 \qquad (1)$$

式中：

ΔP_0——机组总阻力损失，单位为千帕(kPa)；

ΔP_1——板式换热器阻力损失，单位为千帕(kPa)；

ΔP_2——各流通阀门等部件的阻力损失，单位为千帕(kPa)；

ΔP_3——机组管道及附件阻力损失，单位为千帕(kPa)。

5.2.5 机组进出口都应设置关断阀门。

5.2.6 在汽-液机组中，应设置能连续排水的疏水阀，疏水阀的选型应符合GB/T 12712的要求。

5.2.7 典型热交换工况工艺流程参见附录B。

5.3 板式热交换器

5.3.1 板式热交换器应符合NB/T 47004的规定，其设计压力和设计温度应取机组一次侧、二次侧设计压力与设计温度的较大值。

5.3.2 板式热交换器的选型应根据工艺参数计算确定。

5.3.3 板式热交换器的材料应根据使用的介质及参数选取。

5.3.4 板式热交换器宜采用逆流换热方式。

5.3.5 同一工况机组内并联运行的板式热交换器不应超过2台，且不宜设置备用板式热交换器。

5.4 循环水泵

5.4.1 循环水泵应符合 GB/T 5656 或 GB/T 5657 及 JB/T 53058 的规定。

5.4.2 机组内的一次侧或二次侧循环水泵不宜超过2台，且不宜设置备用泵。

5.4.3 循环水泵所配的电机应符合 JB/T 8680.2 的规定，并应满足下列要求：

a) 电机的额定电压为单相 220 V±10%或三相 380 V±10%，电源频率为 50 Hz±2 Hz；

b) 电机应有密封的接线盒，接线端子应连接每个绕组的末端，并接地保护。

5.4.4 循环水泵应采用变频运行，且应单独设置变频器。

5.5 补水泵

5.5.1 机组宜采用补水泵定压补水，补水泵应不多于2台。

5.5.2 补水泵应符合 GB/T 5656 或 GB/T 5657 及 JB/T 53058 的要求。

5.5.3 补水泵宜采用变频运行。如采用变频运行，应单独设置变频器。

5.5.4 补水泵的流量应不大于二次侧循环总流量的4%。

5.5.5 补水点宜设置在二次侧回水循环水泵入口处；生活热水机组的补水点宜设置在二次侧回水循环水泵出口处。

5.6 阀门及管路附件

5.6.1 机组阀门应满足设计温度和设计压力要求。

5.6.2 与板式热交换器连接的管路应采用可拆卸的连接方式。

5.6.3 安全阀应符合 GB/T 12243 的规定，安全阀应按照系统中介质的最大膨胀量和起跳压力选取，安全阀应设置在循环水泵的出口或二次侧供水管路上。

5.6.4 在机组管路的最低点应设置泄水阀，在易积气的管路上应设置排气阀。

5.6.5 在一次侧供水管路和二次侧回水管路上(循环水泵入口处)均应设置过滤器。

5.6.6 在液-液机组中，一次侧热量表或流量计宜设置在回水管路上，二次侧的流量计宜安装在二次侧供水管路上。

5.6.7 在汽-液机组中，一次侧的调节阀和流量计应设置在蒸汽管路上。

5.7 电气要求

5.7.1 控制柜

a) 控制柜应具有与机组控制器相结合实现自动控制、检测及保护的功能。

b) 控制柜应满足下列要求：

   1) 控制柜应符合 GB 7251.1～7251.4 的规定；

   2) 绝缘 1 min 工频耐压不小于 2 500 V；

   3) 防护等级应满足用户要求；

   4) 应能满足环境温度 0 ℃～40 ℃，相对湿度 90%的工作条件。

c) 控制柜应具有如下保护功能：

   1) 短路保护；

   2) 接地保护；

   3) 过载保护；

   4) 缺相保护；

5） 报警功能。

5.7.2 变频器

a） 变频器应满足电机的负载要求。变频器的选用应符合 GB/T 12668.2 的规定，且应满足以下要求：

1） 额定电源电压：三相 380 V±10%；

2） 电源频率：50 Hz±2 Hz；

3） 功率因数：cosϕ>0.95；

4） 输出电压：0 V～380 V；

5） 频率精度：0.5%（相对于最高输出频率）；

6） 过载能力：110%最小 60 s；

7） 控制方式：正弦波 PWM 或矢量控制方式；

8） 变频器的额定输出应满足电机消耗和负载的特性曲线；

9） 电源谐波要求，总的谐波畸变率小于 3%；

10） 变频器适用于工作环境温度：−10 ℃～40 ℃，湿度不大于 90%，现场安装不低于 IP54。用于柜内安装时，防护等级不低于 IP20。

b） 变频器保护功能要求：

1） 过载保护；

2） 过电压保护；

3） 输出短路保护；

4） 欠电压保护；

5） 接地故障保护；

6） 过电流保护；

7） 内部温升保护；

8） 缺相保护；

9） 瞬间停电保护。

c） 变频器控制功能一般要求：

1） 变频器应具有模拟量及数字量输入、输出（I/O）信号，所有模拟量信号应为 4 mA～20 mA 或 0 V～10 V，并能与控制器可靠连接；

2） 应有频率反馈输出功能、内置 PID 调节功能和休眠功能；

3） 在故障状态下，保护电路应快速动作并报警，同时变频器停止工作；

4） 变频器应具有多种通讯方式，内置标准通讯接口 RS485、Modbus 通讯协议，并具有多种通讯协议可选；变频器的控制系统应具有调节上升时间和下降时间的线性调节功能（转速从 0～100%，0.1 s～300 s，反之亦然），上升和下降时间应单独可调；为避免出现危险的电机或水泵的共振频率，应可通过程序设定跳跃频率；

5） 变频器应具有操作面板，并应有下列功能：

i. 具有显示功能，且支持中文显示；

ii. 变频器的启动、停止；

iii. 变频器参数的设定；

iv. 显示故障并报警。

5.8 控制及测量要求

5.8.1 一般要求

a) 机组控制部分一般由传感器、控制器、执行机构和通讯系统组成；
b) 控制器应通过与其相连的传感器和执行机构对机组和其他现场设备进行数据采集和控制；
c) 传感器包括温度传感器或温度变送器、压力变送器、压差变送器、流量计、热量表、液位变送器或液位开关等；
d) 执行机构包括调节阀、变频器和电磁阀等；
e) 机组应具有热量或温度、压力等控制功能。

5.8.2 数据采集、处理

a) 机组至少应监控以下相关参数：
  1) 一、二次侧的供、回液体温度或蒸汽温度；
  2) 一、二次侧的供、回液体压力或蒸汽压力；
  3) 供热工况下的室外温度；
  4) 循环水泵和补水泵的运行状态、故障状态等；
  5) 执行机构反馈信号。
b) 必要时，机组还应监控以下相关参数：
  1) 二次侧介质流量；
  2) 补水流量、补水箱液位；
  3) 一次侧瞬时热量、瞬时流量、累计热量、累计流量、蒸汽流量或凝结水流量；
  4) 电压、电流、电量等参数。

5.8.3 控制功能

a) 控制系统宜满足机组全自动运行要求；
b) 用于供热的机组控制系统应具备供热指标量化管理及有效节能措施；
c) 用于供热的机组控制系统采用一次侧执行机构调节一次网的流量或热量，实现二次网按需供热；
d) 用于供热的机组变频调速系统应根据二次热网环路实际用热量，或最不利点环路的压差信号来调节二次热网的循环水泵流量；
e) 机组应具有自动定压补水功能。

5.8.4 报警连锁保护功能

a) 超温报警、超压报警和欠压报警；
b) 二次侧超高压连锁保护、超低压连锁保护和超高温连锁保护；
c) 二次侧防汽化连锁保护；
d) 断电保护；
e) 二次侧应设有超压泄水装置，当系统超过设定压力时自动泄水；
f) 水箱液位连锁保护。

5.8.5 网络通信功能

a) 控制器应具备与监控中心双向数据传输的功能；

b) 通信应采用国际标准通用接口及协议；

c) 宜使用公共网络资源。

5.8.6 节能降耗功能

a) 最大一次侧回水温度限制功能；

b) 最大一次侧回水与二次侧回水温差限制功能；

c) 气候补偿与分时段控制功能；

d) 支持热计量功能；

e) 最大热量限制功能。

5.8.7 现场控制器

a) 控制器应具有数据采集、控制调节、人机界面、自诊断功能、数据存储功能、通讯功能和日历时钟功能，宜具有系统组态和 Web 访问功能；

b) 存储温度范围－20 ℃～70 ℃、相对湿度小于 90％RH；

c) 运行温度范围－10 ℃～50 ℃、相对湿度小于 90％RH。

5.8.8 温度传感器或温度变送器

a) 温度测量范围应满足被测参数要求，传感器测量误差不大于±1 ℃；

b) 温度传感器部分时间常数对于室外温度不应大于 15 min，对于工作介质不应大于 40 s；

c) 保护等级不低于 IP 54；

d) 应选择可在线拆装的温度传感器。

5.8.9 压力传感器或压力变送器

a) 压力测量范围应满足被测参数设计要求，最高测量值不应超过设计量程的 70％；传感器测量精度不应低于 0.5 级；

b) 过载能力不低于标准量程的 2.5 倍；

c) 稳定性：12 个月漂移量小于 URL 的±0.1％；

d) 保护等级不低于 IP 54；

e) 安装时应加仪表阀以及阻尼装置，工况超出其正常工作温度时需加装散热装置。

5.8.10 流量计和热量表

a) 热量表应符合 CJ 128 的规定；

b) 流量计精度应不低于 2 级，热量表精度应不低于 3 级；

c) 流量计和热量表应具备标准信号输出功能，并采用标准通讯接口及标准通讯协议。

5.8.11 调节阀

a) 应具有等百分比理想流量特性；

b) 可调比率不应低于 50∶1，不能满足时应采用多阀并联；

c) 用于液体系统的调节阀，其阀门的口径应按计算流通能力选取；用于蒸汽系统的调节阀，其阀门的口径应按制造厂家提供的图表或程序计算选取；

d) 应按系统的介质类型、温度和压力等级选定阀门材质，满足运行和安全要求；

e) 阀门的最大关闭压差应不小于所在环路可能出现的最大压差值；

f) 调节阀在调节过程中阀权度应不低于 0.3 ，且不应出现气蚀现象，阀权度按式(2)计算；

$$H=\frac{\Delta p}{(\Delta p+\Delta p_s)} \quad \cdots\cdots (2)$$

式中：

H ——阀权度；

Δp ——阀门全开时压降，单位为千帕(kPa)；

Δp_s——阀门全开时机组系统压降，单位为千帕(kPa)。

g) 以蒸汽为介质的电动调节阀应具有断电自动关闭的功能，气动阀应采用气开式调节阀；

h) 电动调节阀执行器应满足下列要求：

1) 电源为 24 V/230 V，50 Hz；
2) 控制信号为标准的模拟量信号，宜选用 4 mA～20 mA；
3) 支持手动操作；
4) 具有阀位反馈功能，反馈信号为标准模拟量信号，宜选用 4 mA～20 mA；
5) 外壳防护等级 IP 54。

5.8.12 温度计及压力表

a) 温度计精度应不低于 1.5 级、压力表精度应不低于 1.6 级，最高测量值不应超过设计量程的 70%；

b) 安装位置应能反映真实测量值，且易于读取。

5.9 材料要求

5.9.1 钢板、钢管、法兰、管路附件及各种型材等选用的材料应符合表 3 的规定。

表 3 机组管路及附件的材料要求

材料名称	材料牌号	材料标准
钢管	10	GB/T 8163
	20	
	0Cr18Ni9	GB 13296 GB/T 14976
	0Cr18Ni10Ti	
	0Cr17Ni12Mo2	
	00Cr17Ni14Mo2	
	1Cr18Ni11Ti	
	TA1	GB/T 3624 GB/T 3625
	TA2	
钢板	Q235A	GB/T 3274
	Q235B	
	Q235C	
	Q345R	GB 713
	Q345A	GB/T 3274
	0Cr18Ni9	GB/T 4237
	00Cr19Ni10	

表 3（续）

材料名称	材料牌号	材料标准
槽钢	Q235A	GB/T 706
角钢	Q235A	GB/T 706
法兰	Q235B	GB/T 3274
	Q235C	
	20	NB/T 47008
	16Mn	
	0Cr18Ni9	NB/T 47010
	0Cr18Ni10Ti	
	0Cr17Ni12Mo2	
	00Cr17Ni14Mo2	
	16MnD	NB/T 47009
	TA1	GB/T 3621
	TA2	
弯头、三通、变径管	10	GB/T 12459
	20	
	0Cr18Ni9	
	0Cr18Ni10Ti	
	0Cr17Ni12Mo2	
	00Cr17Ni14Mo2	
	TA1	HG/T 3651
	TA2	
法兰垫片	聚四氟乙烯 非石棉纤维橡胶板 橡胶	GB/T 9129

5.9.2 当机组中选用国外设备及元件时，应不低于国内相关标准的要求。

5.9.3 当采用表 2 以外材料时，应符合相关标准。

6 制造

6.1 结构要求

6.1.1 管路支撑点应设置在钢制直管段上，水泵、阀门、仪器仪表不应作为管路支撑点。支撑结构应考虑管路热位移的影响，并有足够的强度和稳定性，支撑力应通过机架直接传递到安装机组的基础之上。

6.1.2 机架外形尺寸误差应不大于 5‰，设备定位中心距误差应不大于 2‰。

6.1.3 设备、阀门与管道的连接应采用焊接或法兰连接的方式。管道公称直径小于等于 DN40 时可采用螺纹连接。

6.1.4 法兰连接应与管道同心,并应保证螺栓自由穿入。法兰螺栓孔应跨中安装。法兰间应保持平行,不得用强紧螺栓的方法消除歪斜。

6.1.5 管道元件的焊接应符合以下规定:

a) 焊接的焊缝坡口型式与尺寸应符合 GB/T 985.1 和 GB/T 985.2 的规定;

b) 管道的焊接应符合 GB 50236 的规定;

c) 焊接材料应符合 JB/T 4709 和 JB/T 4747 的规定。

6.1.6 管道开孔应符合下列规定:

a) 不应在管道的纵向、环向焊缝上开孔;

b) 管道上不应开方孔。

6.1.7 机组组装时应清理管道内的残余物。

6.2 电气、控制及仪表安装要求

6.2.1 控制柜

a) 控制柜内强电设备与弱电设备应分区布置,强电线和弱电线应安装在不同的线槽内;

b) 控制柜内应设置动力电缆的接线端子板,电缆接线全部为压接;

c) 进出线宜采用下进下出;

d) 控制电缆端子板应设置防松件,并用格栅分开不同电压等级的端子,电缆端子应有相序标记、接线编号,电气元件应有序标号;

e) 所有设备应正确接地;

f) 所有连接导线中间不应有接头;

g) 电缆与柜体金属有摩擦时,需加护口或护套保护电缆;电缆连接在面板和门板上时,需要加塑料管和安装线槽;

h) 信号线宜从一侧进入控制柜,信号电缆的屏蔽层应在控制柜内单端接地;

i) 变频器的电机电缆应采用屏蔽电缆,抑制电磁波的辐射和传导。屏蔽层的电导应至少为每相导线芯电导的 1/10;

j) 电气柜合理配置风扇及风道,保证柜内发热元件散热要求;

k) 不宜将装有显示器的操作面板安装在靠近电缆和带有线圈的设备旁边;

l) 应避免电机电缆与其他电缆长距离平行走线。当控制电缆和电源电缆交叉时,应尽可能使它们按 90 度角交叉。应将电机电缆和控制电缆的屏蔽层有效接地。

6.2.2 线缆铺设

a) 电缆铺设应满足 GB 50054 的规定;

b) 电缆敷设应走桥架或穿线管;

c) 电缆应符合 GB 12706.1～12706.3 的规定,信号线应采用屏蔽线;

d) 强电设备与弱电设备应分区布置,强电线和弱电线应安装在不同的线槽内。

6.3 防腐与绝热要求

6.3.1 机组内的管道及基座的表面处理不应低于 GB/T 8923 中 Sa2.5 级或 St3 级要求。

6.3.2 防腐涂层应均匀、无明显皱皮、流坠、针眼和气泡。不应误涂、漏涂,涂层不应脱皮和返锈。

6.3.3 机组保温应符合 GB 50264 及以下要求:

a) 用于供热的机组中板式热交换器和管道保温后的外表面温度不得大于 50 ℃。板式热交换器的保温外护层应为可拆卸式的结构,便于板式热交换器的维护;

b) 用于制冷的液-液机组中板式热交换器和管道保冷后其外表面不应结露。

6.4 外观要求

6.4.1 机组表面的漆膜应均匀、平整，无气泡、龟裂和剥落等缺陷。

6.4.2 控制柜内应干燥、清洁、无杂物。桥架、接线整齐规范，不影响操作及观察。

6.4.3 所有管道端口需用盖板密封；管路上的阀门处于开启状态；管路上的泄水口(包括温度计、压力表和各种传感器的接口)均应封堵；法兰、盲板等密封面、各种零件的螺纹部分均应采取防锈措施。

6.4.4 介质流向、接管标记及机组铭牌应清晰、完整。

6.4.5 应在明显的位置设置清晰牢固的安全警告标识。

7 检验

7.1 外观检查

采用目测和尺寸测量检查，检查结果符合 6.3 和 6.4 的要求。

7.2 液压试验

机组液压试验应参照 NB/T 47004 中规定的试验方法进行，每次试验应有记录并存档。试验介质宜采用水，试验压力应为设计压力的 1.3 倍，一次、二次侧应分别进行液压试验，试验完毕后应排空试验用水。

试验用水水温应不低于 5 ℃；奥氏体不锈钢板片组装的板式热交换器，用水进行液压试验时，应控制水的氯离子含量不超过 25 mg/L。

7.3 电气设备检验

7.3.1 电气回路和控制回路的接线是否正确、牢固。

7.3.2 电气系统是否可靠接地。

7.3.3 在通电状态下，电气元件动作是否正常。

7.4 控制系统检验

7.4.1 控制系统数据采集和显示是否准确。

7.4.2 控制系统各项控制功能及动作是否正常。

7.4.3 控制系统报警及连锁保护动作是否正常。

7.4.4 通信是否正常。

7.5 水泵运转检验

7.5.1 水泵电机绝缘是否满足要求。

7.5.2 循环泵及补水泵转向是否正确。

7.6 压力降测试

压力降测试应根据供需双方的需求进行，测量压降应不大于设计压降的 105%，测试方法参见附录 C 的规定。

7.7 检验项目规定

产品应逐台进行出厂检验，并出据检验合格报告。检验项目应符合表 4 规定。

表 4 检验项目

序号	检验项目	检验方式	技术要求条款	方法条款
1	外观检验	√	6.3,6.4	7.1
2	液压试验	√		7.2
3	电气设备检验	√	5.7	7.3
4	控制系统检验	√	5.8	7.4
5	水泵运转检验	—	5.4,5.5	7.5
6	压力降测试	—	5.2	7.6
注:"√"表示必检项目,"—"表示推荐检验项目。				

8 标志、包装、运输和贮存

8.1 标志及标识

8.1.1 机组应在明显的位置设置清晰、牢固的金属铭牌,铭牌内容至少应包括:

a) 制造厂名称;

b) 产品名称、型号及规格;

c) 设计换热量(kW);

d) 设计温度(一次侧/二次侧)(℃);

e) 设计压力(一次侧/二次侧)(MPa);

f) 净重(kg);

g) 充水重量(kg);

h) 额定电压(V);

i) 额定耗电量(kW);

j) 出厂编号;

k) 生产日期。

8.1.2 机组应在明显的位置设置清晰的管路标识。

8.2 包装

8.2.1 机组及随机文件应妥善包装,附件及备件应单独装箱,包装应符合 GB/T 13384 的有关规定。随机文件应包括使用说明书、合格证、装箱单、产品总装图、产品系统图、电气原理图及接线图、出厂检验文件等。

8.2.2 包装箱外部标识内容:

a) 收、发货单位地址及名称;

b) 产品名称及型号;

c) 外形尺寸(m);

d) 总重量(kg);

e) 包装日期;

f) "向上"、"防潮"等注意事项及标记;

g) 重心位置、吊装点。

8.2.3 使用说明书内容应包括：

a） 制造厂名和商标；

b） 技术参数、重量、外形尺寸及产品安装尺寸；

c） 使用介质和温度；

d） 主要零部件的相关资料；

e） 安装、使用、维护及保养说明，常见故障及排除方法；

f） 安全防护注意事项。

8.2.4 产品合格证内容应包括：

a） 制造厂名和出厂日期；

b） 产品型号规格；

c） 执行标准编号；

d） 产品编号、合格证号、检验日期、检验员标记。

8.3 运输

产品及其部件在运输过程中，应防止剧烈震动，防止日晒、雨淋及化学物品的侵蚀。

8.4 储存

产品及其部件应储存在通风干燥、无易燃烧、无腐蚀性物质的环境中，并能满足机组内设备储存的环境条件。

附　录　A
（规范性附录）
机组安装使用条件

A.1　机组的搬运应按照制造厂提供的安装使用说明书进行，应避免将机组上的设备作为应力支点。

A.2　安装过程中，应注意易损仪表的保护，必要时可将易损仪表拆卸后保管，调试时再安装。

A.3　安装前应核对基础尺寸，无误后方可安装，基础应符合 GB 50040 的要求。

A.4　机组安装环境应符合 GB 50174 和 GB/T 2887 的要求。接地系统应符合 GB 14050 的要求。

A.5　供热机组内的热媒水和补给水的水质应符合 CJJ 34 的规定。

A.6　机组的使用环境温度范围－10 ℃～40 ℃，湿度不应高于 90%RH。

A.7　在机组运行调试阶段，应按照安装使用说明书进行，系统中的过滤器应按说明书的要求定期拆卸清洗。

A.8　与机组相连的系统应单独进行液压试验。

A.9　机组在运行前，与机组相连的系统应清洗试压完毕。

A.10　运行人员应经过培训，并严格按照制造厂家提供的操作规程操作。

A.11　机组日常维护要求如下：

a）应定期检查和清洗过滤器中的滤网，检查和清洗滤网时要停止泵的运行，并关闭一、二次侧进出口阀门，防止系统内介质损失；

b）应避免短时间内频繁开停机，避免对水泵产生的危害，同时温度的频繁变化也会影响密封垫及其他零部件的使用寿命；

c）水泵进口管路应充满液体，泵不应在气蚀状态下运行；

d）应定期检查电机电流值，电流值不应超过额定电流值；

e）泵在长期运行后，应停车检查，必要时更换易损件；

f）如冬季停机，须将机组内液体排尽，以防液体结冻后损坏管道及零部件。

A.12　机组停运后维护要求如下：

a）停运后应采取湿法保护；

b）所有的球阀每月应至少开关一次；

c）定期对水箱进行清理；

d）定期对变频器、控制器、UPS 电源等电气部件进行通电维护；

e）在停机后重新开机时要对控制柜内的所有接线进行检查，并通风使柜内充分干燥。

A.13　机组的噪声控制应符合 GBZ 1 的要求。

A.14　换热站的站房应有良好的照明和通风。

A.15　站内排水条件：按 GB 50015 中有关规定执行。

A.16　站内防火条件：按 GB 50016 中有关规定执行。

附 录 B
（资料性附录）
典型工况板式热交换器机组应用流程图

典型工况板式热交换器机组应用流程图如图B.1～图B.3所示。

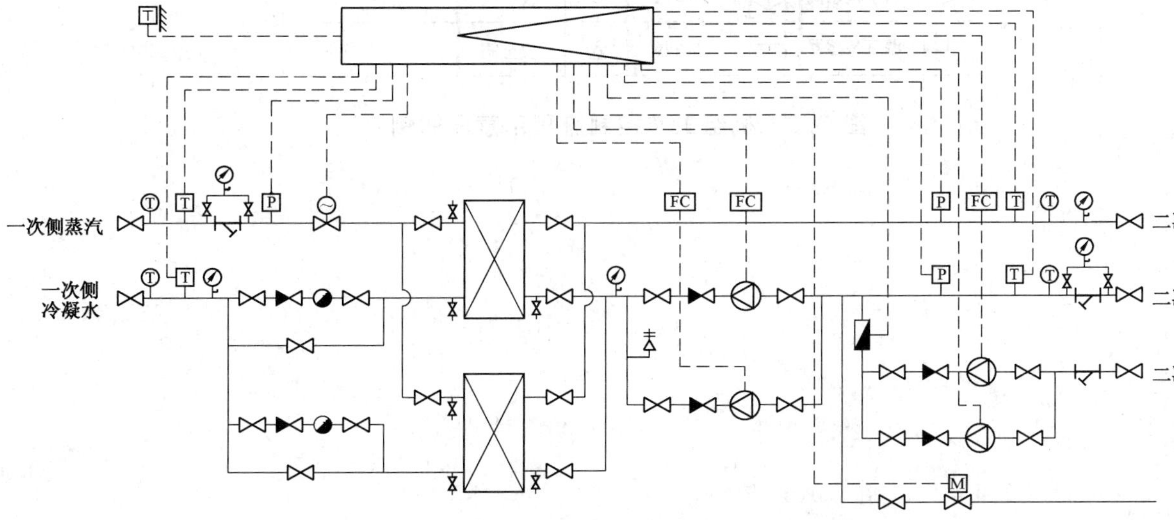

图 B.1 汽-水机组工艺控制流程示意图

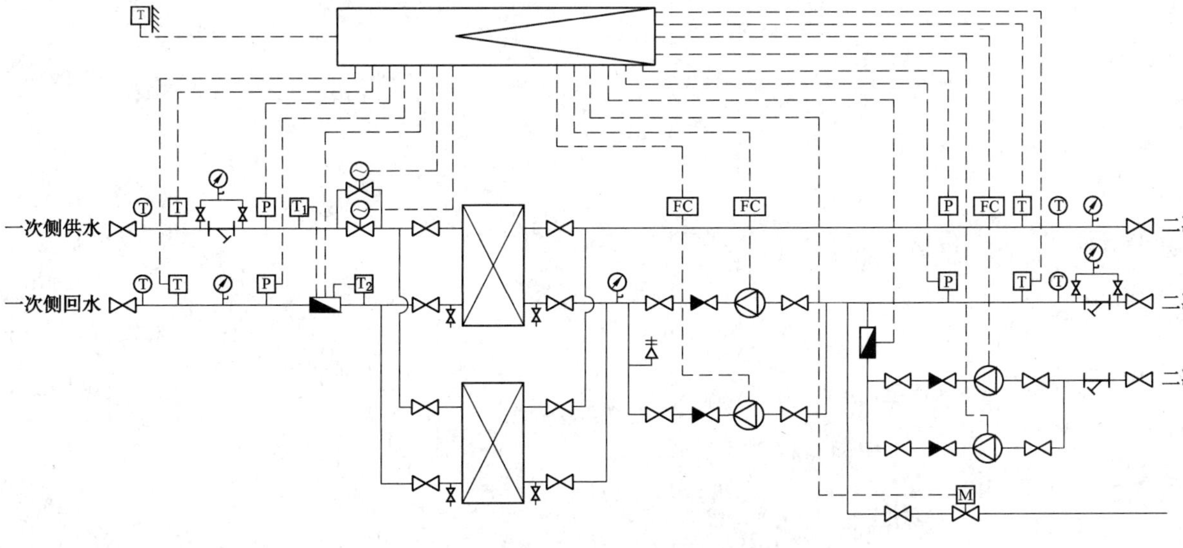

图 B.2 水-水机组工艺控制流程示意图

图 B.3 机组工艺控制流程示意图图例

附　录　C
（资料性附录）
板式热交换器机组运行压降测试方法

C.1　范围

C.1.1　本附录规定了板式热交换器机组在设计条件下的压降测试方法。

C.1.2　本方法试验介质为水，采用其他液体作为试验介质时可参照使用。

C.1.3　当一次侧介质为蒸汽时，仅测二次侧压力降。

C.1.4　本方法未考虑污垢引起的压降。

C.2　要求

C.2.1　测试系统

测试系统应由一次侧、二次侧循环系统及测试仪表等元件组成，测试系统示例如图 C.1 所示。

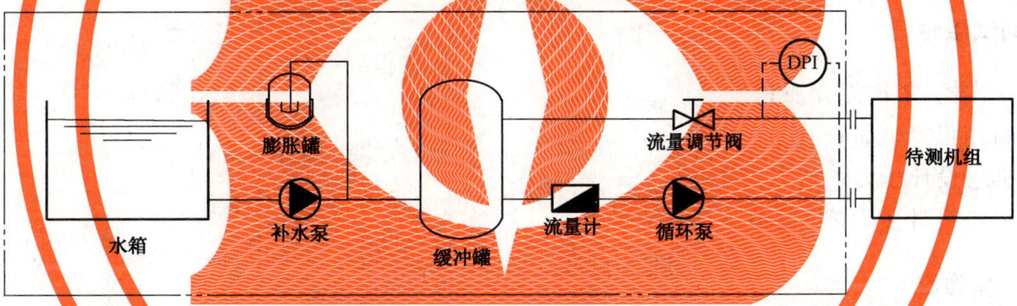

图 C.1　压降测试系统示例图

C.2.2　测量仪表

C.2.2.1　测量流量、温度、压力(差)所用仪表精度等级的选取宜符合表 C.1 的规定。

表 C.1　仪表精度等级

项　目	流量	压力	压差	温度
精度等级	0.5	0.25	0.5	0.5

C.2.2.2　仪表量程应按所测参数的 1.5 倍选取，其精度等级应不低于表 C.1 规定。

C.2.2.3　测试用的流量、温度、压力、压差测量仪表应在计量检定/校准有效期内使用。

C.2.3　测量方法

C.2.3.1　测试压力、压差宜选用压力变送器、压差变送器测量。

C.2.3.2　测量时需排尽压力变送器、压差变送器引压管内的气体。

C.3 测试程序

C.3.1 当测试介质为水时,应满足7.2的要求。

C.3.2 测试前,应检查测试样机、管路以及测量仪表的可靠性。

C.3.3 开始运行后,应及时排净测试样机内的气体,使测试样机在完全充满测试流体的条件下运行并调节流量至设计工况。

C.3.4 当一侧测量压力降时,另一侧应同时处于测试压力状态。

C.3.5 每侧至少测三组数据,取平均值作为该侧的压力降测量值。

C.3.6 测点规定:

a) 流量调至设计流量下,流量变化不超过设计流量的±2.5%,稳定运行不少于5 min,方可采集数据;

b) 流量调至设计流量的1.1倍,然后调至设计流量下,流量变化不超过设计流量的±2.5%,稳定运行不少于5 min,方可采集数据;

c) 流量调至设计流量的0.9倍,然后调至设计流量下,流量变化不超过设计流量的±2.5%,稳定运行不少于5 min,方可采集数据;

C.3.7 根据用户需求和设备特征也可协商确定测试工况。

C.4 测试条件与压降确定

C.4.1 测试条件

a) 一次侧、二次侧介质;

b) 机组设计流量;

c) 机组设计压力;

d) 机组设计压力降。

C.4.2 压降确定

a) 确定在设计流量下一次侧的压降;

b) 确定在设计流量下二次侧的压降。

C.5 原始数据

机组压降测试的原始数据应包括以下内容:

a) 一次侧、二次侧测试介质的名称、流量;

b) 一次侧、二次侧测试介质进出口温度;

c) 一次侧、二次侧测试介质的进出口压力或压力降;

d) 环境温度、大气压。

C.6 测试报告

C.6.1 内容

测试报告应包括以下内容:

a) 委托方;

b） 承担测试方；

c） 测试目的和要求；

d） 测试产品技术数据；

e） 测试系统及方法；

f） 测试说明；

g） 测试结果。

C.6.2 测试报告附录

测试报告附录宜包括以下图表：

a） 测试流程图；

b） 测试数据结果表。

ICS 03.120.99
A 00

中华人民共和国国家标准

GB/T 29467—2012

企业质量诚信管理实施规范

Implement specifications for enterprise quality trustworthiness management

2012-12-31 发布　　2013-07-31 实施

中华人民共和国国家质量监督检验检疫总局
中国国家标准化管理委员会　发布

前言

本标准按照 GB/T 1.1—2009 给出的规则起草。

本标准由中国标准化研究院提出并归口。

本标准起草单位:中国标准化研究院、深圳市标准技术研究院、中检华纳质量技术中心、深圳市创卓企业管理顾问有限公司、江苏省公共信用信息中心、山东省标准化研究院、山东三星玉米产业科技有限公司、国家石油化工产品质量监督检验中心(安庆)、江苏安博尔信用评估有限公司、浙江省标准化研究院、南海油脂工业(赤湾)有限公司。

本标准主要起草人:周莉、叶如意、咸奎桐、尹建军、顾磊宏、李镜、熊伟、王贵宝、李家勋、王波、王月华、胡忠新、杨翠莲、黄鹤友、郭彬、李强、黄庆、李向华、李功奎、孙良泉、刘世新、孙莹、李海东。

引　　言

0.1　总则

质量诚信是指在质量领域的诚实守信行为。对生产经营者来讲，质量诚信是在涉及产品质量的一切经济活动中，信守质量承诺的思想、意识和行为，是企业的自律。质量信用是指取得并保持对其质量信任的能力，这种能力由企业在遵守质量相关法律法规、执行标准以及兑现质量承诺（或履行质量约定）的基础上，提供产品在生命周期内满足顾客的需求和期望来实现。取得顾客对其产品质量的信任、兑现顾客合理预期是企业生产经营和持续发展的基础，重质量、守信用也是对企业履行社会责任的基本要求。企业只有立足于诚信经营，持续兑现质量承诺，提供满足顾客需求和预期的产品，才能获得顾客的长期信任，成为一个有信用的企业。企业加强质量诚信管理是获得顾客信任的前提，也是企业取得较高质量信用等级的基础。

本标准为开展企业质量诚信管理提供包括管理要求、质量承诺、策划、管理实现、检查与分析、持续改进等在内的实施规范，旨在为企业树立质量诚信理念、实施质量诚信管理、提高质量信用水平、实现可持续发展，也为开展企业质量信用评价提供质量诚信意愿和质量承诺兑现方面的依据。

本标准综合运用了质量管理、风险管理、社会责任、系统工程、信用管理等理论，结合当前我国企业质量信用水平和现状，同时参考和借鉴了相关标准及《质量发展纲要（2011—2020年）》等文件。

0.2　与社会信用体系的关系

社会信用体系是社会主义市场经济体制和社会管理体制的重要制度安排。社会信用体系涉及经济社会生活的各个方面，是所有个人、企业或政府的信用状况的总和。加强社会信用体系建设，是完善我国社会主义市场经济体制，加强和创新社会管理的重要手段，是整顿和规范市场经济秩序的治本之策。质量诚信体系建设是社会信用体系建设的重要内容之一。质量诚信体系建设把诚信守法作为质量发展的重要基石，倡导诚实守信，合法经营。加强质量诚信体系建设，在全社会形成守信激励和失信惩戒的机制，不断增强企业质量诚信意识，发展先进的质量文化，对于营造公平竞争、优胜劣汰的市场环境具有重要意义。社会信用体系通过建立失信惩戒机制在市场上发挥作用，能够为质量诚信体系建设提供外部技术支持和运行环境。

质量诚信体系建设的主体是产品生产企业和提供商业化服务的企业。企业开展质量诚信管理，兑现质量承诺，有利于系统防范质量失信风险，减少产品质量事故，促进企业质量信用水平的提高，从而推动和完善质量诚信体系建设。产品和服务的用户（包括消费者）及消费者保护类组织是质量诚信体系的参与方，这个群体能够反馈产品或服务质量的信息，提供给生产企业改进产品，也提供给政府信用监管部门进行质量监督和执法。政府信用监管部门也是质量诚信体系的参与方，它有责任对产供销各个环节上的产品和服务质量进行监管和执法，形成质量诚信体系的外部监督机制。

0.3　与质量管理体系的关系

企业质量诚信管理是对质量管理体系的补充和完善。其主要关注点在于，通过规范企业质量诚信实施，增强企业积极履行质量承诺的意愿、能力和水平，有效防范和控制质量失信风险，从而提高企业质量信用水平，实现可持续发展。

企业应首先建立符合标准要求的质量管理体系，并在其质量管理体系中增加对质量承诺、营销管理、质量信用风险管理等本标准规定的相关内容。

0.4 质量诚信管理实施运行模式图

质量诚信管理实施运行模式图如图 1：

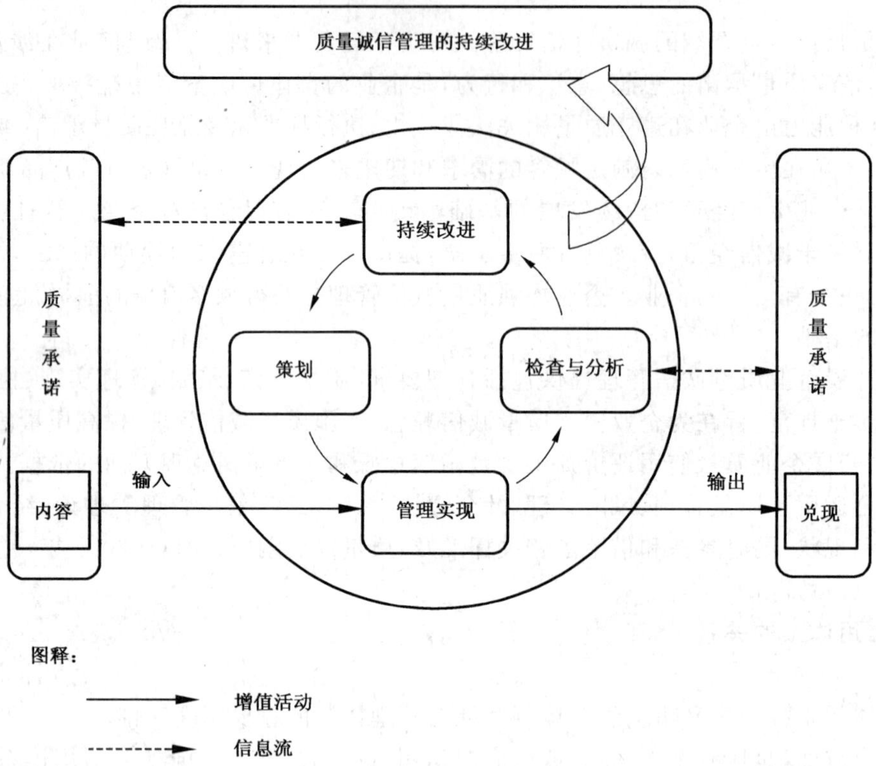

图 1 质量诚信管理实施运行模式图

企业质量诚信管理实施规范

1 范围

1.1 总则

本标准为有下列需求的企业提供了质量诚信管理实施规范：

——通过提高质量信用水平，兑现质量承诺，使顾客相信企业能稳定地持续提供满足顾客要求和适用的法律法规要求的产品；

——通过有效实施企业质量诚信管理，规避或降低来自企业内外部的质量信用风险。

1.2 应用

本标准适用于各种类型的制造型企业。

注：其他类型企业也可参照应用。

2 规范性引用文件

下列文件对于本文件的应用是必不可少的。凡是注日期的引用文件，仅注日期的版本适用于本文件。凡是不注日期的引用文件，其最新版本(包括所有的修改单)适用于本文件。

GB/T 22117—2008 信用 基本术语

GB/T 19000—2008 质量管理体系 基础和术语(ISO 9000:2005,IDT)

GB/T 23791—2009 企业质量信用等级划分通则

3 术语和定义

GB/T 22117—2008、GB/T 19000—2008 和 GB/T 23791—2009 界定的以及下列术语和定义适用于本文件。

3.1

质量诚信目标 quality trustworthiness objective

在质量诚信管理方面追求的目的。

注：为兑现质量承诺、开展质量诚信管理制定的具体可实施的目标。

4 质量诚信管理要求

4.1 通用要求

企业应按本标准的要求开展质量诚信管理，并持续改进其有效性。

企业应：

——识别、分析并确认企业内外部的质量承诺；

——策划企业质量诚信管理的方针、目标和管理职责，开展质量文化建设并提供必要的资源支持；

——在企业的产品实现过程和营销过程中，遵守质量诚信管理的要求，并建立必要的管理机制；

——检查、分析和改进质量诚信管理的过程；

——开展企业质量信用评价和声明,以实现所策划的结果和对管理过程的持续改进。

4.2 文件要求

企业的质量诚信管理文件应包括:

——形成文件的质量承诺和质量诚信目标;

——质量诚信管理工作职责和权限分配表;

——为确保企业质量诚信管理活动的有效策划、运行和控制所需的文件;

——履行质量诚信管理、实现质量诚信目标必备的质量信用记录等。

注1:不同企业的质量诚信管理文件的多少与详略程度取决于质量诚信管理过程及复杂程度。

注2:文件可采用任何适合于企业管理和运作的形式或类型的媒体。

注3:文件和记录可按照质量管理体系要求进行控制。

5 质量承诺

5.1 总则

企业应建立质量承诺识别、分析与确认机制,明确企业应履行的质量承诺内容。

企业应分析质量承诺内容与产品实现过程的关系,并确定所需的规则和方法,明确关键岗位(如:关键工序、工艺等),以确保质量承诺的兑现。

企业应将确认的质量承诺内容向所在供应链的上下游企业传递和宣传,保持与营销过程质量承诺的一致性。

企业应将确认的质量承诺内容形成文件,并向社会公开并广泛宣传,易于让顾客了解和监督。

5.2 识别

企业应识别内外部的质量承诺,包括但不限于以下范围:

——与企业或产品相关的法律法规及标准明确规定企业需遵守的各项要求;

——企业对外发布或声明的各项明示承诺,如营销广告、产品标签、合同条款、宣传倡议等,以及营销过程中分销商、代理商、零售商等的质量承诺;

——顾客的合理期望和潜在需求等。

注:企业可根据顾客的类别,如直接顾客、间接顾客和最终顾客等,来识别处于供应链不同位置的顾客需求,以法律责任为依据,适当划分顾客需求的先后次序。

5.3 分析与确认

企业应根据自身生产经营能力客观分析各项承诺履行的可行性,评估并判断承诺履行的难易程度。分析的依据包括但不限于:

——企业产品设计研发能力、需求;

——企业筛选合格供应商及采购内容、供货能力、检测项目;

——企业所在供应链上其他企业对质量承诺的影响要素;

——企业生产经营环境、设备、技术条件;

——企业仓储和运输物流条件;

——企业营销策略、营销方式、营销渠道;

——企业售后服务能力、应急机制等。

企业应根据对各项承诺的客观分析,确认企业应履行和兑现的承诺内容,并以此作为企业开展质量诚信管理的主要依据。

6 策划

6.1 方针

最高管理者应制定并确保企业质量诚信方针：

——适合于企业活动、产品或服务的性质和规模；

——包括对诚实守信和持续改进质量诚信管理有效性的承诺；

——提供建立和评审质量诚信目标的框架；

——纳入企业质量方针；

——形成文件并传达到全体员工，付诸实施，予以保持；

——可为公众所获取。

6.2 目标

最高管理者应以实现企业质量诚信为导向，按照识别的质量承诺内容，确保在企业的相关职能和层次上建立并保持质量诚信目标。

质量诚信目标应是可测量的，与质量诚信方针保持一致，并纳入企业质量目标。

企业在建立和评审其质量诚信目标时，需考虑以下因素：

——法律法规的要求；

——企业经营发展所需的其他相关的目标；

——识别的企业质量承诺内容；

——财务、运行和经营的要求；

——可选择的质量信用风险评估技术方案；

——政府信用监管部门和其他相关部门的要求；

——信用相关方的意见；

——企业质量安全、社会责任的相关要求。

6.3 管理职责

6.3.1 职责和权限

最高管理者应制定质量诚信管理制度，确保企业内质量诚信管理的职责、权限得到规定和沟通。

注1：通常，一个企业的质量诚信管理职责由质量管理部门承担，其权限由最高管理者予以规定。

注2：最高管理者可按照质量管理体系要求开展质量诚信管理评审。

6.3.2 质量诚信负责人

最高管理者应在企业管理层中指定一名成员，无论该成员在其他方面的职责如何，应确保该成员能够胜任此项工作，使其具有以下方面的职责和权限：

——负责策划、实施、评审和改进质量诚信管理工作；

——向最高管理者报告质量诚信管理工作的实施效果和任何改进的需求；

——确保在企业内提高履行质量承诺的意识。

注1：质量诚信负责人可以由企业内具有一定管理职能和相当质量管理技能的人员担任；必要时，可以由企业首席质量官担任。

注2：质量诚信负责人的职责可包括就质量诚信管理工作有关事宜与外部进行联络。

6.3.3 质量诚信管理

质量诚信管理工作应包括：

——策划并确定企业质量诚信管理总体架构；

——制定企业质量诚信管理制度、专项管理方案，设计各项质量诚信管理工作的操作流程；

——确保企业内从事质量诚信管理的相关人员，其职责、权限及相互关系得到规定和沟通；

——制定企业关键岗位质量诚信管理的内控目标及改进措施等；

——推动实施质量诚信管理的各项具体工作；

——推进企业质量文化的建设，提高全体员工的质量诚信意识；

——采集信用相关方的质量信用信息，评估企业自身和信用相关方的质量信用风险和履约能力，制定各项质量信用风险专项管理方案；

——处理与质量失信有关的问题，监控并持续改进企业的质量诚信管理。

6.3.4 内部沟通

最高管理者应确保在企业内建立适当的信息沟通机制，以确保对质量诚信管理的有效性进行沟通。

企业应识别、获取并传递给员工与质量信用相关的涉及内、外部事件和活动的信息，以确保员工能正确领会并履行其质量诚信职责。

6.4 文化建设

企业应策划并实施质量文化建设，在企业内逐步培育并树立起注重诚信的核心价值观。通过开展质量文化教育、培训和能力建设，不断加强企业的凝聚力，提升企业形象，促进企业履行社会责任，实现企业的可持续发展。

6.5 资源需求

企业应确定并提供以下方面所需的资源：

——实施、保持质量诚信管理并持续改进其有效性；

——通过提高质量信用水平，取得并增强顾客对企业及其产品的忠诚度。

注：资源包括但不限于企业建立并运行质量管理体系已具备的人力资源、财力资源、基础设施和工作环境等。

7 管理实现

7.1 运作管理

企业应建立质量诚信日常运行管理机制，及时掌握和了解企业质量诚信管理的运行状态，识别已发生的和潜在的各种影响质量承诺兑现的问题，并采取相应措施加以改进和完善。

在设计和开发、采购、生产和服务提供等方面，按照已纳入质量诚信管理要求的质量管理体系要求进行管理，确保这些过程管理能够提供满足质量承诺要求的产品或服务。

注：企业在评价和选择供应商时，可根据供应商提供的产品对于本企业产品的影响程度来规定相关要求；必要时，可参照 GB/T 23793—2009 合格供应商信用评价规范，考虑供应商的信用状况。

7.2 营销管理

7.2.1 总则

营销管理应确保销售过程的宣传内容、售后服务与企业对顾客的质量承诺内容一致。

7.2.2 营销策划管理

企业应编制形成文件的程序，对销售宣传进行控制，以确保其对外发布和使用的广告内容真实，不欺骗和误导顾客，不含有虚假的内容，并符合法律法规和道德的要求。

注：广告是指产(商)品经营者或者服务提供者承担费用，通过一定媒介和形式直接或者间接地介绍自己所销售的产(商)品或者所提供的服务的商业活动。

企业应对产品说明、标识、标签和包装进行控制，以确保其对外发布和使用的产品说明、标识和标签等内容真实、合法、有效，与产品质量相符，避免误导或不合理的暗示。

产品说明书的编写内容应符合法律法规和相关标准的规定和要求。

7.2.3 销售渠道管理

企业应对营销渠道的分销商、代理商、零售商等采取必要的营销管理措施，确保产品出厂后的运输、存储、销售过程中产品的质量安全，确保营销渠道相关销售行为符合并满足企业对顾客质量承诺的内容和要求。

7.2.4 售后管理

企业应对售后服务进行控制，确保其质量承诺的实现。对于把售后服务外包的情况，企业应对外包方予以监控并确保售后服务达到质量承诺的内容和要求。

企业应在满足法律法规要求的基础上，通过长期提供满足顾客需求和期望的产品，以取得顾客信任，提高顾客满意度。

注：售后管理包括营销渠道的分销商、代理商、零售商等的售后服务管理。

7.3 应急准备和响应

为减少突发质量失信事件的不良影响，企业应建立并保持质量失信应急准备和响应机制，以针对潜在的质量失信事件或紧急、突发事件，做出快速、及时的响应。

企业应建立质量失信事件报告制度，及时向相关方报告。

企业应对具体的应急准备和响应方案定期演练并进行必要的评审，尤其是在质量失信事件或紧急、突发事件发生后应及时进行评审。

8 检查与分析

8.1 总则

企业应策划并实施以下方面所需的监视、检查、分析和处理过程：

——确保质量诚信管理的充分性、适宜性和有效性；

——收集质量诚信管理活动中的信息，调查质量失信原因，进行数据分析，以便持续改进。

注：企业可按照质量管理体系要求开展质量诚信管理的内部审核。

8.2 监视和检查

8.2.1 质量承诺兑现

企业应对质量承诺的兑现情况进行监视和检查，并确定获取和利用这些信息的方法。

8.2.2 过程的监视和检查

企业应把监视和检查达到质量诚信目标的程度作为一项日常管理内容。

企业应规定必要的方式，对质量诚信管理工作的效果进行监视，并在适当时进行检查。所规定的方式应能有效地监视所策划的过程达到预期结果的能力。当未能达到所策划的结果时，应采取适当的改进措施。必要的监控活动包括：

——对企业质量诚信目标实现情况的监视；

——质量诚信检查，包括检查实施过程是否符合质量诚信管理方案、运行准则和适用的法律法规的要求，检查质量失信事件的历史记录等。

企业应采用适合本企业特点的检查方式。如果监视和检查需要设备，企业应建立并保持程序，对此类设备进行维护，并保存维护活动及结果的记录。

监视和检查的数据和结果应作为内部的采集信息，用于持续改进的实施。

8.3 质量失信的评估和处置

企业应确保对其所发现的质量失信行为的不良影响和损害后果进行准确的评估和及时有效的处置。

企业应编制形成文件的程序，对质量失信的评估和处置活动进行控制，对有关的职责和权限应做出明确的规定。以便经授权的人员：

——及时地处理和调查质量失信行为；

——确定质量失信的原因；

——评估质量失信的不良影响和损害后果；

——根据评估结果采取适当措施，持续改进质量信用状况；

——确定和实施所需的纠正措施或预防措施；

——记录并评估所采取纠正措施或预防措施的有效性。

质量失信的评估和处置应由经授权的人员进行，该人员不仅应具备评估质量失信产生的总体影响和采取适宜纠正措施的能力，同时还应具有调动相关资源的权限。

采取的任何纠正措施或预防措施，应与所面临的质量信用风险程度相适应。

8.4 信用信息收集、分析与评价

企业应建立质量信用信息收集渠道、档案建设、信息处理与分析制度等，运用信息化手段，收集并分析必要的质量信用信息，以证实质量诚信管理的适宜性和有效性，并评价在何处可以持续改进质量诚信管理的有效性。这应包括来自监视和检查的结果以及其他有关来源的信息。

企业收集的质量信用信息包含但不限于：

——企业产品质量状况信息及顾客反馈信息；

——企业供应商相关的质量信用信息；

——与企业有业务关联的组织的质量信用信息；

——企业关键岗位责任人或业务关联组织主要负责人的信用信息；

——企业所在行业的质量信用信息状况和曾经发生的质量失信事故信息；

——其他认为必要的质量信用信息。

企业应对收集的信用信息进行分析和评价，并将评价结果作为质量诚信管理决策的依据。

企业每年应定期对外发布企业质量信用报告，并向社会公布，接受社会监督。

9 持续改进

企业应根据自身特点建立起一套适合于本企业的质量诚信管理持续改进机制。该机制应具备：

——确保有关部门或人员的职责或权限对企业质量诚信管理的持续改进负责；

——寻找质量诚信管理的薄弱环节，发现可能改进的机会，并提出改进建议；
——评估改进建议实施的可行性；
——确定和实施改进措施；
——记录所采取措施的结果，并对该结果的有效性进行整体效果评估。

注：质量诚信管理的薄弱环节可依据监视和检查的相关数据、质量失信记录等来确定。

参 考 文 献

[1] GB/T 19001—2008 质量管理体系 要求(ISO 9001:2008,IDT)

[2] GB/T 19004 追求组织的持续成功 质量管理方法(GB/T 19004—2011,ISO 9004:2009,IDT)

[3] GB/T 19010 质量管理 顾客满意 组织行为规范指南(GB/T 19010—2009,ISO 10001:2004,IDT)

[4] ISO 26000:2010 社会责任指南

[5] QB/T 4111—2010 食品工业企业诚信管理体系(CMS)建立及实施通用要求

[6] GB/T 23793—2009 合格供应商信用评价规范

ICS 13.040.30
C 70

中华人民共和国国家标准

GB/T 29468—2012

洁净室及相关受控环境围护结构夹芯板应用技术指南

Cleanroom and associated controlled environments—Guidelines of partition sandwich panel application technology

2012-12-31 发布　　2013-07-31 实施

中华人民共和国国家质量监督检验检疫总局
中国国家标准化管理委员会　发布

前　言

本标准按照 GB/T 1.1—2009 给出的规则起草。

本标准由全国洁净室及相关受控环境标准化技术委员会(SAC/TC 319)提出并归口。

本标准负责起草单位:蓝海永乐(江苏)新材料有限公司、中电投工程研究检测评定中心、山东圆友重工科技有限公司。

本标准参加起草单位:江苏苏净科技有限公司、中国电子学会洁净技术分会、苏州工业园区嘉合环境技术工程有限公司、苏州杰科洁净技术有限公司、安泛工程咨询(上海)有限公司、江阴市克林净化工程有限公司、苏州黄浦空调净化设备有限公司、吴江市金童机械净化设备有限公司、北京希达建设监理有限责任公司、北京世源希达工程技术公司、苏州市通达净化工程有限公司、吴江市金鼎净化钢构研究所有限公司、深圳市兴科净机电净化工程有限公司、广州汇隽空调净化设备有限公司、上海交通大学、中国电子工程设计院。

本标准主要起草人:张利群、夏明宝、汲长军、姜伟康、王立、夏亮、周耀林、石小雷、朱孝洪、吴海燕、尤荣法、王鸿明、姜冯辉、张继孝、王春明、蒋明生、张瑞金、朱云明、韩丽、刘玥、刘娜。

洁净室及相关受控环境
围护结构夹芯板应用技术指南

1 范围

本标准规定了洁净室及相关受控环境围护结构中应用的墙板、吊顶板等夹芯板的产品规格、原材料和技术性能要求、性能检测方法、检验规则及安装中的注意事项等。

本标准适用洁净室及相关受控环境应用的围护结构中的墙板和吊顶板等夹芯板。

2 规范性引用文件

下列文件对于本文件的应用是必不可少的。凡是注日期的引用文件，仅注日期的版本适用于本文件。凡是不注日期的引用文件，其最新版本(包括所有的修改单)适用于本文件。

GB/T 191—2008 包装储运图示标志

GB/T 5464—2010 建筑材料不燃性试验方法(ISO 1182:2002,IDT)

GB/T 8624—2011 建筑材料及制品燃烧性能分级

GB/T 9978—2008 建筑构件耐火试验方法

GB/T 12754—2006 彩色涂层钢板及钢带

GB/T 13475—2008 绝热稳态传热性质的测定标定和防护热箱法

GB/T 20285—2006 材料产烟毒性危险分级

GB/T 23932—2009 建筑用金属面绝热夹芯板

GB 50073—2001 洁净厂房设计规范

ANSI/FMRC FM4910:2004 清洁室材料可燃性试验协议

3 术语和定义

下列术语和定义适用于本文件。

3.1

夹芯板 sandwich panel

由双金属面和粘结于两金属面之间的绝热芯材组成的自支撑的复合板材。

3.2

耐火极限 fireproof limit

在标准耐火试验的条件下，建筑构件、配件或结构从受火的作用到失去稳定性、完整性或隔热性时止的这段时间。

3.3

粘接强度 bond strength

单位面积金属面夹芯板面材与芯材脱离时最大荷载。单位为兆帕(MPa)。

3.4

抗弯承载力 flexural loading capacity

金属面夹芯板在标准支座间距的条件下，加载后达到规定挠度时荷载。单位为千牛每平方米(kN/m^2)。

3.5

非热损毁　non-thermal damage

火灾中并非由燃烧释放热能所造成的对物品、设备等的损毁,它是火灾损失中的重要一项,在洁净室火灾损失中尤为突出。常见的非热损毁为火灾烟尘与消防水结合形成酸雾对贵重物品和设备的腐蚀。

3.6

烟尘损害指数　smoke damage index(SDI)

炭烟产率与FM火蔓延指数[fire propagation index(FPI)]的乘积,表征火灾产烟尘对洁净室环境的损害程度,单位为$(m/s^{1/2})/(kW/m)^{2/3}$。参见附录A。

4　技术要求

4.1　产品规格尺寸

4.1.1　产品规格

产品规格应符合表1规定。

表1　产品规格尺寸　　单位为毫米

厚度	30	40	50	80	100	120	150
宽度	900～1 200						
长度	≤8 000						
注:其他规格尺寸由供需方协商确定。							

4.1.2　尺寸允许偏差

尺寸允许偏差应符合表2的规定。

表2　尺寸允许偏差　　单位为毫米

项目	长度		宽度	厚度	对角线差	
	≤4 000	≥4 000			≤4 000	≥4 000
允许偏差	±1	±1.5	±0.5	±0.5	≤1.5	≤2

4.2　原料

4.2.1　金属面板:可为彩色涂层钢板其性能应符合GB/T 12754—2006中的有关规定。若为热镀锌板,锌层双面质量不得小于120 g/m^2,也可为不锈钢板或铝板,其性能应分别符合相应的国家标准。若为其他金属面材应符合相关的国家标准规定。

4.2.2　芯材:芯材为轻质隔热材料,如硫氧镁(BTPI)、玻镁板、铝蜂窝、石膏岩棉、岩棉、玻璃棉以及其他不燃芯材等符合不同芯材相关标准的规定。

4.2.3　外观

外观应符合表3的规定。

表 3 外观

项目	要求
面板	板面平整、无明显凹凸、挠曲、变形；表面清洁，色泽均匀、无胶痕、无油污；无明显划痕、磕碰伤痕等。
切口	切口平直、切面整齐、无毛刺；面材与芯材之间粘接牢固，芯材密实。
芯板	芯板的切面整齐，无大块剥落，块与块之间接缝无明显间隙。

4.3 传热系数

4.3.1 夹芯板的传热系数按表 4 的规定。参见 5.2。

表 4 传热系数

标称厚度/mm	30	40	50	80	100	120	150
传热系数/[W/(m^2·K)] ≤	1.0	1.0	0.95	0.6	0.5	0.45	0.35

4.3.2 金属面夹芯板作外墙和吊顶时，在使用过程中不应产生冷桥和结露现象。

4.4 粘结强度和剥离性能

4.4.1 夹芯板的面板与芯材的粘结强度不应小于 0.06 MPa。

4.4.2 剥离性能：试验时，粘结在表面材上的夹芯材料分布要均匀，每个剥离面的粘结面积应不小于 85%。

4.5 抗弯承载力

4.5.1 隔墙用金属面夹芯板挠度为 $L_0/250$（L_0 为支座间的距离）时夹芯板的抗弯承载力应不小于 0.5 kN/m^2。

4.5.2 吊顶用金属面夹芯板挠度为 $L_0/250$（L_0 为支座间的距离）时夹芯板的抗弯承载力应不小于 1.2 kN/m^2。

4.5.3 作承重构件用的金属面夹芯板其抗弯承载力应符合有关结构的设计规范的规定。

4.6 耐火极限

4.6.1 用于洁净室及相关受控环境围护结构的外墙、疏散走廊以及洁净与非洁净区的墙板以及洁净室的吊顶板时，其耐火极限应符合 GB 50073—2001 的规定。

4.6.2 用于洁净室及相关受控环境围护结构的内墙板时其耐火极限不应小于 24 min。

4.7 不燃性能

金属面夹芯板应为不燃材料（包括芯材）。其燃烧性能应符合 GB/T 5464—2010 中对不燃材料的试验要求。同时还应符合 GB/T 8624—2011 中规定的 A1 级的要求。见 5.6 的要求。

4.8 安全性能（产烟毒性）

4.8.1 金属面夹芯板应符合 GB/T 20285—2006 中规定的安全 AQ_1 级（安全一级）的要求。见 5.8 的要求。

4.8.2 在减少非热损毁方面，还应符合 ANSI/FMRC FM4910:2004 中规定的烟尘损害指数 SDI≤0.4

$(m/s^{1/2})/(kW/m)^{2/3}$的要求(见附录A)。

4.9 其他

4.9.1 用于不同行业洁净室及相关受控环境围护结构中的墙板、吊顶板应满足生产工艺要求,如:不产或少产尘(菌)、耐磨擦、耐水洗、防静电,用于生物洁净室的板材还应耐消毒药液的腐蚀。而且各种板材均应能有效地耐老化碎裂。

4.9.2 板材在生产、加工以及施工过程中应尽量减少对作业人员的健康和周围环境的卫生产生不良影响。

5 检测方法

5.1 外观质量和尺寸偏差的检测

外观质量和尺寸偏差的检测按GB/T 23932—2009中的7.1和7.2执行。

5.2 传热系数检测

传热系数的检测按GB/T 13475—2008规定的方法执行。

5.3 粘结性能检测

粘结性能检测按GB/T 23932—2009中的7.3.2和7.3.3执行。

5.4 抗弯承载力的检测

抗弯承载力的检测按GB/T 23932—2009中的7.3.4执行。

5.5 耐火极限的检测

耐火极限检测按GB/T 9978—2008中的规定执行。

5.6 不燃性能的检测

不燃性能检测按GB/T 5464—2010和GB/T 8624—2011中规定执行。

5.7 耐火极限

按GB/T 9978.1—2008建筑构件耐火试验方法执行。

5.8 安全性(产烟毒性)的检测

产烟毒性的检测按GB/T 20285—2006和附录A中的规定执行。

6 板材的安装

6.1 墙板和吊顶板在安装之前应对板材的材料、品种、规格尺寸、性能以及夹芯板的芯材进行检查、核实是否能满足设计要求;必要时对抽样进行性能测试(耐火性、安全无毒性、抗弯强度等性能)。

6.2 墙板和吊顶板在安装之前应对吊顶上、夹墙内已施工完毕的隐藏工程进行验收,并达到合格要求,方能进行墙板和吊顶板的施工。

6.3 吊顶板和墙板在安装时高效过滤器送风口、灯具、感温感烟元件、扬声器以及门、窗、管道的穿板处,其洞口周围要平整、严密、清洁、不产尘,其缝隙应用不燃材料封堵;检查口的周边也要很好的密封。

6.4 吊顶板和墙板的板缝应均匀一致，板缝的间隙误差应不大于 0.5 mm，板缝应用密封胶均匀密封，密封处应平整、光滑、略低于板面。

6.5 墙板安装应垂直，吊顶板安装应水平，板面平整，位置正确，墙与地、墙与顶、墙与墙、顶与顶之间的交接处应有合理的结构，保证密封，防止开裂。

6.6 板材安装的垂直度≤1.5 mm，表面平整度≤1.5 mm，板与板之间，接缝处的高低差≤1.0 mm。

6.7 板材安装后应进行保护防止碰撞破坏板面。

6.8 板材表面应平整、光滑、色泽一致，板材表面的保护膜应完好无损，交工前再撕膜。

7 检验规则

7.1 出厂检验

板材应由制造厂检验部门检验供需双方商定的项目，如有一项不合格，则为不合格产品。

7.2 型式试验

7.2.1 板材在下列情况之一时，应进行型式检验：

a) 新产品投产、定型鉴定时；

b) 当生产工艺或所用材料有较大改变时；

c) 连续生产中的产品，每两年不少于一次；

d) 国家质量监督部门提出进行型式检验的要求。

7.2.2 型式检验的内容应符合表 5 的规定

表 5 检验项目

序号	检验项目	抽检数
1	5.1 外观质量和尺寸偏差的检测	5
2	5.2 传热系数检测	
3	5.3 粘结性能检测	
4	5.4 抗弯承载力的检测	
5	5.5 耐火极限的检测	
6	5.6 不燃性能的检测	
7	5.7 耐火极限	
8	5.8 安全性(产烟毒性)的检测	

7.2.3 抽样

在同一规格产品达到稳定连续生产时进行。

7.2.4 判定

检验结果均符合表 5 中各项目的规定判为合格，否则判为不合格。

8 标志、包装、运输、贮存

8.1 板材应印有清晰的型号、厂名、批量代号。

8.2 每张板材应有标签注明以下内容：

a) 产品名称；

b) 型号；

c) 长度(m)；

d) 制造厂名；

e) 执行产品标准号；

f) 出厂时间；

g) 检验员；

h) 合格证。

8.3 板材的包装

8.3.1 包装时，用于吊顶的板材采用正反叠放形式，用于墙板可采用直接叠放形式。

8.3.2 散装的板材按板长分类，用角铁护边，用绳固定。

8.3.3 箱装的板材用型钢及金属薄板或木板等材料作包装箱。

8.3.4 两块板材之间应采用聚乙烯薄膜或牛皮纸等作衬垫隔离。

8.3.5 包装应符合 GB/T 191—2008 中的规定，包装箱体外应标明：产品名称、型号、制造厂、厂址、电话、通讯地址，箱体上应有毛重、防潮、怕湿等标志。

8.4 运输

板材的运输可用汽车、火车、船舶等运输工具运输。运输的过程中，应避免受压和机械损伤，特别注意防止雨淋。

8.5 贮存

8.5.1 板材应贮存在干燥、通风的仓库内，应注意防潮、防腐蚀。露天贮存应采取防雨措施。

8.5.2 贮存场地应坚实、平整，散装堆放时高度不超过 1.5 m。堆底应用木条或泡沫板铺垫，垫木间距应不大于 2 m。

附 录 A
（资料性附录）
洁净室材料可燃性测试方法

A.1 目的

本测试标准针对主要用于洁净室场所材料、但不仅限于半导体行业材料，规定了 FM Approvals 测试要求和程序。采用两个参数评估材料的火蔓延行为以及潜在的烟尘损害：火蔓延指数（FPI）和烟尘损害指数（SDI）。

A.2 测试方法

依据 ASTM E2058 测试方法，用火蔓延装置对厚度不低于 6 mm 的试样进行测试。按照本技术参数测试标准的要求，厚度小于 6 mm 的材料不得以 ASTM E2058 方法在 FPA 上进行测试。对于 FPI 和 SDI 值优于合格标准的试样，采用 2.4 m 平行板测试程序。经配置用于引燃和燃烧测试的火蔓延装置如图 A.1 所示。

A.2.1 试样要求

A.2.1.1 引燃和燃烧测试

需要 10 个 100 mm 方形试样，厚度从 6 mm 至 25 mm 不等。

A.2.1.2 火蔓延测试

需要两个 300 mm 长，100 mm 宽，以及 6 mm～25 mm 厚的试样。

A.2.2 试样制备以及在火蔓延装置中的放置方法

A.2.2.1 引燃和燃烧测试

使用耐用铝片包裹试样，紧密覆盖试样边缘和背部。对于引燃测试，在试样表面覆上一层薄薄的细石墨粉或促进燃面热辐射吸收的黑漆，以补充表面吸收率差异。

将包裹起来的试样正面向上水平放置于火蔓延装置(图 A.1)中。引燃测试中不使用石英管，而在燃烧测试中使用石英管放置试样。

A.2.2.2 火蔓延测试

试样边缘覆有 13 mm 宽的陶瓷纸，边缘和背面紧裹着耐用型铝片。用三根 24 号镍铬合金线将试样绑在一个 300 mm 长 100 mm 宽的垂直钢梯上，并将其置于火蔓延装置中的石英管内部。

A.2.3 FPI 和 SDI 的测试条件和限制

A.2.3.1 引燃测试

引燃测试依据 ASTM E2058 法，在开放的自然气流下，于火蔓延装置(图 A.1 中未标出石英管)中进行。点火装置包含一个直径为 6 mm 的垂直铜管，其多孔陶瓷头在试样表面附近呈一定弯曲角度。

在引火测试中，试样表面暴露于各种大小的外部热通量中。每次测试确定一个热通量值。

蒸汽生成时间和持续引燃时间均用肉眼观察，使用秒表计算。进行四至五次测试。所得数据用于计算临界热通量（CHF）和热响应参数（TRP）。

A.2.3.2 燃烧测试

燃烧测试依据 ASTM E2058 法，在联合流动正常空气下，于火蔓延装置（图 A.1）进行。空气从底部进入仪器，流过一系列进气管和进气筛，从而使试样附近流过石英管的气流速度均匀一致。

在燃烧测试中，试样表面暴露于 50 kW/m^2 的外部热通量中。待测定的参数为：1）蒸发和持续引燃次数、总测试时间；2）火焰高度；3）材料蒸汽、热量、CO、CO_2、烃类物质和烟尘的释放率。这些数据用于计算燃烧热、CO、CO_2、烃类物质和烟尘的生成量，计算方法见 ANSI/FMRC FM4910：2004 中 5.3 所述的燃烧测试数据计算程序。

单位为毫米

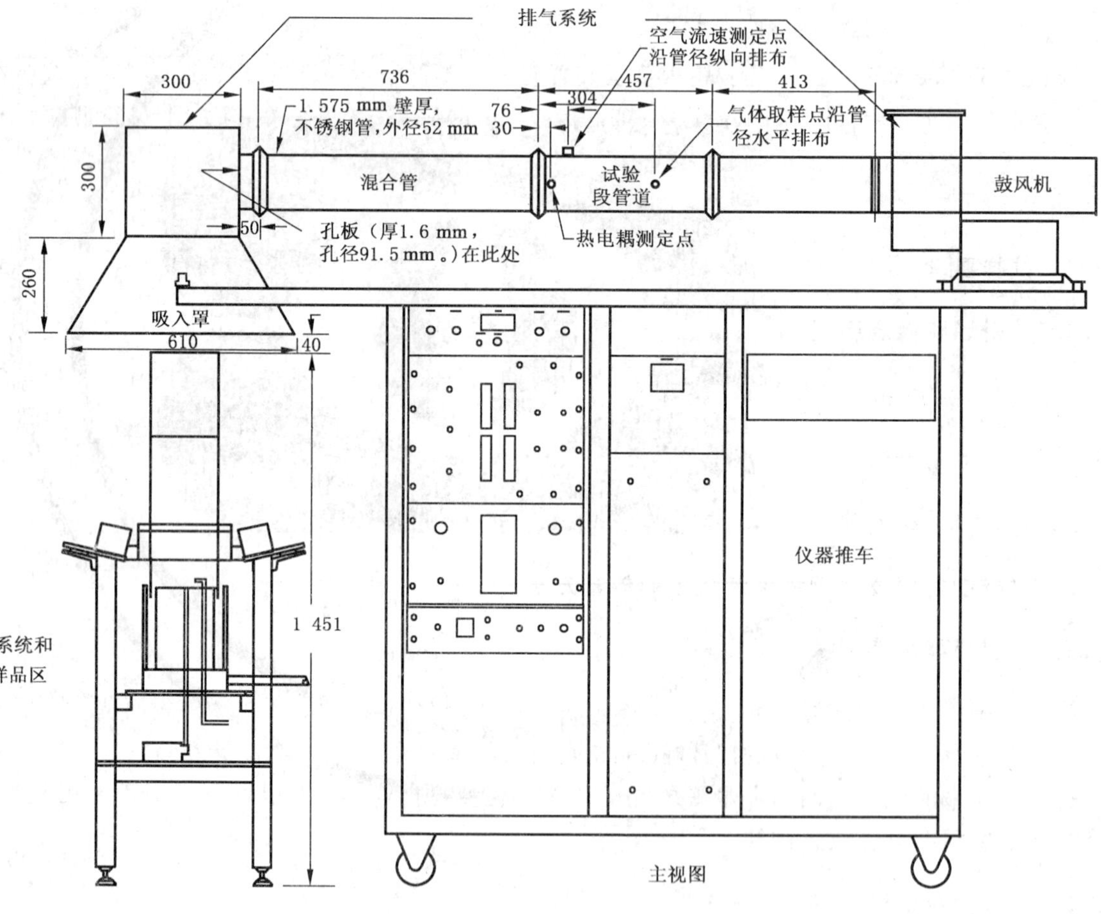

图 A.1 ASTM E2058 火蔓延装置

A.2.3.3 火蔓延测试

火蔓延测试按照 ASTM E2058 法于火蔓延装置进行，采用联合流动氧气—空气混合气流，氧气浓度为 40%。混合气体从底部进入仪器，流过一系列进气管和进气筛，从而使试样附近流过石英管的混合气体气流速度均匀，允许 5% 的差异。

在测试中，底部 300 mm 长，100 mm 宽的垂直试样，将其 100 mm 的部分暴露于 50 kW/m^2 的外部热通量(有点火火舌)中。该区域被定义为引火区。所有试样均在引火区燃烧。

火蔓延测试一直进行到试样的正面、侧面或背面均无可见火焰且无材料蒸发时结束。

在火蔓延测试中,引燃区以外的外部热通量可忽略不计。因此,火应在自身火焰热通量的支持下自行蔓延。在引燃区以外观察到四种火蔓延行为:1) 无火蔓延;2) 火蔓延减速(火没有蔓延到材料表面末端);3) 火稳定蔓延;4) 火蔓延加速。

在测试中测定下列参数:热量、CO、CO_2和烟尘释放率。这些数据用于计算燃烧热、CO、CO_2、烃类物质和烟尘的生成量。

A.3 结果计算

A.3.1 引燃测试数据计算

在引燃测试中,测定不同外部热通量值下的引燃时间。引燃时间符合下列关系式:

较高外部热通量值下的热厚性材料关系式见式(A.1):

$$\sqrt{\frac{1}{t_{ig}}} \propto \sqrt{\frac{4}{\pi}} \frac{\dot{q}''_e}{TRP_{thick}} \qquad \cdots\cdots(A.1)$$

式中:

t_{ig} ——引燃时间,单位为秒(s);

$\dot{q}''_e$ ——外部热通量值,单位为千瓦每平方米(kW/m^2);

TRP_{thick}——热厚性材料的热响应参数(TRP)($kW/s^{1/2} m^2$),TRP 为常量,用 $\Delta T_{ig}(k\rho c_p)^{1/2}$表示,其中 ΔT_{ig}为室温以上的引燃温度(K),k 为材料的导热率[kW/(m·K)],ρ 为材料密度(g/m^3),c_p为材料的比定压热容[kJ/(g·K)]。

无法引燃的最大外部热通量被定义为临界热通量(CHF),即热通量小于或等于该值时无法引燃。它由如下方法确定:即所测得的引燃时间倒数随外部热通量变化直线在横坐标上的截距。

A.3.2 火蔓延测试数据计算

在火蔓延测试中,CO、CO_2和烟尘释放率作为时间的函数测定,测定所用试样为一块 100 mm 宽、305 mm 长的垂直板,其边缘覆盖陶瓷纸,边缘和背面包裹铝箔。试样置于石英管中。氧气浓度为 40% 的联合流动空气从底部进入石英管。试样底部 127 mm 在暴露于 50 kW/m^2的外热(有点火火舌)中。在引燃区以外,火在自身以辐射为主的火焰热通量的支持下自行蔓延。40% 燃烧氧环境用于强化火焰辐射,特别是大尺度燃烧。

通过CO_2和 CO 释放率计算化学热释放率,该值为时间的函数,可采用式(A.2)用该值计算火蔓延指数 FPI(Fire Propagation Index):

$$FPI = \frac{750(\dot{Q}_{ch}/w)^{1/3}}{TRP} \qquad \cdots\cdots(A.2)$$

式中:

FPI ——火蔓延指数;

$\dot{Q}_{ch}$ ——化学热释放率;

w ——片材的单位宽度,单位为米(m);

TRP ——材料的热响应参数($kW/s^{1/2} m^2$)(式 A.1)。

A.3.3 燃烧测试数据计算

在燃烧测试中,正常空气条件下,一块 100 mm 的方形试样暴露于 50 kW/m^2的外部热通量中。测定的参数为材料蒸汽、CO、CO_2 和烟气释放率、O_2 消耗率、气体温度、以及燃烧产物空气混合物的体积流率，这些参数均为时间的函数。还需测定火焰高度(时间的函数)和测试时间的长度。

通过CO_2释放率计算化学热释放率，并修正CO释放率。用所有释放率计算材料蒸汽、CO、CO_2和烟尘的总释放量以及化学能。这些数据用于计算：

1) 平均燃烧化学热：用总化学能与材料蒸汽释放总量之比计算。

2) 每种产物的平均产量：用产物的总释放量与材料蒸汽的总释放量之比计算。

A.3.4 烟尘损害指数(SDI)

烟尘损害指数(SDI)定为发烟量乘以火蔓延指数(FPI)的值。小规模和大规模测试的FPI值提供的有关材料火蔓延行为的信息非常相似，尤其是FPI≤6的材料的引燃区外非蔓延行为。小规模和大规模测试中各种材料的发烟量显示出良好的一致性。因此来自小规模和大规模测试的SDI值也一致。在火蔓延测试中，目测所释放的烟量及烟的黑度。

A.4 判据

以下为用于选择洁净室材料的测试判据。该判据表征火蔓延限度及烟尘对洁净室环境的损害限度。该判据通过下列两个参数来表述：

1) 火蔓延指数(FPI)≤6$(m/s^{1/2})/(kW/m)^{2/3}$被用作判断火不会蔓延到引燃区以外的依据。FPI值是15 s测试数据平均值的最大值。

2) 烟尘损害指数(SDI)≤0.40$[(m/s^{1/2})/(kW/m)^{2/3}][g/g]$被用作判断非蔓延火在引燃区以外烟尘浓度显著降低的依据。

洁净室材料应同时满足这两个判据。FPI和SDI值在火蔓延装置上依据ASTME2058和洁净室材料可燃性测试方案定量测量。需要进行三种测试：1) 引燃测试；2) 火蔓延测试；3) 燃烧测试。

引燃测试根据ASTME2058进行，用于定量测定材料的抗引燃性，即热响应参数(TRP)。火蔓延测试亦根据ASTME2058进行，用于定量测定火蔓延过程中的化学热释放速率。结合化学热释放速率和TRP值即可计算FPI值。燃烧测试也根据ASTME2058进行，用于定量测定炭烟产率。炭烟产率乘以FPI值即得到SDI值。

据此所测材料具有下列数值范围：1) FPI：2～36；2) SDI：0.06～4.10。

报告的测试数据将按照下列要求圆整：FPI四舍五入到最近的整数(1.0、2.0)，SDI四舍五入到最近的十分位值(0.1、0.2)。

ICS 13.040.35
C 70

中华人民共和国国家标准

GB/T 29469—2012

洁净室及相关受控环境性能及合理性评价

Cleanrooms and associated controlled environments—Evaluation of performance and rationality

2012-12-31 发布　　2013-07-31 实施

中华人民共和国国家质量监督检验检疫总局
中国国家标准化管理委员会　发布

前　言

本标准按照 GB/T 1.1—2009 给出的规则起草。

本标准由全国洁净室及相关受控环境标准化技术委员会(SAC/TC 319)提出并归口。

本标准负责起草单位:中电投工程研究检测评定中心、苏州市碧海永乐净化科技有限公司、山东园友重工科技有限公司。

本标准参加起草单位:中国电子工程设计院、中国电子学会洁净技术分会、苏州净化工程安装有限公司、苏州工业园区嘉合环境技术工程有限公司、深圳市新纶科技股份有限公司、浙江诸暨金海三喜空调网业有限公司、上海德威净化设备工程有限公司、北京希达建设监理有限责任公司、北京世源希达工程技术公司、中国联和承造实业有限公司、深圳清新净化科技有限公司、苏州市恩威特环境技术有限公司、贝特净化科技有限公司。

本标准主要起草人:王尧、张利群、汲长军、翟传明、夏明宝、姜伟康、庄裕红、徐火炬、苏钢民、安志星、钱菁、强松、涂有、刘娜、殷晓冬、李国平、张士忠、尤荣法、邵帅、霍文轩。

引　　言

洁净室及相关受控环境是航空航天、微电子、制药、医疗器械、医疗卫生、精密制造和食品加工等行业的必要环境条件，其建造和运行投资大、能耗高。在满足使用要求的前提下，对洁净室及相关受控环境的相关技术参数的确定，设计、建造、设施系统和运行等进行评价，以保证其各个阶段的合理性，保证其运行可靠、安全、节能。

洁净室及相关受控环境性能及合理性评价

1 范围

本标准规定了对洁净室及相关受控环境的性能及合理性评价的程序和内容。

本标准适用于对洁净室及相关受控环境的性能及合理性评价。

2 规范性引用文件

下列文件对于本文件的应用是必不可少的。凡是注日期的引用文件,仅注日期的版本适用于本文件。凡是不注日期的引用文件,其最新版本(包括所有的修改单)适用于本文件。

GB/T 25915.1—2010 洁净室及相关受控环境 第1部分:空气洁净度等级

GB/T 25915.2—2010 洁净室及相关受控环境 第2部分:持续证明符合GB/T 25915.1的检测与监测技术条件

GB/T 25915.3—2010 洁净室及相关受控环境 第3部分:检测方法

GB/T 25915.4—2010 洁净室及相关受控环境 第4部分:设计、建造、启动

GB/T 25915.5—2010 洁净室及相关受控环境 第5部分:运行

GB/T 25915.7 洁净室及相关受控环境 第7部分:净化装置(洁净工作台/层流罩、手套箱、隔离装置、微环境)

GB/T 25915.8 洁净室及相关受控环境 第8部分:空气分子污染分级

3 术语和定义

下列术语和定义适用于本文件。

3.1

性能及合理性评价 evaluation of performance and rationality

对洁净室及相关受控环境的设计、建造、运行进行综合分析,判断其技术可靠性、适合性、安全性及各相关过程是否满足各项要求、避免运行风险的过程。

3.2

洁净室污染 contamination

对洁净室及相关受控环境内的产品、人和环境可造成危害的物质因素。

3.3

交叉污染 cross contamination

不同生产过程、环境或载体之间发生的相互污染(药品生产质量管理规范GMP-2010)。

3.4

空态 as-built

设施已建成并运行,但无生产设备、材料和人员的状态。

3.5

静态 at-rest

设施已建成，生产设备已安装好并按需方与供方议定的条件运行，但没有人员的状态。

3.6

动态 operational

设施按规定方式运行，其内规定数量的人员按议定方式工作的状态。

3.7

调试 commissioning

为使设施达到规定的正常运行技术条件而按计划实施并有文字记录的系列检验、调节、检测。

3.8

测试 test

检测

为确定设施或其某部分的性能而按照规定方法所实施的规程。

3.9

监测 monitoring

为检验设施的性能而按照规定的方法和计划实施的测试。

3.10

确认 qualification

鉴定

证实一个对象(作业、工艺、产品、组织或其任何组合)是否能够满足规定要求的过程。

3.11

验证 verification

提供客观证据认定，规定要求已得到满足。

3.12

风险 risk

危害发生的可能性及其严重性。

3.13

建造验收 installation acceptance

系统性的检验、调整、测量和检测，保证设施的各个部分都与设计要求相符。

3.14

性能验收 performance acceptance

一系列测量和检测，以判定设施的各个部分同时运行时，达到“空态”或“静态”所要求的条件。

3.15

性能 performance

运行验收 operation acceptance

一系列测量和检测，判定按规定的工艺或作业运行及按规定数目的人员以商定的方式工作时，整个设施达到所要求的“动态”性能。

4 评价与项目进程的关联及程序

4.1 评价与项目进程的关联

评价工况与受控环境占有状态、项目验收程序之间的关联见图1。

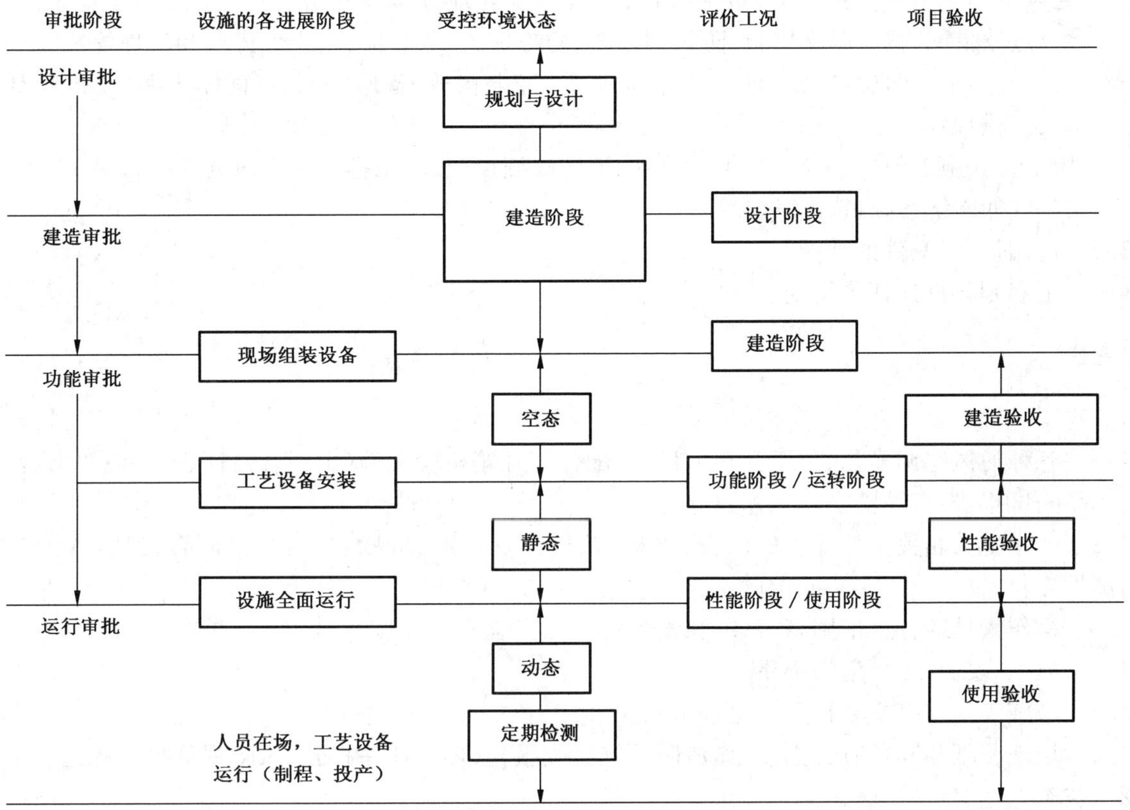

图 1　评价工况与受控环境占有状态、项目验收程序之间的关联

4.2　评价人员与程序

4.2.1　评价人员应具有 5 年以上洁净室及相关受控环境设计、施工、检测、标准等方面的经验，具有高级工程师以上职称。

4.2.2　在洁净室及相关受控环境的规划与设计、建造、运行等阶段，应有由 5 名左右评价人员组成的专家组对相应的阶段进行评价。

4.2.3　宜在评价前通告被评价方需准备文件材料清单和对文件的要求。

4.2.4　对每一个阶段的评价宜作出通过与否的结论，前一个阶段不通过者，不进行下一个阶段的评价。

5　评价内容

5.1　规划与设计

5.1.1　设计含有洁净室的建筑物，宜依据使用目的，对洁净度等级，总体框架与布局、工艺要求（含洁净度等级、温湿度等）进行评价后再进行（必要时，可先进行洁净室工程的招投标）。

5.1.2　填写设计评价表 A.1。

5.1.3　设计文件

5.1.3.1　施工图以及有关设计文件：

a)　建筑专业有关的施工图（平面、剖面、装饰材料、防火分区、消防通道、疏散距离、管井、夹道、夹层等）。

b)　结构专业有关的施工图（结构的安全、设备、管道荷载等）。

c) 通风空调净化专业施工图(系统型式、空气热湿处理方案及相应设备选型、设计风量、气流组织、过滤措施、减震降噪措施、防排烟系统、防冻措施、节能措施、废气排放和治理等)。

d) 电气专业施工图(照度、事故照明、消防报警、静电接地、备用电源、不间断电源、通讯和空调系统自动控制等)。

e) 给水排水施工图(工艺给水、生活给水、消防喷洒设施、废水排放和废水处理等)。

f) 其他(如网络系统,特气供应等)。

5.1.3.2 选用设备、配件的性能。

5.1.4 给出规划与设计评价结论。

5.2 建造

5.2.1 施工过程有关文件。

5.2.1.1 各种通风空调净化、公用和动力设备、配件等开箱检验文件(出厂合格证、产品说明书、性能参数表、产品测试报告、产品安全环保标识等)。

5.2.1.2 洁净室与相关受控环境的墙板、顶板、地板以及管道等保温材料的出厂合格证,性能参数检验、测试报告。

5.2.1.3 操作人员的行为准则,各系统和设备的施工安装操作规程。

5.2.1.4 施工、安装、变更通知记录。

5.2.1.5 隐蔽工程施工安装记录和检查记录。

5.2.1.6 竣工图纸和其他有关文件(如消防系统验收报告、环境评估报告、风险评估报告等)。

5.2.2 空态。

根据空态性能参数测试报告,填写表A.2,专家组认为必要时,可抽测其中的参数(应与被评价方协商好抽测时间,一般不超过3项)。

5.2.3 给出建造评价结论。

5.3 运行

5.3.1 静态、动态

根据空态、静态、动态性能参数测试报告,填写表A.3,专家组认为必要时,可抽测其中的参数(应与被评价方协商好抽测时间,一般不超过3项)。提出建议,给出空态、静态、动态评价结论。

5.3.2 生物污染

5.3.2.1 生物污染控制体系的完整性、适用性。

5.3.2.2 参照表A.4,根据实际设计并填写生物污染控制评价表。

5.3.3 运行体系文件的完整性和适用性。

5.3.4 运行管理(见表A.5)。

5.3.5 给出运行评价结论。

5.3.6 对运行的定期评价

正在运行洁净室,宜进行运行定期评价。按照GB/T 29515.2—2010的要求,持续运行的洁净室应进行定期评价(见表A.6、表A.7、表A.8),宜按照5.3.1～5.3.6进行。

5.4 其他

根据需求和条件,可开展节能、化学分子污染(参照GB/T 25915.8)等评价。

附 录 A
（规范性附录）
评 价 表

A.1 设计评价见表 A.1。

表 A.1 设计评价表

序 号	项 目	要 求	适合性	评 议
1	建筑空间			
2	洁净度	参见 GB/T 25915.4—2010 的附录 B		
3	气流与换气	参见 GB/T 25915.4—2010 的附录 A.2		
4	设施与布局	参见 GB/T 25915.4—2010 的附录 D		
5	建造工艺和材料	参见 GB/T 25915.4—2010 的附录 E		
6	环境			
6.1	温度与湿度	参见 GB/T 25915.4—2010 的附录 F.2		
6.2	照明	参见 GB/T 25915.4—2010 的附录 F.3		
6.3	噪声和振动	参见 GB/T 25915.4—2010 的附录 F.4		
6.4	节能	参见 GB/T 25915.4—2010 的附录 F.5		
7	空气洁净度控制	参见 GB/T 25915.4—2010 的附录 G		
8	隔离装置	参见 GB/T 25915.7		
9	其他			

注 1：如无隔离装置不评议第 8 项。

注 2：第 9 项为针对不同用途的洁净室，参考 GB/T 25915.4—2010 的附录 H 或实际需要，增加的必要评议项目。

A.2 空态性能见表 A.2。

表 A.2 空态性能

序 号	项 目	空 态		评 议
		规定值	实测值	
1	洁净度			
2	气流与换气			
3	设施与布局			
4	建造工艺和材料			
5	环境			
5.1	温度与湿度			
5.2	照明			
5.3	噪声和振动			
5.4	节能			
6	空气洁净度控制			
7	其他			

注 1：检测项目的选择与实施顺序宜符合 GB/T 25915.3—2010 表 A.1。

注 2：第 7 项为针对不同用途的洁净室，参考 GB/T 25915.4—2010 的附录 H 或实际需要，增加的必要评议项目。

A.3 静态、动态性能见表 A.3。

表 A.3 静态、动态性能

序 号	项 目	静态		动态		评 议
		规定值	实测值	规定值	实测值	
1	洁净度					
2	气流与换气					
3	设施与布局					
4	建造工艺和材料					
5	环境					
5.1	温度与湿度					
5.2	照明					
5.3	噪声和振动					
5.4	节能					
6	空气洁净度控制					
7	其他					

注 1：检测项目的选择与实施顺序宜符合 GB/T 25915.3—2010 表 A.1。

注 2：第 7 项为针对不同用途的洁净室，参考 GB/T 25915.4—2010 的附录 H 或实际需要，增加的必要评议项目。

A.4 生物污染控制评价见表 A.4。

表 A.4 生物污染控制评价表

序 号	项 目	干预值		预警值		目标值		评 议
		规定值	适合性	规定值	适合性	规定值	适合性	
1	空气生物污染项目							
2	表面生物污染项目							

注：专家组可根据洁净室具体情况，拟定空气和表明生物污染项目。

A.5 运行管理见表 A.5。

表 A.5 运行管理

序 号	项 目	说 明	评 议
1	风险控制因素	合理性、适用性	
2	洁净服	与 GB/T 25915.5—2010 中 4.2 符合性	
3	人员	与 GB/T 25915.5—2010 中 4.3 符合性	
4	固定设备	与 GB/T 25915.5—2010 中 4.4 符合性	
5	材料及便携和可移动设备	与 GB/T 25915.5—2010 中 4.5 符合性	
6	洁净室的清洁	与 GB/T 25915.5—2010 中 4.6 符合性	

A.6 证实持续符合粒子浓度限值的最长检测周期见表 A.6。

表 A.6 证实持续符合粒子浓度限值的最长检测周期

等级	最长周期	检测方法
≤ISO 5 级	6 个月	GB/T 25915.1—2010,附录 B
>ISO 5 级	12 个月	GB/T 25915.1—2010,附录 B
注:一般是按规定的 ISO 等级在动态下进行粒子计数检测,但也可在静态下进行。		

A.7 适用于所有洁净度等级的其他检测周期见表 A.7。

表 A.7 适用于所有洁净度等级的其他检测周期

检测参数	最长间隔时间	检测方法
风量[a] 或风速	12 个月	GB/T 25915.3—2010,B.4
压差[b]	12 个月	GB/T 25915.3—2010,B.5
注:一般可按指定的 ISO 等级在动态或静态条件下进行以上检测。		
[a] 可用风速或风量测量得出风量数据。 [b] 此项检测不适用于非封闭洁净区。		

A.8 可选检测的周期见表 A.8。

表 A.8 可选检测的周期

检测项目	等级	最长周期建议值	检测方法
已装过滤器检漏	所有等级	24 个月	GB/T 25915.3—2010,B.6
气流可视检查	所有等级	24 个月	GB/T 25915.3—2010,B.7
自净	所有等级	24 个月	GB/T 25915.3—2010,B.13
隔离检漏	所有等级	24 个月	GB/T 25915.3—2010,B.14

ICS 29.130
K 32

中华人民共和国国家标准

GB/T 29470—2012

自限温电热片

Self-regulating heating elements

2012-12-31 发布

2013-07-31 实施

中华人民共和国国家质量监督检验检疫总局
中国国家标准化管理委员会 发布

前言

本标准按照 GB/T 1.1—2009 给出的规则起草。

本标准由中国标准化协会提出并归口。

本标准起草单位：浙江华源电热有限公司、西藏欧源地暖有限公司、南昌沃嘉科技有限公司、国家红外及工业电热产品质量监督检验中心、浙江大学高分子复合材料研究所。

本标准主要起草人：袁建波、郑华弟、高瑾、曾宇、沈烈、龚建平、罗军、代旭贤、郑根。

自限温电热片

1 范围

本标准规定了自限温电热片的术语和定义、分类和型号、技术要求、试验方法、检验规则、标志、包装、运输及贮存。

本标准适用于安装在建筑物地面内为其所在房间加热的自限温电热片。其单相装置的额定电压不超过 250 V,其他装置的额定电压不超过 480 V。其他用途的自限温电热片也可参照使用。

2 规范性引用文件

下列文件对于本文件的应用是必不可少的。凡是注日期的引用文件,仅注日期的版本适用于本文件。凡是不注日期的引用文件,其最新版本(包括所有的修改单)适用于本文件。

GB/T 191—2008 包装储运图示标志

GB/T 2828.1 计数抽样检验程序 第1部分:按接收质量限(AQL)检索的逐批检验抽样计划

GB/T 2829 周期检验计数抽样程序及表(适用于对过程稳定性的检验)

GB/T 2900.23—2008 电工术语 工业电热装置

GB 4706.1—2005 家用和类似用途电器的安全 第1部分:通用要求

GB 4706.8 家用和类似用途电器的安全 电热毯、电热垫及类似柔性发热器具的特殊要求

GB/T 5169.5 电工电子产品着火危险试验 第5部分:试验火焰 针焰试验方法 装置、确认试验方法和导则

GB/T 7287—2008 红外辐射加热器试验方法

GB/T 17627.1—1998 低压电气设备的高压试验技术 第一部分:定义和试验要求

3 术语和定义

GB/T 2900.23—2008 所界定的及下列术语和定义适用于本文件。

3.1

自限温电热片 self-regulating heating element

由电极、PTC 热敏电阻和电绝缘片层压组成的薄片状发热元件。

3.2

稳定工作状态 steadily working condition

在规定的试验条件下,自限温电热片的发热表面任意点温度波动范围不超过 2 ℃/h 的工作状态,称为稳定工作状态。

3.3

工作温度 operating temperature

在规定的试验条件下,以额定电压通电至稳定工作状态时,自限温电热片的表面平均温度。

3.4

升温时间 heating-up time

在规定的试验条件下,以额定电压通电,表面温度升至稳定工作状态温度的 90%时所需要的时间。

3.5

电—热辐射转换效率　electricity to thermal radiation conversion efficiency

自限温电热片在稳定工作状态时，测得的输入电功率转换成输出的总辐射通量的百分比。

3.6

标称功率　nominal power

自限温电热片在稳定工作状态时测出的每米发热功率。

3.7

启动电流　starting current

额定电压下，自限温电热片在环境温度为 0 ℃时启动的瞬间最大电流。

3.8

峰值电阻　peak resistance

自限温电热片在受热升温过程中所测得的其熔融变形前的瞬间最大电阻，单位为欧(Ω)。

3.9

PTC(正温度系数热敏电阻)强度　positive temperature coefficient intensity

自限温电热片峰值电阻(R_{max})与 20 ℃时的电阻(R_{20})之比值，即：

$$\text{PTC 强度} = R_{max}/R_{20}$$

4　分类和型号

4.1　分类

按用途可分为：

a)　地暖用自限温电热片；

b)　其他用途自限温电热片。

4.2　型号

4.2.1　进行产品型号编制时应至少包括以下内容：

a)　标称功率，单位为瓦每米(W/m)；

b)　额定电压，单位为伏(V)；

c)　自限温电热片宽度，单位为毫米(mm)。

4.2.2　型号命名

自限温电热片的型号命名见图 1。

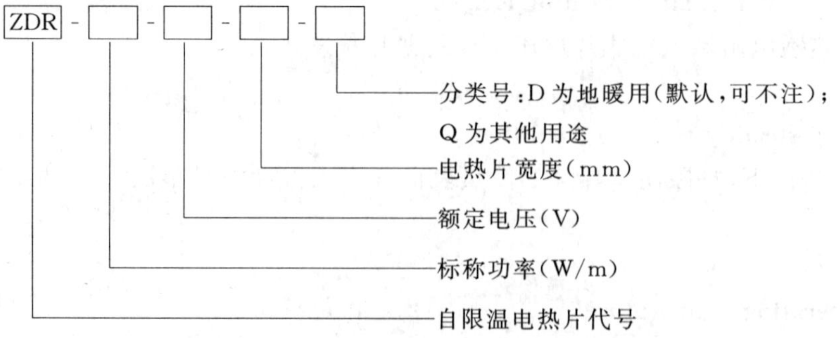

图 1　自限温电热片型号命名图

示例 1：型号为 ZDR-40-220-240，其含义是：标称功率为 40 W/m，额定电压为 220 V，宽度为 240 mm 的地暖用自限温电热片。

示例 2：型号为 ZDR-60-110-480-Q，其含义是：标称功率为 60 W/m，额定电压为 110 V，宽度为 480 mm 的其他用途自限温电热片。

5 技术要求

5.1 外观

自限温电热片表面应光滑、平整，不应有明显的气泡、划伤、脆化、破裂、变形、分层、污染等现象。

5.2 宽度偏差

宽度偏差不应超过其标称尺寸的±5%。

5.3 标称功率偏差

标称功率偏差不应超过±5%或±5 W/m(两者取较大的值)。

5.4 工作温度

地暖用自限温电热片的工作温度为 40 ℃±5 ℃，最高不允许超过 60 ℃；其他用途自限温电热片，工作温度及其偏差与用户商定。

5.5 温度不均匀度

稳定工作状态下，最高表面温度与最低表面温度之差值。对于地暖用自限温电热片，该值应不大于 5 ℃；对于其他用途电热片，该值应不大于 10 ℃。

5.6 升温时间

自限温电热片的升温时间应不大于 10 min。

5.7 过压温度

以 1.24 倍额定电压工作直至建立稳定工作状态，并持续 8 h，工作期间最高表面温度应不超过 90 ℃，并不出现破裂、变形、分层等现象。

5.8 工作温度下的泄漏电流

工作温度下，自限温电热片的泄漏电流应不大于 0.25 mA 或每平方米 1 mA(两者取较大的值)。

5.9 工作温度下的电气强度

对自限温电热片施加频率为 50 Hz、3 kV 的交流电压 1 min，试验期间应不出现击穿、闪络。

5.10 绝缘电阻

自限温电热片的热态绝缘电阻和冷态绝缘电阻都应不小于 50 MΩ。

5.11 电—热辐射转换效率

自限温电热片的电—热辐射转换效率应不小于 60%。

5.12 工作寿命

在规定试验条件下，累计工作时间应不小于 40 000 h。

5.13 绝缘耐压性能

5.13.1 绝缘耐压性能(干)

经过绝缘耐压的试验后,应不出现击穿、破裂、变形、分层等现象。

5.13.2 绝缘耐压性能(湿)

经过绝缘耐压的试验后,应不出现击穿、破裂、变形、分层等现象。

5.14 冷弯曲性能

经过冷弯曲性能试验后,应不出现脆化、破裂、变形、分层等现象,并应能经受电气强度检查。

5.15 冷折性能

经过冷折性能试验后,应不出现绝缘层断裂、变形、分层等现象,并应能经受电气强度检查。

5.16 刮划性能

经过刮划试验后,应不出现破裂、变形、分层等现象,并应能经受电气强度检查。

5.17 抗硬物压力性能

自限温电热片应能承受可能出现的硬物压力。试验后,自限温电热片应能经受电气强度检查。

5.18 剥离强度

自限温电热片的电绝缘材料与柔性薄片之间的剥离力应不小于 3.0 N。

5.19 耐燃性能

自限温电热片应有足够的耐燃能力,通过 6.20 所述试验来确定是否合格。

——预定用于混凝土及类似材料地板中的自限温电热片,不适用于此要求;

——预定用于上述材料之外的自限温电热片,适用于此要求。

5.20 耐低温性能

自限温电热片在温度为−40 ℃的条件下放置 96 h 后,应不出现脆化、破损、变形、分层等现象,并应能正常工作。

5.21 启动电流

自限温电热片在规定试验条件下,启动电流应不大于工作电压与电阻比值的 1.5 倍。

5.22 PTC(正温度系数)强度

自限温电热片的 PTC 强度应不小于 10^3。

5.23 功率—温度特性

自限温电热片的启动功率和稳定功率均应随着环境温度的升高而降低。在规定试验条件并限制电热片散热状态下,电热片的稳定功率应不大于启动功率的 50%。

5.24 覆盖安全性

在覆盖(限制散热)条件下,自限温电热片以 1.15 倍额定电压工作直至稳定工作状态,并保持 8 h,

整个试验期间，电热片的最高温度应不超过 120 ℃，无冒烟、无明火、电热片无熔融变形、碳化、破损、开裂等损坏，恢复常态后仍能正常使用。

6 试验方法

6.1 一般试验条件

——试验用仪器仪表均应符合相应的标准要求，其中型式试验用的电气测量仪表精度应不低于 0.5 级，出厂检验时应不低于 1.0 级。

——测量温度用的仪表精度在 0.5 K 以内，采用热电偶测量时，热电偶应满足 GB 4706.8 的相应要求，其中，热电偶所焊接的铜或黄铜片尺寸为 10 mm×10 mm×0.5 mm。

——试验应在无强制对流空气且环境温度为 20 ℃±5 ℃，相对湿度不大于 80%的场所进行。试验前，样品应在上述条件下放置 24 h。

——对试验结果有疑问时，则测试环境温度保持在 20 ℃±2 ℃。

——标有额定电压范围和与此额定电压范围的平均值相对应额定输入功率的自限温电热片，试验的电源电压为其额定电压范围内的最不利电压。

——试验样品的长度尺寸为：1 000 mm±2 mm(厚度≤2 mm)，宽度按制造商提供的说明。一般情况下宽度不大于 1 000 mm。

6.2 外观检查

采用目测方式检查。

6.3 宽度偏差检查

将自限温电热片试件放在平整的基准平面上，用精度为 1mm 的钢直尺，测量试件的宽度。

6.4 标称功率偏差

按图 2 示意图进行电路连接。

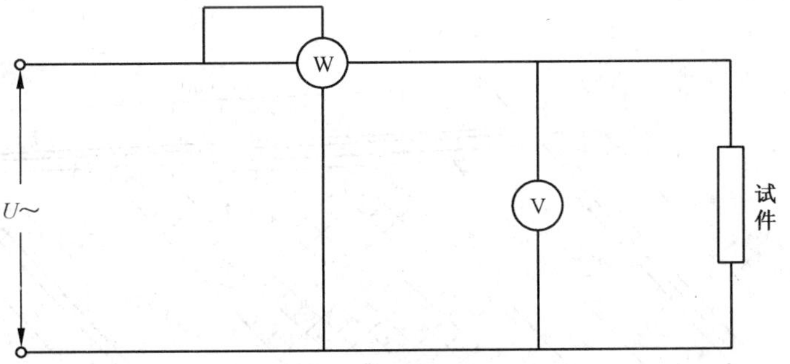

图 2 接线示意图

试件在额定电压通电直至建立稳定工作状态后，测量试件的实测功率。功率偏差 J 按式(1)进行计算。

$$J = \frac{P - P_h}{P_h} \times 100\% \qquad (1)$$

式中：

J ——功率偏差；

P ——实测功率；

P_h ——标称功率。

6.5 工作温度试验

6.5.1 测试角

本试验在符合 GB 4706.1—2005 要求的测试角中进行。测试角尺寸不小于 1 200 mm×1 200 mm×1 500 mm。

6.5.2 测温点

自限温电热片试件测温点的分布如图 3 所示。

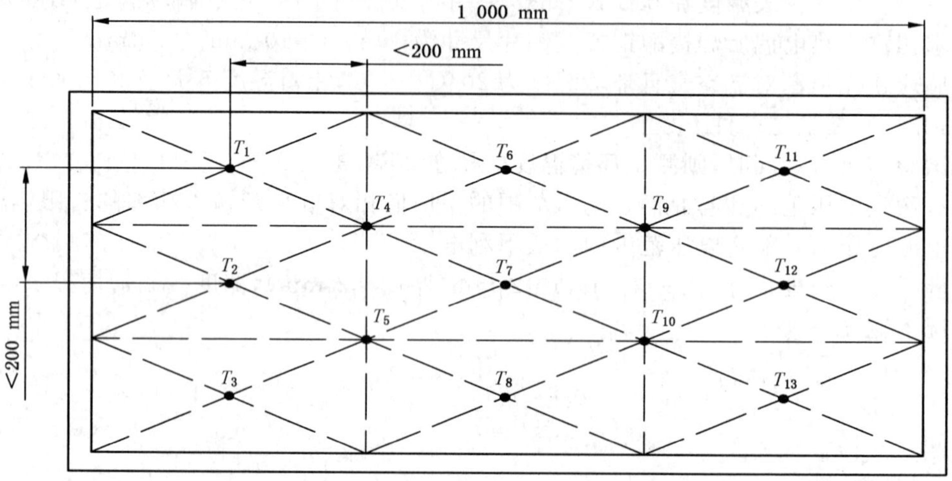

图 3 测温点分布示意图

注：测温点应均匀分布，且测温点应布置在发热体上。

6.5.3 测试槽

测试槽结构示意图见图 4。

单位为毫米

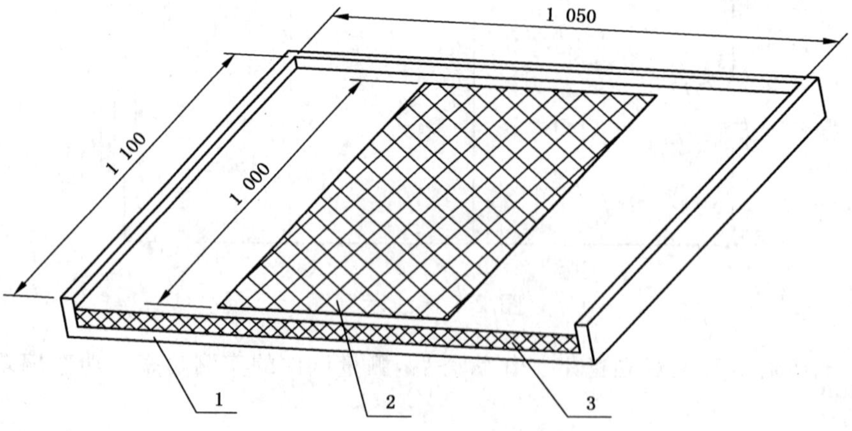

说明：

1——测试槽架；

2——自限温电热片试件；

3——绝热板(聚氨酯板或酚醛板，厚度约 20 mm)。

图 4 测试槽结构示意图

6.5.4 试验方法

试验在环境温度保持为 20 ℃±2 ℃的房间内进行。将测试槽放在测试角的底板上，测试槽的两边尽可能靠近测试角的两边壁；自限温电热片试件靠近两边壁的测试槽两边，并按图 3 方式布置测温点。试件以额定电压工作，使其升温达到稳定工作状态后，用 K 型热电偶测量各测温点的温度值，并记录各测温点的温度值。取测得的各个温度值的算术平均值为试件的工作温度。

6.6 温度不均匀度试验

试件经过工作温度试验后，找出各个温度值中的最大值和最小值，计算其差值，结果应符合 5.5 的要求。

6.7 升温时间试验

试验过程同 6.5 的方法。测温点为试件辐射面的几何中心，即图 3 的 T_7 点。在加热的同时，用时间记录装置(如秒表、函数记录仪等)和热电偶记录试件从规定试验环境温度升至稳定工作状态的升温—时间曲线，如图 5 所示。根据图 5 的曲线，取温度从规定试验环境温度上升至温度稳定状态的 90%时所需的时间作为升温时间，其结果应符合 5.6 的要求。

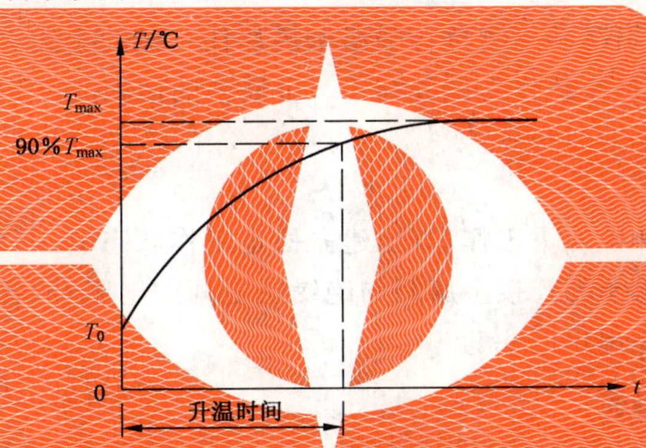

图 5 升温—时间曲线图

6.8 过压温度试验

自限温电热片试件在 6.5 的条件下进行测试，试验电压为 1.24 倍额定电压。试验结果应符合 5.7 的要求。

6.9 工作温度下的泄漏电流试验

自限温电热片按 1.15 倍额定电压工作直至建立稳定工作状态，如图 6 所示，通过开关 K 的转换，分别测试自限温电热片任一极的接线端子(点 1 或点 2)与连接金属箔的绝缘层间的泄漏电流，以较大值为准。试验过程中，应移动该金属箔以便测量试件表面的所有部分。金属箔的面积为 100 mm×200 mm。泄漏电流应符合 5.8 的要求。

6.10 工作温度下的电气强度试验

自限温电热片以 1.15 倍额定电压工作直至建立稳定工作状态，按 GB/T 17627.1—1998 的规定，断开自限温电热片电源后，在自限温电热片任一极的接线端子与连接金属箔的绝缘层之间施加 3 kV 的电压，频率为 50 Hz，历时 1 min，试验期间不应出现击穿。金属箔的面积及试验部位同 6.9。

单位为毫米

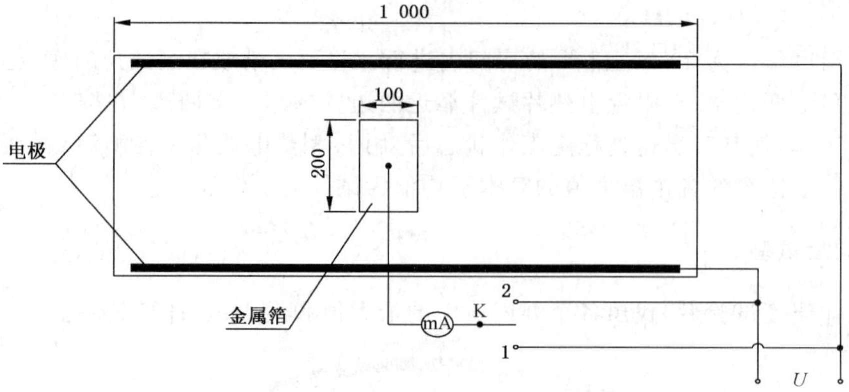

图 6　工作温度下的泄漏电流的测量电路图

6.11　绝缘电阻试验

6.11.1　冷态绝缘电阻试验

采用符合精度要求的测试仪，多点测量自限温电热片任一极的接线端子与连接金属箔的绝缘层之间的电阻，取各次测量值中的最小值作为试验结果。金属箔的面积及试验部位同 6.9。

6.11.2　热态绝缘电阻

自限温电热片在额定工作电压下工作，直至建立稳定工作状态后，断电停止加热，立即多点测量自限温电热片的任一极的接线端子与连接金属箔的绝缘层之间的电阻，取各次测量值中的最小值作为试验结果。金属箔的面积及试验部位同 6.9。

6.12　电—热辐射转换效率试验

按 GB/T 7287—2008 中第 17 章中规定的方法进行。

6.12.1　试验装置方框图

电—热辐射转换效率试验的装置方框图见图 7。

1——稳压电源；
2——功率表；
3——自限温电热片试件；
4——辐射功率计。

图 7　试验装置方框图

6.12.2　试验步骤

自限温电热片电—热辐射转换效率试验步骤如下：

a)　确定自限温电热片试件的辐射面面积 S。

b)　在被测试件辐射面上均匀取 $n(n\geqslant 9)$ 个面元，以面元的中心点为待测点。

c)　调整试验装置，使辐射功率计的光敏面、光阑平面与自限温电热片的辐射面平行且共轴。调整限束光阑，使辐射面充满探测器的视场。

d) 按 6.4 的方法测出自限温电热片的实测电功率 P。

e) 依次测定并记录各测量点的辐射功率的值 P_i。

6.12.3 结果计算

6.12.3.1 辐射出射度的计算

辐射出射度按式(2)计算。

$$M=\frac{16}{\pi}\cdot\left(\frac{L}{d_1\cdot d_2}\right)^2\cdot\frac{\sum_{i=1}^{n}P_i}{n} \quad\cdots\cdots(2)$$

式中：

M——辐射出射度，单位为瓦每平米(W/m^2)；

L——光敏面到光阑的距离(如图 8 所示)，单位为米(m)；

d_1——限束光阑的直径(如图 8 所示)，单位为(m)；

d_2——光阑的直径(如图 8 所示)，单位为(m)；

P_i——辐射面上第 i 点的辐射功率测量值，单位为(W)。

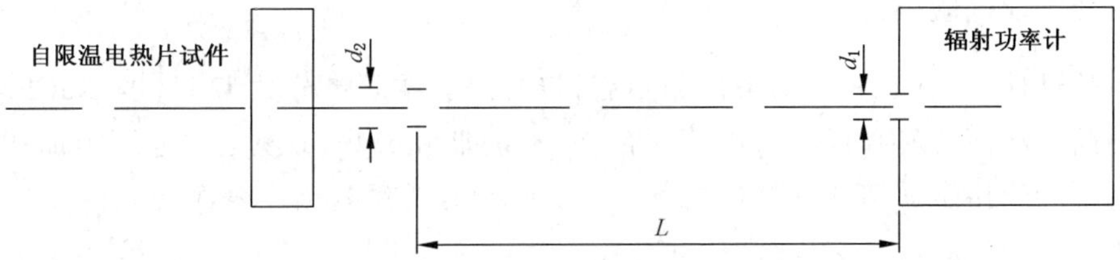

图 8 辐射功率测量示意图

6.12.3.2 电—热辐射转换效率的计算

自限温电热片电—热辐射转换效率按式(3)计算。

$$\eta=\frac{M\cdot S}{P}\times 100\% \quad\cdots\cdots(3)$$

式中：

η——电—热辐射转换效率，%；

M——辐射出射度，单位为瓦每平米(W/m^2)；

S——自限温电热片辐射面面积，单位为平方米(m^2)；

P——实测电功率，单位为瓦(W)。

6.13 工作寿命试验

6.13.1 试验步骤

自限温电热片工作寿命试验步骤如下：

a) 按 6.12 的方法测定并记录自限温电热片试件的电—热辐射转换效率 η_0 为初始值。

b) 对自限温电热片试件连续通电工作 480 h。功率小于 30 W 的按 1.35 倍额定电压通电，其他类型以 1.2 倍额定电压通电。

c) 通电试验结束后，使自限温电热片自然冷却至室温。

d) 按 6.12 的方法测量并记录通电试验后试件的电—热辐射转换效率 η。

6.13.2 判定

试验结束后，如果试件的外观符合5.1的要求，工作温度下的泄漏电流不大于3.5 mA，工作温度下的电气强度不低于标准值，标称功率偏差不超过±10%，电—热辐射转换效率不低于初始值的90%，则判定该试件的工作寿命不低于40 000 h。

6.14 绝缘耐压性能试验

6.14.1 绝缘耐压性能试验(干)

将自限温电热片按以下顺序完成三个完整的循环，每个循环过程不应有明显的时间间隔：

a) 在热风干燥箱中，使自限温电热片在正常工作条件下通电加热至最高温度并达到稳定工作状态，调节热风干燥箱的温度与自限温电热片工作的最高温度相同，维持7 h；

b) 冷却到室温，然后在额定电压下工作1 h；

c) 调整温度和湿度，使其在规定的试验环境条件下，持续通电24 h。

经过上述三个完整的循环后，立即断电。在自限温电热片任一极的接线端子和连接金属箔的绝缘层之间施加3 kV，频率为50 Hz的交流电压，历时1 min，观察电热片表面变化情况。

6.14.2 绝缘耐压性能试验(湿)

自限温电热片试件经过6.14.1的条件作用后，将其浸放在质量分数为1%的NaCl水溶液中，自限温电热片的两端露出液面，浸泡时间经过72 h后取出，立即用6.14.1规定的电压施加在自限温电热片任一极的接线端子和连接金属箔的绝缘层之间，历时1 min，观察电热片表面变化情况。

6.15 冷弯曲试验

将长度为500 mm～1 000 mm自限温电热片试件缠绕在直径为ϕ50 mm的圆纸筒上，放置在温度为−30 ℃±3 ℃的低温试验箱中4 h后，将其取出并恢复至室温，然后将自限温电热片展开并反向缠绕，在30 min内重复3次后将其展开并在室温环境下恢复1 h，再进行6.10的电气强度试验。

6.16 冷折试验

将自限温电热片试件折成90°的直角，置于−30 ℃±3 ℃的低温试验箱中，保持4 h，然后将其展开，在室温下恢复1 h，再进行6.10的电气强度试验。此处电气强度试验时，金属箔应能覆盖部分折痕。

6.17 刮划试验

将自限温电热片试件水平放在光滑木板上，用GB 4706.1—2005中图7规定的试验指甲沿自限温电热片表面以20 mm/s的速度匀速划过，划痕应经过电极条及发热电阻区域，试验指甲与水平方向呈30°夹角。对用于地面安装的产品，施加在试验指甲上的力为10 N±0.5 N；对于适用于顶棚或墙面安装的产品，施加在试验指甲上的力为5 N±0.5 N；试验后再进行6.10的电气强度试验。此处电气强度试验时，金属箔应能覆盖部分划痕。

6.18 抗硬物压力试验

将自限温电热片试件带有绝缘电极的部分置于刚性钢板上。将一根直径为6 mm的钢棒与电极交叉放置，使其仅有一处与绝缘电极接触。对钢棒施加30 s下述大小的力：

——对安装于混凝土地板中的自限温电热片，600 N；

——对安装于其他地板中的自限温电热片，300 N。

在五个不同位置施力，各点相距不少于 50 mm。

试验后再进行 6.10 的电气强度试验。此处电气强度试验时，金属箔应能覆盖部分压痕。

6.19 剥离强度试验

6.19.1 试样尺寸为：宽度(15.0±0.1)mm，长度 200 mm。

6.19.2 试样制备

将自限温伴热带样品长度和宽度方向两端除去 50 mm，再沿样品长、宽方向裁取试样各 5 条，组成总共 10 条试样。

沿试样长度方向将复合层与基材预先剥开 50 mm，被剥开部分不得有明显损伤。若试样不易剥开，可将试样一端约 20 mm 浸入适当的溶剂中处理，待溶剂完全挥发，再进行剥离力的试验。若复合层经过这种处理，仍不能与基材分离，则试验可不再进行。

6.19.3 试样应在温度 23 ℃±2 ℃、相对湿度 45%～55%的环境中放置 4 h 以上，然后在上述环境中进行试验。

6.19.4 试验速度：(300±50)mm/min。

6.19.5 试验步骤

将试样剥开部分的两端分别夹在试验机上、下夹具上，使试样剥开部分的纵轴与上、下夹具中心连线重合，并松紧适宜。试验时，未剥开部分与拉伸方向呈 T 型，见图 9。记录试样剥离过程中的剥离力有效值。

6.19.6 试验结果

计算长、宽方向上两组试样剥离力的算术平均值，作为试验结果，单位为牛顿(N)。

说明：

1——上夹具；

2——下夹具；

3——试样剥开部分；

4——试样未剥离部分。

图 9 剥离强度试验的试样夹持示意图

6.20 耐燃试验

6.20.1 裁取试样尺寸为：长度(150±1)mm，宽度(50±1)mm，厚度按试样原样。

6.20.2 将上述试样用一个倾斜成 45°金属网格来支撑，此网格用直径为 0.6 mm 的金属丝编成，这些金属丝成平行状态，相互间距离为 20 mm。试样的放置应与水平的金属丝相垂直，且处于两根金属丝的中间。将另一个形状相似的网格放在试样的上面，使其水平走向的金属丝与第一个水平走向的金属丝相距 10 mm；使与试样平等的两个网格的金属丝相互叠成一行。

6.20.3 此网格安装在一个三面有金属隔板且位于不通风位置的拱架上，此隔板的高约 900 mm、宽约 450 mm、深约 300 mm，成矩形状；前面打开，顶部封闭。
6.20.4 按照 GB/T 5169.5 的规定，将针焰施加到试样上直到绝缘体停止燃烧。
6.20.5 此样品被火焰燃烧的长度不应超过 65 mm，从针焰的施加点开始测量。

6.21 耐低温性能试验

将低温试验箱的温度设置为－40 ℃，温度波动度为±0.5 ℃。将自限温电热片试件放置在低温试验箱中，储存 96 h 后取出，在室温环境下恢复 1 h，再进行 6.2、6.4、6.5、6.10 的试验。

6.22 启动电流测试

将样品放入低温试验箱中，通过开关装置将样品连接至接有调压器的稳压电源，将电压调整至额定电压值。样品在 0 ℃±0.5 ℃环境中保持 2 h 后，通电并记录起始阶段的最大瞬时电流。该电流即为自限温电热片在 0 ℃时的启动电流。

6.23 PTC 强度测试

先测定样品在 20 ℃时的电阻值 R_{20}，然后将同一样品放入强制循环热风干燥箱（精度为±2 ℃）中升温，设定升温速度为(0.5～1)℃/min，到达设定温度值并恒定 10 min 后，测定该对应温度时的电阻值。如此方式，直至测得样品的峰值电阻 R_{max}（样品接近熔融相变温度时的电阻），并计算 PTC 强度。

6.24 功率—温度特性的测试

将样品放入强制循环热风干燥箱（精度±2 ℃）中。设定升温速度为(0.5～1)℃/min，达到设定温度值并恒定 10 min 后，测定该对应温度的功率值，绘制功率—温度特性曲线图。

6.25 覆盖安全性的试验

按 6.5 所示的测试槽和试验方法进行样品放置和测温点布置，用面积为 1 050 mm×1 100 mm、厚度不小于 30 mm（允许多层叠加）、导热系数≤0.04 W/(m·K)的柔性覆盖物对样品完全覆盖，按 5.24 要求通电直至建立稳定状态，并保持 8 h，观察发热过程情况并记录所达到的最高温度。试验结束后再进行 6.2、6.4、6.5、6.10 的试验。

7 检验规则

7.1 一般规则

产品的检验分为出厂检验和型式检验。

在出厂检验和型式检验中，凡涉及表 1 中不合格类别栏中标示为“A”的检验，所检项目均应符合本标准要求，如出现一项不符合本标准的要求时，则判该批产品不合格。

7.2 出厂检验

7.2.1 出厂检验即产品交货时需要进行的试验。自限温电热片经出厂检验合格后方能出厂。出厂检验项目、技术要求和试验方法等如表 1 所示。
7.2.2 产品交货时，订货方如对产品质量有疑问，有权要求在型式检验项目内增加出厂检验项目，此时采用 GB/T 2828.1 抽样，抽样方案和增加的试验项目由订货方和厂方共同商定。
7.2.3 若订货方和厂方在选择出厂检验抽样方案类型时发生争议，则按本条规定即采用 GB/T 2828.1

的正常检查二次抽样方案，判别水平Ⅰ，合格质量水平(AQL)为：对B类不合格，AQL=4；C类不合格，AQL=6.5。

7.3 型式检验

7.3.1 型式检验应在下列情况之一时进行：

a) 新产品试制定型时；

b) 老产品转厂生产时；

c) 正式投产后，如设计、材料、工艺、结构有重大改变时；

d) 长期停产后，又再次恢复生产时；

e) 成批或大量生产的产品应定期抽查，每年至少进行一次型式检验；

f) 国家质量监督机构提出型式检验要求时；

g) 出厂检验结果与上次型式检验结果有较大差异时。

7.3.2 型式检验的检验项目、技术要求和试验方法等按表1的规定。

7.3.3 对于7.3.1中a)、b)、c)、d)四种情况下的型式检验，样本数不少于4件。在型式检验中，如有任何一件样品不符合本标准中任一条要求，则从该批产品中抽取加倍数量的样品，进行不合格项目及与该项目试验结果有关项目条文要求的重复试验，重复试验合格，则判该批产品符合本标准要求；如重复试验仍有任何一件样品不符合任一条的要求时，则判该批产品不合格。

表1 检验项目表

序号	检验项目		技术要求	试验方法	不合格类别	检验类别	
						出厂检验	型式检验
1	外观		5.1	6.2	C	√	√
2	宽度偏差		5.2	6.3	C	√	√
3	标称功率偏差		5.3	6.4	B	√	√
4	工作温度		5.4	6.5	B		√
5	温度不均匀度		5.5	6.6	B		√
6	升温时间		5.6	6.7	B		√
7	过压温度		5.7	6.8	A		√
8	工作温度下的泄漏电流		5.8	6.9	A		√
9	工作温度下的电气强度		5.9	6.10	A	√	√
10	绝缘电阻		5.10	6.11	A	√	√
11	电—热辐射转换效率		5.11	6.12	B		√
12	工作寿命		5.12	6.13	B		√
13a	绝缘耐压性能	绝缘耐压性能(干)	5.13.1	6.14.1	A		√
13b		绝缘耐压性能(湿)	5.13.2	6.14.2	A		√
14	冷弯曲性能		5.14	6.15	B		√
15	冷折性能		5.15	6.16	B		√
16	刮划性能		5.16	6.17	B		√

表 1（续）

序号	检验项目	技术要求	试验方法	不合格类别	检验类别	
					出厂检验	型式检验
17	抗硬物压力性能	5.17	6.18	B		√
18	剥离强度	5.18	6.19	B		√
19	耐燃性能	5.19	6.20	A		√
20	耐低温性能	5.20	6.21	B		√
21	启动电流	5.21	6.22	B		√
22	PTC 强度	5.22	6.23	B		√
23	功率—温度特性	5.23	6.24	B		√
24	覆盖安全性	5.24	6.25	A		√
25	标志	8.1	目测	A	√	√

7.3.4 对于 7.3.1 中 e)、f)两种情况下的型式检验，其抽样采用 GB/T 2829 中的二次抽样，判别水平Ⅰ，样本大小、不合格质量水平及其判定见表 2。

表 2 抽样方案表

二次抽样	样本大小	不合格质量水平	
		B 类不合格 RQL=50	C 类不合格 RQL=65
第一样本	$n_1=4$	$Ac_1=0$，$Re_1=3$	$Ac_1=1$，$Re_1=3$
第二样本	$n_2=4$	$Ac_2=3$，$Re_2=4$	$Ac_2=4$，$Re_2=5$

7.3.5 对于 7.3.1 中 g)种情况下的型式检验，可参照 7.3.4，采用 GB/T 2829 中的二次抽样，样本数为 4 件。可针对有差异的项目及与该项目试验结果有关项目条文要求进行重复试验，重复试验合格，则判该批产品符合本标准要求；如重复试验时仍有任何一件样品不符合任一条的要求时，则判该批产品不合格。

8 标志、包装、运输及贮存

8.1 标志

产品上的标志应至少每 0.5 m 标注一次，或在可能切割形成加热单元的每一段上标注。

产品标志应包括下列内容：

——产品名称、型号、规格；

——额定电压或额定电压范围，单位为伏特(V)；

——标称功率，单位为瓦每米(W/m)；

——出厂年月或编号。

8.2 包装、使用说明书

8.2.1 经检验合格的产品在包装时，应有可靠的防潮措施，要附带出厂检验合格证、使用说明书、保修卡及生产厂家的联系方式等。包装箱外的标志应符合 GB/T 191—2008 的规定，包装箱应牢固可靠，能确保在运输过程中不会因运输而导致损坏。

8.2.2 使用说明书应包括下列内容：

——产品概述；

——主要技术性能参数；

——使用方法的有关事项；

——安装方法的有关事项；

——故障维修联络的相关事项；

——安全注意事项。

8.3 运输

8.3.1 运输过程中应防止剧烈振动、挤压，应采取防雨雪、防晒等措施，避免化学物品的侵蚀。

8.3.2 搬运必须轻拿轻放，堆放整齐、严禁抛掷。

8.4 贮存

8.4.1 成品贮存在干燥通风、周围无腐蚀性气体、相对湿度不大于85%的仓库中。严禁重压，严禁露天存放。

8.4.2 自限温地热片应按型号分类存放，堆码的高度不应大于包装箱上标明的堆码高度。

ICS 67.050
X 00

中华人民共和国国家标准

GB/T 29471—2012

食品安全检测移动实验室通用技术规范

General technical specification for mobile laboratory of food safety inspection

2012-12-31 发布　　2013-07-31 实施

中华人民共和国国家质量监督检验检疫总局
中国国家标准化管理委员会
发布

前　言

本标准按照 GB/T 1.1—2009 给出的规则起草。

本标准由全国移动实验室标准化技术委员会(SAC/TC 509)提出并归口。

本标准起草单位:南京南汽专用车有限公司、沈阳产品质量监督检验研究院、江苏省疾病预防控制中心、南京市计量监督检测院、南京市产品质量监督检验院、南京农业大学、南汽集团汽车工程研究院、江西江铃汽车集团改装车有限公司、辽宁陆平机器股份有限公司。

本标准主要起草人:袁学军、温晋英、张明、周长民、张凤清、杨春晖、朱宝立、马永建、吴凤祥、杨军、胡文彦、郁志芳、黄桂意、饶良星、郭江、徐忠淦、汪红辉。

食品安全检测移动实验室通用技术规范

1 范围

本标准规定了食品安全检测移动实验室的分类与代号、要求、试验方法、检验规则、标志、包装、运输及贮存等。

本标准适用于陆地使用的可进行食品安全检测的移动实验室。

2 规范性引用文件

下列文件对于本文件的应用是必不可少的。凡是注日期的引用文件，仅注日期的版本适用于本文件。凡是不注日期的引用文件，其最新版本(包括所有的修改单)适用于本文件。

GB 1589 道路车辆外廓尺寸、轴荷及质量限值

GB/T 2423.5 电工电子产品环境试验 第2部分:试验方法 试验Ea和导则:冲击

GB/T 2423.56 电工电子产品环境试验 第2部分:试验方法 试验Fh:宽带随机振动(数字控制)和导则

GB/T 2819 移动电站通用技术条件

GB 7258 机动车运行安全技术条件

GB 8978—1996 污水综合排放标准

GB/T 12673 汽车主要尺寸测量方法

GB/T 12674 汽车质量(重量)参数测定方法

GB/T 14172 汽车静侧翻稳定性台架试验方法

GB 16297 大气污染物综合排放标准

GB/T 17275 货运全挂车通用技术条件

GB/T 18268.1 测量、控制和实验室用的电设备 电磁兼容性要求 第1部分:通用要求

GB/T 18655 车辆、船和内燃机 无线电骚扰特性 用于保护车载接收机的限值和测量方法

GB 19489 实验室 生物安全通用要求

GB/T 23336 半挂车通用技术条件

GB/T 27403 实验室质量控制规范 食品分子生物学检测

GB/T 27404 实验室质量控制规范 食品理化检测

GB/T 27405 实验室质量控制规范 食品微生物检测

GB/T 27406 实验室质量控制规范 食品毒理学检测

GB/T 29473—2012 移动实验室分类、代号及标记

GB/T 29474 移动实验室内部装饰材料通用规范

GB/T 29477 移动实验室实验舱通用技术规范

GB/T 29478 移动实验室有害废物管理规范

GB/T 29479 移动实验室通用要求

GB 50346 生物安全实验室建筑技术规范

GJB 870 军用电子设备方舱通用规范

GJB 2093 军用方舱通用试验方法

QC/T 476 客车防雨密封性限值及试验方法

QC/T 484—1999 汽车 油漆涂层

3 术语和定义

GB/T 29479、GB/T 29473—2012 界定的以及下列术语和定义适用于本文件。为了便于使用，以下重复列出了 GB/T 29473—2012 中的某些术语和定义。

3.1

自行式 self-propelled

自带动力并依靠自身的运行机构移动的方式。

[GB/T 29473—2012，定义 3.1]

3.2

拖挂式 trailer

无动力系统具备行走机构依靠其他动力牵引移动的方式。

[GB/T 29473—2012，定义 3.2]

3.3

方舱式 shelter

具有方舱特征的结构形式。

[GB/T 29473—2012，定义 3.3]

4 分类和代号

4.1 按运载方式划分

分为自行式、拖挂式、方舱式。

4.2 按检测功能划分

分为理化检测移动实验室、生物检测移动实验室、综合分析检测移动实验室。

4.3 代号

食品安全检测移动实验室代号按 GB/T 29473—2012 的 5.1 执行。

5 要求

5.1 基本要求

5.1.1 食品安全检测移动实验室在下列外部环境条件下应能正常工作：

——环境温度：−40 ℃～45 ℃；

——空气相对湿度：95%以下；

——海拔高度：5 000 m 以下；

——三级及其以上公路。

5.1.2 食品安全检测移动实验室的外廓尺寸及质量限值应符合 GB 1589 的规定。

5.1.3 食品安全检测移动实验室在路面附着系数不小于 0.7 时，应能稳定停放在 12%的坡道上。

5.1.4 食品安全检测移动实验室的侧倾稳定角应不小于30°。

5.1.5 食品安全检测移动实验室的防雨密封性限值应不小于94分,分值计算按QC/T 476的规定。

5.1.6 食品安全检测移动实验室宜设置踏步,方便人员进出。在承受1.8 kN垂直向下静载荷时,应无塑性变形或损坏,应满足GJB 2093的规定。

5.1.7 食品安全检测移动实验室宜在非移动状态时进行实验。

5.2 载具

5.2.1 一般要求

载具应选用具有生产资质、国家许可的生产商生产的车辆、底盘或方舱。根据检测要求,可在载具上设置调平机构来满足检测条件。

5.2.2 自行式载具要求

5.2.2.1 安全性能应符合GB 7258的有关规定。

5.2.2.2 应具备足够的动力,比功率应大于等于5.0 kW/t。

注:比功率为发动机最大净功率(或0.9倍发动机额定功率或0.9倍发动机标定功率)与食品安全检测移动实验室最大允许总质量比。

5.2.2.3 零部件无线电骚扰特性应符合GB/T 18655的规定。

5.2.3 拖挂式载具要求

5.2.3.1 拖挂式载具安全性能除应符合GB 7258的有关规定外,半挂式还应符合GB/T 23336的规定,全挂式还应符合GB/T 17275的规定。

5.2.3.2 拖挂式载具轮距一般不应超过牵引车的轮距。

5.2.4 方舱式载具要求

方舱的结构应符合GJB 870的相关规定。根据空间布置需要,可以采用扩展舱结构,但应保证安全、可靠。

5.3 实验舱

5.3.1 一般要求

5.3.1.1 实验舱舱体设计、制造应符合GB/T 29477的有关要求,在满足移动特性的基础上,合理布局,突出可操作性、可维护性,满足人机工程学原理。

5.3.1.2 实验舱油漆涂层应喷涂均匀,不允许有裂纹、脱皮、分层、气泡、流痕和堆积等缺陷,应符合QC/T 484—1999的TQ1甲规定。

5.3.1.3 实验舱内装饰材料应平整光滑,不积尘、易清洁,气密性好,不渗透,耐腐蚀,振动不落尘,不破裂,地板耐磨、防滑、防渗漏、易清洗消毒,生物检测实验舱内装饰材料还应耐受紫外线照射。

5.3.1.4 生物检测实验舱应分为工作区和辅助工作区,应在实验室中自成隔离区或为独立的移动舱室,应有出入控制。工作区主要用于样品储存、制备及检验检测等任务,辅助工作区主要用于人员休息及数据处理等任务。

5.3.1.5 实验舱应设置安全逃生通道,门锁及门的开启方向应不妨碍室内人员逃生。

5.3.2 环境要求

5.3.2.1 实验舱应配置独立的温湿度调节系统,工作状态时温度宜控制在18 ℃~26 ℃范围内,相对湿度宜控制在30%～70%范围内。

5.3.2.2 实验舱噪声应不大于68 dB(A),不得影响工作人员身体健康。

5.3.2.3 实验舱采用普通照明光源,光源色彩不应对检测结果有干扰,工作区的照度应不低于350 lx,辅助工作区不低于200 lx,同时应设应急照明装置,照度值应不低于15 lx且维持30 min以上。

5.3.2.4 实验舱宜具备良好的电磁屏蔽性能,应避免强磁场干扰,保证检测、数据处理和通讯等设备正常工作。

5.3.2.5 在生物检测移动实验室实验舱中,按照生物安全级别对气压条件要求的不同,应符合GB 19489和GB 50346的相关规定。

5.3.3 设施要求

5.3.3.1 实验舱工作区应配置紧急处理装置,如烟雾自动报警器、洗眼器、灭火器材和防护用具等。

5.3.3.2 实验舱应设置有明确标识的专用容器,用于收纳废液、废物等有毒有害的废弃物。废弃物排放应符合GB/T 29478的有关规定。

5.3.3.3 实验舱应安装独立的送排风系统,应具有调节风速和风量的功能,系统应牢固、不漏气、防锈、耐压、耐温、耐腐蚀,并确保气体排放达到GB 16297有关规定和要求。

5.3.3.4 实验舱应安装上下水管道系统,应具有调节流速和流量的功能,系统应牢固、不渗漏、防锈、耐压、耐温、耐腐蚀,下水应有防回流设计,排放的水质应达到GB 8978—1996标准中的二级标准。

5.3.3.5 实验舱电力供应应满足实验室的所有用电要求,并应有冗余。应有足够的固定电源插座,避免多台设备使用共同的电源插座。

5.3.3.6 实验舱在使用发电机组供电时,应有可靠的接地系统,其接地电阻不宜大于1 Ω,发电机应符合GB/T 2819的有关规定。实验室要配备有稳定和持续的电源,应在关键节点安装漏电保护装置或监测报警装置。

5.3.3.7 实验舱应设置有效的接地防雷装置,以保证人员、仪器设备和舱体在野外作业的安全。

5.3.3.8 实验舱如有供气(液)装置等,应安装牢固,输送管路应密闭无泄漏,管路流向易于清洗和检查。

5.4 仪器设备

5.4.1 为了满足基本检测条件,应在理化检测移动实验室配置通风橱,在生物检测移动实验室配置超净工作台,在操作病原微生物样本的移动实验室应配置生物安全柜及有妥善处理病原微生物的消杀设备。

5.4.2 根据检测实验室功能的不同可以配置不同的专用检测仪器设备,鼓励使用检测快速、用途广泛和体积较小的仪器设备。所用的仪器设备抗振性能至少应保证在频率范围10 Hz～200 Hz、加速度谱密度0.3 m^2/s^3的随机振动环境下正常工作和运输贮存,抗冲击性能应保证在峰值加速度50 m/s^2条件下正常工作。

5.4.3 实验舱内应有满足样品、药品临时存放的冷藏及冷冻设备,满足样品和药品分开存放的条件。

5.4.4 实验舱应配备GPS系统、行驶记录系统和数据处理系统,能够进行卫星定位、实时监测和数据远程接收和传输,能将现场检测的数据汇总分析,出具检验报告。

5.4.5 实验舱内设备、器具与载具的安装连接应牢固、可靠,根据设备性能要求增加减振措施。

5.5 质量控制

为保证检测质量,仪器设备使用前应按规定进行核查和(或)校准,各功能检测可参照GB/T 27403、GB/T 27404、GB/T 27405、GB/T 27406的有关要求执行。

6 试验方法

6.1 基本要求

6.1.1 按 GB/T 12673 规定的试验方法检验外廓尺寸，按 GB/T 12674 规定的试验方法检验质量参数。

6.1.2 按 GB 7258 规定的试验方法检验驻坡性能。

6.1.3 按 GB/T 14172 规定的试验方法检验侧倾稳定性。

6.1.4 按 QC/T 476 规定的试验方法检验防雨密封性。

6.1.5 按 GJB 2093 规定的试验方法检验踏步。

6.1.6 实验前，目测检查食品安全检测移动实验室是否处于移动状态。

6.2 载具

6.2.1 一般要求

应按 5.2.1 的要求提供试验载具。

6.2.2 自行式载具

6.2.2.1 按 GB 7258 规定的试验方法检验自行式载具的安全性能。

6.2.2.2 按 GB 7258 规定的计算方法计算比功率。

6.2.2.3 按 GB/T 18655 规定的试验方法检验无线电骚扰特性。

6.2.3 拖挂式载具

6.2.3.1 按 GB 7258 规定的试验方法检验拖挂式载具的安全性能。还应按 GB/T 23336 规定的试验方法检验半挂式载具性能，按 GB/T 17275 规定的试验方法检验全挂式载具性能。

6.2.3.2 使用卷尺测量拖挂式载具轮距。

6.2.4 方舱式载具

按 GJB 870 规定的试验方法检验方舱式载具。

6.3 实验舱

6.3.1 一般要求

6.3.1.1 目测检查实验舱的布局。

6.3.1.2 按 QC/T 484—1999 规定的试验方法检查油漆涂层。

6.3.1.3 按 GB/T 29474 规定的试验方法检查实验舱内饰。

6.3.1.4 目测检查实验舱分区。

6.3.1.5 目测检查并体验人员逃生通道。

6.3.2 环境要求

6.3.2.1 开启温湿度调节系统，用温度计、湿度计分别测量实验舱内温度和湿度值。

6.3.2.2 使用声级计测量人员操作活动空间的噪声。

6.3.2.3 使用照度计测量工作区和辅助工作区的光照度。

6.3.2.4 按 GJB 2093 规定的试验方法检验电磁屏蔽性。

6.3.2.5 使用气压计检查实验舱内气压。

6.3.3 设施要求

6.3.3.1 目测检查实验舱内的应急处理装置。

6.3.3.2 目测检查实验舱内的废弃物处理装置。

6.3.3.3 目测检查实验舱的送排风系统。

6.3.3.4 目测检查实验舱的上下水管道系统，水质按 GB 8978—1996 检测。

6.3.3.5 计算用电量应有冗余，目测检查插座使用情况。

6.3.3.6 目测检查是否安装了用电接地装置，并用 500 V 兆欧表测量各电气回路对地及各回路间的绝缘电阻。

6.3.3.7 目测检查是否有接地防雷装置。

6.3.3.8 目测检查供气(液)情况，加压后用泡沫检查管路是否泄漏。

6.4 仪器设备

6.4.1 目测检查各类实验室仪器设备配置。

6.4.2 按 GB/T 2423.56 规定的方法对仪器设备进行随机振动试验，按 GB/T 2423.5 规定的方法对仪器设备进行冲击试验。

6.4.3 目测检查实验室样品、药品存放器具。

6.4.4 目测检查通讯设备、数据处理设备的配置并实际运行操作试验。

6.4.5 目测检查各仪器设备的固定连接。

6.5 质量控制

食品安全各功能检测方法分别按 GB/T 27403、GB/T 27404、GB/T 27405、GB/T 27406 进行。

7 检验规则

7.1 型式检验

7.1.1 凡属下列情况之一者，应进行型式检验：

a) 新产品定型时；

b) 停产半年以上，恢复生产时；

c) 正常生产后，结构、材料、工艺有较大更改时；

d) 正常生产后，企业质量部有相关规定时；

e) 出厂检验结果与上次型式检验有重大差异时；

f) 国家质量监督部门提出进行型式检验要求时。

7.1.2 型式检验时，应按第 5 章的内容要求进行检验。

7.2 出厂检验

7.2.1 食品安全检测移动实验室出厂应经制造商质量检验部门检验合格，并签发合格证后方可入库、出厂。

7.2.2 出厂检验项目为：

a) 移动实验室外观检查；

b) 仪器设备装配质量检查；

c) 检测设备调试；

d) 设施齐全性检查、功能性检验；

e) 实验室移动状态时异响检查；

f) 密封性检查。

7.3 判定规则

7.3.1 型式检验应至少抽取1台食品安全检测移动实验室，按第5章相关要求进行检验，只要有一项不合格，即判定该产品不合格。

7.3.2 出厂检验中，每台产品应按7.2.2进行检查，如有不合格项，应重新修整、调试，直至合格。

8 标志、包装、运输及贮存

8.1 标志

食品安全检测移动实验室标记及铭牌应符合GB/T 29473—2012的5.3规定。

8.2 包装

食品安全检测移动实验室包装前应加以清理，内部不得残留异物，锁闭门窗。包装材料应牢固可靠。经供需双方商定，可简易包装或免除包装。

8.3 运输

产品在运输时应以自行或拖曳方式上下车(船)，若必须用吊装方式装卸时，需用专用吊具装卸，避免损伤产品。

8.4 贮存

食品安全检测移动实验室停放的环境要求应与说明书中仪器设备规定的要求相适应。长期停放的产品，应将冷却液及燃油放尽，电源断开，门窗封闭，放置于干燥、通风、防蚀的场所，并按产品使用说明书的规定进行定期保养。

ICS 19.020
A 20

GB

中华人民共和国国家标准

GB/T 29472—2012

移动实验室安全管理规范

Safety management specification for mobile laboratory

2012-12-31 发布　　2013-07-31 实施

中华人民共和国国家质量监督检验检疫总局
中国国家标准化管理委员会　发布

前　言

本标准根据 GB/T 1.1—2009 规则起草。

本标准由全国移动实验室标准化技术委员会(SAC/TC 509)提出并归口。

本标准起草单位:沈阳标准化研究院、沈阳产品质量监督检验研究院。

本标准起草人:于占华、刘阳、丁春辉、李丹、王磊、侯德鹏、石铁炼、王昊光、吕娜、钟鑫。

移动实验室安全管理规范

1 范围

本标准规定了移动实验室的一般安全管理要求及其在人员、载具、实验舱、环境等方面的特殊安全管理要求。

本标准适用于在陆地上使用的移动实验室安全管理。

2 规范性引用文件

下列文件对于本文件的应用是必不可少的。凡是注日期的引用文件，仅注日期的版本适用于本文件。凡是不注日期的引用文件，其最新版本(包括所有的修改单)适用于本文件。

GB 3836.1—2010 爆炸性环境 第1部分:设备 通用要求

GB 4793.1—2007 测量、控制和实验室用电气设备的安全要求 第1部分:通用要求

GB 7258—2012 机动车运行安全技术条件

GB/T 29478—2012 移动实验室有害废物管理规范

GB/T 29479—2012 移动实验室通用要求

GB 50089—2007 民用爆炸器材工程设计安全规范

3 术语和定义

GB/T 29479—2012 界定的以及下列术语和定义适用于本文件。为了便于使用，以下重复列出了GB/T 29479—2012 中的某些术语和定义。

3.1

移动实验室 mobile laboratory

满足特定目的和要求，由成套装置组成的，在可移动的设施和环境中进行检测、校准或科学实验等活动的实验室。

[GB/T 29479—2012，定义 3.1]

3.2

移动实验舱 mobile laboratory shelter

用于承载移动实验室实验人员、检测设备、校准设备及相关专业设施的舱体，能为正常开展检测、校准或科学实验等活动提供适宜的作业环境。

[GB/T 29479—2012，定义 3.3]

3.3

载具 carrier

用于承载和(或)运送移动实验舱及相关装置的工具。

[GB/T 29479—2012，定义 3.4]

4 一般安全管理要求

4.1 移动实验室应制定详细的、可操作的安全管理制度及操作规程，应有供现场工作人员快速使用的

安全手册，安全手册做到简明、易懂、易读，实验室责任人应定期对手册评审和更新。

4.2 移动实验室所在机构应设立安全管理委员会，负责咨询、指导、评估、监督移动实验室的安全相关事宜，移动实验室负责人应是该安全管理委员会的重要成员之一。

4.3 应根据需要做好移动实验室密封或通风，保持实验室的清洁、整齐、安静，设备固定可靠。

4.4 移动实验室责任人应定期对实验室进行系统性的安全检查，对关键控制点可适当增加检查频率。

4.5 移动实验室内装饰材料应符合一、二级耐火等级，防火间距应符合相应要求，涉及爆炸品检测的移动实验室应符合 GB 50089—2007 中 6.0.9，第 7 章和 8.5 的有关规定。移动实验室应设计紧急出口，紧急出口应有明确的标识。

4.6 应在适当的位置加贴明显的危险标识，对可能产生静电、辐射的部位、装置应有明确标记和警示，对其可能造成的危害应有妥善的防护措施。

4.7 移动实验室应有门禁系统，应保证只有获得授权的人员才能进入实验室，宜设置监视和报警系统，需要时，对实验室核心工作区设置紧急报警。

4.8 应根据可能出现的实验室事故，制定移动实验室事故应急处理程序或预案，如放射性、有毒、有害气体及腐蚀性物质泄漏；检出的有毒有害物质、样品的处理等。

4.9 应安装烟雾报警器，配备车载式灭火器，以保证车内人员及设备安全。

4.10 应根据不同移动实验室的工作类型，按照国家安全防范标准，做好声、光、电、磁、微波、射线、气体等设备的管理，严格执行操作规范，防止各种意外泄露。

4.11 对于具有特殊用途的移动实验室，应具备相应的安全措施。有易燃易爆蒸汽和气体散逸的移动实验室，电气设备应符合防爆要求。测量、控制和实验室用电器设备的安全在一定环境条件下应符合 GB 4793.1—2007 标准中关于电气设备试验、标志文件、防电击、防冲撞、防辐射等相关章节的要求，爆炸性气体环境用电气设备应符合 GB 3836.1—2010 中第 6 章的设备安全相关规定。

4.12 涉及爆炸物、易燃液体、易燃气体等易燃易爆物质的仪器设备、操作台等应采取接地、惰性气体保护、安装人体静电导除装置等防静电措施。

4.13 移动实验室有害废物安全管理应符合 GB/T 29478 的有关要求。

5 人员安全管理要求

5.1 应对工作人员进行上岗前的安全教育，并每年进行安全防护知识培训。工作人员应自觉遵守移动实验室的管理规定以及各自的工作职责。

5.2 应制定工作人员工作规程，使用仪器设备尤其是大型贵重仪器设备的人员应经过培训，并定期进行评价考核，考核合格后方可上岗。

5.3 应根据可能出现的火灾类型配备合适的灭火器材，实验人员应熟悉各类型灭火器材，并定期组织相关人员进行演练。

5.4 应注意工作人员个人防护装备的使用，并定期检查、维护、更新，确保不降低其设计性能。

5.5 应定期对移动实验室进行维护，维护人员应是具有相关资质的工程人员。

5.6 设立危险品管理人员，建立相关危险品的管理程序和取用记录，并做好危险品存储的安全总量控制。

5.7 移动实验室工作人员应能方便地获得这些试剂的安全数据单，并熟悉每种试剂的特征。

5.8 在使用试剂前，试验人员应熟悉该试剂的安全使用规则，废弃处理原则以及意外情况发生后正确的处理措施等。使用有腐蚀性、毒性、易燃和不稳定的试剂之前，应符合移动实验室相应的管理规定。

5.9 所有与放射性试剂相关的人员都应接受放射性技术、放射性保护方面的指导和培训，遵守放射性试剂操作程序。

5.10 必要时，移动实验室应任命至少一名放射性物质保护员或监督员，负责放射性物质的保护规划和日常监督工作,保证良好的放射性物质使用行为。移动实验室应明确规定保护员或监督员的任务、作用和责任。

5.11 移动实验室应有严格的用电管理制度并认真落实,对进实验室工作的实验技术及其他人员进行用电处理技能培训,应经常进行安全用电教育。

5.12 应根据不同类型的移动实验室贮存要求,对移动实验室采取相应的措施进行存放。

6 载具安全管理要求

6.1 以机动车为载具的实验室载具应选用具有国家资质认定的特种专用型汽车底盘或平台作为专用型底盘运载基础。

6.2 移动实验室载具安全应符合GB 7258—2012的要求。载具应由具备专业资质的专门人员驾驶,载具移动中应符合国家机动车行驶的相关规定。

6.3 移动实验室作业前,应对移动实验室载具进行系统安全检查,确保载具无漏水、漏气、漏油等移动安全隐患。注意载具底盘的管路、线缆的连接以及实验舱的固定,门、窗的锁定。

6.4 移动实验室作业中,应保持载具稳定,不影响设备的正常使用,确保实验的基本环境要求。

6.5 移动实验室作业后,应先对实验室载具进行常规安全检查,再将载具置于安全区域存放并填写载具安全使用记录。

6.6 移动实验室在长期存放期间,应使排放口低于水路系统,防止管路积水结冰,防止异物堵塞管路;应将重要设备移出移动实验室,存放在安全的环境中;载具的燃油应保持最低储存量,定期对载具进行保养,其轮胎应进行卸荷等。

7 仪器设备安全管理要求

7.1 应具备仪器设备管理程序,包括设备完好性监控指标、使用前核查、安全操作、使用限制、禁止事项、定期校准或检定,定期维护、运行过程中的安全处置、存放等。

7.2 在仪器柜与地板之间应采用减振器减振,仪器柜内铺设橡胶垫板,部分仪器柜根据需要加铺硬质海绵发泡减振垫,每个仪器柜、储存柜内均配固定拉带。针对高、重车载设备应在设备背部有固定安装点,防止行车紧急制动造成设备侧倾剪断底部螺栓。

7.3 仪器设备发生故障应及时组织修复,并做好维修记录。大型贵重仪器设备的维修应依靠生产厂家及专业维修公司。

7.4 应采取有效措施对大型贵重仪器设备的停水、停电进行保护,防止因电压波动或突然停电、停水造成仪器设备损坏。

7.5 实验室移动前,应对仪器设备进行常规检查,并进行固定;实验室移动后,应再次进行常规检查,确保仪器设备满足实验要求。

7.6 在高温或低温环境下,应做好对贮存运输使用的仪器设备安全防护措施,确保仪器设备能正常使用。

7.7 仪器设备安全工作应责任到人,仪器设备的管理人员应是该仪器设备的安全负责人。仪器设备在使用过程中应有人管理,管理人员应经常进行安全检查,发现问题应向主管领导报告并及时解决。

7.8 应制定在发生事故或溢洒(包括生物、化学或放射性危险材料)时,对仪器设备去污染、清洁和消毒灭菌的专用方案。

8 动力电安全管理要求

8.1 移动实验室内的用电线路和配电盘、板、箱、柜等装置及线路系统中的各种开关、插座、插头等均应保持完好可用状态。移动实验室内不应有裸露的电线头;电源开关箱内,不准堆放物品。熔断装置所用的熔丝必须与线路允许的容量相匹配,严禁用其他导线替代。室内照明器具都应保持稳固可用状态。

8.2 移动实验室内所用的高压、高频设备应定期检修,要有可靠的防护措施。用电设备要有防雷装置,凡设备本身要求安全接地的,必须接地。对已有电气装置进行自动控制的设备,在使用前必须经相关实验验收合格后方可使用。自行设计、制作的设备或装置,其中的电气线路部分,也应请专业人员查验无误后再投入使用。

8.3 应采用多套供电系统,并具有快速转换系统。

8.4 供电系统采用集中控制的配电箱,具有稳压、短路、过载、漏电报警等保护功能。

8.5 应配铜质接地钎,配接地电缆,满足实验室对接地电阻的基本需求。

8.6 移动作业前后,应对实验室的电源输入、供电分配及用电终端等供电系统进行常规检查,保证供电系统满足实验要求。

9 实验舱安全管理要求

9.1 实验舱的环境条件应满足检验规范、方法程序、仪器设备和样品处理、制备的需要及检测人员健康安全和工作舒适度的需要。

9.2 实验舱应布局合理,便于工作,周围环境和测试项目间不产生干扰和交叉污染,应配备漏电保护装置及接地装置。

9.3 对温度、湿度有严格要求的测试场所必须配置相应设施及监控设备,并对测试时的环境条件进行记录。

9.4 电磁干扰、噪声或振动等环境因素对检测工作有影响时,应采取专门的监控措施,并记录有关的实测参数;对有振动要求和易产生较大振动的检测项目,应有隔振防振措施。

9.5 精密仪器不应与化学分析仪器混放,以避免仪器受潮以及酸碱等化学品腐蚀。

9.6 实验舱的实验区域与办公区域适当分开,并对进入和使用可能影响工作质量的区域进行限制和控制。实验区域台面采用耐磨、防划、耐酸碱的实心理化板,台面下部根据需要制作仪器柜或抽屉。仪器柜配备特殊锁扣,防止行进中打开。

9.7 应对实验舱所产生的废水、废气及其他物质采取收集和处理措施,收集和处理过程应符合GB/T 29478的有关要求。

9.8 实验舱应划出待检区、在检区、检毕区、留样区等不同区域,特殊区域要有明显标识。

10 环境安全管理要求

10.1 移动实验室部署前,应先对移动路线及实验区域环境进行安全评估,并对评估结果采用相应的安全措施。

10.2 移动实验室对于高温、低温、风沙、雷雨、电磁干扰、强噪声等极端作业环境,应具备突发环境应急防护措施。

参 考 文 献

[1] GB 19489—2008 实验室 生物安全通用要求
[2] GB 15603—1995 常用化学危险品贮存通则
[3] GB/T 22278—2008 良好实验室规范原则
[4] 车礼东.良好实验室规范(GLP)国家标准理解与应用.北京:中国标准出版社,2009.
[5] 庞俊兰.现代生物技术实验室安全与管理.北京:科学出版社.
[6] 孙大伟.生物安全实验室认可与管理基础知识.北京:中国质检出版社,2002.

ICS 01.080.20
A 24

中华人民共和国国家标准

GB/T 29473—2012

移动实验室分类、代号及标记

Classification, code and marking of mobile laboratory

2012-12-31 发布　　2013-07-31 实施

中华人民共和国国家质量监督检验检疫总局
中国国家标准化管理委员会 发布

前　言

本标准按照 GB/T 1.1—2009 给出的规则起草。

本标准由全国移动实验室标准化技术委员会(SAC/TC 509)提出并归口。

本标准起草单位:沈阳产品质量监督检验研究院。

本标准主要起草人:陈卓、苏锡辉、王佳玲、和家兴、李华锋、赵卉、那宏坤。

移动实验室分类、代号及标记

1 范围

本标准规定了移动实验室术语、定义、分类、代号和标记。

本标准适用于陆地上使用的移动实验室。

2 规范性引用文件

下列文件对于本文件的应用是必不可少的。凡是注日期的引用文件，仅注日期的版本适用于本文件。凡是不注日期的引用文件，其最新版本(包括所有的修改单)适用于本文件。

GB/T 13306 标牌

GB/T 29479 移动实验室通用要求

3 术语和定义

GB/T 29479 界定的以及下列术语和定义适用于本文件。

3.1

自行式 self-propelled

自带动力并依靠自身的运行机构沿有轨或无轨通道移动的方式。

3.2

拖挂式 trailer

无动力系统具备行走机构依靠其他动力牵引移动的方式。

3.3

方舱式 shelter

具有方舱特征的结构形式。

4 移动实验室分类及命名

4.1 移动实验室分类

移动实验室类别按照功能分为物理移动实验室、化学移动实验室、生物移动实验室和综合移动实验室四类。

注：综合移动实验室为能够满足两种以上实验要求，或具有其他特殊功能的移动实验室。

4.2 移动实验室命名

移动实验室按运载方式和功能类别进行命名。如，自行式物理移动实验室、拖挂式生物移动实验室、方舱式综合移动实验室。

5 移动实验室代号及标记

5.1 移动实验室代号

移动实验室代号由移动实验室的中文“移”和“实”拼音首字母 YS、移动实验室功能类别代号、型号、

运载方式代号和产品顺序号(产品顺序号从0000～9999,由企业自行安排顺序编制)五部分组成,其排列顺序如下:

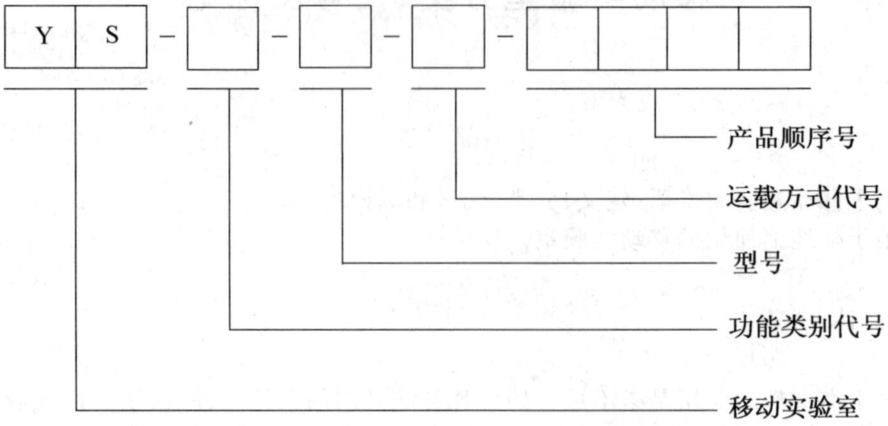

5.1.1 移动实验室功能类别代号

移动实验室功能类别代号见表1。

表1 移动实验室功能类别代号

移动实验室功能类别	物理移动实验室	化学移动实验室	生物移动实验室	综合移动实验室
代号	Ⅰ	Ⅱ	Ⅲ	Ⅳ

5.1.2 移动实验室型号代号

移动实验室型号按照移动实验室内部实际使用面积分为小型、中型、大型、特殊四种,其代号见表2。

表2 移动实验室型号代号

移动实验室型号	代号	移动实验室可用面积/m^2
小型	A	面积≤8
中型	B	8<面积<16
大型	C	面积≥16
特殊	D	特殊定制并符合国家相关规定

5.1.3 移动实验室运载方式代号

移动实验室运载方式分为自行式、拖挂式、方舱式三种,其代号为运载名称第一个汉字汉语拼音首字母,具体见表3。

表3 移动实验室运载方式代号

移动实验室运载方式	自行式	拖挂式	方舱式
代号	Z	T	F

5.2 移动实验室代号示例

移动实验室代号示例见表 4。

表 4 移动实验室代号示例

小型自行式物理移动实验室产品编号 0003	YS-Ⅰ-A-Z-0003
中型拖挂式化学移动实验室产品编号 0204	YS-Ⅱ-B-T-0204
大型方舱式综合移动实验室产品编号 0068	YS-Ⅳ-C-F-0068

5.3 移动实验室标记

5.3.1 移动实验室吊装标记

移动实验室产品在运输时应以自行或拖曳方式上下车(船),若必须用吊装方式装卸时,需在移动实验室外壁某些部位设置吊装标记,该标记为执行性图形或符号,并使用专用吊具装卸,避免损伤产品。

5.3.2 移动实验室铭牌

移动实验室铭牌型式应符合 GB/T 13306 的规定,铭牌应包括下列内容:

a) 移动实验室名称;

b) 移动实验室代号;

c) 移动实验室工作面积;

d) 出厂编号;

e) 整备质量;

f) 出厂日期;

g) 外形尺寸(长×宽×高);

h) 制造单位。

ICS 91.100
Q 18

中华人民共和国国家标准

GB/T 29474—2012

移动实验室内部装饰材料通用技术规范

General technical specification for the interior decoration material of mobile laboratory

2012-12-31 发布 2013-07-31 实施

中华人民共和国国家质量监督检验检疫总局
中国国家标准化管理委员会 发布

前　言

本标准按照 GB/T 1.1—2009 给出的规则起草。

本标准由全国移动实验室标准化技术委员会(SAC/TC 509)提出并归口。

本标准起草单位:辽宁鑫洋实验装备有限公司、沈阳产品质量监督检验研究院、丹东市疾病预防控制中心、辽阳市疾病预防控制中心、辽宁陆平机器股份有限责任公司、铁岭陆平专用汽车有限责任公司。

本标准主要起草人:胡颖、戴东、徐颖、杨坤、王树根、张欢、马玉强、赵太禄、朗宁、吴长伟、郭江。

移动实验室内部装饰材料通用技术规范

1 范围

本标准规定了移动实验室内部装饰材料的术语和定义、产品分类、技术要求和试验方法。

本标准适用于陆地使用移动实验室的内部装饰材料。

2 规范性引用文件

下列文件对于本文件的应用是必不可少的。凡是注日期的引用文件,仅注日期的版本适用于本文件。凡是不注日期的引用文件,其最新版本(包括所有的修改单)适用于本文件。

GB 6566—2010 建筑材料放射性核素限量

GB/T 11942 彩色建筑材料色度测量方法

GB 18581—2009 室内装饰装修材料 溶剂型木器涂料中有害物质限量

GB 18582—2008 室内装饰装修材料 内墙涂料中有害物质限量

GB 18585—2001 室内装饰装修材料 壁纸中有害物质限量

GB 18586—2001 室内装饰装修材料 聚氯乙烯卷材地板中有害物质限量

GB 19489—2008 实验室 生物安全通用要求

GB/T 22412 普通装饰用铝塑复合板

GB 50346—2004 生物安全实验室建筑技术规范

GJB 150.10A—2009 军用装备实验室环境试验方法 第10部分 霉菌试验

GJB 150.11A—2009 军用装备实验室环境试验方法 第11部分 盐雾试验

SJ/T 11294 防静电地坪涂料通用规范

3 术语和定义

下列术语和定义适用于本文件。

3.1

内装饰材料 interior decoration material

移动实验室内部装修棚板、壁板、地板所用装饰材料。

3.2

波纹 wave

装饰面波浪形的纹路或凹凸。

3.3

疵点 spot

装饰面涂层的局部缺陷。

3.4

鼓泡 bubble

使用非金属材料的装饰面、地板的局部凸起。

3.5

划痕　scratch

材料表面受到某种尖锐器物的刮擦而产生的线条状痕迹。

3.6

折痕　crease

材料由于过度弯曲后无法恢复原来平面状态而留下色痕迹。

4　产品分类

4.1　按移动实验室种类分类

按照不同移动实验室种类分为物理移动实验室用装饰材料、化学移动实验室用装饰材料、生物移动实验室用装饰材料和综合移动实验室用装饰材料四类。

4.2　按装饰部位分类

4.2.1　棚板

棚板指实验室内部场所顶棚部位，为内部工作区域的工作人员及实验设备、试验对象提供顶部保护空间和环境空间。其装饰可与移动实验室舱体顶壁同时完成，也可以单独装饰。

4.2.2　侧壁板

侧壁板指实验室内部场所墙壁部位，为内部工作区域的工作人员及实验设备、试验对象提供侧面保护空间、隔离空间、环境空间和设备固定支撑。其装饰可与移动实验室舱体侧壁同时完成，也可以单独装饰。

4.2.3　地板

地板指实验室内部场所地面部位，为内部工作区域的工作人员及实验设备、试验对象提供底部承载空间、设备固定空间以及人员活动空间。

4.3　按材料性质

4.3.1　金属材料

各类具备实验室内部装饰材料性能要求的金属或金属合金板材及型材。

4.3.2　非金属材料

各类具备实验室内部装饰材料性能要求的高分子板材、波音软片、壁纸、液体材料等材料。

4.3.3　复合材料

各类具备实验室内部装饰材料性能金属和非金属混合材料的板材及型材。

5　技术要求

5.1　规格

5.1.1　金属材料和复合材料的板材及型材应符合以下要求：

a) 材料尺寸符合技术图样；

b) 背部带胶层板材，胶层厚度为 0.055 mm±0.01 mm；

c) 板材平面度不大于 2 mm/m^2；对角线差不大于 2 mm/m^2。

5.1.2 壁纸、波音软片材料应符合以下要求：

a) 面纸厚度(不含胶层厚度)为 0.23 mm±0.01 mm；

b) 背纸厚度为 0.16 mm±0.01 mm；

c) 胶层厚度为 0.055 mm±0.01 mm；

d) 幅宽为 1.22 m；

e) 每卷长度为 50 m。

5.2 外观质量

5.2.1 一般要求

5.2.1.1 材料外观应整洁，表面光滑平整、无压痕、无凸凹不平、无划伤、无边缘卷起、无皱褶、无缺肉等现象，制造缺陷最大尺寸应小于 GB/T 22412 规定的上限。

5.2.1.2 正面带保护膜材料，保护膜粘贴平整无划伤，揭开无残留保护膜和胶痕；背部带胶层材料胶层涂布应均匀，薄厚一致，不得有缺漏处，背纸完整无划伤，揭开无残留背纸。

5.2.1.3 地板等部位采用的液体浇注材料应无色差，质地均匀，无油、水、异物；浇注固化后表面平整、光滑，颜色均匀，无气泡、气孔、异物、起层等缺陷。

5.2.2 特殊要求

移动实验室内装饰材料特殊要求见表 1。

表 1 移动实验室内装饰材料特殊要求

序号	实验室种类	材料共性要求	材料特性要求
1	物理实验室	各壁板装饰材料平整光滑，不积尘、易清洁，气密性好，不渗透；振动不落尘和破裂；地板耐磨、防滑、易清洗；装修完毕无死角	—
2	化学实验室		耐受常规化学试剂和消毒剂的清洗
3	生物实验室		耐受常规化学试剂和消毒剂的清洗、紫外线照射，甚至高温高压蒸汽试剂冲洗
4	综合实验室		根据需要确定不产生静电或积累静电，能够协助建立电磁防护空间以及耐受常规化学试剂和消毒剂的清洗等

5.3 色度

5.3.1 材料展开后，色度应均匀一致，无深浅色度不均现象。

5.3.2 材料安装或粘贴后，表面从任何方向观察，其色度应均匀一致，无深浅不均现象。

5.4 性能

5.4.1 尺寸稳定性(收缩性)

材料粘贴或安装后，测量切割材料的十字型垂直交叉线的最大缝宽，其宽度应不大于 1 mm。

5.4.2 粘合力

带背胶材料粘接后，材料之间的粘合力应不小于 1.0 kg/10 mm。

5.4.3 耐高温性

非金属材料应具有耐高温性能。经高温试验后,应满足下列指标的要求:

a) 不得有直径大于5 mm的气泡产生,每300 mm×300 mm范围内,直径小于5 mm的气泡不得超过3个;
b) 表面不变色;
c) 材料之间的粘合力应不小于1.0 kg/10 mm。

5.4.4 整舱耐高温性

材料装饰一台整舱。经高温试验后,应满足下列指标的要求:

a) 不得有直径大于5 mm的气泡产生,每300 mm×300 mm范围内,直径小于5 mm的气泡不得超过3个;
b) 表面不变色;
c) 不发生永久变形、开裂。

5.4.5 耐低温性

材料应具有耐低温性能。经低温试验后,应满足下列指标的要求:

a) 粘接材料处不脱层、不起泡,不开裂;浇注材料不龟裂、起层、鼓泡;
b) 表面不变色;
c) 材料间的粘合力应不小于1.0 kg/10 mm;
d) 不发生永久变形。

5.4.6 阻燃性

材料应遇明火不燃烧或明火撤去自熄。经燃烧火焰离去后,材料应在10 s内自熄。

5.4.7 耐污染性

地板与汽油、机油、柴油、润滑油接触24 h,应无明显化学、物理变化。墙面材料表面应具有耐污染性,与下列物质接触24 h后,材料表面不应留下永久的痕迹或发生变色:

a) 水;
b) 办公用墨水;
c) 中性洗涤剂;
d) 酒精;
e) 盐酸(10%);
f) 氢氧化钠(10%);
g) 盐水(1%)。

5.4.8 有害物质限量

材料有害物质限量:

a) 带涂料类材料:挥发性有机化合物(VOCs)含量≤200 g/L,游离甲醛含量≤0.1 g/kg;
b) 壁纸、波音软片类材料:游离甲醛释放量≤0.12 mg/m³;
c) 地板革:应符合GB 18581—2009的规定。

5.4.9 耐酸、碱性

材料在分别盐酸(10%)、氢氧化钠(10%)溶液浸泡24 h,材料表面不应留下永久的痕迹或发生变色。

5.4.10 吸水性

材料应具有不吸水特性，或者吸水后整体强度和形状不发生改变。

5.4.11 防静电性能

非金属地板材料可快速排泄静电电荷，表面电阻率达到 $10^5\sim10^9$ Ω，地面电阻排泄应符合 SJ/T 11294的要求。

5.4.12 抗菌防霉性能

材料应具有抑制细菌、霉菌等微生物营养体或繁殖体作用，霉菌的生产等级应为0～2级。

5.4.13 抗菌防霉耐久性能

材料经过洗刷后具有抗菌防霉性能，霉菌的生产等级应为0～2级。

5.4.14 抗盐雾性能

材料涂层或保护层在盐雾环境中具有有效保护性。试件在暴露时间为96 h的盐雾下，不允许有镀层脱落、腐蚀等影响使用功能及使用寿命的性能退化及变质。

5.4.15 硬度

非金属材料铅笔硬度≥1 H。

6 试验方法

6.1 规格

6.1.1 材料的总厚度、面纸厚度和背纸厚度使用螺旋测微计测量。测量带胶层产品厚度时，需先用无水乙醇反复擦拭以除去胶层，然后进行测量。胶层厚度由总厚度减去面纸和背纸厚度计算得出。

6.1.2 幅宽、长度使用直尺或卷尺检验。

6.1.3 每个项目至少测量10点，取平均值作为最终的数值。

6.2 外观质量

6.2.1 材料外观质量的检验目测测量应在自然光条件下进行(照度约为300 lx)。将材料展开侧立、与水平面夹角为70°±10°，距材料中心3 m处目测。对目测到的各种缺陷，使用精度为1 mm的直尺测量其最大尺寸。检查需两人进行，抽取和铺放试样者不参与检验。

6.2.2 整舱装饰后外观质量特殊要求应按照GB 19489—2008和GB 50346—2004的规定检验。

6.3 色度

用仪器测量色差，按GB/T 11942的方法进行。

6.4 性能

6.4.1 尺寸稳定性(材料收缩性)

在室温环境下，将尺寸为300 mm×300 mm的材料(波音软片需要粘贴在铝板上，液体地板材料浇注在铝板上)，并在室温下放置24 h。在材料的正中央划出一个十字型垂直交叉线，应划透材料表面。

然后将试样放置在高低温试验箱内，对试验箱进行升温，当试验箱内温度稳定在 70 ℃±2 ℃时，并持续 24 h，随后将温度降至室温。试验过程中，升降温度时的温度变化率不应大于 2 ℃/min。试验结束后，测量十字型垂直交叉线的最大缝宽。

6.4.2 粘合力

在室温环境下，将尺寸为 300 mm×300 mm 的带背胶材料粘贴在铝板上，并在室温下放置 24 h。将材料划成 10 mm 宽的若干条，应划透材料。然后将材料条的一端翘起固定在拉力计的钩上，以 200 mm/min的匀速做 180°剥离试验，并记录下拉力计的读数。至少测量 5 条，以其平均值作为最终的数值。

材料粘合力试验见图 1。

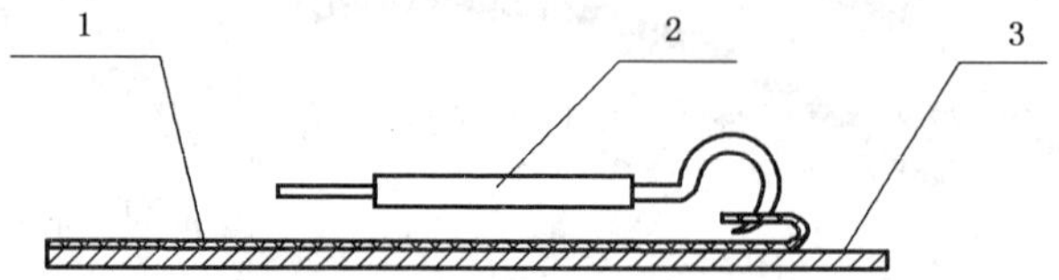

说明：
1——被检验材料；
2——拉力计；
3——铝板。

图 1 粘合力试验示意图

6.4.3 耐高温性

在室温环境温度下，将尺寸为 300 mm×300 mm 的材料(波音软片粘贴在铝板上，液体地板材料浇注在铝板上)，并在室温下放置 24 h，然后按照 6.4.1 的试验方法使样件在 70 ℃±2 ℃高温条件下持续 24 h，随后将温度降至室温。使用精度为 1 mm 的直尺测量材料产生气泡的直径，目测气泡数量，按照 6.3 的方法检测颜色变化，按照 6.4.2 的方法检测粘合力。

6.4.4 整舱耐高温性

在施工环境下，材料装饰一台整舱，并在室温条件下放置 24 h。然后将舱水平放置在高温烘干室内，然后开始升温，当舱内外的气温均达到 70 ℃±2 ℃后，保持温度稳定不变，并持续 24 h，随后将温度降至室温。试验过程中，升降温度时的温度变化率不大于 2 ℃/min。使用精度为 1 mm 的直尺测量材料产生气泡的直径，目测气泡数量和永久变形、开裂现象。

6.4.5 耐低温性

在室温环境温度下，将尺寸为 300 mm×300 mm 的样品(波音软片粘贴在铝板上，液体地板材料浇注在铝板上)，并在室温下放置 24 h，然后将试样放置于高低温试验箱内，对试验箱进行降温，待试验箱内温度达到－55 ℃±2 ℃并稳定后，持续 24 h，随后将温度恢复至室温。试验过程中，升降温度速率不大于 2 ℃/min。目测材料脱层、起泡、开裂、变形等变化，按照 6.3 的方法检测颜色变化，按照 6.4.2 的方法检测粘合力。

6.4.6 阻燃性

将材料裁剪成 50 mm×50 mm 的方块，水平放置，用火柴或打火机从方块的一个角开始点燃。数秒钟后,将火焰移去。

6.4.7 耐污染性

6.4.7.1 将墙体试样(波音软片需要粘贴在铝板上)分别浸入5.4.7中的各种物质中。24 h后取出,用自来水将表面的残留物质冲洗掉,再自然干燥,按照6.3的方法检测颜色变化。

6.4.7.2 地板材料(液体材料需固化)用裁剪成50 mm宽的条,分别涂上润滑油和浸入汽油、机油、柴油中,经24 h后按照6.3的方法检测颜色变化。

6.4.8 有害物质限量

按照GB 6566—2010、GB 18581—2009、GB 18582—2008、GB 18585—2001和GB 18586—2001中有害物质限量规定的方法进行。

6.4.9 耐酸、碱性

将试样(波音软片需要粘贴在铝板上、液体地板材料浇注在铝板上)分别在盐酸溶液(10%)、氢氧化钠溶液(10%)浸泡,24 h后取出,用自来水将表面的残留物质冲洗掉,再自然干燥。然后与未浸入这些物质的材料进行对比,按照6.3的方法检测颜色变化。

6.4.10 吸水性

将材料取小样置于水中5 min,通过目测是否有吸水现象发生,伸展并压缩,感受是否由于蜂窝芯吸水而导致强度降低。

6.4.11 防静电性能

材料样件用静电测试仪进行测试。

6.4.12 抗菌防霉性能

材料取样件按GJB 150.10A—2009进行霉菌试验。

6.4.13 抗菌防霉耐久性能

材料经过洗刷次数5 000次,按GJB 150.10A—2009进行霉菌试验。

6.4.14 盐雾性能

材料取样件按GJB 150.11A—2009进行盐雾试验。

6.4.15 硬度测试

材料用硬度测试仪进行检测。

ICS 01.110
A 01

中华人民共和国国家标准

GB/T 29475—2012

移动实验室设计原则及基本要求

Design principles and basic requirements for mobile laboratory

2012-12-31 发布　　2013-07-31 实施

中华人民共和国国家质量监督检验检疫总局
中国国家标准化管理委员会　发布

前　言

本标准根据 GB/T 1.1—2009 给出的规则进行起草。

本标准由全国移动实验室标准化技术委员会(SAC/TC 509)提出并归口。

本标准起草单位:中天高科特种车辆有限公司、沈阳产品质量监督检验研究院、铁岭陆平专用汽车有限责任公司、汉阳专用汽车研究所。

本标准的主要起草人:段连城、王国海、董为民、李梅、李楠、王冬研、徐向光、郭江、汤科、段继红。

移动实验室设计原则及基本要求

1 范围

本标准规定了移动实验室的设计原则和基本要求。

本标准适用于陆地使用的移动实验室。

2 规范性引用文件

下列文件对于本文件的应用是必不可少的。凡是注日期的引用文件,仅注日期的版本适用于本文件。凡是不注日期的引用文件,其最新版本(包括所有的修改单)适用于本文件。

GB 1495—2002 汽车加速行驶车外噪声限值及测量方法

GB 1589—2004 道路车辆外廓尺寸、轴荷及质量限值

GB 3096—1993 城市区域环境噪声标准

GB 7258—2012 机动车运行安全技术条件

GB 19489—2008 实验室 生物安全通用要求

GB/T 29473—2012 移动实验室分类、代号及标记

GB/T 29477—2012 移动实验室实验舱通用技术规范

GB/T 29478—2012 移动实验室有害废物管理规范

GB/T 29479—2012 移动实验室通用要求

QC/T 252 专用汽车定型试验规程

QC/T 484 汽车 油漆涂层

3 术语和定义

GB/T 29479—2012、GB/T 29473—2012 界定的以及下列术语和定义适用于本文件。为了便于使用,以下重复列出了GB/T 29473—2012中的某些术语和定义。

3.1

自行式 self-propelled

自带动力并依靠自身的运行机构移动的方式。

[GB/T 29473—2012,定义3.1]

3.2

拖挂式 trailer

无动力系统具备行走机构依靠其他动力牵引移动的方式。

[GB/T 29473—2012,定义3.2]

3.3

方舱式 shelter

具有方舱特征的结构形式。

[GB/T 29473—2012,定义3.3]

4 移动实验室分类

4.1 按移动方式分为：

——自行式；

——拖挂式；

——方舱式。

4.2 按照学科分为：

——物理移动实验室；

——化学移动实验室；

——生物移动实验室；

——综合移动实验室。

5 设计原则

5.1 安全性

移动实验室设计时应充分识别在使用、移动、储存等过程中的不安全因素，并进行有效控制。

5.2 环保性

移动实验室设计时，应充分考虑在生产和使用过程中的环保要求。

5.3 可靠性

移动实验室应进行可靠性设计、可靠性验证和可靠性试验。

5.4 维修性

移动实验室设计方案及组成移动实验室零部件、设备应具备可维修特性，易损件便于维修更换。

5.5 模块化

移动实验室应采用模块化设计，实现实验室的功能最大化、空间最小化和制作成本最低化。

5.6 通用化

移动实验室应采用标准化设计；零部件设计在满足功能前提下优先选用成熟结构，最大限度实现零部件的通用互换要求。

6 设计基本要求

6.1 环境适应性

6.1.1 充分识别移动实验室使用地区的气候环境条件（如温度、湿度、气压、风速等），保证移动实验室能正常作业。

6.1.2 充分识别移动实验室使用地区的道路环境条件（如高速路、城市路、乡村、山路、港口等），选择相应的移动方式及载具。

6.2 移动符合性

6.2.1 自行式移动实验室应符合 GB 7258—2012、GB 1589—2004 等相关标准的要求。
6.2.2 拖挂式移动实验室应符合 6.2.1 的要求外,还应确定与载具相应的拖挂形式。
6.2.3 方舱式移动实验室应符合 6.2.1 的要求外,还应确定与载具相应的固定和装卸方式。
6.2.4 移动实验室的载具,应是国家汽车产品公告中的汽车整车、二类底盘、半挂车及挂车。

6.3 实验舱

6.3.1 实验舱设计应符合人机工效学。
6.3.2 实验舱的地板及侧壁应设置仪器设备和设施的安装预处理措施。
6.3.3 实验舱的舱体应具备保温、防水、阻燃等特性,且便于清洁与消毒。不同类型的实验舱,其内饰材料还应满足相应的技术要求。
6.3.4 实验舱舱体可为各类方舱结构,也可采用厢式车身结构或集装箱结构。
6.3.5 实验室内外壁之间应进行有效的填充处理。
6.3.6 实验舱的密封性应符合 GB/T 29477—2012 中 5.5 的要求。
6.3.7 实验舱的承载能力应符合 GB/T 29477—2012 中 5.7.5、5.7.6 和 5.7.7 的要求。
6.3.8 实验舱根据需要安装门锁,门锁应便于在内部快速打开。
6.3.9 实验舱应设置逃生设施。
6.3.10 实验舱根据使用要求,可采用正、负压舱设计。
6.3.11 实验舱内部按使用需求可进行区域划分进行特殊设计和通用设计。
6.3.12 实验舱与载具之间必要时应设置满足要求的减震装置。
6.3.13 实验舱外表面的防腐保护涂层,应符合 QC/T 484 的要求。
6.3.14 应在实验舱的明显部位配备灭火装置。
6.3.15 实验舱内的设施及实验橱柜上的门和抽屉的启闭应具备锁止功能。

6.4 设施

6.4.1 移动实验室应采用车载型实验仪器,安装固定可靠,必要时应采用相应等级的减震装置。
6.4.2 实验仪器设备必要时选择应具有电磁兼容的特性。

6.5 供电系统

6.5.1 移动实验室按不同的需要,选择装备外接市电供电、UPS 供电和车载发电机供电等不同的供电方式,且连续供电时间不低于 4 h。根据需求预留供电接口。
6.5.2 移动实验室的配电系统中必须具备满足要求的接地、漏电保护、过欠压保护系统、防雷、报警、指示等装置。
6.5.3 移动实验室应配备符合功能需求的照明装置。宜设置应急照明。

6.6 供排水系统

6.6.1 有需求的移动实验室,需装备供排水系统。
6.6.2 供水水源应不受污染,若实验用水与公用水的水源不一,应分别注明。
6.6.3 供水量应能满足实验室不少于 4 h 正常工作的供给。
6.6.4 排水系统应配备污水收集、排放装置。
6.6.5 供排水系统均应设置水位显示报警系统。
6.6.6 供排水系统应设置排空装置,必要时,应具有保温、防冻功能。

6.7 空调、洁净和通风系统

6.7.1 对有需求的移动实验室，安装温度湿度调节系统，使实验室内的环境满足实验用仪器、设备的使用要求。

6.7.2 移动实验室应根据需要设置排毒柜、万向排气罩、风机等通风装置。

6.7.3 移动实验室应根据需要设置初、中、高效过滤器。

6.8 供气系统

移动实验室应根据需要设置供气系统，系统应保证密封、高洁净、耐用和安全可靠。满足实验仪器对各类气体不间断使用及对整体或局部气体压力、流量进行全程调整的要求。

6.9 环境保护

6.9.1 移动实验室的有害废物的管理应符合 GB/T 29478—2012 的标准要求。

6.9.2 对于允许短时间贮存的有害废弃物宜根据需要设置预处理设施。

6.9.3 移动实验室的噪声分为行驶噪声和作业噪声两种。行驶噪声值应符合 GB 1495—2002 中表 1 的限值要求，城区内作业噪声应符合 GB 3096—1993 标准要求。

6.10 智能化

6.10.1 移动实验室宜根据需求设置实验舱自控系统、实验室信息管理系统、办公自动化系统、安全预警系统、火灾自动报警系统等综合智能化系统。

6.10.2 实验舱自控系统应对通风、实验用气体、给排水、温湿度进行集中控制。

6.10.3 实验室信息管理系统应装备必要的远程通讯设施或预留接口。

6.11 安全防护

6.11.1 移动实验室的设计应保证对生物、化学、辐射和物理等危险源的防护水平控制在经过评估的可接受程度，为关联空间提供安全的工作环境及防止危害环境。

6.11.2 应评估实验所需样本、试剂和机密资料等被偷盗和被不正当使用的风险，并采取相应的防护措施。

6.11.3 生物安全移动实验室应满足 GB 19489—2008 中 7.8 的要求。

6.11.4 移动实验室内应设有危险品防护和警示系统。

6.12 可靠性

6.12.1 移动实验室的成套装置道路移动(行驶)可靠性试验方案应符合 QC/T 252 的要求。

6.12.2 在规定的使用条件下工作，移动实验室成套装置一般故障的平均故障里程不小于 3 000 km。

6.12.3 通过规定的可靠性行驶试验后，移动实验室的所有实验仪器及设备应能正常使用；不得出现影响移动功能和实验功能的故障。

6.13 标识

移动实验室应装有符合 GB/T 29473—2012 要求的铭牌及警示性标识，包括实验室功能、区域管理、指引、危险品防护、警示、禁止提示、说明等。供电线路应有明显标识区别。

6.14 技术文件

移动实验室应具备完整的可追溯的技术文件。移动实验室应携带以下技术文件：产品合格证、使用说明书、工具及备附件清单等保障性文件。

ICS 19.020;17.020
N 50

中华人民共和国国家标准

GB/T 29476—2012

移动实验室仪器设备通用技术规范

General technical specification for mobile laboratory instruments and equipments

2012-12-31 发布　　2013-07-31 实施

中华人民共和国国家质量监督检验检疫总局
中国国家标准化管理委员会　发布

前 言

本标准按照 GB/T 1.1—2009 给出的规则进行起草。

本标准由全国移动实验室标准化技术委员会(SAC/TC 509)提出并归口。

本标准起草单位:北京普析通用仪器有限责任公司、沈阳中标移动实验技术研究院有限公司、沈阳产品质量监督检验研究院、上海市计量测试技术研究院、河南省计量科学研究院、北京农产品质量检测与农田环境监测技术研究中心、中国合格评定国家认可中心。

本标准主要起草人:张保杰、陈学辉、钱大鼎、潘立刚、马睿松、刘艳杰、郑义、张凯、侯伯岩、邱志隆、黄士军、吉黎明。

移动实验室仪器设备通用技术规范

1 范围

本标准规定了移动实验室仪器设备的术语和定义、分类、技术要求、试验方法。

本标准适用于陆地使用的移动实验室检测、校准或科学实验的仪器设备及其辅助设备。

2 规范性引用文件

下列文件对于本文件的应用是必不可少的。凡是注日期的引用文件,仅注日期的版本适用于本文件。凡是不注日期的引用文件,其最新版本(包括所有的修改单)适用于本文件。

GB/T 2423.1 电工电子产品环境试验 第2部分 试验方法 试验A:低温

GB/T 2423.2 电工电子产品环境试验 第2部分 试验方法 试验B:高温

GB/T 2423.3 电工电子产品环境试验 第2部分 试验方法 试验Cab:恒定湿热试验

GB/T 2423.5 电工电子产品环境试验 第2部分 试验方法 试验Ea和导则:冲击

GB/T 2423.8 电工电子产品环境试验 第2部分:试验方法 试验Ed:自由跌落

GB/T 2423.17 电工电子产品环境试验 第2部分:试验方法 试验Ka:盐雾

GB/T 2423.21 电工电子产品环境试验 第2部分:试验方法 试验M:低气压

GB/T 2423.56 电工电子产品环境试验 第2部分:试验方法 试验Fh:宽带随机振动(数字控制)和导则

GB 4793.1—2007 测量、控制和实验室用电气设备的安全要求 第1部分:通用要求

GB/T 18268.1—2010 测量、控制和实验室用的电设备电磁兼容性要求 第1部分:通用要求

GB/T 29479 移动实验室通用要求

QC/T 252 专用汽车定型试验规程

3 术语和定义

GB/T 29479界定的及下列术语和定义适用于本文件。为了便于使用,以下重复列出了GB/T 29479中的一些术语和定义。

3.1

移动实验室 mobile laboratory

满足特定目的和要求,由成套装置组成的,在可移动的设施和环境中进行检测、校准或科学实验等活动的实验室。

[GB/T 29479,定义3.1]

3.2

移动实验舱 mobile laboratory shelter

用于承载移动实验室实验人员、检测设备、校准设备及相关专业设施的舱体,能为正常开展检测、校准或科学实验等活动提供适宜的作业环境。

[GB/T 29479,定义3.3]

3.3

移动实验室仪器设备　instruments & equipments for mobile laboratory

安装、搭载和贮存在移动实验室，用于检测、校准或科学实验的仪器设备及其辅助设备。

3.4

仪器设备移动特性　mobile feature of instruments & equipments

仪器设备满足移动实验室移动特性所具有的，包括在移动条件下满足检测、校准或科学试验需求的功能要求，抵抗或耐受环境条件变化干扰的环境条件适应性，以及符合移动实验室设计要求的规格和接口兼容性等保障要求。

3.5

固定　fixation

仪器设备与实验舱体或实验台面相接触并采用紧固装置紧固，与体或面不产生相对位移。

3.6

影响量　influence quantity

用于一种状态，代表仪器设备工作环境的一个方面的试验参数。是由于移动导致外界环境变化所引起的仪器设备变化的试验参数。

3.7

附加影响量　additional influence quantity

由于施加影响量(例如:振动、跌落、环境变化等)导致移动实验室仪器设备测量和校准值偏离原有阈值的量。

3.8

恢复时间　recovery time

仪器设备从开机、调整到稳定工作状态的时间。

3.9

接口　connector

为满足仪器设备正常工作所需的水、电、气及辅助设备、传输设备的连接端。

4　分类

4.1　按实验舱移动状态分类

4.1.1　移动状态时工作的仪器设备

具有抗振动能力，满足工作环境要求，在实验舱移动状态中可以工作的仪器设备。例如:测速仪和里程表。

4.1.2　移动停止恢复后工作的仪器设备

实验舱移动到工作场所后，需要预热或调试，使环境条件恢复到特定状态后才可工作的仪器设备。例如:分析天平。

4.2　按安装方式分类

可分为固定式仪器设备和非固定式仪器设备。

5　要求

5.1　一般要求

5.1.1　电源

仪器设备应配备两种或以上不同类型电压的电源接口或转换适配器，例如交流 220 V、直流 24 V

或直流 12 V。使用直流电源的仪器设备还要有正负极防误措施或操作警示标识。使用自配电源供电的仪器设备续航能力不应低于 4 h。

5.1.2 接口兼容性

仪器设备有供水、供气、数据传输等输入输出要求的，其输入、输出接口应与实验舱接口相匹配，或提供符合移动实验室通用设计要求转换适配器。

5.1.3 防震

仪器设备应安装牢固可靠，固定安装的仪器设备至少应在底部或侧面有 2 个以上安装点的设计。非固定安装的仪器设备应配备专用包装或其他保护装置，防止仪器设备在运输和使用过程中出现损坏或性能下降。必要时应对整机或部件进行隔震或缓冲设计，或采用相应等级的减震装置。

5.1.4 保障性

仪器设备应具有故障报警、自动诊断功能，应配备必要的工具和备件，保障仪器设备在现场维修后，快速恢复到工作状态。

5.1.5 快速恢复性

仪器设备在移动时或移动后恢复时间不应超出固定恢复时间。

5.1.6 附加影响量

仪器设备在移动中和移动后产生的附加影响量应能完全消除或减小到仪器设备的最大允许误差范围内。

5.1.7 可靠性

仪器设备在规定的环境条件下，平均故障里程不应小于 3 000 km。

5.1.8 标识

仪器设备应在产品明显位置标注工作环境的参数指标，参数指标应包含：恢复时间(h)、工作温度范围(℃)、相对湿度范围(%)、随机振动加速度谱密度(m^2/s^3)、跌落高度(mm)、冲击加速度(m/s^2)等内容。

5.2 环境适应性

5.2.1 温度

仪器设备至少应保证温度环境在 10 ℃～35 ℃范围内正常工作，在－40 ℃～55 ℃范围运输贮存。

5.2.2 湿度

仪器设备应保证在相对湿度不高于 80%的环境下能够正常工作，不高于 93%的环境下能够正常贮存。

5.2.3 低气压

仪器设备应适应不同海拔低气压环境条件，至少应保证在气压值不高于 84 kPa 环境中正常工作。

5.2.4 盐雾

对于在沿海地区或盐雾环境下使用的仪器设备，至少应保证在浓度为(5±0.1)%盐雾环境中正常工作。

5.3 抗运输性

5.3.1 随机振动

仪器设备至少应保证在频率范围(5～500)Hz、加速度谱密度 0.05 m^2/s^3 的随机振动环境下正常工作和运输贮存。

5.3.2 冲击

仪器设备至少应保证在峰值加速度 50 m/s^2 条件下能够正常工作。

5.3.3 跌落

仪器设备在承受表 1 要求跌落高度要求后能够正常工作，且应符合 5.5.2 防电击要求。

表 1 跌落试验要求

跌落高度 mm	试验样品质量		搬运方式
	未包装	在完整的运输箱中/kg	
25	>100 ≤250	>500	叉车装卸[a]
50	>50 ≤100	≤500	叉车装卸[a]
100	>10 ≤50	≤200	起重机[a]
250	>5 ≤10	≤100	贮存堆码
500	>2 ≤5	≤50	自传送带跌落
1 000	≤2	≤20	从工作台、卡车尾板上跌落

[a] 其目的是模拟叉式装卸机和起重机装卸试验样品放低到装卸面上时发生的撞击。

5.4 电磁兼容

5.4.1 抗扰度

仪器设备应符合 GB/T 18268.1—2010 中 6.2 表 1 规定的电磁环境抗扰度要求。

5.4.2 发射

仪器设备应符合 GB/T 18268.1—2010 中 7.2 规定的发射限值的要求。

5.5 安全性

5.5.1 警告标志

仪器设备应具有防电击的警告标识，对于有紫外辐射或加热器件的仪器设备，还应有防紫外辐射和防烫伤危险的警告标识，警告标识的字体及耐久性应符合 GB 4793.1—2007 中 5.2～5.3 的要求。

5.5.2 防电击

5.5.2.1 介电强度

仪器设备输入电压高于安全电压时，一般应能承受 2 210 V 的交流有效值连续 5 s 的电压试验，不应出现飞弧或击穿的现象。

5.5.2.2 接触电流

仪器设备在正常条件下接触电流不应超过 0.5 mA，在单一故障条件下，接触电流不应超过3.5 mA。

5.5.2.3 保护接地阻抗

仪器设备的可触及导电零部件与保护导体端子之间的阻抗值不应大于 0.1 Ω。

5.5.3 防液体危险

5.5.3.1 清洗

若仪器设备需要清洗或消毒处理，则该处理方法不得导致直接的危险、电气危险或因腐蚀原因或使保证安全的结构件强度减低的其他原因导致的危险。

5.5.3.2 洒落

如果仪器设备正常使用时液体可能会洒落到设备中，则设备在设计上应当确保不会发生危险。

5.5.3.3 溢出

在正常使用时，从能过量注入液体的设备内任何容器中溢出的液体不得导致危险。

6 试验方法

6.1 一般要求

6.1.1 电源

目视审查仪器设备电源输入接口类型、标识以及接口防脱落措施。

6.1.2 接口兼容性

目视审查仪器设备各种接口。

6.1.3 防震

目视检查固定仪器设备安装点位置和数量；目视检查非固定仪器设备包装及其保护装置。

6.1.4 保障性

目视检查仪器设备故障诊断功能、工具和备件。

6.1.5 快速恢复性

首先在静止状态下测量仪器设备固定恢复时间，然后测量移动停止后恢复时间。移动状态下启动运行的仪器设备还需测量在移动过程中运行时恢复时间。

6.1.6 附加影响量

在完成6.3.1～6.3.3的环境试验后，按仪器设备的产品标准或规范性文件进行测量。

6.1.7 可靠性

仪器设备可靠性按QC/T 252规定的方法进行。

注：若采用公路运输加速模拟实验方法，可参照QJ/T 815.2规定进行试验，但需要在合同中约定。

6.1.8 标识

目视仪器设备标识内容。

6.2 环境适应性

6.2.1 温度

低温工作和贮存试验按GB/T 2423.1规定的方法进行试验；高温工作和贮存试验按GB/T 2423.2规定的方法进行试验。

6.2.2 湿度

湿热试验按GB/T 2423.3规定的方法进行试验。

6.2.3 低气压

低气压试验按GB/T 2423.21规定的方法进行试验

6.2.4 盐雾

盐雾试验按GB/T 2423.17规定的方法进行试验。

6.3 抗运输性

6.3.1 随机振动

移动状态工作的仪器设备进行试验时一般应处于工作状态；移动停止回复后工作的仪器设备试验时一般处于非工作状态。随机振动试验按GB/T 2423.56规定的方法进行试验。

6.3.2 冲击

冲击试验按GB/T 2423.5规定的方法进行试验。

6.3.3 跌落

跌落试验按GB/T 2423.8规定的方法进行试验。

6.4 电磁兼容

6.4.1 抗扰度

电磁兼容抗扰度试验按GB/T 18268.1—2010中6.2表1基础标准规定的方法进行试验。性能判据可参考GB/T 18268.1—2010中6.4规定方法进行。

6.4.2 发射

电磁兼容发射试验按 GB/T 18268.1—2010 中 7.2 规定的方法进行试验。

6.5 安全性

6.5.1 警告标识

用布沾上规定的清洁剂(如果没有规定,则沾上异丙醇),用手不加过分压力地擦拭 30 s。

6.5.2 介电强度

6.5.2.1 在试验前,需对仪器设备进行潮湿预处理,仪器设备需在相对湿度为 92.5%±2.5%,温度为 40 ℃±2 ℃的试验箱内放置 48 h,并在室温内恢复 2 h 后测试,且试验应在恢复后的 1 h 内完成。

6.5.2.2 仪器的电源插头不接入电网,电源开关置于接通位置,将耐压测试仪的输出切断,电流置于适当挡位上,耐压测试仪的电压输出端一端连接在电源的零线和火线上,另一端连接在可触及导电零部件上,在进行试验时,电压要在 5 s 或 5 s 以内逐渐升高到规定值,使电压不出现明显的跳变,然后保持 5 s。

6.5.3 接触电流

将仪器设备的电源与接触电流测试仪连接,仪器设备电源置于接通位置,正常条件下测试一次,单一故障条件下测试一次,记录接触电流值。

6.5.4 保护接地阻抗

接地阻抗测试仪一端与仪器设备的接地端子连接,另一端与仪器设备的可接触零部件连接,设置测试电流为 25 A,启动测试仪,试验完成后记录接地阻抗值。

6.5.5 清洗

如果仪器设备可进行清洗处理,则通过对仪器设备清洗三次,以及如果仪器设备可以进行消毒处理,则通过对仪器设备消毒一次来检验是否合格。如果在处理后,发现可能导致危险的零部件有受潮迹象,则仪器设备应能通过 6.5.2 的介电强度试验。

6.5.6 洒落

通过目视检查来检验是否合格,如有怀疑,用 0.2 L 的水从 0.1 m 的高度以 15 s 的时间平稳地倒在有可能接触电气零部件的每个部位上。在该处理后,仪器设备立即进行 6.5.2 的介电强度试验。

6.5.7 溢出

使容器完全注满液体,然后用等于容器容量 15%的或 0.25 L 的额外液量,取其较大的液量,以 60 s 的时间平稳倒入。如果容器注满液体后可能要移动的设备,则要使设备从正常使用的位置以最不利的方向倾斜 15°,如果有必要一个以上的方向倾斜,则要重新将液体注入容器。在该处理后,仪器设备立即进行 6.5.2 的介电强度试验。

参 考 文 献

QJ/T 815.2 产品公路运输加速模拟试验方法

ICS 19.020
J 04

中华人民共和国国家标准

GB/T 29477—2012

移动实验室实验舱通用技术规范

General technical specification for mobile laboratory shelter

2012-12-31 发布　　2013-07-31 实施

中华人民共和国国家质量监督检验检疫总局
中国国家标准化管理委员会　发布

前　言

本标准按照 GB/T 1.1—2009 给出的规则起草。

本标准由全国移动实验室标准化技术委员会(SAC/TC 509)提出并归口。

本标准起草单位:江西江铃汽车集团改装车有限公司、沈阳产品质量监督检验研究院、辽宁陆平机器股份有限公司、铁岭陆平专用汽车有限责任公司、南京南汽专用车有限公司、沈阳标准化研究院、中国科学技术大学信息科学技术学院、南昌大学环境与化工学院。

本标准的主要起草人:刘存宾、苏锡辉、饶良星、吴长伟、郭江、温晋英、袁学军、朱冰、弓晓峰。

移动实验室实验舱通用技术规范

1 范围

本标准规定了移动实验室实验舱的术语和定义、分类、技术要求、试验方法、检验规则、包装、标志、储存、运输、技术文件等通用技术要求。

本标准适用于在陆地上使用的移动实验室实验舱(以下简称“实验舱”)。

2 规范性引用文件

下列文件对于本文件的应用是必不可少的。凡是注日期的引用文件，仅注日期的版本适用于本文件。凡是不注日期的引用文件，其最新版本(包括所有的修改单)适用于本文件。

GB 1589—2004 道路车辆外廓尺寸、轴荷及质量限值

GB 7258—2012 机动车运行安全技术条件

GB/T 13306 标牌

GB 14023—2011 车辆、船和内燃机 无线电骚扰特性 用于保护车外接收机的限值和测量方法

GB 16297—2004 大气污染物综合排放标准

GB/T 18655—2010 车辆、船和内燃机 无线电骚扰特性 用于保护车载接收机的限值和测量方法

GB 19489 实验室 生物安全通用要求

GB/T 23334 开启式客车安全顶窗

GB/T 25480—2010 仪器仪表运输、贮存基本环境条件及试验方法

GB/T 29473—2012 移动实验室分类、代号及标记

GB/T 29474—2012 移动实验室内部装饰材料通用技术规范

GB/T 29479—2012 移动实验室通用要求

GJB 2093—1994 军用方舱通用试验方法

GJB 6109—2007 军用方舱通用规范

JT/T 389—2010 厢式挂车技术条件

QC/T 452—1999 住宿车通用技术条件

QC/T 484—1999 汽车油漆涂层

YY 0569 生物安全柜

3 术语和定义

GB/T 29479—2012 及 GB/T 29473—2012 界定的术语和定义适用于本文件。

4 分类

4.1 实验舱按移动方式不同分为自行式移动实验舱、拖挂式移动实验舱、方舱式移动实验舱。

4.2 实验舱按功能不同分为物理移动实验舱、化学移动实验舱、生物移动实验舱、综合移动实验舱。

5 技术要求

5.1 环境适应性

5.1.1 实验舱在下列条件下应能正常工作：

a) 环境温度：−40 ℃～+40 ℃；必要时，实验舱的适应环境温度可根据需要而另行规定，但应在舱体标牌上明确标示；

b) 空气相对湿度：95%以下（环境温度为 25 ℃）；

c) 四级及其以上公路。

5.1.2 实验舱应具备良好的抗冲击性，在峰值加速度为(100±20)m/s^2，脉冲持续时间为(16±2)ms 的试验条件下进行冲击性试验后应能正常工作。

5.1.3 相关功能实验室实验舱根据适用环境不同，还应满足相应的特殊环境要求。

5.2 可靠性

实验舱在规定使用环境条件下，工作寿命应不小于 10 个日历年，并且平均故障里程不小于 3 000 km。

5.3 维修性

实验舱应具备良好的维修性，尽可能采用标准件、通用件，易损件应便于维修与更换。

5.4 保温性

实验舱应具备良好的保温性能，在舱体内、外温度（平均温度）之差为 20 ℃～25 ℃时，其传热系数应不大于 1.2 W/(m^2·℃)。

5.5 密闭性

5.5.1 光密性

实验舱处于工作状态，门窗关闭，放下遮光窗帘，不应有直射光线漏出舱外。

5.5.2 水密性

在门、窗、孔口关闭，经强度为 5 mm/min～7 mm/min，方向与侧壁成 45°，历时 30 min 的淋雨试验后，实验舱的顶蓬和侧壁不应有渗漏现象，门、窗、孔口处不应有漏水现象。

注：漏水指形成水滴或水流；渗漏指出现水迹，但未形成水滴或水流。

5.5.3 气密性

在实验舱内、外压差值为 200 Pa 时，单位容积的泄风量应不大于 15 m^3/(h·m^3)。

5.5.4 电磁屏蔽性

移动实验舱应具备良好的电磁屏蔽性能。保护车外接收机的无线电骚扰应符合 GB 14023—2011 的规定，保护车载接收机的无线电骚扰应符合 GB/T 18655—2010 的规定。

5.6 安全性

5.6.1 自行式移动实验舱的安全性应符合 GB 7258—2012 的规定。

5.6.2 拖挂式移动实验舱的安全性应符合 JT/T 389—2010 的规定。

5.6.3 方舱式移动实验舱的安全性应符合 GJB 6109—2007 的规定。

5.6.4 实验舱的安全性还应满足下列要求：

a) 应设计有便于人员紧急出舱的应急出口；

b) 应配备烟雾报警器及灭火器，并配备有毒有害气体报警仪；

c) 应配备漏电保护装置及接地装置，当环境温度为 15 ℃～35 ℃，相对湿度为 45%～75%时，其电气回路各回路对地及相互间的冷态绝缘电阻值应不小于 2 MΩ。

5.6.5 生物移动实验舱的安全性还应符合 GB 19489 的规定。

5.7 设计与结构

5.7.1 总体要求

实验舱结构应满足不同校准和检测工作的需求。根据功能需要，实验舱宜采用“三区域，两隔离”的设计结构，在舱体内通过设计两道隔离屏障，实现辅助设备区、实验作业区、数据处理区的相对独立，以满足实验舱的各个功能子系统的展开，各区内的布置设计还应符合人机工效学原理。

5.7.2 尺寸

5.7.2.1 自行式、拖挂式实验舱的外廓尺寸限值按 GB 1589—2004 的规定，方舱式实验舱的外廓尺寸按 GJB 6109—2007 的规定。

5.7.2.2 实验舱尺寸偏差和形位公差应符合下列要求：

a) 长度：当舱体长度 $L \leqslant 4\ 000$ mm 时，长度极限偏差为±5 mm；
当舱体长度 $L > 4\ 000$ mm 时，长度偏差不超过舱体长度的 0.15%；

b) 宽度：极限偏差为±8 mm；

c) 纵向中心平面上的高度：极限偏差为±8 mm。

5.7.3 门、窗、孔口

应根据专业实验舱的需要设置合理数量的门、窗及孔口，均应保证启闭灵活、工作可靠。并应设置限位机构或固定装置。

5.7.4 门锁

所有门锁必须开关灵活，并且从舱外锁闭时，不用工具能从舱内将舱门打开。

5.7.5 底板载荷

底板承受下列静载荷，无塑性变形或损坏：

a) 均布载荷：1.5 kN/m^2；

b) 集中载荷：面积为 500 mm×500 mm，载荷 3 kN。

5.7.6 顶板载荷

顶板承受下列静载荷，无塑性变形或损坏：

a) 均布载荷：1 kN/m^2；

b) 集中载荷：面积为 300 mm×600 mm，载荷 1.5 kN。

5.7.7 脚踏板

实验舱宜设置进舱和上舱顶辅助设施，在承受 1.8 kN 垂直向下静载荷时，应无塑性变形或损坏。

5.7.8 调平机构

应配备必要的支撑平衡装置，其精度可保证实验舱在实验作业过程中的相对平衡。

5.7.9 地板及内装饰

实验舱内装饰应符合 GB/T 29474—2012 的要求。

5.7.10 材料

材料应满足下列要求：

——原材料应具有合格证明文件，其机械性能及化学成分应符合相应标准的规定；

——金属材料应进行防腐处理；

——内装饰材料的阻燃性应符合 GB/T 29474—2012 中 5.4.6 的规定；

——所有材料均不应危害人员的健康，符合环保安全要求。

5.8 供气装置

实验舱内宜设有易于更换和维护的气瓶柜和紧固装置，并配备相应管路和接口。

5.9 通风装置

5.9.1 实验舱应设置适量的通风口，满足通风要求。宜设置开启式安全顶窗，该安全顶窗具有强制通风功能，并可作为应急出口使用，其性能应符合 GB/T 23334 的规定。在作为应急出口开启后，应保证实验舱内外进出通道的畅通。

5.9.2 生物实验舱应配备生物安全柜，其性能应该符合 YY 0569 的规定。

5.9.3 根据不同功能实验舱的需要，必要时可选择配备负压装置、正压装置、排风罩、排风柜、全新风系统等专用通风装置，以确保不同功能实验舱的通风安全。通风装置应加装过滤器，并采取有效的减振降噪措施。

5.10 调温装置

5.10.1 实验舱应设置加热装置，当环境温度为(－40±2)℃时，加热装置应能在 2 h 之内将舱内的平均温度升至 20 ℃，且最低温度应不低于 10 ℃。

5.10.2 实验舱应设置制冷装置，当环境温度为(40±2)℃时，制冷装置应能在 2 h 之内将舱内的平均温度降至 25 ℃，且最高温度应不高于 28 ℃。

5.10.3 根据试验功能需求设置温湿度控制系统。

5.11 给排水装置

5.11.1 根据不同功能实验舱的需要，选择配备给排水装置。

5.11.2 宜配备净水箱和污水箱，均配有水位显示报警系统。净水箱顶部设有加水口，污水箱底部设有排水口连接防腐蚀排污水管和排水阀，提供有延长管线，可根据需要进行废液排放。

5.11.3 宜配备标准市政水管快速接口和专用加水枪，及 30 m 以上延长输水管。

5.11.4 宜配备试管冲刷手枪、紧急洗眼装置，必要时设置紧急淋洗装置。

5.11.5 宜配备排空装置，必要时应具有保温、防冻功能。

5.12 “三废”处理装置

5.12.1 根据需要设置合理的废气收集和处理装置，以保证实验舱废气排放符合 GB 16297—2004 的规定；

5.12.2 实验舱应设置有明确标识的专用容器，用于收纳废液、废物等有毒有害的废弃物。

5.13 消毒装置

实验舱宜配备灭菌消毒装置。

5.14 照明装置

实验舱内应设置合理的工作照明及应急照明灯具。以保证工作台面照明的照度值不低于300 lx，而应急照明的照度值应不低于15 lx，专业区域照明的照明度值应根据需要确定。

5.15 电气装置

5.15.1 电源系统

实验舱应配备3套电源系统或接口，包括外接市电、UPS供电、发电机供电3种方式，功率应能满足实验设备正常使用时的供电需求。并在没有外接市电的情况下，可通过车载发电机或UPS进行不低于4 h的持续稳定供电。

5.15.2 配电系统

5.15.2.1 应采用集中控制的配电箱，具有稳压、短路、断路、过载、过压、欠压、漏电等保护功能，各路供电应有单独控制开关，分别控制。

5.15.2.2 配电系统应设置电源总开关，电气元器件之间及电气元器件与舱体之间的联接应牢固可靠，防止遭受机械损伤或腐蚀。

5.15.2.3 各类电源线及信号线宜采用走线槽布线，线槽应整齐、美观、耐用。

5.15.2.4 应根据专业实验舱的需要配置合理数量的交流插座、直流插座，并标明相应的标识。

5.15.3 接地防雷

实验舱应设计有效的接地装置和防雷装置，以保证仪器设备和舱体在野外作业的安全。仪器不工作时，要求接地装置与拖地的接地链条连接，而仪器工作时，要求接地装置与外接电源地线或接地钎相连，同时应设置防静电接地。

5.16 智能化系统

5.16.1 实验舱宜根据不同功能实验舱的需要，选择配置实验舱自控系统、信息管理系统、视频监控系统、办公自动化系统、火灾自动报警系统、无线数据传输系统等智能化系统。

5.16.2 实验舱宜根据不同功能实验舱的需要，采用物联网、自动化控制等新技术，实现对实验舱重点部位的温度、湿度、大气压力等环境指标实时监控，实现对通风、给排水、照明、配电等进行集中控制。

5.17 专用设施

应根据不同功能实验舱的要求，配备相关的专用设施及相应的橱柜系统，橱柜系统应采用减震措施。

5.18 加工质量

加工质量应符合下列要求：

——实验舱体内、外表面应平整光滑；

——所有焊接件应符合设计要求，无漏焊、虚焊、焊穿、夹渣、气孔等不良现象；
——铆接应牢固，铆钉排列整齐，铆钉头部不允许有裂纹、偏斜、残缺现象，需进入或穿过舱壁的铆钉、铆螺母和螺栓，在装入前应浸涂密封胶；
——螺栓需加弹簧垫圈或采取其他防松措施；
——粘接应平整，粘接胶应涂覆均匀，溢出的胶液应清除；
——表面涂层质量应达到 QC/T 484—1999 中 TQ1 涂层乙级标准，涂漆层应均匀、平整，无流痕、起泡、脱皮、裂纹等缺陷。

5.19 外观质量

实验舱按规定完成各项实验后，外观质量应符合下列要求：
——舱体不应有脱层、空洞、翘曲、损坏和永久变形；
——门窗及孔口盖应开关灵活，锁止和限位机构工作正常；
——金属件不应有锈蚀和镀层脱落等；
——安装件、紧固件不应有弯曲、移位或损坏，密封件不应有膨胀、开裂或脱落。

6 试验方法

6.1 一般要求

6.1.1 试验的大气条件

a） 温度为 15 ℃～35 ℃；
b） 相对湿度为 20％～80％；
c） 气压为 70 kPa～103 kPa。

6.1.2 试验样品的一般规定

a） 提交试验的实验舱，应符合设计图样的规定及相应文件的要求，并经检验合格方可提交；
b） 当试验规定在实验舱体上进行时，实验舱体应装好门窗及永久性构件，具有结构的完整性；
c） 试验条件应用说明：本章规定的试验条件，除特别说明外，适用于本标准所有的试验方法；
d） 中止试验的规定：在试验过程中，如出现下列情况之一者，应中止试验，待改正后重新试验：
   1） 不能保证试验安全进行时；
   2） 主要性能（底板承载性能，光、水密性能）与设计指标差距较大，并经调整无效或现结构不能满足要求时。

6.1.3 试验检查的内容

应检查实验舱实验样件，必要时可在试验期间，适当增加检查的次数，检查是否出现以下缺陷：
a） 实验舱的舱板、舱门及试验样件的脱层、空洞、翘曲、损伤或损坏、永久变形；
b） 门窗及孔口盖板等活动部件开关不灵活或锁闭不可靠；
c） 安装件、紧固件的弯曲、松动、移动或损坏；
d） 金属件的锈蚀或镀层脱落；
e） 其他缺陷。

6.2 环境适应性

实验舱环境适应性的抗冲击性试验按 GB/T 25480—2010 中 4.5 的规定执行。

6.3 保温性

实验舱的保温性试验按 QC/T 452—1999 中 3.5 的规定执行。

6.4 密闭性

6.4.1 光密性

实验舱的光密性试验按 GJB 2093—1994 中试验方法 402 的规定执行。

6.4.2 淋雨

实验舱的淋雨试验按 QC/T 452—1999 中 3.7 的规定执行。

6.4.3 气密性

实验舱的气密性试验按 QC/T 452 中—1999 中 3.6 的规定执行。

6.4.4 电磁屏蔽性

实验舱的电磁屏蔽性试验按 GB 14023—2011 及 GB/T 18655—2010 的规定执行。

6.5 安全性

6.5.1 当实验人员在实验舱内部关闭所有门、窗时,实验人员可顺利通过应急门出舱。

6.5.2 目视烟雾报警器、灭火器、有毒有害气体报警仪的设置。

6.5.3 绝缘电阻

6.5.3.1 试验条件

a) 在淋雨试验后进行;

b) 电气系统的开关处于接通状态;

c) 断开用电设备与实验舱电气线路的电气联接。

6.5.3.2 试验

用 500 V 兆欧表测量各电气回路对地及各回路间的绝缘电阻。

6.6 设计与结构

6.6.1 尺寸

用钢卷(板)尺测量实验舱的外形尺寸及偏差、对角线偏差。

6.6.2 门、窗、孔口

目视检查门、窗、孔口的设置。

6.6.3 门锁

舱门在外部锁好后，舱内人员不用工具打开舱门。

6.6.4 底板载荷

6.6.4.1 试验条件

a) 均布载荷为 1.5 kN/m^2；
b) 集中载荷为在 500 mm×500 mm 面积上，作用 3 kN 静载荷；
c) 以上作用时间均为 30 min。

6.6.4.2 试验

将实验舱用配套的调平机构支撑调平后，按 6.6.4.1 试验条件依次进行试验，加载期间，均应检查实验舱底板。

6.6.5 顶板载荷

6.6.5.1 试验条件

a) 均布载荷为 1 kN/m^2；
b) 集中载荷为在 300 mm×600 mm 面积上，作用 1.5 kN 静载荷；
c) 以上作用时间均为 30 min。

6.6.5.2 试验

将实验舱用配套的调平机构支撑调平后，按 6.6.5.1 试验条件依次进行试验，加载期间，均应检查实验舱的门、窗、孔、口、及盖板等活动部件。

6.6.6 脚踏板载荷

脚踏板载荷试验按 GJB 2093—1994 中试验方法 204 的规定执行。

6.6.7 调平机构

调平机构试验按 GJB 2093—1994 中试验方法 505 的规定执行。

6.6.8 地板及内装饰

地板及内装饰试验按 GB/T 29474—2012 的规定执行。

6.6.9 材料

检查材料的合格证、外观及有关检验报告，其结果应符合 5.7.10 的规定。

6.7 供气装置

目视供气装置的设置。

6.8 通风装置

目视通风装置的设置。

6.9 调温装置

6.9.1 加热装置

加热装置的低温试验按 QC/T 452—1999 中 3.12 的规定执行。

6.9.2 制冷装置

制冷装置的高温试验按 QC/T 452—1999 中 3.13 的规定执行。

6.9.3 温湿度计

目视温湿度计的设置。

6.10 给排水装置

目视给排水装置的设置。

6.11 “三废”处理装置

目视“三废”处理装置的设置。

6.12 消毒装置

目视消毒装置的设置。

6.13 照明装置

用照度计测量实验工作台面处的工作照明照度值及应急照明照度值。

6.14 电气装置

目视检查舱内布线的设置。

6.15 加工质量

目视检查实验舱的加工质量。

6.16 外观质量

目视检查实验舱的外观质量。

7 检验规则

7.1 型式检验

7.1.1 符合下列条件之一应进行型式检验：

——研制的新型实验舱；

——实验舱试制完毕正式投产前或产品转厂生产时；

——停产 3 年后，恢复生产时；

——正式生产后，结构、工艺或材料有重大改变时。

7.1.2 抽样判定：型式检验应至少抽取 1 台套实验舱，只要有一项指标不合格，即判定该实验舱为不合格。

7.1.3 检验项目：型式检验的检验项目按表1执行。

表1 检验项目列表

序号	试验项目	技术要求条目号	试验方法条目号	定型检验	出厂检验
1	抗冲击性试验	5.1.2	6.2	●	—
2	保温性试验	5.4	6.3	●	—
3	光密性试验	5.5.1	6.4.1	●	—
4	淋雨试验	5.5.2	6.4.2	●	●
5	气密性试验	5.5.3	6.4.3	●	—
6	电磁屏蔽性试验	5.5.4	6.4.4	●	—
7	安全性检查	5.6.4	6.5	●	●
8	绝缘电阻	5.6.4	6.5.3	●	●
9	尺寸	5.7.2	6.6.1	●	●
10	门、窗、孔口	5.7.3	6.6.2	●	—
11	门锁	5.7.4	6.6.3	●	●
12	底板载荷	5.7.5	6.6.4	●	—
13	顶板载荷	5.7.6	6.6.5	●	—
14	脚踏板	5.7.7	6.6.6	●	—
15	调平机构	5.7.8	6.6.7	●	●
16	地板及内装饰	5.7.9	6.6.8	●	—
17	材料	5.7.10	6.6.9	●	—
18	供气装置	5.8	6.7	●	—
19	通风装置	5.9	6.8	●	—
20	加热装置	5.10.1	6.9.1	●	—
21	制冷装置	5.10.2	6.9.2	●	—
22	温湿度计	5.10.3	6.9.3	●	—
23	给排水装置	5.11	6.10	●	—
24	“三废”处理装置	5.12	6.11	●	—
25	消毒装置	5.13	6.12	●	—
26	照明装置	5.14	6.13	●	—
27	舱内布线	5.15.2	6.14	●	●
28	加工质量	5.18	6.15	●	●
29	外观质量	5.19	6.16	●	●

7.2 出厂检验

7.2.1 每台套实验舱均应经出厂检验合格后方可出厂。

7.2.2 抽样判定：出厂检验应逐台套全检，只要有一项指标不合格，即判定该实验舱为不合格。

7.2.3 检验项目：出厂检验的检验项目按表1执行。

8 包装、标志、储存、运输、技术文件

8.1 包装

包装应满足以下要求：

a) 锁闭所有门窗、孔口；

b) 随舱附件宜用帆布套包装；

c) 未涂镀的裸露金属表面应采用临时防腐措施。

8.2 标志

在实验舱外表面的易见部位上至少装置一个能永久保持的商标或厂标及标牌，标牌的型式应符合GB/T 13306的规定。标牌内容应包括：

a) 移动实验室实验舱名称及代号；

b) 移动实验室实验舱工作面积；

c) 移动实验室实验舱适应环境温度条件；

d) 外形尺寸(长×宽×高)；

e) 总质量，整备质量；

f) 出厂日期，出厂编号；

g) 制造厂名称。

8.3 储存

储存应满足下列要求：

a) 应包装或固定好所有配套设备；

b) 宜水平存放干燥、通风、无腐蚀气体，且配有消防设备的场所，并按说明书的规定进行保养。

8.4 运输

实验舱在铁路(或水路)运输时，以拖曳方式上下车船，若必须用吊装方式装卸时，需专用吊具装卸，并给出起吊点的位置，规定装载、加固方法及注意事项，防止损伤产品。

8.5 随机技术文件

应随实验舱携带以下文件：

a) 产品合格证；

b) 实验舱及附属设备的使用说明书；

c) 随舱工具；

d) 备附件明细表；

e) 相关管线图纸。

ICS 13.040.50
Z 60

中华人民共和国国家标准

GB/T 29478—2012

移动实验室有害废物管理规范

Mobile laboratory hazardous waste management specification

2012-12-31 发布　　2013-07-31 实施

中华人民共和国国家质量监督检验检疫总局
中国国家标准化管理委员会　发布

前　言

本标准按照 GB/T 1.1—2009 给出的规则起草。

本标准由全国移动实验室标准化技术委员会(SAC/TC 509)提出并归口。

本标准起草单位:沈阳农业大学分析测试中心、沈阳产品质量监督检验研究院。

本标准主要起草人:赵瑛博、胡睿、田宏哲、王志刚、张春野、刘鹏宇、周艳明。

移动实验室有害废物管理规范

1 范围

本标准规定了移动实验室有害废物的术语、分类、标识、贮存、安全防护、运行与管理等要求。

本标准适用于陆地上使用的移动实验室有害废物处理的设计、控制和管理。

2 规范性引用文件

下列文件对于本文件的应用是必不可少的。凡是注日期的引用文件,仅注日期的版本适用于本文件。凡是不注日期的引用文件,其最新版本(包括所有的修改单)适用于本文件。

GB 8978—2002 污水综合排放标准

GB 13690—2009 化学品分类和危险性公示 通则

GB 15562.2—1995 环境保护图形标志固体废物贮存(处置)场

GB 16297—1996 大气污染物综合排放标准

GB 18484—2001 危险废物焚烧污染控制标准

GB 18597—2001 危险废物贮存控制标准

GB/T 24777 化学品理化及其危险性检测实验室安全要求

GB/T 29479—2012 移动实验室通用要求

HJ 421—2008 医疗废物专用包装袋、容器和警示标志标准

3 术语和定义

GB/T 29479—2012 界定的以及下列术语和定义适用于本文件。为了便于使用,以下重复列出了 GB/T 29479—2012 中的某些术语和定义。

3.1

移动实验室 mobile laboratory

满足特定目的和要求,由成套装置组成的,在可移动的设施和环境中进行检测、校准或科学实验等活动的实验室。(GB/T 29479—2012,见定义 3.1)

3.2

有害废物 hazardous waste

列入国家危险废物名录或根据国家规定的危险废物鉴别标准和鉴别方法认定的具有危险特性的废物。

4 有害废物分类

4.1 放射性有害废物

有害废物为核原料、核燃料外,能产生自发性核变化而放出游离辐射物质或含上述物质的器具,包括非密封放射性物质及密封放射性物质。

4.2 感染性有害废物

从事实验过程所使用或产生的废动物的尸体、病理学有害废物、血液有害废物、具感染性尖锐器具有害废物、感染性培养物、菌株及相关生物制品及其他具感染性实验室有害废物。

4.3 实验室废液

从事实验过程中所产生的危害安全与健康的废液，但不包括放射性及感染性废液。实验室废液参见《国家危险废物名录》的内容。实验室废液种类主要有有机废液、无机废液。

4.4 实验室废气

从事实验过程中所产生的试剂和样品的挥发物、分析过程中间产物、泄漏和排空的标准气和载气等。

4.5 实验室固体有害废物

从事实验过程中所产生的多余样品、分析产物、消耗或破损的实验用品(如玻璃器皿、纱布、检验用品、实验器材)、残留或失效的化学试剂等混合物质。

5 有害废物管理要求

5.1 一般要求

5.1.1 移动实验室应设置废物处理的空间和设施。

5.1.2 移动实验室所有有害废物应设有专用的有害废物贮存容器。有害废物贮存容器应符合 GB 18597—2001 第 5 章中对危险废物贮存容器的规定。

5.1.3 移动实验室内应设置有对废物容器进行固定的装置，以保证在移动实验室紧急启动、停止或颠簸时废物贮存容器不会翻转。

5.2 有害废物标识

有害废物贮存设施应按 GB 15562.2—1995 的规定设置警示标识。盛装有害废物的容器应按 GB 13690—2009 的规定设置标识和标签。

5.3 有害废物贮存和处置

实验室有害废物应弃置于专门设计的、专用的和有标识的用于处置有害废物的容器内。实验结束后及时送回使用单位按 GB 18484—2001 、GB 18597—2001 、GB/T 24777 等要求和有关规定处理。

注：使用单位应指移动实验室所属的上级组织机构。

5.3.1 放射性有害废物

放射性有害废物应依材质分类收集在有辐射警示标识的包装袋中；包装或容器上注明有害废物的类别、核种、表面辐射暴露强度、经手人及日期；高剂量放射性有害废物放置处应有适当屏蔽。放射性有害废物的处置按《放射性废物安全管理条例》相关规定进行。

5.3.2 感染性有害废物

感染性有害废物按下列方法贮存：

a） 感染性有害废物应以 HJ 421—2008 规定的包装袋（以不穿透为原则）贮存，并设置感染性有害废物标识；

b） 感染性有害废物于常温下贮存者，以 1 天为限；于 5 ℃以下冷藏者，以 7 天为限；超过 7 天以上，于－18 ℃以下冷冻。

感染性有害废物的处置按《医疗废物集中处置技术规范》（试行）的规定进行。

5.3.3 实验室废液

实验室废液应依照分类混于贮存桶内。废液贮存容器应根据容器材质与废液互溶性，分为无机废液贮存容器和有机废液贮存容器。无机废液贮存容器应为塑料材质，有机废液贮存容器应为不锈钢材质。实验室废液应采取适当方法处理，达到 GB 8978—2002 的规定后排放。

5.3.4 实验室废气

实验中产生少量有毒气体应在通风柜中进行，通过排风设备将少量毒气排到室外。必要时可将废气进行技术处理，达到 GB 16297—1996 的规定后排放。

5.3.5 实验室固体有害废物

实验室固体有害废物应分别置于腐蚀性容器和非腐蚀性容器中贮存；锐器（包括针头、小刀、金属和玻璃等）应直接弃置于耐扎的容器内。

5.4 有害废物贮存的安全防护

5.4.1 有害废物贮存设施内清理出来的泄漏物，一律按有害废物处理。

5.4.2 在常温常压下易爆、易燃及排出有毒气体的有害废物必须进行预处理，使之稳定后贮存，否则，按易爆、易燃危险品贮存。

5.4.3 在常温常压下不水解、不挥发的固体有害废物可在贮存设施内分别堆放。

5.4.4 除 5.3.4 规定外，应将有害废物装入容器内。

5.4.5 不应将不相容（相互反应）的有害废物在同一容器内混装。

5.4.6 装载液体、半固体有害废物的容器内须留足够空间，容器顶部与液体表面之间保留 100 mm 以上的空间。

5.4.7 感染性有害废物应当日消毒，消毒后装入容器。

5.4.8 应采取措施消除有害废物贮存设施污染。

5.4.9 应设有有害废物报警系统。

5.5 有害废物贮存设施的运行与管理

5.5.1 移动实验室使用单位应建立档案管理制度。

5.5.2 移动实验室应做好有害废物情况的记录，记录上应注明有害废物的名称、来源、数量、特性和包装容器的类别、废物处置日期及接收地点，记录应保持 3 年。

5.5.3 移动实验室使用单位应建立检查有害废物贮存容器的维护制度，定期检测、维修、更换，以免破损泄露，引起污染。

5.5.4 移动实验室使用单位应编制有害废物污染应急预案。

参考文献

[1] 国家危险废物名录(中华人民共和国环境保护部、国家发展和改革委员会令第1号)
[2] 医疗废物集中处置技术规范(试行)(中华人民共和国环境保护部)
[3] 放射性废物安全管理条例(中华人民共和国国务院令第612号)

ICS 03.120.20
A 20

中华人民共和国国家标准

GB/T 29479—2012

移动实验室通用要求

General requirements of mobile laboratory

2012-12-31 发布 2013-07-31 实施

中华人民共和国国家质量监督检验检疫总局
中国国家标准化管理委员会 发布

前　言

本标准根据 GB/T 1.1—2009 给出的规则进行起草。

本标准由全国移动实验室标准化技术委员会(SAC/TC 509)提出并归口。

本标准起草单位：中国合格评定国家认可中心、沈阳产品质量监督检验研究院。

本标准起草人：周烈、苏锡辉、吉黎明、张春野、陈虹、黄涛、王春燕、武桂珍。

移动实验室通用要求

1 范围

本标准规定了各类移动实验室的管理要求、技术要求、移动特性要求、结构与设计要求和制造与交验要求。

本标准适用于移动实验室的设计、制造、交验、使用、维护和管理。

2 规范性引用文件

下列文件对于本文件的应用是必不可少的。凡是注日期的引用文件,仅注日期的版本适用于本文件。凡是不注日期的引用文件,其最新版本(包括所有的修改单)适用于本文件。

GB/T 27000 合格评定 词汇和通用原则

VIM 3rd Edition 国际通用计量学基本术语(International vocabulary of metrology—Basic and general concepts and associated terms)

3 术语和定义

GB/T 27000 和 VIM 3rd 界定的以及下列术语和定义适用于本文件。

3.1

移动实验室 mobile laboratory

满足特定目的和要求,由成套装置组成的,在可移动的设施和环境中进行检测、校准或科学实验等活动的实验室。

3.2

移动特性 mobile characteristic

移动实验室因移动而对检测、校准或科学实验等活动影响程度的属性。

3.3

移动实验舱 mobile laboratory shelter

用于承载移动实验室实验人员、检测设备、校准设备及相关专业设施的舱体,能为正常开展检测、校准或科学实验等活动提供适宜的作业环境。

3.4

载具 carrier

用于承载和(或)运送移动实验舱及相关装置的工具。

4 通用管理要求

4.1 组织和管理

4.1.1 移动实验室或其所在组织应是一个能够承担法律责任的实体。

4.1.2 移动实验室有责任确保所从事的工作能满足本标准要求、客户要求和监管机构的要求。

4.1.3 移动实验室的管理体系应覆盖在移动实验室内和与其工作有关的所有场所。

4.1.4 应制定制度和程序保证其运作的公正性、独立性和诚实性。
4.1.5 应制定制度和程序保护客户的机密信息和所有权。
4.1.6 应明确移动实验室的组织和管理结构。
4.1.7 应规定所有人员的职责、权力和相互关系，为其提供履行其职责所需的适当权力和资源。
4.1.8 应明确承担技术责任、管理责任和监督责任的相关人员，使其理解他们活动的相互关系和重要性，为实现管理体系质量目标做出贡献。
4.1.9 移动实验室的最高管理者应确保建立适宜的沟通机制，保证内外部的有效沟通。
4.1.10 移动实验室应建立应急反应机制，以应对突发事件的发生。
4.1.11 应建立职业安全健康保障机制。

4.2 管理体系

4.2.1 移动实验室应建立、实施和保持与其活动范围相适应的文件化管理体系，达到工作质量要求。实验室管理层应保证这些文件传达到有关人员，被其获取、理解和执行。
4.2.2 应制定质量方针、目标和总体目标并在管理评审时予以评审以确保持续改进。
4.2.3 应建立和保持程序来控制构成管理体系的所有内部制定或来自外部的文件。
4.2.4 应建立和保持识别、收集、索引、存取、存档、存放、维护和清理质量记录和技术记录的程序。

4.3 合同的评审

应建立和保持合同评审的程序，以确保有能力和资源以及使用适当的方法满足客户要求。

4.4 外部服务和供应

应有政策和程序对外部服务和供应品进行控制，确保持续符合移动实验室的质量要求。

4.5 服务客户

在确保公正性和其他客户机密的前提下，应积极与客户合作，满足客户要求，并进行充分的沟通。

4.6 投诉

应有制度和程序保证来自客户和其他方面的投诉得到及时处理。

4.7 不符合工作的控制

应有制度和程序对已识别的不符合工作，及时进行处理，采取纠正和(或)纠正措施。

4.8 纠正措施与预防措施

4.8.1 应制定纠正措施程序，以消除不合格原因，防止再发生。纠正措施应与所遇到不合格的影响程度相适应。
4.8.2 应制定预防措施程序，以消除潜在的不合格原因，防止其发生。预防措施应与潜在问题的影响程度相适应。

4.9 内部审核

应根据预定的日程和程序定期地组织或参与内部审核，以验证其运作持续符合管理体系的要求。

4.10 管理评审

应建立管理体系评审程序，最高管理者应定期地对管理体系和活动进行评审，以确保其持续适用和有效，并进行必要的变更或改进。

4.11 持续改进

4.11.1 应通过利用质量方针、质量目标、审核结果、数据分析、纠正措施、预防措施和管理评审来持续改进管理体系的有效性。

4.11.2 当策划和实施管理体系的变更时，最高管理者应确保其完整性。

5 通用技术要求

5.1 总则

5.1.1 应充分考虑移动实验室的特点，确保检测/校准结果的正确性与可靠性。

5.1.2 应评估移动实验室所处或将要抵达的工作地点所存在的安全风险，以保障工作人员能充分应对面临的环境。

5.2 人员

5.2.1 应有充分证据表明从事移动实验室工作的人员具备了相应的技术能力和职业安全健康保障能力。

5.2.2 应有证据表明人员的技术能力应经过专业化的培训并满足移动实验的工作要求。

5.2.3 移动实验室人员还应具有对突发事件的应对处理能力，以及艰苦环境中的耐久能力。

5.3 设施和环境条件

5.3.1 应对内部环境进行核查，以满足相关的规范、方法和程序的要求，确保结果的有效性；当对环境有规定或对结果的质量有影响时，应监测、控制和记录环境条件，使其适应于相关的技术活动。当环境条件危及到结果时，应停止检测/校准；对不相容的区域应进行有效隔离，防止交叉污染。

5.3.2 废弃物处置包括收集、标识、暂存、转移及处理等环节。应建立废弃物处置程序并对所有人员予以充分培训。

5.3.3 应对影响检测、校准和(或)科学实验等活动质量的区域的进入和使用加以控制，以确保工作质量和维护客户和相关方的机密。

5.3.4 应对外部环境进行核查(包括水源、电源、气源连接；废液、废弃物的处理等)，了解外部环境可能对内部环境的影响程度，确保满足要求后开展工作。

5.4 方法的选择、验证、确认和偏离

5.4.1 从事检测和(或)校准活动时，应优先选择国际、区域、国家、行业、地方标准，经验证后使用。当需要使用非标准方法时，应事前对非标准方法进行确认。

5.4.2 对方法的偏离，应经形成文件、技术判断，获得批准和客户接受后实施。

5.5 设备的核查和维护要求

5.5.1 应按准确度和相应方法、规范的要求正确配备所需的全部设备。

5.5.2 应制定移动实验室设备的检查和维护计划，按照相关标准或制造商提供的指引对移动实验室进行检查和维护保养，以确保其功能正常并防止污染或性能退化。

5.5.3 在对设备进行核查和维护的同时也应对移动载具及保障系统进行相应的核查和维护，以满足移动实验室移动特性的要求。

5.5.4 用于检测和(或)校准的对检测、校准和抽样结果的准确性或有效性有显著影响的所有设备，包

括辅助测量设备(例如用于测量环境条件的设备)在投入使用前应进行校准;在使用过程中应注意期间核查。

5.5.5 设备在使用前应对其功能和校准状态进行核查。

5.5.6 当校准产生了一组修正因子或修正值时,应有程序确保备份并得到正确更新。

5.5.7 检查和维护保养应由有能力的人员实施,检查和(或)维护结果应详细记录并予以保存。

6 移动特性要求

6.1 移动实验室应保证移动中或移动后的检测、校准或科学实验结果有效。

6.2 组成移动实验室的各个功能单元在设计、分析、制造、试验、验收以及日常使用、管理和保养维护中均应对因移动而引入的干扰和(或)影响因素予以识别,并采取相应措施使干扰和(或)影响因素处于可控。

6.3 应有程序保证移动实验室不因其移动特性而带来安全隐患,包括人员安全、设备设施安全、环境安全等。并具备发生安全事故时的应急反应能力。

6.4 应对移动实验室的移动特性指标进行识别,建立参数分类和严酷程度分级;等级组合应由一系列特性条件组成。在等级范围内使用的移动实验室应确保测试数据的准确性和可靠性,并满足使用要求。

7 结构与设计要求

7.1 总则

7.1.1 移动实验室的配套设施在本标准内未规定者,应建立并符合各自的技术条件的规定。

7.1.2 移动实验室在设计、制造和使用过程中应对人员能力、职业保障(包括但不限于安全、健康、舒适、效率等)予以充分考虑。

7.2 设计要求

7.2.1 总体要求

移动实验室的设计应在满足技术指标的前提下,优先采用标准件和模块化设计,提高互换性和通用化程度。

7.2.2 总体结构与布局设计

移动实验室的结构应能够承受包括自重在内的额定静载荷和起吊、长途运输(规定的距离)以及试验过程中的额定动载荷,整体强度高、刚度大、重量轻,具备抗疲劳、抗辐射、抗干扰、减振等效果,应根据需要配备环境调节系统,工作区与移动载具、附属设备应隔离。布局设计应根据需要对安全通道、人体工效学、专业科学实验功能、工作人员数量、仪器设备布局、工作流程、作业程序等予以充分考虑,并满足实验室设计的通风、环保、沙漠、高原、寒冷、空中、水面、人体工效学和机械安全等相关要求。

7.2.3 移动实验舱的设计要求

7.2.3.1 移动实验舱的设计应及时考虑新材料、新技术、新工艺的应用,在保障内部空间和环境条件的要求的同时,降低成本、提高效能。

7.2.3.2 移动实验舱设计时应着重考虑人员在实验舱内长期工作所带来的生理和心理的影响。

7.2.3.3 移动实验舱应设计逃生通道,以保障紧急情况发生时人员的逃生需求。

7.2.4 载具的设计要求

载具的设计应对使用功能、使用环境进行充分考虑，不得降低原载具涉及安全、环保(如动力、制动、行驶、转向、排放)等方面的重要性能参数，质量分配符合设计要求，应确保工作时载具所产生的本底噪声、电磁干扰等对测试无不利影响。

7.2.5 仪器设备的设计要求

7.2.5.1 仪器设备的设计应满足本标准第6章移动特性的要求。

7.2.5.2 应对测试需求、使用环境进行充分考虑，设备布局、可维护性、人员操作及保障应满足安全和人体工效学等需求。

7.2.6 保障系统的设计要求

7.2.6.1 应具备供水、供电、供气、照明等实验要求的保障系统或具备与外部保障系统的接口。

7.2.6.2 应有通讯系统能够保证数据和结果的及时处理与传递。

7.2.6.3 样品/件储存、饮水、办公等服务设施应满足使用要求。

7.2.7 救护与逃生

应有有效措施保障在紧急情况和意外灾难发生时，移动实验室的各类救护设施、逃生通道的打开及时有效，可充分保障人员的安全和逃离。

7.2.8 可靠性要求

移动实验室在设计、分析、制造、试验和验收的各个阶段均应对可靠性的要求予以考虑。应能够提供但不限于以下指标：如载具应提供平均故障间隔里程(MMBF)指标，仪器设备应提供平均故障间隔时间(MTBF)指标等。

8 制造与交验要求(试运行要求)

8.1 制造要求应满足设计要求，保证制造质量，并考虑产品效能。

8.2 移动实验室的制造过程应建立产品可追溯系统，应有产品进货检验、过程检验和出厂检验程序，在交付前需整体安装、调试完毕，经过型式试验对综合性能进行全面检测和评定，并保留相关记录。在满足验收规范要求和合同约定要求且验收通过后方可交付。

8.3 移动实验室在投入正式使用前需进行试运行，试运行方案及终验方案由采供双方约定，但应对实验室安全、操作人员职业保障、移动实验室环境适用性及测试数据稳定性等方面予以充分考虑。

ICS 19.040
K 04

中华人民共和国国家标准

GB/T 29600—2012

移动实验室用温湿度控制系统技术规范

Technical specification of the temperature & humidity control system for the mobile laboratory

2012-12-31 发布　　2013-07-31 实施

中华人民共和国国家质量监督检验检疫总局
中国国家标准化管理委员会　发布

前　言

本标准根据GB/T 1.1—2009给出的规则起草。

本标准由全国移动实验室标准化技术委员会(SAC/TC 509)提出并归口。

本标准主要起草单位:沈阳紫微机电设备有限公司、沈阳产品质量监督检验研究院、辽宁陆平机器股份有限公司。

本标准主要起草人:李攀、荣志民、陈显华、郭永海、张建、田佳、张健、王鹏、徐跃波、吴长伟。

移动实验室用温湿度控制系统技术规范

1 范围

本标准规定了移动实验室用温湿度控制系统的术语和定义、技术要求、试验方法。

本标准适用于各类陆地移动实验室温湿度控制系统的通用技术条件。

2 规范性引用文件

下列文件对于本文件的应用是必不可少的。凡是注日期的引用文件，仅注日期的版本适用于本文件。凡是不注日期的引用文件，其最新版本(包括所有的修改单)适用于本文件。

GB 4706.32—2012 家用和类似用途电器的安全 热泵、空调器和除湿机的特殊要求

GB 19489—2008 实验室 生物安全通用要求

GB 50346—2004 生物安全实验室建筑技术规范

GB 50591—2010 洁净室施工及验收规范

GJB 150.8A—2009 军用装备实验室环境试验方法 第8部分 淋雨试验

GJB 150.10A—2009 军用装备实验室环境试验方法 第10部分 霉菌试验

GJB 150.11A—2009 军用装备实验室环境试验方法 第11部分 盐雾试验

GJB 150.12A—2009 军用装备实验室环境试验方法 第12部分 砂尘试验

GJB 150.16A—2009 军用装备实验室环境试验方法 第16部分 振动试验

QC/T 252—2009 专用汽车定型试验规程

3 术语和定义

下列术语和定义适用于本标准。

3.1

室内单元 indoor unit

安装在移动实验室内部的设备、控制器件及辅助设施。

3.2

室外单元 outdoor unit

安装在移动实验室外部的设备、控制器件及辅助设施。

4 技术要求

4.1 基本要求

4.1.1 工作环境

系统应在以下环境下正常工作和贮存：

a) 温度：工作：−45 ℃～55 ℃，贮存：−55 ℃～70 ℃；

b) 相对湿度 10%～95%。

4.1.2 外观质量

a) 系统各设备机架、壳体不应有变形，防护涂层、镀层不应有褶皱、龟裂、起皮、划伤现象；
b) 室内单元设备应无尖锐棱角，易于清理；
c) 设备设有固定安装措施，保证在移动状态下不对设备工作造成影响。

4.1.3 耐振动性能

4.1.3.1 系统应能承受寿命周期内的振动条件并正常工作。

4.1.3.2 系统随移动实验室经受 3 000 km 三级路面行驶试验后，工作正常。

4.1.4 噪声

系统正常工作后，工作区噪音应不大于 55 dB，特殊实验区域噪音应满足实验工作要求。

4.1.5 电气强度

设备电气强度应符合 GB 4706.32—2012 中的 16.4 规定，不应有闪络或击穿发生。

4.1.6 冷态绝缘电阻

在温度 15 ℃～35 ℃，相对湿度 45%～75%的情况下，各电气回路对地及回路间的冷态绝缘电阻应不小于 2 MΩ。

4.1.7 低温启动性能

系统加热设备、风机在－45 ℃的低温环境下应能够正常工作。

4.1.8 防水性能

4.1.8.1 室外单元

室外单元在淋雨情况下，无渗漏，无进水现象，具备正常工作的效能。

4.1.8.2 室内单元及管路

室内单元在水蒸气或飞溅水滴进入情况下不造成漏电及短路现象；室内外相通管路无漏水现象。

4.1.9 水排空能力

a) 空调设备应具有自动除霜和凝结水排除能力，不应有水从空调设备中溢出或吹出；
b) 系统管路中应具有在低温存储时水排空能力。

4.1.10 可靠性

设备在正常工作或连续工作情况下，平均故障间隔时间应大于 3 000 h。

4.1.11 维修性

系统各设备在拆卸面板或封板的保障情况下，平均维修时间应不大于 0.5 h。

4.1.12 霉菌

系统应具有抗霉菌能力和能有效抑制霉菌生长。按 GJB 150.10A—2009 规定霉菌环境条件下，防霉能力应在0～2级。

4.1.13 盐雾

设备外部涂层及金属零部件具有抗盐雾能力。按GJB 150.11A—2009规定盐雾环境条件下，不应出现明显腐蚀或损坏现象。

4.1.14 沙尘

系统设备室外单元(或室外侧)在吹砂质量浓度为0.18 g/m^{3}环境条件下应能正常工作。

4.1.15 洁净度

有生物安全防护或有洁净度要求的移动实验室，应加装通风过滤系统和空调净化系统，分别满足GB 50346—2004中5.1空调、通风和净化的一般要求和GB 19489—2008中6.3.3通风空调系统的要求。

4.2 特殊要求

4.2.1 温湿度控制方式要求

控制系统安全应符合GB 4706.32—2012的规定，控制方式根据使用要求应能自动控制和手动控制，主要控制功能应保证：

a) 控制系统应能对压力、温度、湿度及运行状态进行控制，并应在保护装置动作时进行报警和停机；
b) 控制系统应具有电源过压、欠压、短路、断路、漏电保护功能；
c) 控制系统应保证一个工作区域内制冷和制热状态、加湿和除湿互锁。

4.2.2 温湿度控制精度要求

a) 调节范围：按实验室实际工作需求设定；
b) 稳定性：一般情况：30 min周期　温度≤1 ℃，相对湿度≤2%；24 h周期　温度≤0.5 ℃，相对湿度≤1%。在特殊情况，按实验室实际工作需求设定；
c) 均匀性：一般情况下温度≤0.5 ℃，相对湿度≤2%。在特殊情况，按实验室实际工作需求设定。

4.2.3 温度湿度显示系统

a) 显示器能够直观显示工作空间内各测试点的温湿度状态；
b) 具有良好的长期稳定性、滞后小、精度高；并附有相应的校准报告或说明资料；
c) 温度测量范围一般应在－55 ℃～70 ℃，相对湿度测量范围在0%～100%；
d) 显示器反应时间：≤15 s。

4.2.4 安全性

a) 系统在路面实验状态下可正常工作；系统连接件不应有松动脱落现象；
b) 系统在人可能接触的高速旋转及高热部位应具有防护装置；
c) 系统应具有可靠的接地措施和防雷措施；
d) 系统各设备具有安全可靠的固定措施及安装操作保护装置。

5 试验方法

5.1 基本要求检验

5.1.1 启动性能

移动实验室整体完成后，在4.1.1工作环境情况下，启动系统可正常工作。

5.1.2 外观质量

目测和手触摸检验。

5.1.3 耐振动性能

5.1.3.1 系统振动性试验应按照GJB 150.16A—2009规定的方法进行。

5.1.3.2 行驶试验的方法依照QC/T 252—2009规定的方法进行。

5.1.4 噪声

均匀选取移动实验室内部距地面高度1 m点10处及控制系统出风口200 mm位置，用噪声测试仪测试。

5.1.5 电气强度

系统电气强度应按照GB 4706.32—2012中的16.4方法进行试验。

5.1.6 冷态绝缘电阻

系统完工后，将总电源开关置“通”位；各分路设备开关置“断”位；各电源插座不接任何设备。将兆欧表一端接地，另一端分别接到电气件导电端端子上，使兆欧表输出一个100 V～500 V的电压，保持这个电压直到指针停止摆动或者绝缘电阻不再增加为止。

5.1.7 低温启动性能

在规定的低温工作环境条件下，启动系统，目测加热设备和风机能够正常工作。

5.1.8 防水性能测试

5.1.8.1 室外单元

室外单元淋雨试验应按照GJB 150.8A—2009的试验方法进行。

5.1.8.2 室内单元及管路

室内单元在水蒸气或飞溅水滴的环境下启动系统，检查漏电保护器是否跳闸；目测室内外的相通管路在排水过程中有无渗漏现象。

5.1.9 水排空能力测试

检查系统是否设置最低水排放点，打开排放点，各部位无积水。

5.1.10 可靠性

5.1.10.1 可靠性试验推荐样机数量为2台，其中一台样机的实验时间至少应为所有受试样机平均实验时间的一半。

5.1.10.2 发生下列情况之一者，应记为一次故障：

a) 设备在运行时出现机构失灵，操作人员不能在 30 min 内修复；

b) 连续运行期间，主要总成部件损坏或泄露；

c) 性能不满足实验室要求；

d) 严重的人身安全伤害。

5.1.11 霉菌

按 GJB 150.10A—2009 规定方法进行试验。

5.1.12 盐雾

按 GJB 150.11A—2009 规定方法进行试验。

5.1.13 沙尘

按 GJB 150.12A—2009 规定方法进行试验。

5.1.14 洁净度

通风空调系统按照标准 GB 50591—2010 中第 3 章的方法进行严密性试验。

5.2 特殊要求

5.2.1 基本运行

使用前，目测检查各设备是否固定完好，线路连接是否正确可靠。开启移动实验室温度湿度控制系统，观察漏电保护器情况，检测各设备是否正常运行。

5.2.2 精度校核

在实验室内部各工作区域设置传感器位置作为测试点，开启移动实验室温度、湿度控制系统，稳定后检测各测试点显示数值，同时，用单独的温度、湿度测试仪器进行各点测试，数值与温度、湿度控制系统中各点数值一致。

5.2.3 控制能力

使用辅助加热、制冷、加湿、烘干设备对移动实验室内部进行加热、制冷、加湿、烘干，检查控制系统是否按照 4.2.2 中规定要求进行自动调节。

后　记

2012年制修订国家标准共2 101项，分69册出版。

1. 2012年度发布的顺延上年度标准编号的新制定的国家标准，从GB 28239—2012开始，至GB/T 29600—2012结束，收入在《中国国家标准汇编》2012年"制定"卷第529～571分册中，共43册，收入国家标准1 319项。其中9项新制定的环境保护类国家标准未在我社出版，故未收入。

2. 2012年度发布的非顺延上年度标准编号的新制定的国家标准和全部修订的国家标准，收入在2012年修订-1～修订-26分册中，共26册，收入国家标准782项。其中4项修订的环境保护类国家标准未在我社出版，故未收入。

3. GB/T 28823—2012、GB/T 29316—2012、GB/T 29336—2012因故延迟出版。

中国标准出版社
2013年8月